重点大学计算机专业系列教材

新标准C++程序设计教程

郭炜 编著

清华大学出版社
北京

内 容 简 介

本书基于新的 C++ 标准"C++ 11",从全新的思路出发,融合作者丰富的编程实践经验,深入浅出地全面介绍 C++ 程序设计的过程,包含丰富的样例程序,强调实践性和专业性。

本书适合作为高等院校理工类专业程序设计课程的教材、学生自学和做毕业设计的参考书,也可供 IT 从业人员和编程爱好者参考。

本书封面贴有清华大学出版社防伪标签,无标签者不得销售。

版权所有,侵权必究。举报:010-62782989,beiqinquan@tup.tsinghua.edu.cn。

图书在版编目(CIP)数据

新标准 C++ 程序设计教程/郭炜编著. —北京:清华大学出版社,2012.8(2025.1 重印)
(重点大学计算机专业系列教材)
ISBN 978-7-302-28380-5

Ⅰ. ①新… Ⅱ. ①郭… Ⅲ. ①C 语言－程序设计－教材 Ⅳ. ①TP312

中国版本图书馆 CIP 数据核字(2012)第 050118 号

责任编辑:付弘宇 王冰飞
封面设计:常雪影
责任校对:李建庄
责任印制:杨 艳

出版发行:清华大学出版社
    网 址:https://www.tup.com.cn,https://www.wqxuetang.com
    地 址:北京清华大学学研大厦 A 座   邮 编:100084
    社 总 机:010-83470000   邮 购:010-62786544
    投稿与读者服务:010-62776969,c-service@tup.tsinghua.edu.cn
    质量反馈:010-62772015,zhiliang@tup.tsinghua.edu.cn
    课件下载:https://www.tup.com.cn,010-83470236
印 装 者:涿州市般润文化传播有限公司
经 销:全国新华书店
开 本:185mm×260mm 印 张:28.25   字 数:696 千字
版 次:2012 年 8 月第 1 版   印 次:2025 年 1 月第 15 次印刷
印 数:14901~15400
定 价:69.80 元

产品编号:045620-04

出版说明

随着国家信息化步伐的加快和高等教育规模的扩大,社会对计算机专业人才的需求不仅体现在数量的增加上,而且体现在质量要求的提高上,培养具有研究和实践能力的高层次的计算机专业人才已成为许多重点大学计算机专业教育的主要目标。目前,我国共有16个国家重点学科、20个博士点一级学科、28个博士点二级学科集中在教育部部属重点大学,这些高校在计算机教学和科研方面具有一定优势,并且大多以国际著名大学计算机教育为参照系,具有系统完善的教学课程体系、教学实验体系、教学质量保证体系和人才培养评估体系等综合体系,形成了培养一流人才的教学和科研环境。

重点大学计算机学科的教学与科研氛围是培养一流计算机人才的基础,其中专业教材的使用和建设则是这种氛围的重要组成部分,一批具有学科方向特色优势的计算机专业教材作为各重点大学的重点建设项目成果得到肯定。为了展示和发扬各重点大学在计算机专业教育上的优势,特别是专业教材建设上的优势,同时配合各重点大学的计算机学科建设和专业课程教学需要,在教育部相关教学指导委员会专家的建议和各重点大学的大力支持下,清华大学出版社规划并出版本系列教材。本系列教材的建设旨在"汇聚学科精英、引领学科建设、培育专业英才",同时以教材示范各重点大学的优秀教学理念、教学方法、教学手段和教学内容等。

本系列教材在规划过程中体现了如下一些基本组织原则和特点。

1. 面向学科发展的前沿,适应当前社会对计算机专业高级人才的培养需求。教材内容以基本理论为基础,反映基本理论和原理的综合应用,重视实践和应用环节。

2. 反映教学需要,促进教学发展。教材要能适应多样化的教学需要,正确把握教学内容和课程体系的改革方向。在选择教材内容和编写体系时注意体现素质教育、创新能力与实践能力的培养,为学生知识、能力、素质协调发展创造条件。

3. 实施精品战略,突出重点,保证质量。规划教材建设的重点依然是专业基础课和专业主干课;特别注意选择并安排了一部分原来基础比较好的优秀教材或讲义修订再版,逐步形成精品教材;提倡并鼓励编写体现重点大学计算机专业教学内容和课程体系改革成果的教材。

4. 主张一纲多本，合理配套。专业基础课和专业主干课教材要配套，同一门课程可以有多本具有不同内容特点的教材。处理好教材统一性与多样化的关系；基本教材与辅助教材以及教学参考书的关系；文字教材与软件教材的关系，实现教材系列资源配套。

5. 依靠专家，择优落实。在制订教材规划时要依靠各课程专家在调查研究本课程教材建设现状的基础上提出规划选题。在落实主编人选时，要引入竞争机制，通过申报、评审确定主编。书稿完成后要认真实行审稿程序，确保出书质量。

繁荣教材出版事业，提高教材质量的关键是教师。建立一支高水平的以老带新的教材编写队伍才能保证教材的编写质量，希望有志于教材建设的教师能够加入到我们的编写队伍中来。

教材编委会

前言

一、本书的写作背景

C++功能强大、运用广泛,许多大学都将其作为入门的程序设计语言进行教学。笔者在北京大学信息科学技术学院讲授 C++程序设计已有 10 年,随着时间的推移,渐觉现有的教材已经不能满足教学的需要,于是萌生了自己编写一本教材的想法。

C++有两大特点:支持面向对象的程序设计和支持泛型程序设计。然而,国内大部分教材往往对"泛型程序设计"这部分内容基本忽略,或只是略作交待。这导致许多学过或准备学 C++的学生有如下印象:C++是为了编写大型的程序而设计的,如果编写一个十几、几十行的小程序,没有必要用 C++,用 C 语言就足够了。实际上,编写很小的程序用面向对象的程序设计方法确无必要,但不等于用 C++没必要。C++中的标准模板库(STL)是泛型程序设计的最成功应用,其中包含许多常用的数据结构(如动态数组、栈等)和算法(如排序、二分查找等),STL 即便应用于十几行的程序中,也能有效地提高编程效率。对熟练的 C++程序员来说,编写一个十几行的程序多半不会考虑到面向对象的程序设计,但会很自然地用到 STL。在笔者看来,如果计算机专业的学生学了 C++却不会用 STL,那么找工作面试的时候是会受影响的。C++标准委员会成员 Andrew Koenig 有句名言"库设计就是语言设计,语言设计就是库设计。"学了 C++语言,却不会用该语言的核心库,对于计算机专业的学生来说,这样的教学很难说是成功的。

国内大多数 C++教材对泛型程序设计和 STL 讲述甚少,国外虽有几部经典教材,全面覆盖了 C++的两大特点,但是都卷帙浩繁,动辄近千页,不适合初学者。为解决这个矛盾,笔者编写了本教材,篇幅适当,全面讲述了 C++面向对象的各种特性,此外还覆盖了标准模板库 90%以上的内容。初学者通过本书的学习,可以比较全面地掌握 C++程序设计语言的精髓。

另外,大多数 C++教材依据的是 1998 年的 C++标准(一般称为"C++ 98")。而在 1998 年后,C++标准进行了一些修订,加入了一些新特性,2011 年 C++标准委员会又通过了新的 C++标准"C++ 11"。这些变化在大多数教材中没有体现。让教材与时俱进,也是笔者编写本教材的初衷之一。

二、本书的特点

1. 内容深广却通俗易懂,入门与提高并重

本书面向大学计算机专业的低年级学生,或非计算机专业但对编程能力要求较高的学生。本书可作为入门的程序设计语言教学之用,没学过 C 语言的读者可以直接学习本书。

本书内容很广,覆盖了 C++ 语言的方方面面,全面讲述了标准模板库 STL 的用法,几乎可以作为 C++ 语言的参考手册来查阅。第 4 篇"C++ 高级主题"中的内容更是大多数同等篇幅的教材所不曾涉及的。而且,由于本书的宗旨是让读者不但要知其然,还要知其所以然,因此对于 C++ 的一些语法特性,不但介绍如何使用,还会讲解 C++ 为什么会有这个语法特性,甚至该特性是如何实现的,如"多态"的实现方法。

笔者有 10 年的 C++ 语言第一线教学经验,非常清楚学生在学习 C++ 时哪些地方不易掌握,会提出什么样的问题,以及他们的问题应该如何回答。因此,在本书写作时,就已经将学生困惑的解答融入其中,用精简的语言直指问题的重点、难点和本质,可以说将有限的文字都用在了刀刃上。笔者的目标是力图做到"读者不用教师讲授,也能独立看懂本书"。

2. 紧扣 C++ 标准

国内大多数 C++ 教材依据的是 1998 年的 C++ 标准"C++ 98"。许多教材甚至都不能完全符合"C++ 98"的标准,这从其声称"程序都在 Visual C++ 6.0 中编译通过"就可看出——Visual C++ 6.0 并不是严格遵循"C++ 98"标准的编译器。目前,对 C++ 标准支持最好的编译器有 GNU gcc 和微软的 Visual C++ 10.0(包含在 Visual Studio 2010 中)等。本书中的所有程序除个别有特殊说明的以外,都同时在 Visual C++ 10.0 和 Dev C++ 4.9.9.2(其内核编译器是 gcc)中编译通过,并且运行结果相同,可以保证是符合 C++ 标准的,而不是某种"C++ 方言"。

最新的"C++ 11"标准通过的时间很短,目前还没有编译器能完全支持它。因此,本书不可能完全以"C++ 11"作为依据。本书的主要依据依然是"C++ 98",但是收录了几个"C++ 98"之后新引入的特性,如"long long"数据类型、无序容器(即哈希表)、智能指针 shared_ptr 等。本书中的头文件都是 C++ 风格的,不像某些教材仍然使用 C 语言风格的头文件。另外,许多教材中的程序在用到字符串时往往使用 C 语言风格的字符数组,而本书则尽量使用 C++ 风格的 string 对象处理字符串。

3. 程序实例丰富实用,贴近编程实践

笔者不仅具有丰富的 C++ 教学经验,还有着数十万行的 C++ 商业软件开发经验。笔者独立开发了多种流行的英语学习软件,如《我爱背单词》《我爱背句子》《我爱学语法》《我爱学音标》《角斗士超级复读机》等,还开发了背单词的网站"爱单词网"。这些软件大量使用 C++ 语言进行开发,有的完全用 C++ 写成。因此,笔者自认为在对 C++ 语言的运用和理解方面,比一般的教材作者多了一些心得,更能从实践的角度阐述如何运用 C++ 的各种特性。本书中所有样例程序都由笔者精心编写,绝非网上复制所得。程序风格优美,贴近现实,对实践的指导意义很强。

4. 强调程序设计基本思想的培养

笔者担任北京大学 ACM 国际大学生程序设计竞赛队教练已有 8 年,手下的队员都是

北京大学最出色的编程高手。他们的成长、求学、求职经历可以验证,算法才是程序设计的核心。学习程序设计决不是仅仅掌握一门语言的语法,更重要的是掌握算法。只掌握语言的语法,在碰到具体问题时往往还是不知道如何去编程解决。作为入门的程序设计语言教材,本书不可能讲述太多的算法,但是程序设计的基本思想是必定要涉及的。为此,本书专门辟出一章,讲述了枚举、递归、二分 3 种基本的程序设计思想。此外,其他章节的一些例题和程序也能体现程序设计的基本思路。

三、内容编排

本书主要分为以下四篇。

第 1 篇　结构化程序设计:是对 C 语言的继承以及在 C 语言基础上的一些扩充。学过 C 语言的读者可以粗略阅读甚至跳过此篇大部分内容,但是需要学习目录中带"＊"的章节,这些章节仍然是 C 语言中没有的内容。

第 2 篇　面向对象的程序设计:包含类和对象、运算符重载、继承、多态等内容,是 C++ 语言的学习重点。

第 3 篇　泛型程序设计:包括如何编写模板,以及如何使用标准模板库 STL。即便不想用面向对象的程序设计方法编程,学习 STL 也是大有裨益的。

第 4 篇　C++ 高级主题:涉及了异常处理、名字空间、C++ 风格的强制类型转换等 C++ 语言中比较深入的内容,以及 C++ 11 标准引入的几个新特性。

本书各章最后都有小结和习题。各章内的讲述中还穿插了许多思考题,思考题难度较大,很适合作为启发式教学的讨论话题。

四、总结

总而言之,本书书名中的"新标准"有两层含义:第一层含义是指本书所有的讲述和程序都是严格遵循 C++ 标准的,而且提及了一些新 C++ 标准的内容;第二层含义更为重要,指的是希望读者通过本书的学习,对 C++ 的掌握程度能够达到更高的标准,除了深入理解面向对象的程序设计外,还能够进行泛型程序设计并熟练使用 STL。

本书的配套课件和书中的例题程序代码可以从清华大学出版社网站(www.tup.com.cn)下载。如果在本书和课件的下载使用中遇到问题,请联系 fuhy@tup.tsinghua.edu.cn。

五、鸣谢

编写本书的动力来自作者在北京大学信息学院"程序设计实习"课程的教学经历。感谢课程主持人李文新教授对作者在教学中的支持和指导。还要感谢多年来共同讲授此课程的余华山老师、田永鸿老师,和他们的讨论使我获益良多。三位老师编写的讲义,也是本书的重要参考。

感谢您选用本书。由于笔者水平所限,不足之处在所难免,欢迎读者及同仁们批评指正,笔者不胜感激。笔者的 E-mail:gwpl@pku.edu.cn。

郭　炜

2012 年 6 月于北京大学

CONTENTS

目录

第1篇　结构化程序设计

第1章　计算机基础知识 ……………………………………… 3

1.1　信息在计算机中的表示和存储 …………………… 3
　　1.1.1　如何用 0 和 1 表示各种信息 ………… 3
　　1.1.2　二进制和十六进制 ……………………… 4
　　1.1.3　整数和小数的计算机表示 ……………… 6
1.2　计算机程序设计语言 ……………………………… 7
　　1.2.1　机器语言 ………………………………… 7
　　1.2.2　汇编语言 ………………………………… 8
　　1.2.3　高级语言 ………………………………… 9
*1.3　C++语言的历史 …………………………………… 10
1.4　小结 ………………………………………………… 11
习题 ………………………………………………………… 12

第2章　C++语言的基本要素 ………………………………… 13

2.1　C++的标识符 ……………………………………… 13
2.2　C++的关键字 ……………………………………… 13
*2.3　最简单的 C++程序 ………………………………… 14
2.4　变量 ………………………………………………… 16
　　2.4.1　变量的定义 ……………………………… 16
　　2.4.2　变量的初始化 …………………………… 16
　　2.4.3　变量的赋值 ……………………………… 17
　　2.4.4　常变量 …………………………………… 17
2.5　C++的数据类型 …………………………………… 17
　　2.5.1　C++基本数据类型 ……………………… 17
　　2.5.2　数据类型自动转换 ……………………… 18

2.5.3　用 cin 读入类型不同的变量 ················ 20

2.6　常量 ·············· 20

2.6.1　整型常量 ··············· 21

2.6.2　实数型常量 ·············· 21

2.6.3　布尔型常量 ·············· 22

2.6.4　字符型常量 ·············· 22

2.6.5　字符串常量 ·············· 22

2.6.6　符号常量 ··············· 23

2.7　运算符和表达式 ··············· 23

2.7.1　算术运算符 ·············· 24

2.7.2　赋值运算符 ·············· 26

2.7.3　关系运算符 ·············· 27

2.7.4　逻辑运算符和逻辑表达式 ·············· 27

2.7.5　位运算符 ··············· 28

2.7.6　条件运算符 ·············· 32

2.7.7　sizeof 运算符 ·············· 33

2.7.8　强制类型转换运算符 ·············· 33

2.7.9　逗号运算符 ·············· 34

2.7.10　运算符的优先级和结合性 ··············· 34

*2.8　注释 ·············· 35

2.9　小结 ·············· 36

习题 ·············· 36

第 3 章　C++语言的控制结构 ·············· 39

3.1　用 if 语句实现选择结构 ·············· 39

3.2　用 switch 语句实现选择结构 ·············· 43

3.3　用 for 语句实现循环结构 ·············· 46

3.4　用 while 语句实现循环结构 ·············· 49

3.5　用 do…while 语句实现循环结构 ·············· 50

3.6　用 break 语句跳出循环 ·············· 50

3.7　continue 语句 ·············· 52

3.8　goto 语句 ·············· 52

3.9　使用 freopen 方便程序调试 ·············· 53

3.10　小结 ·············· 54

习题 ·············· 54

第 4 章　函数 ·············· 57

4.1　函数的定义和调用 ·············· 57

4.1.1　函数的定义 ·············· 57

　　　　4.1.2　函数调用和 return 语句 ·············· 58

　　　　4.1.3　函数使用实例 ···················· 58

　　4.2　函数的声明 ························· 60

　　4.3　main 函数 ························· 61

　*4.4　函数参数的默认值 ···················· 61

　*4.5　引用和函数参数的传递 ·················· 62

　　　　4.5.1　引用的概念 ···················· 62

　　　　4.5.2　引用作为函数的返回值 ·············· 63

　　　　4.5.3　参数传值 ···················· 63

　　　　4.5.4　参数传引用 ···················· 64

　　　　4.5.5　常引用 ······················ 65

　*4.6　内联函数 ························· 66

　*4.7　函数的重载 ························ 67

　*4.8　库函数和头文件 ····················· 68

　　4.9　小结 ··························· 70

　　习题 ····························· 70

第 5 章　数组 ···························· 72

　　5.1　一维数组 ························· 72

　　5.2　数组的大小限制 ····················· 74

　　5.3　二维数组 ························· 75

　　5.4　数组的初始化 ······················ 76

　　5.5　数组作为函数的参数 ··················· 78

　　5.6　数组越界 ························· 79

　　　　5.6.1　什么是数组越界 ················· 79

　　　　5.6.2　数组越界的后果 ················· 80

　　5.7　小结 ··························· 81

　　习题 ····························· 81

第 6 章　字符串 ··························· 83

　　6.1　字符串常量 ························ 83

　　6.2　用字符数组存放的字符串 ················· 84

　　　　6.2.1　用一维数组存放字符串 ·············· 84

　　　　6.2.2　用二维数组存放字符串 ·············· 86

　　6.3　字符串函数用法示例 ··················· 86

　*6.4　用 string 对象处理字符串 ················· 87

　　　　6.4.1　定义 string 对象 ················· 88

　　　　6.4.2　string 对象的输入输出 ·············· 88

　　　　6.4.3　string 对象的赋值 ················ 88

6.4.4 string 对象的运算 ···································· 89

6.4.5 string 对象用法示例 ································· 89

6.5 小结 ··· 90

习题 ·· 90

第 7 章 指针 ·· 92

7.1 指针的基本概念 ·· 92

7.2 指针的作用 ··· 94

7.3 指针的互相赋值 ·· 94

7.4 指针运算 ··· 95

7.5 空指针 ··· 96

7.6 指针作为函数参数 ··· 96

7.7 指针和数组 ··· 98

7.8 常量指针 ·· 100

7.9 字符串和指针 ··· 101

7.9.1 普通字符串和指针的关系 ··················· 101

7.9.2 string 对象和 char * 指针的关系 ·········· 101

7.9.3 字符串操作库函数 ··························· 102

7.10 void 指针和内存操作库函数 ························· 106

7.11 函数指针 ·· 107

7.11.1 函数指针的定义 ···························· 107

7.11.2 函数指针的应用 ···························· 108

7.12 指针和动态内存分配 ···································· 109

7.13 指向指针的指针 ·· 111

7.14 指针数组 ·· 112

7.15 误用无效指针 ··· 117

7.16 小结 ··· 117

习题 ·· 118

第 8 章 自定义数据类型 ······································· 120

8.1 结构 ··· 120

8.1.1 结构的定义和使用 ··························· 120

8.1.2 访问结构变量的成员变量 ··················· 122

8.1.3 结构变量的初始化 ··························· 122

8.1.4 结构数组 ···································· 123

8.1.5 指向结构变量的指针 ························ 123

8.1.6 动态分配结构变量和结构数组 ·············· 125

8.1.7 结构变量或引用作为函数形参 ·············· 125

8.2 联合 ··· 126

8.3　枚举类型 ··· 128

8.4　用 typedef 定义类型 ································· 129

8.5　小结 ··· 130

习题 ··· 130

第 9 章　程序设计的基本思想 ························· 133

9.1　枚举 ··· 133

9.2　递归 ··· 138

9.3　二分 ··· 144

9.4　算法的时间复杂度及其表示法 ················· 145

9.5　小结 ··· 147

习题 ··· 147

第 10 章　C++程序结构 ································· 148

10.1　全局变量和局部变量 ····························· 148

10.2　静态变量、自动变量和寄存器变量 ········· 149

10.3　标识符的作用域 ··································· 152

10.4　变量的生存期 ······································· 153

10.5　预编译 ··· 153

10.5.1　宏定义 ······································· 154

10.5.2　文件包含 ··································· 154

10.5.3　条件编译 ··································· 156

10.6　命令行参数 ·· 157

10.7　多文件编程 ·· 159

10.7.1　C++程序的编译过程 ················· 159

10.7.2　多文件共享全局变量 ················· 160

10.7.3　静态全局变量和静态全局函数 ····· 161

10.7.4　多文件编程中的内联函数 ··········· 162

10.7.5　用条件编译避免头文件的重复包含 ····· 162

10.8　小结 ··· 163

习题 ··· 163

第 2 篇　面向对象的程序设计

第 11 章　类和对象初步 ······························· 167

11.1　结构化程序设计的不足 ·························· 167

11.2　面向对象程序设计的概念和特点 ············· 169

11.3　类的定义和使用 ··································· 170

11.4　类的示例程序剖析 ································· 171

11.5　访问对象的成员 ……………………………………………………………………… 172

11.6　类成员的可访问范围 ………………………………………………………………… 173

11.7　内联成员函数 ………………………………………………………………………… 176

11.8　小结 …………………………………………………………………………………… 176

习题 …………………………………………………………………………………………… 176

第 12 章　类和对象进阶 …………………………………………………………………… 179

12.1　构造函数 ……………………………………………………………………………… 179

12.1.1　构造函数的概念和作用 ………………………………………………… 179

12.1.2　构造函数在数组中的使用 ……………………………………………… 181

12.1.3　复制构造函数 …………………………………………………………… 183

12.1.4　类型转换构造函数 ……………………………………………………… 187

12.2　析构函数 ……………………………………………………………………………… 188

12.3　构造函数、析构函数和变量的生存期 ……………………………………………… 190

12.4　静态成员变量和静态成员函数 ……………………………………………………… 191

12.5　常量对象和常量成员函数 …………………………………………………………… 194

12.6　成员对象和封闭类 …………………………………………………………………… 196

12.7　const 成员和引用成员 ……………………………………………………………… 199

12.8　友元 …………………………………………………………………………………… 199

12.8.1　友元函数 ………………………………………………………………… 200

12.8.2　友元类 …………………………………………………………………… 201

12.9　this 指针 ……………………………………………………………………………… 202

12.9.1　C++程序到 C 程序的翻译 ……………………………………………… 202

12.9.2　this 指针的作用 ………………………………………………………… 203

12.10　在多个文件中使用类 ………………………………………………………………… 204

12.11　小结 …………………………………………………………………………………… 204

习题 …………………………………………………………………………………………… 205

第 13 章　运算符重载 ……………………………………………………………………… 209

13.1　运算符重载的概念和原理 …………………………………………………………… 209

13.2　重载赋值运算符"＝" ………………………………………………………………… 210

13.3　浅复制和深复制 ……………………………………………………………………… 213

13.4　运算符重载为友元函数 ……………………………………………………………… 215

13.5　实例——长度可变的整型数组类 …………………………………………………… 215

13.6　重载流插入运算符和流提取运算符 ………………………………………………… 218

13.7　重载强制类型转换运算符 …………………………………………………………… 220

13.8　重载自增、自减运算符 ……………………………………………………………… 221

13.9　运算符重载的注意事项 ……………………………………………………………… 222

13.10　小结 …………………………………………………………………………………… 223

习题 ……………………………………………………………………… 223

第 14 章　继承与派生 …………………………………………………… 227

14.1　继承和派生的概念 …………………………………………… 227

14.2　正确处理类的复合关系和继承关系 ………………………… 231

14.3　protected 访问范围说明符 …………………………………… 233

14.4　派生类的构造函数和析构函数 ……………………………… 234

14.5　多层次的派生 ………………………………………………… 236

14.6　包含成员对象的派生类 ……………………………………… 237

14.7　公有派生的赋值兼容规则 …………………………………… 237

14.8　基类与派生类的指针的互相转换 …………………………… 238

14.9　私有派生和保护派生 ………………………………………… 240

14.10　派生类和赋值运算符"＝" ………………………………… 241

14.11　多重继承 …………………………………………………… 241

14.11.1　多继承的概念及其引发的二义性 ……………… 241

14.11.2　用"虚继承"解决二义性 ……………………… 244

14.12　小结 ………………………………………………………… 245

习题 ……………………………………………………………………… 245

第 15 章　多态与虚函数 ………………………………………………… 247

15.1　多态的基本概念 ……………………………………………… 247

15.2　多态的作用 …………………………………………………… 250

15.3　多态的实现原理 ……………………………………………… 256

15.4　关于多态的注意事项 ………………………………………… 258

15.5　虚析构函数 …………………………………………………… 261

15.6　纯虚函数和抽象类 …………………………………………… 263

15.7　小结 …………………………………………………………… 264

习题 ……………………………………………………………………… 264

第 16 章　输入输出流 …………………………………………………… 269

16.1　流类 …………………………………………………………… 269

16.2　标准流对象 …………………………………………………… 270

16.3　使用流操纵算子控制输出格式 ……………………………… 271

16.4　调用 cout 的成员函数 ……………………………………… 274

16.5　cin 的高级用法 ……………………………………………… 275

16.5.1　判断输入结束 …………………………………… 275

16.5.2　istream 类的成员函数 ………………………… 277

16.6　printf、scanf 等 C 语言标准输入输出库函数 …………… 282

16.7　小结 …………………………………………………………… 286

习题 ·· 287

第 17 章　文件操作 ·· 288

17.1　文件的概念 ·· 288
17.2　C++文件流类 ·· 289
17.3　文件的打开和关闭 ·· 290
17.4　文件的读写 ·· 292
    17.4.1　文本文件的读写 ·· 292
    17.4.2　二进制文件的读写 ·· 294
    17.4.3　操作文件读写指针 ·· 298
17.5　文本方式打开文件与二进制方式打开文件的区别 ································ 299
17.6　小结 ·· 300
习题 ·· 300

第 3 篇　泛型程序设计

第 18 章　泛型程序设计与模板 ·· 305

18.1　函数模板 ·· 305
18.2　类模板 ·· 310
18.3　类模板中的非类型参数 ·· 314
18.4　类模板与继承 ·· 315
18.5　类模板和友元 ·· 316
18.6　类模板中的静态成员 ·· 320
18.7　在多个文件中使用模板 ·· 321
18.8　小结 ·· 321
习题 ·· 321

第 19 章　标准模板库 STL ·· 324

19.1　STL 中的基本概念 ·· 324
    19.1.1　容器 ·· 325
    19.1.2　迭代器 ·· 326
    19.1.3　算法 ·· 331
    19.1.4　STL 中的"大"、"小"和"相等"的概念 ································ 332
19.2　顺序容器 ·· 333
    19.2.1　动态数组 vector ·· 333
    19.2.2　双向链表 list ·· 336
    19.2.3　双向队列 deque ·· 339
19.3　函数对象 ·· 339
19.4　关联容器 ·· 346
    19.4.1　关联容器的预备知识：pair 类模板 ································ 347

19.4.2 multiset 348
19.4.3 set 351
19.4.4 multimap 352
19.4.5 map 355
19.5 容器适配器 357
19.5.1 stack 357
19.5.2 queue 358
19.5.3 priority_queue 359
19.6 STL 算法分类 360
19.7 不变序列算法 361
19.8 变值算法 364
19.9 删除算法 369
19.10 变序算法 372
19.11 排序算法 376
19.12 有序区间算法 378
19.13 string 类详解 382
19.14 bitset 387
19.15 小结 389
习题 389

第 4 篇 C++高级主题

第 20 章 C++高级主题 395

20.1 强制类型转换 395
20.2 运行时类型检查 399
20.3 智能指针 auto_ptr 400
20.4 C++异常处理 402
20.5 名字空间 411
20.6 C++ 11 新特性概要 418
20.6.1 智能指针 shared_ptr 418
20.6.2 无序容器(哈希表) 419
20.6.3 正则表达式 420
20.6.4 Lambda 表达式 421
20.6.5 auto 关键字和 decltype 关键字 423
20.6.6 基于范围的 for 循环 424
20.6.7 右值引用 425
20.7 小结 427
习题 428

附录 A 魔兽世界大作业 431

参考文献 433

PART 1

结构化程序设计

第1篇

第1章　计算机基础知识

第2章　C++语言的基本要素

第3章　C++语言的控制结构

第4章　函数

第5章　数组

第6章　字符串

第7章　指针

第8章　自定义数据类型

第9章　程序设计的基本思想

第10章　C++程序结构

计算机基础知识   第1章

1.1 信息在计算机中的表示和存储

1.1.1 如何用0和1表示各种信息

在计算机内,所有的信息都是用0和1表示的。计算机的电路是由一个个开关组成的,开关只有开和关两种状态,正好对应于0和1,因此,在计算机中,用0、1表示和存储各种信息最为方便。

比特(英文单词 bit)是计算机用来存储信息的最小单位。一个比特可以由计算机电路中的一个开关来表示或存储,它只有两种取值:0或1。一个比特,也就是二进制数的1位。8个比特组成一个字节(英文单词 byte)。一般用小写字母“b”表示比特,用大写字母“B”表示字节。1024(2^{10})个字节等于1KB,1024KB 等于1MB(1兆),1024MB 等于1GB,1024GB 等于1TB。

实际上,如果不嫌麻烦,人们同样可以只用1和0表示和传播各种信息。假设大家事先约定好了,用8个连续的0或1(即1个字节)来表示一个字母、数字或标点符号。例如,用“00100000”表示空格,用“01100001”表示字母“a”,用“01100010”表示字母“b”,用“01100011”表示字母“c”等。由8个0或1组成的串,一共有 2^8 即256种不同的组合,这就足以表示10个阿拉伯数字以及英语中用到的所有字母和标点符号了。因此,在遵循相同约定的情况下,一个人可以只用0、1来写文章,他的读者则可以把每8个0、1翻译成一个字母、数字或标点符号,最终就能将这篇0、1文章翻译成英文了。

当然,人们要在0、1写的文章和普通文章之间来回转换是非常麻烦的。但是计算机是不怕麻烦的,所以,实际上,在计算机中文章就是按上述的类似规则,用0、1来表示并存储的。用0、1串表示英文字母、汉字等字符可以有不同的规则或方案,这些规则或方案都叫做“编码”。常见的编码有 ASCII 编码、Unicode 编码等。ASCII 编码就是上面提到的用1个字节来表示数字、英文字母、标点符号的一种方案。

即便是一幅图,也可以只用 0 和 1 来表示。很多个不同颜色的点集合在一起,就能形成一幅图画。只要这些点挨得非常密,人眼就不会感觉图画是由一个个点组成。人们常说一台数码相机是 1000 万像素的,指的就是它拍出的照片就是由大约 1000 万个不同颜色的点(像素)组成的,这些点可以组成比如 3900 行 2600 列的一个点阵。那么如何只用 0 和 1 来表示一幅这样的图呢?假定只有 256 种颜色可以用来画图(当然实际上可以多得多),那么图上的每一个点就只能是这 256 种颜色中的一种。可以用 1 个字节给这 256 种颜色编号,例如用"00000000"表示第一种颜色,用"00000001"表示第二种颜色……图片上每一行有 2600 个点,每个点的颜色用 1 个字节表示,那么一行所有的点,就可以用 2600 个字节表示,从左数第一点对应第一个字节,第二点对应第二个字节……这样整个图片就可以用 0、1 串表示出来了。在计算机或数码相机中,图像就是按上述的类似规则,用 0、1 来表示并存储的。只要不嫌麻烦,人们也可以根据上述办法,用 0、1 写出一幅图来,比如一张别人看不懂的秘密地图,然后收到这个 0、1 图的人,可以用颜料根据事先约定好的对应规则,在画布上把所有点描绘出来,最终得到一幅普通的地图。

计算机执行的程序(机器指令的集合),也是由 0、1 构成的。

总而言之,计算机中的信息都是用 0、1 表示和存储的,内存、硬盘、光盘、U 盘上存放的各种可执行程序、文档、照片、视频、音乐,本质上都是一样的,就是一大堆的 0、1 串,都是由一个个的比特组成的。只不过它们都有不同格式(格式就是前面所述的大家约定的、某种信息对应到 0、1 的规则),根据不同的格式,计算机就能将图片、声音、视频等人们能接受的东西用一大串的比特来存储,以及从这一大串的比特中还原出原来的东西展现给人看。

思考题

(1)要用多少个字节才能表示汉字呢?请设计一种编码方案,使得这种编码方案能表示几千个常用汉字以及英文字母和阿拉伯数字。并且,要求只用一个字节表示数字、英文字母和标点符号(这样比较节省存储空间)。

(2)如何用一系列的比特来表示和存储视频和声音呢?

1.1.2　二进制和十六进制

我们平常使用的是十进制数。十进制数有 10 个数字,0~9。之所以会使用十进制数,就是因为人有 10 根手指头。10 根手指头数不过来了,就在别处记下"我已经用 10 根手指头数过一遍了"这件事(如让第二个人伸出 1 根手指头),然后第二遍又从 1 开始数……这就是十进制数的逢十进一。如果人类共有 12 根手指头,那么现在大家使用的就会是十二进制,而不是十进制。

K 进制数,就是逢 K 进一。假设有一个 $n+1$ 位的 K 进制数,它的形式如下:

$$A_n A_{n-1} A_{n-2} \cdots A_2 A_1 A_0$$

那么这个数到底有多大呢?答案就是:

$$A_0 \times K^0 + A_1 \times K^1 + \cdots + A_{n-1} \times K^{n-1} + A_n \times K^n$$

例如,5 位十进制数 19085,实际上就等于 $5 \times 10^0 + 8 \times 10^1 + 0 \times 10^2 + 9 \times 10^3 + 1 \times 10^4$。

二进制数逢二进一,只能包含 0 和 1 两个数字,因此,一个比特,正好对应于二进制数的一位。如何将一个二进制数转换成十进制数呢?还是用上面提到的办法。表 1.1 列举一些二进制数转换成十进制数的例子。

表 1.1　二进制数转换成十进制数

二进制数	转换计算过程	对应的十进制数
0	0×2^0	0
1	1×2^0	1
101	$1 \times 2^0 + 0 \times 2^1 + 1 \times 2^2$	5
10110	$0 \times 2^0 + 1 \times 2^1 + 1 \times 2^2 + 0 \times 2^3 + 1 \times 2^4$	22

十六进制数应该包含 16 个数字，可是阿拉伯数字只有 10 个，于是引入了"A"、"B"、"C"、"D"、"E"、"F" 6 个字母（小写亦可），作为十六进制的数字来使用。"A"代表十进制的 10，"B"代表十进制的 11，…，"F"代表十进制的 15。因此，十六进制数就是由阿拉伯数字加 5 个字母组成的。表 1.2 列举一些十六进制数转换成十进制数的例子。

表 1.2　十六进制数转换成十进制数

十六进制数	转换计算过程	对应的十进制数
0	0×16^0	0
1	1×16^0	1
A	10×16^0	10
10	$0 \times 16^0 + 1 \times 16^1$	16
100	$0 \times 16^0 + 0 \times 16^1 + 1 \times 16^2$	256
AFD2	$2 \times 16^0 + 13 \times 16^1 + 15 \times 16^2 + 10 \times 16^3$	45 010

由于信息在计算机内都是以二进制数的形式表示的，所以在计算机学科的学习和实践中经常要用到二进制数，这样才能直观看出某项数据的各个比特都是什么。但是，二进制数位数太多了，写起来和看起来都很麻烦，解决这个问题的办法就是用十六进制数。4 位二进制数的取值范围是从 0 到 1111，即十进制的 0 到 15，正好对应于十六进制的数字 0 到 F。因此，十六进制数的一位就正好对应于二进制数的 4 位。十六进制数和二进制数的互相转换非常直观、容易，不需要做算术运算，十六进制数写起来又短，所以十六进制数用起来比二进制数更为方便。二进制数转换成十六进制数的方法，就是从右边开始，依次将每 4 位转换成一个十六进制位。十六进制数转换成二进制数，方法也是从右边开始，每一位转换成 4 个二进制位，转换结果不足 4 位的，要在左边补 0 凑齐 4 位。表 1.3 列举一些十六进制数和二进制数对照的例子（为了看着方便，二进制数每 4 位之间用空格隔开）。

表 1.3　二进制数及其对应的十六进制数

二进制数	十六进制数	二进制数	十六进制数
0	0	1111	F
1	1	100 1101	4D
101	3	111 1100 0101 1111	7C5F
1010	A		

思考题　八进制数会是什么样的？

如何将一个十进制数转换成二进制数或十六进制数呢？有通用的办法，给定一个整数 N 和进制 K，那么 N 一定可以表示成以下形式：

$$N = A_0 \times K^0 + A_1 \times K^1 + A_2 \times K^2 + \cdots + A_{n-1} \times K^{n-1} + A_n \times K^n$$
$$= A_0 + K(A_1 + A_2 \times K^1 + \cdots + A_{n-1} \times K^{n-2} + A_n \times K^{n-1})$$

N 除以 K 所得到的余数是 A_0，商是 $A_1 + A_2 \times K^1 + \cdots + A_{n-1} \times K^{n-2} + A_n \times K^{n-1}$；将这个商再除以 K，就得到余数 A_1，新的商是 $A_2 + A_3 \times K^1 + \cdots + A_{n-1} \times K^{n-3} + A_n \times K^{n-2}$；如此不停地将新得到的商除以 K，直到商变成 0，就能依次求得 A_0、A_1、A_2、$\cdots$、A_{n-1}、A_n。显然，$A_i < K (i = 0, \cdots, n)$那么，$A_i$ 就可以用一个 K 进制的数字表示出来（如若 $K = 16$、$A_0 = 15$，那么 A_0 即用十六进制的数字 F 表示）。将 $A_0 \cdots A_n$ 对应的 K 进制的数字从右到左排列，就得到了 N 的 K 进制的表示形式。

思考题　如果要将一个十进制的小数转换成 K 进制数，怎么办？

1.1.3　整数和小数的计算机表示

1. 整数的计算机表示

人们常说，一台计算机是 32 位或 64 位的（早期还有 8 位的、16 位的），32 位或 64 位是指 CPU 中通用寄存器的位数（这里所说的"位"，都是二进制位，即比特）。通用寄存器可以看做是一种存取速度远远高于内存的数据临时存放装置，它有多种功能，其中之一就是参与算术运算。例如，CPU 做加法运算时，会先把两个操作数（待加的数）放到两个通用寄存器中，执行加法运算后得到的结果也放在通用寄存器中。如果通用寄存器是 64 位的，那么 CPU 用一条加法指令就能完成两个 64 位二进制整数的加法运算，这个操作完全由硬件来实现；但对于 32 位的计算机，如果想要完成两个 64 位整数相加，那就得由程序员专门为此编写一段程序来完成了。

在 32 位的计算机中，每个整数都是由 32 个比特来表示和存储的，即便它很小，用不到 32 位。在 64 位的计算机中，每个整数当然就是一个 64 位的二进制数。

对于负整数，该如何将负号表示出来呢？有多种解决方案，常用的一种就是设置"符号位"，即用最左边的那一位（也称最高位）作为"符号位"来表示整数的正负，符号位为 0 说明该整数是非负的，为 1 则说明该整数是负的。除符号位外的其余位，对于非负整数来说即等于其绝对值，对于负整数来说，等于其绝对值取反再加 1（取反就是把 0 变成 1，把 1 变成 0）。为简单起见，表 1.4 以 16 位的计算机为例，列出了几个整数及其在计算机中的表示形式。

表 1.4　整数在 16 位计算机中的表示形式

整　数	16 位二进制表示形式	十六进制表示形式
0	0000 0000 0000 0000	0000
1	0000 0000 0000 0001	0001
257	0000 0001 0000 0001	0101
32767	0111 1111 1111 1111	7FFF
−32768	1000 0000 0000 0000	8000
−1	1111 1111 1111 1111	FFFF
−2	1111 1111 1111 1110	FFFE
−257	1111 1110 1111 1111	FEFF

以 −1 为例来说明负数的表示方法。−1 的符号位为 1，绝对值的二进制表示形式为 000 0000 0000 0001。

取反后得到 111 1111 1111 1110,加 1 后变成 111 1111 1111 1111,再补上最高位的符号位,最终得到其二进制表示形式为 1111 1111 1111 1111。

由负整数的二进制表示形式算出其绝对值的方法,就是将所有位取反,然后再加 1。

在最高位作为符号位使用的情况下,16 位计算机所能表示的整数范围是 $-2^{15} \sim 2^{15}-1$,即 $-32\ 768 \sim 32\ 767$;32 位计算机所能表示的整数范围是 $-2^{31} \sim 2^{31}-1$。尽管如此,程序员仍然能有办法在程序中表示和处理更大的、范围几乎是无限的整数,办法就是使用数组来表示大整数。

2. 小数的计算机表示

小数在计算机中有“定点数”和“浮点数”两种表示方法。

“定点数”就是规定好了整数部分的位数和小数部分的位数,相当于小数点的位置是规定好了的。例如,用一个 32 位的二进制定点数表示小数,可以事先规定整数部分是左边的 16 位(高 16 位),小数部分是右边的 16 位(低 16 位),那么这个二进制数里面就不用包含小数点位置的信息。用定点数表示小数,由于总位数有限,如果要保证整数部分能表示很大范围(如规定整数部分占 30 位),那么小数部分的精度(即小数点后面的有效数字位数)就会不足;如果希望小数部分的精度很高(如规定小数部分占 30 位),那么又会导致整数部分能表示的数值范围太小。

定点数使用不便,因此大多数计算机系统中都是用“浮点数”来表示小数。浮点数中包含了小数点位置的信息,小数点的位置是可变的,所以称为“浮点数”。下面介绍浮点数表示法。

我们知道有“科学计数法”,即把数表示为 $M \times 10^E$ 形式。例如,1653 可以表示为 1.653×10^3 或 16.53×10^2,0.03 可以表示成 3×10^{-2}。由于计算机用二进制表示信息,因此将数表示为 $M \times 2^E$ 的形式,用计算机处理更加方便。实际上,浮点数就是 $M \times 2^E$ 形式的的数,其中 M 称为尾数,E 称为阶码,尾数和阶码都是整数。在一台计算机中,尾数 M 和阶码 E 的位数都是规定好的,M 代表了浮点数的有效数字,其位数越多,浮点数的精度就越高;而 E 确定了浮点数的小数点的位置,E 的位数越多,浮点数能表示的数的范围就越大。计算机中的一个浮点数,其比特数是固定的,例如一共只有 64 比特,那么显然该浮点数能表示的数的个数就是有限的。浮点数所能表示的数的范围是由其所能表示的最大值和最小值决定的,但并不是在此范围内的每个数都能被表示出来。

由于尾数和阶码都可能为负数,因此,浮点数中还应当包含尾数和阶码的符号,即尾符和阶符。那么一个 64 位的浮点数,便可规定其尾数为 51 位,阶码为 11 位,剩余两位为尾符和阶符(这个规定会因 CPU 厂家、型号的不同而不同)。

1.2　计算机程序设计语言

1.2.1　机器语言

计算机能够执行的指令称为机器指令,机器指令完全是由 0、1 构成的。一台计算机有哪些机器指令,每条机器指令是什么格式,完成什么功能,是由 CPU 的设计者事先规定好

的,这就称为指令系统。由机器指令组成的程序,称为可执行程序。例如,完成一次加法的几条机器指令可能会像下面的样子:

```
1000 0001 0000011000000000
1000 0010 1000000000000000
1100 0001 0010
1001 0001 0000110000000000
```

上面的每条指令,高 4 位代表指令所要进行的操作,如加法、乘法、将数据从内存复制到寄存器或将数据从寄存器复制到内存等。其余的部分表示要进行操作的对象。

第一条指令,高 4 位为"1000"表示要进行将数据从内存复制到寄存器的操作。那么紧接着的"0001"就表示要将数据复制到 1 号寄存器(寄存器有多个),最右边的"0000011000000000"表示数据的来源位于内存地址 0000011000000000 处。不妨假定寄存器的宽度是 8 位,那么就有 8 位的数据被复制。

同理,第二条指令表示要把内存地址 1000000000000000 处的数据复制到 0010 号(二进制),即 2 号寄存器。

第三条指令,高 4 位的"1100"表示要进行加法操作,要相加的两个数,分别位于 1 号寄存器和 2 号寄存器,加出来的结果要放到 1 号寄存器中。

第四条指令,高 4 位的"1001"表示要进行的操作是将寄存器的内容复制到内存。后面的部分则说明了要将 1 号寄存器的内容复制到内存地址 0000110000000000 处。

上面 4 条指令就完成了将内存地址 0000011000000000 和 1000000000000000 处的两个 8 位二进制数相加,并且将结果放到内存地址 0000110000000000 处。

用上面的办法编写程序,编写的是计算机能够理解的 0、1 串,即机器指令,因此这也被称为用机器语言编程。

在只有机器语言的时代,程序员不得不记住每一条指令的格式。编写一段两个数相加的程序,就要像上面那样编写,自己还得安排要加的两个数应该放在内存中的哪个位置,加出来的结果又要放到哪里,实在是非常麻烦。而且,早期的计算机连键盘都没有,所谓编写程序,就是在纸质卡片上打孔,打孔的地方就是 0,没打孔的地方就是 1,一排孔就是一条指令,然后用专门的读卡器将卡片上的程序读入到计算机的内存中再运行。

1.2.2 汇编语言

机器语言用起来非常麻烦,因为要记住每种操作所对应的编码是很困难的事。于是出现了汇编语言。汇编语言和机器语言的主要区别,就是将机器指令中难记的操作代码用直观的英文"助记符"来代替。例如,表示加法的"1100"用"ADD"代替,表示数据复制的"1100"用"MOV"代替,甚至 1 号寄存器用"AX"代替,2 号寄存器用"BX"代替。此外还可以有加标点符号用十六进制数替代二进制数等变化。1.2.1 节的那段机器语言程序,可以用汇编语言编写如下:

```
MOV   AX,0600
MOV   BX,8000
ADD   AX,BX
MOV   0C00,AX
```

显然这比机器语言程序好写、易懂多了。

在汇编语言时代，程序员已经可以通过键盘输入程序，再由专门的"汇编器"软件将汇编程序翻译成由机器指令组成的可执行程序。一般来说，一条汇编指令就对应于一条机器指令。

1.2.3　高级语言

汇编语言虽然比机器语言方便多了，但用起来依然麻烦，程序员必须对计算机的指令系统乃至硬件很了解，比如，要知道有几个寄存器，还要记住每条汇编指令的格式。而且，用汇编语言编写的程序是和具体的计算机系统紧密相关的，很难在不同种类的计算机系统上运行。例如，用汇编语言编写的 80x86 系统（常用的 Intel CPU 的系统）上的程序，就几乎不可能在苹果公司的 iPhone 上运行（现在的智能手机都可以看做是计算机系统）。

人们还是希望能用比较接近自然语言的办法来编写程序，而且，编程时也不想考虑把数据放到哪个内存地址、什么时候要把数据复制到寄存器中这些和硬件相关的细节，甚至根本不想知道计算机到底有几个寄存器。而且，人们还希望编写出来的程序，在不同的计算机系统上也能运行。于是，高级语言就应运而生了。高级语言有点接近自然语言，用高级语言编写前面提到的加法操作，可以只需下面的这一条语句：

```
c = a + b
```

如果想从键盘输入 a、b 的值，相加后输出结果，那么用以下几条语句就可以完成：

```
input a
input b
c = a + b
print c
```

input 代表读入一个数据，print 表示输出数据。输入数据和在屏幕上输出结果，是一个很复杂的过程，如果用汇编语言编写的话可能需要几十甚至上百条语句，但是用高级语言来完成，一条语句就能做到，而且很直观、易懂、易记。

上面编写的一小段高级语言程序只是打个比方，不同的高级语言有不同的语法，并不是每种高级语言输入、输出以及做加法的语句都是像上面的短程序那样。

高级语言用起来如此方便，是因为有编译器的支持。编译器就是将高级语言程序转换成由机器指令组成的计算机可执行程序的软件。不论在 Windows 系统、Linux 系统还是苹果公司的 Mac OS 系统上都可以用 C++语言编程，就是因为这 3 个操作系统上分别有各自的 C++的编译器，能够将 C++程序编译成可以在 Windows 系统、Linux 系统、Mac OS 系统上运行的可执行程序。

用高级语言编写的程序和硬件以及操作系统的关系不是非常密切，因此在一个系统上编写的高级语言程序，经过一定的改动，并且经过针对其他系统的编译器编译后，是可以在其他系统上运行的，这个过程称为程序的"移植"。我们经常看到同一个软件有针对不同系统的版本，比如"植物大战僵尸"游戏，不但有 Windows 版，还有 iPad 版、Android 手机版，这就是程序经过移植的结果。移植的工作量也是很大的，但总比针对每个系统都要从头重写省事得多。

下面是高级程序设计语言发展历史的一个简单缩影。

1955 年，美国科学家约翰·巴克斯(John Backus)主持发明了第一种计算机高级程序设计语言 FORTRAN，主要用于科学计算，直到今天还在使用。约翰·巴克斯后来获得了计算机科学界的最高奖——图灵奖。

1960 年左右，ALGOL 60 语言诞生，首次引入了局部性、递归、BNF 范式等概念，是程序设计语言发展史上的里程碑。为 ALGOL 语言做出重要贡献的艾伦·佩利和彼得·诺尔也都获得了图灵奖。

1964 年，以 FORTRAN 和 ALGOL 60 为基础的 BASIC 语言发布。BASIC 语言面向初学编程者，非常简单易学，促进了计算机产业的发展，至今仍然在广泛应用。微软公司的第一个产品就是发布于 1975 年的 Altair BASIC，由比尔·盖茨和保罗·艾伦亲自编写。

1968 年，沃斯(Niklaus Wirth)教授发明了结构化的程序设计语言 Pascal，成为 20 世纪 70 年代影响力最大的程序设计语言。沃斯因此获得图灵奖。

1970 年左右，UNIX 的研制者丹尼斯·里奇(Dennis Ritchie)在肯·汤普逊(Ken Thompson，也是 UNIX 研制者之一)所研制出的 B 语言的基础上，发展出了 C 语言。C 语言直到今日仍然是非常重要、应用广泛的程序设计语言。丹尼斯·里奇和肯·汤普逊都获得了图灵奖。

1983 年，Bjarne Stroustrup 以 C 语言为基础，发明了 C++语言，以适应面向对象编程的需要。

1991 年，Guido van Rossum 发明了 Python(大蟒蛇)语言。Python 简单易学，具有丰富和强大的类库，可移植性好，目前仍有比较广泛的应用。

1994 年，Rasmus Lerdorf 发布了 PHP 语言，现在已成为最流行的网站开发语言之一。

1995 年，为了减少程序移植的工作量，Sun 公司发明了 Java 语言。它是一种跨平台的语言，用 Java 编写的程序，经过很少的改动，甚至不经过改动，就能够在不同的计算机系统上运行。Java 编译器编译出来的可执行程序不是由机器指令构成的，而是由统一的 Java 虚拟机的指令组成的。而不同的系统上都安装有 Java 虚拟机软件(这个软件需要针对不同的系统分别开发)，Java 虚拟机可以运行 Java 虚拟机指令，因此在不同系统上都可以执行 Java 程序了。

2003 年，微软公司模仿 Java 并加以改进，发布了 C♯语言。

目前最流行的高级语言是 Java 语言，在 2011 年，大约占有 18% 左右的市场份额；其次是 C++语言，市场份额和 Java 语言接近；再次是 C 语言。C 语言和 C++语言的份额之和超过 Java 语言。

*1.3 C++语言的历史

C++语言是从 C 语言发展而来的。C 语言有很多优点，然而也有很多不足。例如，对类型匹配的检查不够严格、基本没有支持代码重用的机制、对面向对象的思想没有支持等。这使得在用 C 语言开发大规模的软件时，维护和扩充都比较困难。

1980 年，贝尔实验室的 Bjarne Stroustrup 开始对 C 语言进行改进，加入面向对象的特点。最初新语言被称为"带类的 C"(C with Classes),1983 年,"带类的 C"加入了虚函数、函数和运算符重载、引用等概念后,正式定名为"C++"(C Plus Plus)。1985 年,C++ 最权威的著作,Bjarne Stroustrup 著的《C++ 程序设计语言》(The C++ Programming language)第一版发布。1989 年,C++ 2.0 版发布,加入了多重继承、抽象类、静态成员、常量成员函数等概念。1990 年稍后又加入了模板、异常处理、名字空间等机制。1994 年,ANSI C++ 的标准发布。1998 年,ANSI 和 ISO 标准委员会联合发布了至今最为广泛使用的 C++ 标准,称为"C++98"。"C++98"的最重大改进就是加入了"标准模板库"(Standard Template Library,STL),使得"泛型程序设计"成为 C++ 除了"面向对象"外的另一主要特点。2003 年,ISO 的 C++ 标准委员会又对 C++ 略做了一些修订,发布了"C++03"标准。"C++03"和"C++98"的区别对大多数程序员来说可以不必关心。2005 年,一份名为"Library Technical Report 1"(简称 TR1)的技术报告发布,加入了正则表达式、哈希表等重要类模板。虽然 TR1 当时没有正式成为 C++ 标准,但如今的许多 C++ 编译器都已经支持 TR1 中的特性。2011 年 9 月,ISO 标准委员会通过了新的 C++ 标准,这就是"C++ 11"。"C++ 11"在酝酿的过程中,被称为"C++0x",因为 Bjarne Stroustrup 原本预计它应该在 2008 年或 2009 年发布。"C++ 11"对 C++ 的语言特性和标准库都做了比较大的扩充,TR1 中的许多特性正式成为"C++ 11"标准的一部分。

　　"C++ 11"刚通过不久,所以目前(2012 年 1 月)还没有编译器完全支持它。当前比较流行的 C++ 编译器有 gcc,微软的 Visual C++ 10.0(包含在 Visual Studio 2010 中)、Dev C++,IBM 的 Eclipse、Borland C++ Builder 等。gcc 和 Visual Studio 2010 支持较多的"C++ 11"特性。Dev C++ 实际上核心的编译器还是 gcc,只不过是用 IDE(集成开发环境)将其包装起来,更加便于使用。Visual Studio 2010 最好用,但是体积巨大而且价格昂贵;Dev C++ 只有几兆大,而且免费。推荐读者使用这两种编译器。本书中的程序,除非特别说明,都能在上述两种编译器中编译通过,而且运行结果相同。

　　下面有两个 C++ 的网站,用来查询 C++ 的各种函数、模板、类的用法特别方便。

　　(1) http://www.cplusplus.com/;

　　(2) http://www.cppreference.com。

1.4　小结

　　在计算机中,所有的信息都是用 0 和 1 来表示的。二进制数的 4 位,正好对应于十六进制数的 1 位。

　　整数在计算机中表示时,往往用最高位来代表符号位。符号位为 1 表示负数,符号位为 0 表示正数。由负整数的二进制表示形式算出其绝对值的方法,就是将所有位取反,然后再加 1。把负整数表示成二进制的方法,就是设置符号位为 1,其余位则等于绝对值取反再加一。

　　大多数计算机系统中都是用"浮点数"来表示小数。浮点数分为 4 个部分:阶符、阶码、尾符、尾数。

　　机器语言就是直接用 0、1 串进行编程;汇编语言用助记符号代表机器指令;高级语言比较接近自然语言。

习题

1. 将下列十进制数表示成 16 位二进制形式和 4 位十六进制形式:

$255,-254,-1,10,20,-12$

2. 将下列 16 位的有符号二进制数转换成十进制形式:

1000 1111 0000 1111, 0000 1011 0000 1111, 1111 1111 0000 1111
1111 1111 1111 1110, 1000 0000 0000 0000, 0000 0000 1100 1110

3. 将下列有符号 4 位十六进制数转换为十进制数:

FC34, 7000, 00a5, 1004, 7F45, 7700, C0C0, 0FFF, FFFF

C++语言的基本要素　　第 2 章

2.1　C++的标识符

　　用 C++语言编写的程序,程序员需要为变量、函数、类、结构等进行命名。这些命名,就称为"标识符"。**C++中的标识符由大小写字母、数字和下划线构成**,中间不能有空格,长度不限,不能以数字开头。以下是一些合法的 C++标识符:

```
name  _doorNum  x1  y  z  a2 A number_of_students  PrintValue  MYTYPE
```

　　标识符是大小写相关的,如"number"、"Number"、"NUMBER"是 3 个不同的标识符。

　　许多编译器自己内部用到的一些标识符是以双下划线开头的,所以最好不要以双下划线开头作为变量名,以免碰巧和它们冲突。

2.2　C++的关键字

　　C++语言预留了一些单词,这些单词具有特定的含义,不能被程序员用来作为标识符。这些预留的单词就称为"关键字",也称"保留字"。C++语言中的常见的关键字如下(不同编译器可能会增加一些不同的关键字):

auto	break	case	char
const	continue	default	do
double	else	enum	extern
float	for	goto	if
int	long	register	return
short	signed	sizeof	static
struct	switch	typedef	union
unsigned	void	volatile	while

　　以上是 C/C++语言中都有的关键字,以下是 C++中独有的关键字:

bool	catch	class	const_cast
delete	dynamic_cast	explicit	false
friend	inline	namespace	new
operator	private	protected	public
reinterpret_cast	static_cast	template	this
throw	true	try	typeid
typename	using	virtual	

还有 index、list、link 这几个单词，会被某些 C++编译器预留，所以最好不要将它们用做标识符。

*2.3　最简单的 C++程序

下面就是一个几乎最简单的 C++程序。每行左边的行号（如"1."）是本书为了讲述方便加上去的，并不是程序的一部分。

```
1.   # include<iostream>
2.   using namespace std;
3.   int main()
4.   {
5.       cout << "Hello,C++";
6.       return 0;
7.   }
```

程序运行的结果是输出：

Hello,C++

学到这里，读者还不需要明白上面程序的每一行都是做什么的，要编写自己的程序，只需照抄上面的内容，去掉第 5 行，然后在第 4 行的"{"和第 6 行的"return 0;"之间填写自己编写的语句即可。C++程序的每条语句以";"结尾。程序执行的时候是从上到下逐条语句执行的。

第 5 行执行的是输出操作，在屏幕上打出"Hello,C++"。其中的"cout"是用来执行输出的"对象"，用"<<"连接"cout"和要输出的内容，就能完成输出。在本行中要输出的内容是一串文字（也称为字符串）"Hello,C++"，C++规定，字符串前后要用""括起来。

思考题　字符串是有可能包含双引号的，假定你是 C++语言的设计者，你怎么处理这种情况？

"cout"不仅可以用来输出字符串，还可以用来输出数字。请看下面的例子：

```
1.   # include<iostream>
2.   using namespace std;
3.   int main()
4.   {
5.       cout << "I have " << 3.5 << " dollars." << endl;
6.       cout << "I want to buy:" << endl << "a book.";
7.       return 0;
8.   }
```

程序的输出结果如下：

I have 3.5 dollars.

I want to buy:
a book.

在第 5 行可以看到,用多个"<<"可以将多项要输出的内容连接起来一起输出。"endl"表示换行,它导致后面的输出会从下一行开始。

如果要进行输入该怎么办呢？下面看一个输入两个数,然后求其和并输出的例子：

```
1.  # include <iostream>
2.  using namespace std;
3.  int main()
4.  {
5.      int a,b,c;
6.      cout << "Please input two numbers:" << endl;
7.      cin >> a >> b;
8.      c = a + b;
9.      cout << "The sum is " << c << "!";
10.     return 0;
11. }
12.
```

程序运行情况如下：

Please input two numbers:
<u>3 4</u> ↙
The sum is 7!

本书中,程序运行时用户输入的内容,用下划线表示,"↙"代表按 Enter 键。程序输出的内容,用斜体字表示。

第 5 行定义了 3 个变量 a、b、c。变量的概念在 2.4 节介绍,这里只需知道变量是用来放数据的地方,其内容可变即可。"int"说明了这 3 个变量是用来放整数的(英文单词"integer"的意思是"整数")。

第 6 行会输出"Please input two numbers："并换行。

第 7 行中的"cin"是能执行输入功能的一个"对象"。用">>"连接"cin"和变量,就能将用户输入的数据放到变量中。">>"同样可以连用。本行将使程序停下来等待用户输入两个数字。如果用户输入：

<u>3 4</u> ↙

则第 7 行执行的结果是：3 被放入变量 a,4 被放入变量 b,然后程序继续执行。

第 8 行求出 a 和 b 的和,放入变量 c。

从第 9 行可以看出,"cout"也能用来输出变量的值。本行输出以下结果：

The sum is 7!

将第 9 行改成：

```
cout << "The sum is " << a + b << "!";
```

效果也是一样的,而且就不需要用变量 c,也就不需要第 8 行了。

在 C++程序中,每一行从什么位置开始编写,缩进多少格,从语法上来讲都是无所谓的,但是从程序可读性的角度来说则很重要。C++程序也没有要求一条语句一定要独占一行,

新标准 C++ 程序设计教程

随便把多少条语句写在同一行都可以,但这会导致程序可读性变差,不提倡。在 C++ 程序中大多数地方都可以随意添加空格,随意换行,对程序结果没有影响。例如:

```
int     a,  b  ,  c ;
cout  <<  b;
c = a + b +
d ;
```

上面这些语句中添加了许多空格,甚至一条语句中还换行了,这对结果是没有影响的。但类似"<<"这样的运算符是一个整体,不能添加空格变成"< <"。

2.4 变量

用机器语言编程,存取数据的时候,程序员要指定数据在内存中的地址,以及需要存取多少个字节的数据。用高级语言编程,程序员不必关心数据存放的内存地址,只要使用"变量"来存取数据即可。变量就是一个代号,程序运行时系统会自动为变量分配内存空间,于是变量就代表了系统分配的那片内存空间,对变量的访问,就是对其代表的内存空间的访问。变量有名字和类型两种属性,不同变量的名字就对应了内存中的不同地址(即不同位置),而变量的类型决定了一个变量占用多少个字节。

在 C++ 语言中,变量要先定义然后才能使用,"使用"有时也称为"引用"。读取或修改一个变量的值,都称为使用这个变量。定义变量的语句,要出现所有使用该变量的语句之前。

2.4.1 变量的定义

C++ 语言中定义变量的写法如下:

类型名 变量名 1,变量名 2,…,变量名 n;

例如:

```
int number;
```

其中,"int"是类型名,number 是变量名。这条语句就定义了一个名字为 number 的变量,其类型是 int(整数型,简称"整型")。

变量的类型在 2.5 节"C++ 的数据类型"中会解释。

变量名是程序员自己命名的,命名规则同前面说的标识符的命名规则。**一般变量名会由一个或几个单词构成,最好从字面上就能看到变量的用途。**例如,numOfStudents、powerValue 等。

2.4.2 变量的初始化

变量在定义的时候,可以给它指定一个初始值,称为变量的初始化。例如:

```
int a = 4, b = 3,c;
```

那么 a 一开始的值就是 4,b 一开始的值就是 3,c 没有初始化,所以其值是多少,一般是不确定的。

C++ 语言不允许将同名的变量定义两次或两次以上。例如：

```
int a;
double a;
```

编译时会导致变量重复定义的错误。

2.4.3　变量的赋值

变量的值是可变的。在 C++ 语言中，可以通过赋值语句来修改变量的值。赋值语句的格式如下：

```
变量名 = 值;
```

其效果是使变量变成和等号右边的值相同。这里的等号也叫"赋值号"。执行这条语句时，就说明是用等号右边的值对等号左边的变量进行赋值。这里的"值"也可以是另一个变量。例如：

```
int a = 4, b = 3;
a = 12;
b = a;
```

执行完"a＝12;"后，a 的值变为 12，执行完"b＝a;"后，b 的值变为和 a 的值相同，即为 12。

2.4.4　常变量

定义变量时，如果在类型名前面加"const"关键字，该变量就成为"常变量"。例如：

```
const int a = 5;
```

常变量的值只能用初始化的方式给出，此后不能被修改。对常变量赋值会导致编译错误。

2.5　C++ 的数据类型

2.5.1　C++ 基本数据类型

前面介绍了变量的定义语句：

```
int number;
```

此处的"int"表示了变量 number 的"数据类型"，它说明 number 是一个"整型变量"，即 number 中存放的是一个整数。"数据类型"能够说明一个变量表示什么样的数据（整数、实数、字符等）。不同数据类型的变量，占用的存储空间大小不同。除了"int"以外，C++ 中还有其他一些基本数据类型，如表 2.1 所示。**除了基本数据类型外，C++ 还允许程序员自定义数据类型**。关于自定义数据类型，在第 8 章中将进行详细的讲解。

表 2.1　C++的基本数据类型

类 型 名	含 义	字 节 数	取 值 范 围
int	整型,表示整数	4	$-2^{31} \sim 2^{31}-1$
long	长整型,表示整数	4	$-2^{31} \sim 2^{31}-1$
short	短整型,表示整数	2	$-2^{15} \sim 2^{15}-1$
unsigned int	无符号整型,表示非负整数	4	$0 \sim 2^{32}-1$
unsigned long	无符号长整型,表示非负整数	4	$0 \sim 2^{32}-1$
unsigned short	无符号短整型,表示非负整数	2	$0 \sim 2^{16}-1$
long long	64 位整型,表示整数	8	$-2^{63} \sim 2^{63}-1$
unsigned long long	无符号 64 位整型,表示非负整数	8	$0 \sim 2^{64}-1$
float	单精度实数型,表示实数	4	$-3.4 \times 10^{-38} \sim 3.4 \times 10^{38}$
double	双精度实数型,表示实数	8	$-1.7 \times 10^{-308} \sim 1.7 \times 10^{308}$
char	字符型,表示字符	1	$-128 \sim 127$
unsigned char	无符号字符型	1	$0 \sim 255$
bool	布尔型,表示真假	1	true 或 false

C++的基本数据类型说明如下。

（1）int 类型的变量有 32 位,其中有一位要用做符号位,所以其取值范围是 $-2^{31} \sim 2^{31}-1$。而 unsigned int 类型的变量没有符号位,只能表示非负整数,因此其取值范围是 $0 \sim 2^{32}-1$。

（2）long long 和 unsigned long long 类型并非 C++ 98 标准的一部分。2005 年的 TR1 中有了 long long。现在几乎所有的 C++编译器都支持它们。

（3）char 类型的变量表示一个字符,如'a', '1'等。字符型变量存放的实际上是字符的 ASCII 码。例如,'a'的 ASCII 码是 97,即十六进制的 61。那么如果执行:

```
char c = 'a';
```

则执行后 c 中就存放着十六进制数 61,即二进制数 01100001。

因为 char 类型变量占用 1 个字节,而且还有符号位,因此其取值范围是 $-128 \sim 127$。而 unsigned char 类型的变量,没有符号位,因此其取值范围是 $0 \sim 255$。

本书中,将表示整数的类型和 char、unsigned char 类型统称为"整数类型"。它们之间可以互相赋值。

（4）float 和 double 类型都用来表示实数（也称浮点数）。程序设计语言中所说的"实数",实际上指的就是小数,如 3.14、0.35 等。double 类型的变量精度比 float 类型的变量高。

（5）bool 类型变量的取值只有两种：true 和 false,分别表示逻辑"真"和逻辑"假"。

以上的"int"、"double"、"short"、"unsigned char"等都是"类型名"。C++中的"类型名"可以由用户定义,"自定义数据类型"章节中会进一步阐述。

2.5.2　数据类型自动转换

在赋值语句中,如果等号左边的变量类型为 T1,等号右边的变量或常量类型为 T2,T1 和 T2 不相同,那么在 T1 和 T2 类型能够兼容的情况下,编译器会将等号右边的变量或常量的值,自动转换为一个 T1 类型的值,再将此值赋给等号左边的变量。这个过程称为"自动类型转换"。**自动类型转换不会改变赋值符号右边的变量**。上面提到的所有类型,正好都是两两互相兼容的,所以可以互相自动转换。但是如果自动转换会导致信息丢失,那么编译器也会给予警告。例如,用一个 double 类型的变量 f 给 int 类型的变量 n 赋值,虽然是允许的,但是由于自动转换后 f 的小数部分被舍弃,只留下整数部分赋值给 n,这造成了信息丢失,所以编译器对这样的赋值语句给出警告信息。以后会碰到一些类型,如指针类型、结构类型,它们和上述所有的类型都不兼容。如果等号左边是一个整型变量,等号右边是一个"结构类型"的变量,这样的赋值语句在编译的时候就会报错。

下面以一段程序来说明上述数据类型之间的自动转换:

```
//program 2.5.2.1.cpp
1.   # include < iostream >
2.   using namespace std;
3.   int main()
4.   {
5.       int n1 = 1378;                    //1378 的十六进制形式是 0x562
6.       short n2;
7.       char c = 'a';
8.       double d1 = 7.809;
9.       double d2;
10.      n2 = c;                           //n2 变为 97 , 97 是'a'的 ASCII 码
11.      cout << "c = " << c << ",n2 = " << n2 << endl;    //输出 c = a,n2 = 97
12.      c = n1;                           //n1 是 0x562, 0x62 被当做 ASCII 码赋值给 c,c 变为 'b'
13.      cout << "c = " << c << ",n1 = " << n1 << endl;    //输出 c = b,n1 = 1378
14.      n1 = d1;                          //d1 = 7.809, 去掉小数部分后赋值给 n1,n1 变为 7
15.      cout << "n1 = " << n1 << endl;    //输出 n1 = 7
16.      d2 = n1;                          //d2 变为 7
17.      cout << d2 << endl;              //输出 d2 = 7.000000
18.      return 0;
19.  }
```

程序的输出结果:

```
c = a,n2 = 97
c = b,n1 = 1378
n1 = 7
d2 = 7.000000
```

上面程序中,有一些文字出现在"//"的右边,"//"和其后的文字是"注释"。注释本身不属于程序的一部分,不会影响程序的执行,也不需要遵循任何语法。注释是用来给程序员看的,使得程序员更容易理解程序。例如,程序开始的"//program 2.5.2.1.cpp"是为了说明本程序在配套素材上的文件名是"2.5.2.1.cpp"。

执行第 10 行时,由于变量 c 内存放的是字符'a'的 ASCII 码,即十进制整数 97,因此本条赋值语句使得 n2 的值变为 97。char 类型的变量在运算时会被转换成 int 类型。

第 12 行中,等号的左边是 char 类型的变量、右边是 int 类型的变量。语句执行时,先将右边的 int 值自动转换成一个 char 类型的值,再赋值给 c。由于 char 类型的变量只有 1 个字节,所以自动转换的过程就是丢弃 n1 的高 3 位字节,只取 n1 中最低的那个字节赋值给 c。n1 的值是 1378,表示成十六进制是 0x562,最低的字节是 0x62。本条语句执行完毕后,c

的值就是 0x62，换算成十进制就是 98。98 是字母'b'的 ASCII 码，因此，本语句执行后，c 中就存放着字母'b'。需要强调的是，本语句的自动转换过程不会改变 n1 的值。

第 14 行执行时，需将浮点数值 7.809 自动转换成一个整型值，再赋给 n1。在 C++ 中，浮点数自动转换成整数的规则是去掉小数部分，因此 n1 的值变为 7，d1 的值不改变。

bool 类型和整型之间也能互相转换。一个值为 true 的 bool 类型的变量可以被看做一个值为非 0 的整型变量；一个值为 false 的 bool 类型变量可以被看做一个值为 0 的整型变量。请看下面的程序：

```
    //program 2.5.2.2.cpp
1.   # include < iostream >
2.   using namespace std;
3.   int main()
4.   {
5.       int m,n;
6.       bool b1 = true,b2 = false;
7.       m = b1;                      //bool 类型可以被自动转换成 int 类型
8.       n = b2;
9.       cout << m << "," << n << endl;   //输出 1,0
10.      return 0;
11. }
```

为节省篇幅，有些程序在注释中给出了全部的输出结果，输出结果就不单列了。

思考题 假定 char 类型的变量 c 中存放着一个'w'之前的小写字母，请编写一条赋值语句，使得 c 变为其后的第 4 个字母(如将 c 从'a'变成'e')。

提示：小写字母的 ASCII 码是连续的。

2.5.3 用 cin 读入类型不同的变量

用 cin 可以一次读入多个类型不同的变量，只要输入的各项之间用空格分隔即可。例如下面的程序段：

```
int n; char c; int m;
cin >> n >> c >> m;
cout << n << " " << c << " " << m;
```

程序运行的结果可以是：

34 k 34 ↙

34 k 34

2.6 常量

常量就是在程序运行过程中值不会发生改变，而且一眼就能看出其值的量。例如，12、'a'、7.809、"Hello,C++" 都是 C++ 语言中的常量。常量也可以分成多种数据类型。

2.6.1　整型常量

整型常量就是平常最熟悉的整数的形式,如 123、-2、0 等。C++语言还允许用十六进制来表示整型常量。十六进制整型常量以"0x"开头,其余部分由数字和大小写均可的"a"～"f"5 个字母组成。例如:0xF0 就是十六进制数 F0,即十进制的 240;-0x1a 就是十六进制数-1a,即十进制的 -26。至于 0xFFFFFFFF,代表一个 32 位全为 1 的二进制数。

```
        //program 2.6.1.1.cpp
1.   # include < iostream >
2.   using namespace std;
3.   int main()
4.   {
5.        int a ,b = 100;
6.        unsigned int c;
7.        a = 0xffffffff;              //a 有符号,因此赋值后其值为 -1
8.        c = 0xffffffff;              //c 是无符号整数,因此赋值后其值为 4294967295
9.        cout << a << "," << c << endl;       //输出 -1, 4294967295
10.       cout << a - b << "," << c - b << endl; //输出 -101,4294967195
11.       return 0;
12. }
```

第 7 行和第 8 行都使等号左边的变量的每个比特都变成 1。由于 a 有符号,所以其值是 -1;b 无符号,所以其值为 $2^{32}-1$,即 4 294 967 295。

十六进制常量非常好用,因为它的每一位正好相当于二进制数的 4 位。在需要构造一个每个二进制位都要指定的常量的情况下,就可以用十六进制常量。

本书以后的行文中如果出现 0x 开头的数,就代表十六进制数。

C++语言还允许在程序中使用八进制数常量。八进制整型常量的写法是以"0"开头,其余部分由 0～7 八个数字组成。例如,071、-02、-014,它们分别等于十进制的 57、-2 和-12。

32 位无符号整型常量的最大值是 $2^{32}-1$,即 4 294 967 295,或 0xffffffff。如何表示比 4 294 967 295 还要大的整型常量呢? 方法是在更大的整型常量后面加"LL"(含义:long long 类型的常量)。例如:

```
long long n = 13294967295944LL;
long long m = 0xffffffff9LL;
```

2.6.2　实数型常量

实数型常量有普通表示法和科学记数法两种。

普通表示法就是最常用的"整数.小数"格式,如 12.34、0.05、-8 等。

科学记数法的格式是"小数 e 整数",其大小是小数×10^{整数}。例如:

3.14e2,即 3.14×10^2

-23.078e-12,即 -23.078×10^{-12}

科学记数法表示的常量中,字母"e"换成大写的也可以。

新标准 C++程序设计教程

思考题 假设 a 是 int 类型的变量,"a = 4294967295;"这条赋值语句会使得 a 的值变为多少?

2.6.3 布尔型常量

布尔(bool)型的常量只有两个:true 和 false,分别代表逻辑"真"和逻辑"假"。

2.6.4 字符型常量

字符型常量表示一个字符,用单引号括起来,如'a'、'A'、'8'、' '(空格)等。字符型常量可以用来给 char 或 unsigned char 类型变量赋值。字符型常量也可以用来给整型变量赋值,赋值的结果就是将字符的 ASCII 码赋值给整型变量。

C++语言中还有一类字符常量,以"\"开头,如'\n'、'\r'、'\t'等,称为"转义字符"。所谓"转义"就是指"\"后面的字符被转成别的含义。在 C++语言中转义字符还是只占一个字节,用'\\'表示反斜杠"\",用'\''表示单引号"'"。表 2.2 列出了一些常用的转义字符。

表 2.2 C++中常用的转义字符

转 义 字 符	含　　义	ASCII 码
\n	换行,将输出位置移到下一行开头	10
\r	回车,将输出位置移到本行开头	13
\t	制表符,输出位置跳到下一个制表位置。制表位置一般是 8 的倍数加 1	9
\b	退格,输出位置回退一个字符	8
\\	反斜杠"\"	92
\'	单引号"'"	39
\0	空字符	0
\ddd(如\123)	ddd 是一个八进制数,代表字符的 ASCII 码	ddd(八进制)
\xhh(如\x61)	hh 是一个十六进制数,代表字符的 ASCII 码	hh(十六进制)

2.6.5 字符串常量

字符串常量是用双引号括起来的一串字符,如 "a"、"abc"、"1234567" 等。需要注意的是,"a"和'a'是不一样的,前者是只有一个字符的字符串,后者是一个字符,不能用前者给一个 char 类型的变量赋值。"1234567"当然也和 1234567 是不一样的,不能用前者给一个 int 类型变量赋值。""也是字符串常量,代表空串,即不含任何字符的字符串。

字符串常量里可以包含转义字符。下面的 4 行程序输出了一些带转义字符的字符串:

```
1.   cout << "1234567890" << endl;
2.   cout << "123\t456\nabc" << endl;
3.   cout << "ABCD\bEFG" << endl;
4.   cout << "UVWX\rYZ" << endl;
```

程序的输出结果:

```
1234567890
123       456
abc
```

ABCEFG
YZWX

第 2 行中的'\t'导致输出位置跳到下一个制表位置,即第 9 列,所以后面的"456"会从第 9 列开始输出。'\n'导致换行,所以 "abc"要在下一行输出。

第 3 行中的'\b'导致输出位置回退一个字符,后面的"EFG"就会从原来已经输出了"D"的位置开始输出,于是就覆盖了字符"D"。

第 4 行中的'\r'导致输出位置回到本行开头,于是后面输出的"YZ"就覆盖了已经输出的"UV"。

2.6.6　符号常量

为了阅读和修改的方便,在 C++编程时,常用一个由字母和数字组成的符号来代表某个常量,这样的常量称为符号常量。符号常量用预编译命令 ♯define 进行定义,写法如下:

♯define 常量名 常量值

定义之后,程序中所有出现"常量名"的地方,就等价于出现的是"常量值"。"常量名"的命名规则和变量相同,"常量值"则写什么都可以,中间也可以带空格,例如:

```
# define MAX_NUM 1000
# define UNIVERSITY_NAME   "Peking University"
# define MYINT i = 5;
```

那么,以后程序中所有出现 MAX_NUM 的地方,就等价于出现的是 1000;所有出现 UNIVERSITY_NAME 的地方,就等价于出现的是 "Peking University"(包括双引号);所有出现 MYINT 的地方,就等价于出现了"i = 5;"(不包括双引号)。在经过预编译之后,程序中的所有符号常量都不复存在,都已被替换成其对应的"常量值"。

对于在程序中会多次出现的数值常量,最好用一个符号常量来代表它,然后使用该符号常量而不是数值常量,这样便于程序的修改。例如,一个绘图程序,牵涉 12 种颜色,12 这个数值常量就会在程序里大量出现。比较好的做法是将 12 定义为符号常量:

```
♯ define COLOR_NUM 12
```

然后在用到 12 的地方,都写 COLOR_NUM 而不写 12。以后若是程序修改了,颜色数目增加了,就不需要把所有的 12 都找出来修改,而只需修改上面的 ♯define 命令即可。

多使用符号常量,少使用数值常量,是重要的 C 语言编程好习惯。而在 C++语言中,连符号常量都应该少用,尽可能使用常变量。例如:

```
const int COLOR_NUM = 12;
const string UNIVERSITY_NAME = "Peking University";
```

2.7　运算符和表达式

C++语言中的"+"、"−"、"＊"、"/"等符号,分别表示加、减、乘、除等运算,这些表示数据运算的符号称为"运算符"。运算符所用到的操作数的个数,称为运算符的"目数"。例如,

"＋"运算符需要两个操作数,因此它是双目运算符。

将变量、常量等用运算符连接在一起,就构成了"表达式",如 n＋5、4－3＋1 等。实际上,单个的变量、常量也是表达式,如 n、4、"Peking University"等。表达式中还可以使用括号来指定计算的优先顺序,如 a＊(b＋c),就是要先算 b＋c,结果再乘以 a。表达式的计算结果称为"表达式的值"或"表达式的返回值",如表达式"4－3＋1"的值就是 2,是整型的。如果 f 是一个实数型变量,那么表达式 f 的值就是变量 f 的值,其类型是实数型。

C++语言的运算符有赋值运算符、算术运算符、逻辑运算符、位运算符等多类。

2.7.1 算术运算符

算术运算符用于数值运算,包括加(＋)、减(－)、乘(＊)、除(/)、求余数(％)、自增(＋＋)、自减(－－)共 7 种。

1. 加、减、乘运算符

a＋b、a－b、a＊b 这 3 个表达式的值,就是 a 和 b 做算术运算的结果。表达式值的类型,以操作数中精度高的类型为准。例如,一个操作数是 int 类型的,另一个操作数是 long long 类型的,那么结果就是 long long 类型的;a 和 b 之中有一个是实数型的,那么表达式的值也是实数型的,不因计算结果恰好是整数而变成整型,如 2＊0.5 这个表达式的值就是 double 类型的。

两个整数类型进行加、减、乘都可能导致计算结果超出了结果类型所能表示的范围,这种情况就称为溢出。例如,两个 int 类型的变量相乘,结果也应是 int 类型的;但是结果有可能太大,会超过 int 类型所能表示的范围,这就产生溢出了。这种情况下,计算结果的溢出部分直接被丢弃。请看下面的程序:

```
//program 2.7.1.1.cpp 算术运算溢出演示
1.    # include < iostream >
2.    using namespace std;
3.    int main()
4.    {
5.            unsigned int n1 = 0xffffffff;
6.            cout << n1 << endl;              //输出 4294967295
7.            unsigned int n2 = n1 + 3;        //导致溢出
8.            cout << n2 << endl;              //输出 2
9.            return 0;
10. }
```

0xffffffff ＋ 3 的结果,应该是 0x100000002,这超出了 32 位的 unsigned int 所能表示的范围,因此超出部分,即高于 31 位(最右边是第 0 位)的部分,直接被丢弃,结果变成 0x2。

在实际应用中或解一些编程题目时,如果牵涉的数比较大,就要考虑计算的结果是否会溢出。有时最终要求的那个结果是不会溢出的,但在计算过程中可能会有溢出现象发生,那也会导致程序计算的结果不正确。解决的办法是采用更高精度的数据类型,如用 long long 替代 int。如果 long long 还不够,例如求一个有 500 个十进制位的素数这样的任务,就只能采取用以后要讲的"数组"来存放数据的办法了。

2．除法运算符

C++语言中的除法运算符有一些特殊之处，即如果 a、b 是两个整数类型的变量或者常量，那么 a/b 的值是 a 除以 b 的商。例如，表达式 5/2 的值是 2，而不是 2.5。除法的计算结果，类型同样和操作数中精度高的类型相同。请看下面的程序：

```
//program 2.7.1.2.cpp 除法运算
1.   # include < iostream >
2.   using namespace std;
3.   int main()
4.   {
5.       int a = 10;
6.       int b = 3;
7.       double d = a/b;              //由于 a、b 都是整型，所以表达式 a/b 的值也是整型，其值是 3
8.       cout << d << endl;          //输出 3
9.       d = 5/2;                     //d 的值变为 2.0
10.      cout << d << endl;          //输出 2
11.      d = 5/2.0;
12.      cout << d << endl;          //输出 2.5
13.      d = (double)a/b;
14.      cout << d << endl;          //输出 3.33333
15.      return 0;
16.  }
```

第 11 行，要求 5 除以 2 较为精确的值，为此要将 5 或者 2 表示成实数。除法运算中，如果有一个操作数是实数，那么结果就是实数。因此表达式 5/2.0 的值是 2.5。

第 13 行，求 a 除以 b 的较为精确的小数形式的值。"(double)"的是一个"强制类型转换运算符"，它是一个单目运算符，能将其右边的操作数强制转换成 double 类型。用此运算符先将 a 的值转换成一个实数值，然后再除以 b，此时算出来的结果就是较为精确的实数型。

3．模运算符

求余数的运算符"％"也称为模运算符。它是双目运算符，两个操作数都是整数类型的。a ％ b 的值就是 a 除以 b 的余数。

4．自增、自减运算符

(1) 自增运算符"＋＋"用于将整型或实数型变量的值加 1。只有一个操作数，是单目运算符。它有以下两种用法，分别称为后置用法和前置用法：

后置用法：

变量名 ++;

前置用法：

++变量名;

这两种用法都能使得变量的值加 1，但它们是有区别的，**表达式"变量名 ＋＋"的值是变**

量加 1 以前的值,表达式"＋＋变量名"的值是变量加 1 以后的值。 请看下面的程序示例:

```
//program 2.7.1.3.cpp 自增自减运算符
1.   # include < iostream >
2.   using namespace std;
3.   int main()
4.   {
5.      int n1 , n2 = 5;
6.      n2 ++;                        //n2 变成 6
7.      ++n2;                         //n2 变成 7
8.      n1 = n2 ++;                   //n2 变成 8,n1 变成 7
9.      cout << n1 << "," << n2 << endl;   //输出 7,8
10.     n1 = ++n2;                    //n1 和 n2 都变成 9
11.     cout << n1 << "," << n1 << endl;   //输出 9,9
12.     return 0;
13.  }
```

第 8 行的执行过程是先将 n2 的值赋给 n1,然后再增加 n2 的值,因此该语句执行后,n1 的值是 7,n2 的值是 8。也可以说,表达式 n2++ 的值就是 n2 加 1 以前的值;

第 10 行的执行过程是先将 n2 的值加 1,然后再将 n2 的新值赋给 n1。因此该语句执行后,n1 的值是 9,n2 的值也是 9。也可以说,表达式 ＋＋n2 的值就是 n2 加 1 以后的值;

前置＋＋的运算速度高于后置＋＋,所以在前置和后置两种用法都可以的情况下,应选用前置用法。

另外,＋＋a 这个表达式的值就是 a,因而它可以出现在赋值语句的等号左边,a＋＋则不可以。例如,＋＋a＝5 会使得 a 的值变为 5,但 a＋＋＝5 则编译出错。

(2) 自减运算符"－－"用于将整型或实数型变量的值减 1。它的用法和"＋＋"相同,不再赘述。

2.7.2 赋值运算符

赋值运算符用于对变量进行赋值,分为简单赋值(＝)、复合算术赋值(＋＝、－＝、＊＝、/＝、%＝)和复合位运算赋值(&＝、|＝、^＝、>>＝、<<＝)3 类共 11 种。

简单赋值语句的格式如下:

变量名 = 表达式;

该语句使得变量的值变为和表达式的值相等。例如,下面连续的 4 条语句:

```
int a;
a = 1;                        //a 的值变为 1
a = a + 1;                    //a 的值变为 2
a = 4 + a;                    //a 的值变为 6
```

表达式 a ＝ b 的值就是 a。 因此,可以写:

```
int a, b;
a = b = 5;
(a = b) = 100;
```

多个"＝"连用时,计算顺序是从右到左,因此上面的第 2 条语句先将 b 的值赋为 5;然后求得 b ＝ 5 这个表达式的值 5,再赋值给 a。

第 3 条语句有括号存在,因此要先计算 a=b。a=b 的返回值就是 a,因此此句执行完后,a 的值变为 100。

对于复合算术赋值运算符的用法,仅以"+="为例,a += b 等效于 a = a + b,但是前者执行速度比后者快。

-=、*=、/=、%= 的用法和 += 用法类似。复合位运算赋值的含义,学了位运算之后也不难明白。

一般地,把能出现在赋值运算符左边,即能够被赋值的表达式,称为"左值"。

2.7.3　关系运算符

关系运算符用于数值的大小比较,包括大于(>)、小于(<)、等于(==)、大于等于(>=)、小于等于(<=)和不等于(!=)6 种。它们都是双目运算符。

关系运算符运算的结果是 bool 类型,值只有两种: true 或 false。false 代表关系不成立,true 代表关系成立。由于 bool 类型和整型可以自动互相转换,而 true 就是非 0,false 就是 0,因此也可以认为关系运算符运算的结果是整型,0 代表关系不成立,非 0 代表关系成立。

C++语言中,总是用 0 代表"假",用非 0 代表"真"。例如,表达式 3>5,其值是 0,代表该关系不成立,即运算结果为假;表达式 3==3,其值是非 0,代表该关系成立,即运算结果为真。这个非 0 值一般就是 1。

请看下面的例子:

```
//program 2.7.3.1.cpp 关系运算符
1.   # include < iostream >
2.   using namespace std;
3.   int main()
4.   {
5.       int n1 = 4, n2 = 5, n3;
6.       n3 = ( n1 > n2 );          //n3 的值变为 0
7.       cout << n3 << ",";         //输出 0,
8.       n3 = ( n1 < n2);           //n3 的值变为非 0 值
9.       cout << n3 << ",";         //输出 1,
10.      n3 = (n1 == 4);            //n3 的值变为非 0 值
11.      cout << n3 << ",";         //输出 1,
12.      n3 = (n1 != 4);            //n3 的值变为 0
13.      cout << n3 << ",";         //输出 0,
14.      n3 = (n1 == 5);            //n3 的值变为 0
15.      cout << n3 ;               //输出 0,
16.      return 0;
17.  }
```

程序的输出结果:

```
0,1,1,0,0
```

2.7.4　逻辑运算符和逻辑表达式

逻辑运算符用于表达式的逻辑操作,包括与(&&)、或(||)、非(!)3 种。前两个是双目运算符,第三个是单目运算符。其运算规则如下:

（1）当且仅当表达式 exp1 和表达式 exp2 的值都为真（或非 0）时，exp1 && exp2 的值为真，其他情况，exp1 && exp2 的值均为假。例如，如果 n = 4，那么 n > 4 && n < 5 的值就是假，n >= 2 && n < 5 的值就是真。表达式 5&&0 的值是假，4&&1 的值是真。

（2）当且仅当表达式 exp1 和表达式 exp2 的值都为假（或 0）时，exp1 || exp2 的值为假，其他情况，exp1 || exp2 的值均为真。例如，如果 n = 4，那么 n > 4 || n < 5 的值就是真，n <= 2 || n > 5 的值就是假。表达式 5||0 的值是真。

（3）如果表达式 exp 的值为真，那么 !exp 的值就是假；如果 exp 的值为假，那么 ! exp 的值就是真。例如，表达式!(4<5)的值就是假，!0 的值是真，!5 的值是假。

逻辑表达式由左向右计算。为提高程序的执行效率，**对逻辑表达式的计算，在整个表达式的值已经能够断定时即会停止**，这称为逻辑表达式的短路计算。例如：

exp1 && exp2 表达式，如果已经算出表达式 exp1 为假，那么整个表达式的值肯定为假，于是表达式 exp2 就不需要再计算了；而对于 exp1 || exp2 表达式，如果已经算出表达式 exp1 为真，那么整个表达式的值必定为真，于是表达式 exp2 也就不必计算了。请看下面的程序：

```
//program 2.7.4.1.cpp 逻辑运算符
1.    # include < iostream >
2.    using namespace std;
3.    int main()
4.    {
5.        int a = 0,b = 1;
6.        bool n = a ++&& b ++;          //b++不被计算
7.        cout << a << "," << b << endl;  //输出 1,1
8.        n = a ++&& b ++;               //a++和b++都要计算
9.        cout << a << "," << b << endl;  //输出 2,2
10.       n = a ++|| b ++;               //b++不被计算
11.       cout << a << "," << b << endl;  //输出 3,2
12.       return 0;
13.   }
```

第 6 行的条件表达式 a ++ && b ++求值的过程就是先计算 a++的值，计算的结果会导致 a 的值加 1，但是"a++"这个表达式的值是 a 被加 1 以前的值，即 0。由 a++ 表达式的值为 0 即可断定"a ++ && b ++"这个表达式的值一定为 false，所以 b++这个表达式就不必计算了，因此 b 的值没有被加 1。所以，第 7 行会输出：1,1。

而在第 8 行计算条件表达式 a ++ && b ++真假时，计算出 a++为真（非 0），并不能判断整个表达式的值，因此还要继续计算 b++的值，这导致 b 的值也增加，所以第 9 行会输出：2,2。

为什么第 11 行输出"3,2"，请读者自行考虑。

2.7.5　位运算符

有时需要对某个整数类型变量中的某一位（bit）进行操作，例如，判断某一位是否为 1 或只改变其中某一位而保持其他位都不变。C++语言提供了 6 种位运算符来进行"位运算"操作：按位与（&）、按位或（|）、按位异或（^）、取反（~）、左移（<<）和右移（>>）。

位运算的操作数是整数类型（long、int、short、unsigned int、long long 等）或字符型的。

1. 按位与运算符

按位与运算符"&"是双目运算符。其功能是将参与运算的两个操作数各对应的二进制位进行与操作。只有对应的两个二进位均为 1 时,结果的对应二进制位才为 1,否则为 0。

例如,表达式 21&18 的计算结果是 16(即二进制数 10000),因为:

```
21 用二进制表示就是:   0000 0000 0000 0000 0000 0000 0001 0101
18 用二进制表示就是:   0000 0000 0000 0000 0000 0000 0001 0010
二者按位与所得结果是:   0000 0000 0000 0000 0000 0000 0001 0000
```

按位与运算通常用来将变量中的某些位清 0 同时保留某些位不变。例如,如果需要将 int 类型变量 n 的低 8 位全置成 0,而其余位不变,则可以执行:

```
n = n & 0xffffff00;
```

也可以写成:

```
n &= 0xffffff00;
```

如果 n 是 short 类型的,则只需执行:

```
n &= 0xff00;
```

如果要判断一个 int 类型变量 n 的第 7 位(最右边是第 0 位)是否是 1,则只需看表达式 n & 0x80 的值是否等于 0x80 即可。

2. 按位或运算符

按位或运算符"|"是双目运算符。其功能是将参与运算的两个操作数各对应的二进制位进行或操作。只有对应的两个二进制位都为 0 时,结果的对应二进制位才是 0,否则为 1。

例如,表达式 21|18 的值是 23(即二进制数 10111),因为:

```
21 用二进制表示就是:   0000 0000 0000 0000 0000 0000 0001 0101
18 用二进制表示就是:   0000 0000 0000 0000 0000 0000 0001 0010
二者按位或所得结果是:   0000 0000 0000 0000 0000 0000 0001 0111
```

按位或运算通常用来将变量中的某些位置 1 同时保留某些位不变。例如,如果需要将 int 类型变量 n 的低 8 位全置成 1,而其余位不变,则可以执行:

```
n |= 0xff;
```

3. 按位异或运算符

按位异或运算符"^"是双目运算符。其功能是将参与运算的两个操作数各对应的二进制位进行异或操作。只有对应的两个二进制位不相同时,结果的对应二进制位才是 1,否则为 0。

例如,表达式 21^18 的值是 7(即二进制数 111),因为:

```
21 用二进制表示就是:   0000 0000 0000 0000 0000 0000 0001 0101
18 用二进制表示就是:   0000 0000 0000 0000 0000 0000 0001 0010
```

二者按位异或所得结果是：0000 0000 0000 0000 0000 0000 0000 0111

按位异或运算的特点是：如果 a^b==c，那么就有 c^b== a 且 c^a==b。此规律可以用来进行最简单的快速加密和解密。

思考题 如何用按位异或运算对一串文字进行加密和解密？如果只使用一个字符做密钥，恐怕太容易被破解，那么如何改进？

4. 按位非运算符

按位非运算符"~"是单目运算符。其功能是将操作数中的二进制位 0 变成 1，1 变成 0。例如，表达式 ~21 的值的十六进制形式是 0xffffffea。请看下面的程序：

```
//program 2.7.5.1.cpp 按位非运算符
1.   # include < iostream >
2.   using namespace std;
3.   int main()
4.   {
5.       int a = ~21;
6.       unsigned b = ~21;
7.       cout << a << "," << b << "," << hex << a << "," << b;
8.       return 0;
9.   }
```

程序的输出结果：

- 22,4294967274,ffffffea,ffffffea

在输出语句中，因为 a 是 int 类型，是有符号的，用 0xffffffea 赋值给它，会使得其符号位为 1，即表示负数，所以将其值输出时，结果为－22；而 b 是无符号的，其值非负，所以输出结果是正数 4294967274；"hex"和 cout 连用表示以后输出整型数时都以无符号十六进制数的形式输出，所以此后不论输出 a 还是 b，结果都是 ffffffea。

5. 左移运算符

左移运算符"<<"是双目运算符。其计算结果是将左操作数的各二进位全部左移若干位后得到的值，右操作数指明了要左移的位数。左移时，高位丢弃，低位补 0。左移运算符不会改变左操作数的值。

例如，常数 9 有 32 位，其二进制表示是：

0000 0000 0000 0000 0000 0000 0000 1001

表达式 9<<4 就是将上面的二进制数左移 4 位，得到：

0000 0000 0000 0000 0000 0000 1001 0000

即为十进制的 144。

实际上，左移 1 位就等于是乘以 2，左移 n 位就等于是乘以 2^n。而左移操作比乘法操作快得多。

请看下面的程序：

//program 2.7.5.2.cpp 左移运算符

```
1.   # include < iostream >
2.   using namespace std;
3.   int main()
4.   {
5.       int n1 = 15;
6.       short n2 = 15;
7.       unsigned short n3 = 15;
8.       n1 <<= 15;
9.       cout << "n1 = " << hex << n1 << dec << endl;        //输出 n1 = 78000
10.      n2 <<= 15;
11.      n3 <<= 15;
12.      cout << "n2 = " << n2 << ",n3 = " << n3 << endl;    //输出 n2 = - 32768,n3 = 32768
13.      unsigned char c = 7;                                //c 的二进制形式 0000 0111
14.      cout << "c << 4 = " << (c << 4) << endl;            //输出 c << 4 = 112
15.      c <<= 4;
16.      cout << "c = " << c ;                               //输出 c = p
17.      return 0;
18.  }
```

第 8 行,对 n1 左移 15 位。将 32 位的 n1 用二进制表示出来后再左移,即可得到新的 n1 值是 0x78000。

第 9 行,使用"hex"导致以十六进制形式输出 n1,然后用 "dec"表示恢复整数的十进制输出方式。

第 10 行,将 n2 左移 15 位。注意,n2 是 short 类型的,只有 16 位,表示为二进制数就是 0000 0000 0000 1111,因此左移 15 位后,一共从左边移出去了(丢弃了)3 个 1,左移后 n2 中存放的二进制数就是 1000 0000 0000 0000。由于 n2 是 short 类型,此时 n2 的最高位是 1,因此 n2 实际上表示的是负数,所以在语句 12 中 n2 输出为 -32768。

第 11 行,将 n3 左移 15 位。左移后 n3 内存放的二进制数也是 1000 0000 0000 0000,但由于 n3 是无符号的,表示的值总是非负数,所以在语句 12 中 n3 输出为 32768。

第 14 行,表达式 "c<<4"的计算过程是首先将 c 转换成一个 int 类型的临时变量(32 位,用十六进制表示就是 0000 0000 0000 0007),然后将该临时变量左移 4 位,得到的结果是十六进制的 0000 0000 0000 0070,换算成十进制数就是 112,因此在本行中会输出 112。表达式"c<<4"的求值过程不会改变 c 的值,就像表达式"c+4"的求值过程不会改变 c 的值一样。

第 15 行,将 c 左移 4 位。由于 c 是 unsigned char 类型的,一共只有 8 位,在第 13 行初始化后其二进制表示就是 00000111,因此左移 4 位后,就变为 01110000,即十六进制的 0x70,0x70 是字母 'p' 的 ASCII 码,因此在第 16 行中会输出字母 'p'。

6. 右移运算符

右移运算符">>"是双目运算符。其计算结果是将左操作数的各二进制位全部右移若干位后得到的值,要移动的位数就是右操作数。右移时,移出最右边的位被丢弃。

对于有符号数,如 long、int、short、char 类型变量,大多数 C++编译器规定,如果符号位为 1,则右移时左边高位就补充 1;如果符号位为 0,则右移时高位就补充 0。

新标准 C++程序设计教程

对于无符号数,如 unsigned long、unsigned int、unsigned short、unsigned char 类型的变量,右移时高位总是补 0。

右移运算符不会改变左操作数的值。

请看下面的程序:

```
//program 2.7.5.3.cpp 右移运算符
1.   # include < iostream >
2.   using namespace std;
3.   int main()
4.   {
5.       int n1 = 15;
6.       short n2 = -15;                //n2 二进制形式 1111 1111 1111 0001
7.       unsigned short n3 = 0xffe0;
8.       unsigned char c = 15;
9.       n1 = n1 >> 2;                  //n1 的值是 0xf,右移 2 位后,变成 0x3
10.      n2 >>= 3;
11.      n3 >>= 4;
12.      c >>= 3;
13.      cout << n1 << "," << n2 << "," << hex << n3 << "," << (int)c ;
14.      return 0;
15.  }
```

程序的输出结果:

3, -2, ffe, 1

第 10 行,n2 是有符号 16 位整数,而且原来值为负数,表示成二进制数是 1111 1111 1111 0001。由于最高位(符号位)是 1,右移时仍然在高位补充 1,所以右移完成后其二进制形式是 1111 1111 1111 1110,对于一个有符号 16 位整数来说,这个二进制形式就代表 -2。

第 11 行,n3 是无符号的 16 位整数,原来其值为 0xffe0。尽管最高位是 1,但由于它是无符号整数,所以右移时在高位补充 0,因此右移 4 位后,n3 的值变为 0xffe。

第 12 行,c 是无符号的,原来值为 0xf,右移动 3 位后自然就变成 1。在语句 13 中,(int)c 将 c 转换成一个整数,其输出结果就是 1。

实际上,右移 n 位,就相当于左操作数除以 2^n,并且将结果往小里取整。

思考题 有两个 int 类型的变量 a 和 n($0 <= n <= 31$),要求写一个表达式,使该表达式的值和 a 的第 n 位相同。

2.7.6　条件运算符

条件运算符"?:"是一个三目运算符,用法如下:

表达式 1 ? 表达式 2 : 表达式 3

如果表达式 1 的值为 true,则计算表达式 2,并将其值作为整个表达式的值返回(不计算表达式 3);如果表达式 1 的值为 false,则计算表达式 3,并将其值作为整个表达式的值返回(不计算表达式 2)。

请看下面的程序:

```
//program 2.7.6.1.cpp 条件运算符
1.   # include < iostream >
2.   using namespace std;
3.   int main()
4.   {
5.       int a = 4;
6.       int b = 5;
7.       int c = a > b ? a:b;                        //c = b
8.       cout << c << endl;                          //输出 5
9.       c = a < b ? a:b;                            //c = a
10.      cout << c << endl;                          //输出 4
11.      c = 3 < 5 ? ++a:++b;                        //++a 计算并作为返回值,++b 不计算,c = 5
12.      cout << a << "," << b << "," << c << endl; //输出 5,5,5
13.      b = 8;
14.      c = 3 > 5 ? ++a:++b;                        //++b 计算并作为返回值,++a 不计算, c = 9
15.      cout << a << "," << b << "," << c << endl; //输出 5,9,9
16.      return 0;
17. }
```

2.7.7   sizeof 运算符

"sizeof"是 C++语言中的保留字,也是一个运算符。它的作用是求某一个变量或某一种
数据类型的变量占用内存的字节数,有以下两种用法。

第一种用法:

sizeof(变量名)

例如,表达式 sizeof(n) 的值是 n 这个变量占用的内存字节数。如果 n 是 short 类型的
变量,那么 sizeof(n) 的值就是 2。

第二种用法:

sizeof(类型名)

例如,sizeof(int) 的值是 4,因为一个 int 类型的变量占用 4 个字节。

2.7.8   强制类型转换运算符

强制类型转换运算符的形式是:

(类型名)

例如,(int)、(double)、(char)等,都是强制类型转换运算符。它是单目运算符,功能是
将其右边的操作数的值转换得到一个类型为"类型名"的值,它不改变操作数的值。

请看下面的程序段:

```
1.   double f = 9.14;
2.   int n = (int) f;                //n = 9
3.   f = n / 2;                      //f = 4.0
4.   f = (double) n / 2;            //f = 4.5
```

上面的第 2 行将 f 的值 9.14 强制转换成一个 int 类型的值,即转换成 9,然后赋值给 n。这条语句中是否使用(int)运算符结果都一样,因为编译器会自动转换。但是有时需要在类型不兼容的变量之间互相赋值,这时就需要在赋值时对等号右边的变量、常量或表达式进行强制类型转换,转换成和等号左边的变量类型相同的一个值。

上面的第 3 行执行后,f 的值是 4.0,因为表达式 n/2 的值是整型的,其值为 4。

而第 4 行使用强制转换运算符(double)将 n 的值转换为一个实数,然后除以 2,那么得到的值就是一个实数。因此本语句执行后,f 的值为 4.5。

在 C++语言中,强制类型转换还可以写成以下形式:

类型名(待转换的表达式)

例如,int(3.5)、double(2)、double(a)等。

2.7.9 逗号运算符

C++语言允许用逗号连接几个表达式,构成一个更大的表达式,逗号运算符的使用形式如下:

表达式 1,表达式 2,…,表达式 n

各个表达式的计算顺序是从左向右,最终整个表达式的值是"表达式 n"的值。例如:

```
int n = (3 + 4,5 * 7,8/2);                    //n 的值是 4
```

2.7.10 运算符的优先级和结合性

一个表达式中可以有多个运算符。不同的运算符优先级不同,优先级决定了运算符在表达式中运算的先后顺序。例如,表达式 4 & 2 + 5,由于"+"的优先级高于"&",所以这个表达式是先运算 2 + 5,再运算 4 & 7,结果是 4。

可以用括号来规定表达式的计算顺序,例如,(4 & 2) + 5 的值是 5,先运算 4 & 2。

运算符还有"结合性"的属性,例如,算术运算符"+"是从左向右结合的,表达式 a+b+c 的计算过程是先运算 a+b,再将结果和 c 相加;赋值运算符"="就是从右向左结合的,表达式 a=b=c 的计算过程是先运算 b=c,再将 b=c 的返回值赋值给 a。绝大多数运算符都是从左向右结合的。

表 2.3 列出了大部分运算符的优先级和结合性,优先级数字小的为高级别。

表 2.3 C++中的运算符的优先级和结合性

优先级	运　算　符	结　合　性
1	∷(作用域限定运算符)	
2	后置++　后置--　（）　［］　.　->	左→右
3	前置++　前置--　+(正号)-(负号)　!　~　*(取指针内容) &(取地址)　(类型名)　sizeof　new　delete	右→左

续表

优 先 级	运　算　符	结　合　性
4	*（乘法）　/　%	
5	+　-	
6	<<　>>	
7	<　<=　>　>=	
8	==　!=	左→右
9	&（按位与）	
10	^（按位异或）	
11	|（按位或）	
12	&&	
13				
14	?:	右→左
15	=　+=　-=　*=　/=　&=　|=　^=　<<=　>>=	
16	,	左→右

对于运算符的优先级，并不需要记得很清楚。一般来说，只要记得乘除和取模的优先级高于加减，"&&"优先级高于"||"，按位与的优先级高于按位异或，按位异或又高于按位或，就可以了。

在不容易搞清楚计算顺序的地方，应使用括号"（）"来明确表示计算顺序。 例如，就算心里清楚"+"优先级高于"&"，也要写"4 &（2＋5）"，不要写"4 & 2＋5"，尽管二者是等价的。"a＋＋b"这样的表达式，更是绝不应该出现在程序中，因为可读性太差。好的程序员应该有这样的想法："我现在很明白优先级问题，不等于将来再看这段程序时我还明白；我明白，不等于看程序的人也明白。"一个好的程序，应该是容易让人看懂的，不应该要求或假设看程序的人水平都很高。

*2.8　注释

编写程序时，有时需要在程序中用自然语言写一段话，提醒自己或者告诉别人，某些变量代表什么，某段程序的逻辑是怎么回事，某几行代码的作用是什么，等等。当然，这部分内容不能被编译，不属于程序的一部分。这样的内容称为"注释"。

C++的注释有两种写法。第一种注释可以是多行的，以"/ *"开头，以" * /"结尾。例如：

```
/ *  mp3 解码程序
     author : Guo Wei
   programmed on 2011.5.18
 * /
int main()
{
     int bitrate;                          / *  比特率,以 Kbps 为单位  * /
     int size;                             / *  以字节为单位  * /
     …
}
```

新标准 C++ 程序设计教程

第二种注释是单行的。写法是使用两个斜杠"//"。从"//"开始直到行末的内容都是注释。例如：

```
int main()
{
    int bitrate;                    //比特率,以 Kbps 为单位
    int size;                       //以字节为单位
    …
}
```

注释可以出现在任何地方,注释中的内容不会被编译的,因此,随便写什么都行。

注释非常重要。它的主要功能是帮助理解程序。一定不要认为程序是自己编写的,自己当然能够理解。只要程序稍长一些或变量名不够直观,那么编写时能理解,并不意味着一个星期后自己还能理解。更何况,软件开发是团队工作,没有人希望在看别人的程序时如读天书,恨不得自己重新编写一个。所以,**在程序中加入足够的、清晰易懂的注释是程序员的基本修养**。

2.9 小结

C++ 标识符由字母、数字和下划线组成,标识符命名应该能反映其用途。

变量要先定义后使用。变量定义时可以初始化。

对于程序中多次出现的常量,应该用常变量代替,便于以后修改。

以下是一些基本类型的变量所占的字节数:

sizeof(char) = 1, sizeof(short) = 2, sizeof(int) = 4, sizeof(long long) = 8, sizeof(double) = 8, sizeof(float)=4

算术运算表达式的值的类型,以表达式中精度最高的操作数的类型为准。

逻辑表达式是短路计算的,即在整个表达式的值已经能够断定时,计算就停止。

有符号数右移时,高位补充符号位,无符号数右移时,高位补 0。

"(类型名)"是强制类型转换运算符。

要积极使用括号"()"来明确表达式的计算顺序。

习题

1. 以下哪些是合法的 C++ 标识符,哪些不是?

2Peter   __day   _num_of   sch - name;

2. 编写一个程序,输入 3 个整数,输出它们的平均数。

3. 说出下面各个类型的变量所占的字节数和表示范围:

short, int, unsigned int, long long, unsigned char, char

4. 已知字母 'a' 的 ASCII 码是 97,请写出下面程序的输出结果。

```
# include < iostream >
```

```cpp
using namespace std;
int main()
{
    int n1 = 'a';
    unsigned short n2 = 0xffff;
    int n3 = n2;
    short n4 = n2;
    cout << n1 << "," << n2 << ","
       << n3 << "," << n4 << endl;
    double f = 6/5;
    n3 = 5/(double) 2;
    char c = 102;
    int n5 = 0xffffffff + 2;
    cout << c << "," << f << ","
     << n3 << "," << n5 << endl;
    return 0;
}
```

5. 计算下列表达式的值(答案可写成十六进制数)。

(1) 5 * 4 / 3 + (7 % 2)

(2) 0xfff4 >> 2

(3) 0xea8 << 3

(4) 12 ^ 23

(5) ~24

(6) 0x7fff0000 >> 3

6. 已知有 int a = −10, b = 20, c = 30; 请写出以下每个表达式计算结束后 a 的值。

(1) a = b = ++c

(2) a = b | c

(3) a = (b > c)

(4) b ++ && a += 10

(5) a ^= b

(6) a <<= 5

(7) a >> 4

(8) a >>= 4

(9) a = sizeof(int)

(10) a = sizeof(char)

(11) a = sizeof(double)

(12) a+=a−=a*a

7. a 是 int 类型变量,请写一个表达式,表达式的值和 a 的第 i 位相等($i=0,\cdots,31$)。

8. a 是 int 类型变量,请写一个表达式,表达式的值等于 a 的第 i 位取反($i=0,\cdots,31$)。

9. 已知有 int 类型变量 a、b,写一条语句,使得 a 的第 3 位到第 7 位和 b 相同,其余位都是 0。

10. 已知有 int 类型变量 a、b、c,请写一条语句,使得 a 的第 3 位到第 7 位和 b 相同,其余位都和 c 相同。

11. 已知有 int 类型变量 a、b，请写一条语句，使得 a 的第 3 位到第 7 位和 b 的第 27 位到第 31 位相同，其余位都是 0。

12. 写出下面程序片断的输出结果。

(1) int a = 0, b = 30；

  bool c = a ++ || b ++；

  cout << a << "," << b << "," << c << endl；

(2) int a = 0, b = 30；

  bool c = a ++ && b ++；

  cout << a << "," << b << "," << c << endl；

(3) char c = 'a' + 4；

  cout << c << "," << (int) c + 3 << endl；

(4) char c = 'a' + 4；

  cout << c << "," << (int) c + 3 << endl；

(5) int a = 0,b = 10, c；

  c = a++；

  c = ++ b；

  cout << a << "," << b << "," << c << endl；

(6) int a = 0,b = 10；

  bool c = (a == b)；

  cout << c << endl；

C++语言的控制结构 第 3 章

  程序是由一条条语句组成的,执行时从前到后(或说从上到下)顺序执行。但是,一个程序在执行过程中并不是每条语句都需要被执行到的。例如,编写一个判断整数奇偶性的程序,要求输入一个整数,如果是奇数,就输出"It's odd."；如果是偶数,就输出"It's even."。显然,该程序里会有两条输出语句：一条输出"It's odd."；一条输出"It's even."。在程序的一次运行中,这两条语句不可能都被执行,而是要根据输入的整数,选择一条语句来执行。这就要求程序设计语言提供根据某个条件来选择执行和不执行某些语句的机制,这个机制称为选择结构。

  有时,还常常需要在程序中成千上万次地执行同样的操作。例如,要求编写一个程序,依次输出 1 到 10 000 的所有整数。不可能用编写 10 000 条 cout 语句的笨办法来实现,合理的一种做法是让一个变量的初始值等于 0,然后反复执行以下操作 10 000 次：

该变量值增加 1
输出该变量的值

  程序设计语言中都会有将某些语句重复执行若干次的机制,这个机制称为循环结构。

  一种程序设计语言中,只要有顺序执行结构、选择结构和循环结构,就能够用来编程解决各种问题了。

3.1 用 if 语句实现选择结构

  在 C++语言中,可以用 if 语句实现选择结构。if 语句用法如下：

```
if (表达式 1) {
    语句组 1
}
else if(表达式 2) {
    语句组 2
```

新标准 C++程序设计教程

```
        }
        else if(表达式 3) {
            语句组 2
        }
        …
        else if(表达式 n-1) {
            语句组 n-1
        }
        else {
            语句组 n
        }
```

上述的"语句组"由多条语句构成。中间的 else if 可以编写任意多组。每个表达式代表一个条件,每个语句组都是符合某个条件情况下的一个执行分支。if 语句的执行逻辑是:从上至下先后计算各个表达式是否为真,若不为真,则不执行该表达式后面{}中的语句组,继续计算下一个表达式;若碰到一个表达式为真,则执行该表达式后面{}中的语句组,后面的表达式都不再计算,后面的语句组也都不再执行,接着执行整个 if 语句后面的其他语句。如果所有的表达式都为假,则执行最后的 else 对应的语句组 n,然后执行整个 if 语句后面的其他语句。表达式的值若为 0,则相当于是假;若为非 0,则相当于是真。

如果某个语句组只有一条语句,那么"{}"可以省略。

根据实际需要,如果没有那么多条件与选择分支,可以一个 else if 都不写,也可以不写最后的 else,而且也不是写了 else if 就一定要有 else。例如:

```
if(x > 0)
        cout << "x is positive" ;
```

上面这条 if 语句只在 x>0 时输出"x is positive",如果 x 不大于 0,则什么都不做。

现在可以写出上面提到的判断整数奇偶性的程序了。

例 3.1　编写一个判断整数奇偶性的程序,要求输入一个整数,如果是奇数,就输出"It's odd.",如果是偶数,就输出"It's even."。

```
        //program 3.1.1.cpp 判断整数奇偶性
1.      # include < iostream >
2.      using namespace std;
3.      int main()
4.      {
5.          int n;
6.          cin >> n;
7.          if( n % 2 == 1)
8.              cout << "It's odd." ;          //当 n % 2 == 1 成立时会执行此语句
9.          else
10.             cout << "It's even." ;         //当 n % 2 == 1 不成立时会执行此语句
11.         return 0;
12.     }
```

第 7 行的表达式"n % 2 == 1"就代表了一个条件,如果该表达式值为 true,就说明 n 除以 2 的余数是 1,那么 n 就是奇数,则执行第 8 行语句;如果该表达式值为 false,则不执行第 8 行语句,而执行 else 后面的第 10 行语句。

第 7 行也可以写成:

```
if( n % 2 )
```

因为如果 n 是奇数,则 n%2 的值就是非零值,同样能代表 true。

有时,在 if 语句的某个分支里面,还会做进一步的选择,因此,C++中的 if 语句是可以嵌套的,即在一条 if 语句的某个分支中,还可以再编写 if 语句。在分支只有一条语句而省略了前后的"{}"的情况下,有时容易造成困惑,如下面的程序段:

```
1.  # include < iostream >
2.  using namespace std;
3.  int main()
4.  {
5.     int a;
6.     cin >> a;
7.     if( a > 0 )
8.         if ( a % 2 )
9.             cout << "good";
10.    else
11.            cout << "bad";
12.    return 0;
13. }
```

当输入-1 时,该程序应该输出"bad",还是什么都不输出呢?

从程序的缩进格式看,似乎第 10 行的那个 else 应该是和第 7 行的那个 if 配对的,如果 a≤=0,则应该执行第 11 行,输出"bad"。但实际上,C++语言规定,在没有通过"{}"明确表明 if 和 else 的配对关系时,else 是和离它最近的 if 相配对,所以本程序中的 else 实际上是和第 8 行的 if 配对的,即整个 if 语句实际上等效于:

```
if(a > 0) {
   if ( a % 2 )
       cout << "good";
   else
       cout << "bad";
}
```

上面这个写法显然是不会引发困惑的。在 a≤=0 的情况下,程序没有输出。

如果想让 else 和前面那个 if 配对,则应该这样编写:

```
if(a > 0) {
   if ( a % 2 )
       cout << "good";
}
else
   cout << "bad";
```

此时如果 a≤=0,则程序输出"bad"。

在编写嵌套 if 语句时,应当积极使用"{}",以避免读程序者不小心看错了 if 和 else 的配对关系。

例 3.2　请编写一个程序,该程序输入一个年份,根据该年份是否是建国整十周年、建党整十周年以及是否是闰年给出不同的输出。

```
//program 3.1.2.cpp 判断年份是否是建国、建党十周年或闰年
1.  # include < iostream >
```

```
2.    using namespace std;
3.    int main()
4.    {
5.        int year;
6.        cin >> year;
7.        if(year <= 0)
8.            cout << "Illegal year." ;
9.        else {
10.           cout << "Legal year." << endl;
11.           if( year > 1949 && (year - 1949) % 10 == 0 )        //建国整十周年
12.               cout << "Luky year.";
13.           else if(year > 1921 && !((year - 1921) % 10))       //建党整十周年
14.               cout << "Good year.";
15.           else if( year % 4 == 0 && year % 100 || year % 400 == 0 )  //闰年
16.               cout << "Leap year";
17.           else
18.               cout << "Common year.";
19.       }
20.       return 0;
21.   }
```

下面列举出该程序对应于一些输入的输出结果：

- 2 ↙
Illegal year.

1959 ↙
Legal year.
Luky year.

1931 ↙
Legal year.
Good year.

2008 ↙
Legal year.
Leap year.

2011 ↙
Legal year.
Common year.

第 13 行的表达式!((year－1921)％10)等效于(year－1921)％10＝＝0,因为(year－1921)％10 的值如果是 0 的话,那么!((year－1921)％10)的值就是非 0,等于是 true。

从上面的程序可以看出,在程序结构复杂的时候,**使用合适的缩进是非常重要的**。没有缩进的程序,阅读起来会非常困难,看不清哪些语句满足什么条件才会被执行。

初学者在使用 if 语句时很容易不小心写出类似下面的代码：

```
if( a = 5 )
    cout << "good";
```

编程者的本意是如果 a 等于 5 就输出"good",但是本该写成"a ＝＝ 5"的,却误写成了

"a＝5"。编译器是不会发现这个错误的,它认为程序员就是要用表达式 a＝5 的值来作为
判断的条件。结果就是即便原来 a 的值是不等于 5 的,计算表达式 a=5(也就是执行表达式
a=5)后,a 的值就变成了 5,而且表达式 a=5 的值也是 5,即相当于 true。所以上面这条 if
语句,无论执行前 a 的值是多少,一定会输出"good",而且把 a 的值变成了 5。

当然,如果不小心写了:

```
if( a = 0 )
    cout << "good";
```

那就无论如何不会输出"good"了。原因请读者自己分析。

上述错误即便在编程老手身上也常发生,而且一旦发生,很难查出来。避免上述错误的
一个办法是养成把变量写在"＝＝"右边的习惯,如习惯于"5＝＝a"这样的写法,那么即便
不小心写成了"5＝a",编译器也会报错,因为不能对一个常量进行赋值。

3.2　用 switch 语句实现选择结构

程序经常要根据不同的情况进行不同的处理,如果不同的情况很多,那么编写出来的 if
语句就会包含大量的 else if,例如:

```
if(n % 5 == 0) {
  …
}
else if(n % 5 == 1) {
  …
}
else if(n % 5 == 2) {
  …
}
else if(n % 5 == 3) {
  …
}
else {
  …
}
…
```

上面的代码编写起来有点麻烦,而且表达式 n%5 可能会被计算不止一次,不利于提高
程序运行效率。为此,C++设计了 switch 语句,用于应对类似上面那样的情况。switch 语句
的基本格式如下:

```
switch(表达式) {
    case 常量表达式 1:
        语句组
        break;
    case 常量表达式 2:
        语句组
        break;
```

```
            ...
        case 常量表达式 n:
            语句组 n
            break;
        default:
            语句组 n + 1
    }
```

"switch"关键字右边的括号中的表达式,其值是整数类型的(char、unsigned char 类型也可以)。"case"右边的那些表达式,必须是常量表达式,即不包含变量,且值是编译时就能确定,不会在运行时发生改变的表达式。switch 语句的执行过程是计算出括号中表达式的值,假设等于 a,然后找到第一个值和 a 相等的"常量表达式 i",执行其下面的语句组,一直执行到"break;"语句,整个 switch 语句就执行完毕,即便后面还有其他 case 分支的常量表达式值也等于 a,那些分支也不会被执行。如果所有"case"右边的常量表达式都不等于 a,则执行"default:"下面的语句组。

switch 语句中的语句组即使包含不止一条语句,也可以不用"{}"括起来。switch 语句也可以没有"default"部分。

例 3.3 请编写一个程序,接受一个整数作为输入,如果输入 1,则输出"Monday";输入 2,则输出"Tuesday";…;输入 7,则输出"Sunday";输入其他数,则输出"Illegal"。

```cpp
//program 3.2.1.cpp 输出星期几的程序
1.    # include < iostream >
2.    using namespace std;
3.    int main()
4.    {
5.        int n;
6.        cin >> n;
7.        switch(n) {
8.            case 1:
9.                cout << "Monday";
10.               break;
11.           case 2:
12.               cout << "Tuesday";
13.               break;
14.           case 3:
15.               cout << "Wednesday";
16.               break;
17.           case 4:
18.               cout << "Thursday";
19.               break;
20.           case 5:
21.               cout << "Friday";
22.               break;
23.           case 6:
24.               cout << "Saturday";
25.               break;
26.           case 7:
27.               cout << "Sunday";
```

```
28.          break;
29.      default:
30.          cout << "Illegal";
31.      }
32.      return 0;
33. }
```

switch 语句在进入某个 case 分支后,会一直执行到第一个碰到的"break;",哪怕这个
"break;"是在后面的 case 分支里面。如果没有碰到"break;",则会向下一直执行到 switch
语句末尾的"}",包括"default:"部分的语句组也会被执行。初学者在使用 switch 语句时常
常会忘了写"break;",这会导致程序运行不正确。但有的时候,会需要多个 case 都执行相
同的代码,那么就可以略去"break;"。例如下面的程序段:

```
//program 3.2.2.cpp 缺少 break 的 case
1.   #include <iostream>
2.   using namespace std;
3.   int main()
4.   {
5.       int n;
6.       cin >> n;
7.       switch(n % 6) {
8.           case 0:
9.               cout << "case 0" << endl;
10.              break;
11.          case 1:
12.              cout << "case 1" << endl;
13.          case 2:
14.          case 3:
15.              cout << "case 2 or 3" << endl;
16.              break;
17.          case 4:
18.              cout << "case 4" << endl;
19.              break;
20.          default:
21.              cout << "default";
22.      }
23.      return 0;
24. }
```

上面的程序,如果输入 1,则会输出:

case 1
case 2 or 3

因为进入 case 1 分支,执行完第 12 行后,没有碰到"break;",于是程序继续向下执行到第 16
行,第 16 行是"break;",到此 switch 语句执行完毕。

如果输入 2 或 3,则都会执行第 15 行,然后执行第 16 行的"break;"时结束整个 switch
语句的执行。此种情况下程序输出:

case 2 or 3

3.3 用 for 语句实现循环结构

C++语言提供了 for 语句,用来重复执行相同的语句若干次,执行的次数一般是某个常量或某个变量的值。for 语句的基本格式如下:

```
for( 表达式 1;表达式 2;表达式 3) {
    语句组
}
```

如果语句组只由一条语句构成,那么也可以去掉"{}"。

通常,在需要将一些语句循环执行若干次的情况下,使用 for 语句比较方便。

for 语句流程图如图 3.1 所示,for 语句的执行过程如下。

(1) 计算 "表达式 1"。

(2) 计算 "表达式 2"的值。如果其值为 true,则执行"{}"中的语句组,然后转到步骤(3);如果为 false,则不再执行"{}"中的语句组,for 语句结束,转到步骤(5)。

(3) 计算"表达式 3"。

(4) 转到步骤(2)。

(5) 从 for 语句后面继续往下执行程序。

下面来看一个 for 语句的例子:

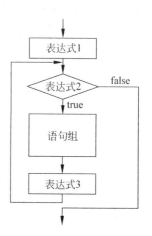

图 3.1　for 语句流程图

```
int i;
for( i = 0;i < 26; ++i ) {
    cout << char('a' + i ) << endl;
}
```

上面这个 for 语句,由于循环体中只有一条语句,"{}"其实也可以去掉。这条 for 语句的作用是依次输出 26 个小写字母。由于字符'a' ～ 'z'的 ASCII 码是连续的,所以'a'+i 就是第 i 个字母的 ASCII 码('a'是第 0 个字母,'z'是第 25 个字母),将'a'+i 转换成 char 类型输出,就会输出第 i 个字母。上述 for 语句,每次循环都输出第 i 个字母,然后 i 的值增加 1。只要 i 的值还小于 26,就依然会执行循环。i 的值在循环开始执行前被置成了 0,因此循环一共会执行 26 次。

上面语句中的 i 用来控制循环执行的次数,称为循环控制变量。一段程序中经常会用到多个 for 循环。大家一般习惯将循环控制变量定义为 i 或 j,编写一个 for 循环之前,要想想不是要定义循环控制变量 i 或 j,如果前面已经定义过了,就不能再定义,否则编译的时候会引起变量重复定义的错误。老要想这件事,比较麻烦,因此 C++允许在编写 for 语句时,在"表达式 1"处定义一个或多个变量,而且这些变量的作用域仅限于 for 语句之内。这样,就可以在"表达式 1"处定义循环控制变量,不用管前面是不是定义过了。于是,先输出 26 个小写字母,再间隔着输出 13 个大写字母的程序,可以如下编写:

```
for( int i = 0;i < 26; ++i )
    cout << char('a' + i ) << endl;
for( int i = 0;i < 26; i += 2 )              //循环控制变量并非每次只能加 1
    cout << char('A' + i ) << endl;
```

不用担心两个 i 会导致重复定义的错误,因为它们各自的作用域(就是能起作用的范围)都仅限于它所处的 for 语句内。

对循环控制变量 i 进行加 1 时,许多程序员以及教科书都会写"i++",而不是"++i"。表面上看没有区别,实际上"++i"的写法是一种更好的习惯,显得更加专业和规范,因为++i 比 i++执行速度快。尤其在学了"运算符重载"和"标准模板库 STL"后就更能体会这一点了。

for 循环结构中的"表达式 1"和"表达式 3"都可以是用逗号连接的若干个表达式。例如下面的程序段:

```
for(int i = 15, j = 0; i > j; i - = 2 ,j += 3)
    cout << i << "," << j << endl;
```

输出结果是:

```
15,0
13,3
11,6
```

例 3.4 请编写一个程序,输入一个正整数 n,输出它的所有因子。

此程序的基本思路就是枚举,对于不超过 n 的每个正整数,都判断一下是否是 n 的因子,如果是,则输出。

```
//program 3.3.1.cpp 输出正整数的所有因子
1.   # include < iostream >
2.   using namespace std;
3.   int main()
4.   {
5.       int n;
6.       cin >> n;
7.       for(int i = 1;i <= n; ++i)
8.         if( n % i == 0 )
9.             cout << i << endl;
10.      return 0;
11.  }
```

上面的 for 循环中只有一条 if 语句,if 语句中也只有一条输出语句,所以都用不着写"{}"了。

该程序枚举的顺序是从小到大。如果要求从大到小的顺序输出所有因子,那么枚举的顺序也应该从大到小,程序中的 for 循环可以如下改写:

```
for( int i = n;i >= 1; -- i )
    if( n % i == 0 )
        cout << i << endl;
```

在一个 for 循环中还可以执行另一个 for 循环。例如下面的两重循环:

新标准 C++程序设计教程

```
for(int i = 0;i < n; ++i) {
    …
    for(int j = 0; j < m; ++j ) {
        …
    }
    …
}
```

假设 n 和 m 的值在执行过程中不发生变化,那么外重循环每执行 1 次,内重循环就执行 m 次,内重循环的执行次数一共是 n×m 次。在上面的程序段中,内重循环每次开始的时候,都会先将 j 的值初始化为 0。

例 3.5 给定正整数 n 和 m,在 1 至 n 这 n 个数中,取出两个不同的数,使得其和是 m 的因子,问有多少种不同的取法。

解题的思路就是枚举所有两个数的不同取法,看其和是否为 m 的因子,如果是,就将取法总数目加 1。枚举取两个数的不同取法,可以用两重 for 循环实现。程序如下:

```
//program 3.3.2.cpp 取出两数使得和是另一个数的因子,有多少种取法
1.   # include < iostream >
2.   using namespace std;
3.   int main()
4.   {
5.       int n,m;
6.       int total = 0;                          //取法总数
7.       cin >> n >> m;
8.       for(int i = 1; i < n; ++i )             //取第一个数,共 n−1 种取法
9.           for(int j = i + 1; j <= n; ++j )    //第二个数要比第一个数大,以免取法重复
10.              if( m % (i + j) == 0 )
11.                  ++total ;
12.      cout << total;
13.      return 0;
14.  }
```

另外 for 语句括号里面的"表达式 1"、"表达式 2"、"表达式 3"任何一个都可以不写,甚至可以全都不写,但是";"必须保留。如:

```
for( ; i < 100; ++i )
    cout << i ;
```

假设 i 在 for 语句之前已经有合理的值了,那么上面的 for 语句中就没必要写"表达式 1"了。

如果不写"表达式 2",就意味着永远执行循环(也称死循环)。例如:

```
for( ; ; )
    cout << "hello" << endl;
```

上面语句就会不停输出"hello"。

在 for(; ;)这样的循环中可以通过 break 语句跳出循环,后文会提到。

3.4　用 while 语句实现循环结构

有时要执行的循环,该什么时候结束和循环已经执行了多少次没有关系,而是当且仅当在满足某个条件后循环才终止,在这种情况下,就应该使用 while 语句来实现循环。

C++中 while 语句的格式如下:

```
while( 表达式) {
    语句组
}
```

while 语句的执行过程如下。

(1)判断"表达式"的值是否为真,如果其值不为真,则转到步骤(4)。

(2)执行"语句组"。

(3)转到步骤(1)。

(4) while 语句结束,从 while 语句后面的语句继续执行。

总之,当且仅当"表达式"的值为真,才会执行循环里面的语句组;如果"表达式"的值一开始就是假的,那么,整个循环就一次也不会执行。

如果"语句组"中只有一条语句,也可以省略"{}"。

如果要编写一个死循环,程序如下:

```
while(true) {
    …
}
```

中间同样可以使用 break 语句跳出循环。

例 3.6　用牛顿迭代法求输入的数的平方根。

牛顿迭代法求平方根的基本思想是欲求 a 的平方根,首先猜测一个值 $x_1 = a/2$(也可以是随便什么其他值)作为其平方根,然后根据下面的迭代公式算出 x_2,再将 x_2 代入公式右边算出 x_3……直到连续两次算出的 x_n 和 x_{n+1} 的差的绝对值小于某个值 ε,即认为找到了足够精确的平方根。这个 ε 值取得越小,计算出来的平方根就越精确。

迭代公式: $x_{n+1} = (x_n + a/x_n)/2$

解题程序:

```
//program 3.4.1.cpp 用牛顿迭代法求输入的数的平方根
1.   # include < iostream >
2.   using namespace std;
3.   const double EPS = 0.001;                    //用以控制计算精度
4.   int main()
5.   {
6.       double a;
7.       cin >> a ;                               //输入 a,要求 a 的平方根
8.       if(a >= 0) {
9.           double x = a/2, lastX = x + 1 + EPS;  //确保能够进行至少一次迭代
10.          while( x - lastX > EPS || lastX - x > EPS){ //只要精度未达要求,就继续迭代
11.              lastX = x;
```

```
12.              x = (x + a/x)/2;
13.          }
14.          cout << x;
15.      }
16.      else
17.          cout << "It can't be negative.";
18.      return 0;
19. }
```

用上面的程序求 2 的平方根,设定不同的 EPS 值,得到结果精确度也不同:

EPS 取值	输出结果
1	1.5
0.1	1.41667
0.01	1.41422
0.001	1.41421
0.0001	1.41421

表面上看起来,当 EPS 取 0.001 和 0.0001 时,结果的精度已经没有区别,实际上,在这两种情况下程序中计算出来的最终的 x 值是不一样的,但因为 cout 语句只输出 6 位有效数字,所以导致输出结果看不出区别。想让 cout 语句输出更多有效数字,具体的做法在第 16章 "输入输出流" 会提到。

3.5 用 do…while 语句实现循环结构

while 语句先判断条件是否满足,然后再决定是否执行循环,这就导致循环可能一次也不会执行。如果希望循环至少要执行一次,就可以使用 do…while 语句。do…while 语句的格式如下:

```
do {
    语句组
}while(表达式);
```

每执行一次循环后,都要判断 "表达式" 的值是否为真,如果其值为真就继续循环,如果其值为假就停止循环。下面的程序段输出 1 到 10 000 以内所有 2 的整数次幂:

```
int n = 1;
do {
    cout << n << endl;
    n <<= 1;                      //左移 1 位相当于乘以 2
}while( n < 10000);
```

3.6 用 break 语句跳出循环

break 语句可以出现在循环体中(for、while、do…while 循环均可),其作用是跳出循环。在多重循环的情况下,break 语句只能跳出直接包含它的那重循环,通过下面的例题来说明。

例 3.7　如果两个不同的正整数,它们的和是它们的积的因子,就称这两个数为兄弟数,小的称为弟数,大的称为兄数。先后输入正整数 n 和 m(n ＜ m),请在 n 至 m 这 m−n+1 个数中,找出一对兄弟数。如果找不到,就输出"No Solution."。如果能找到,就找出和最小的那一对;如果有多对兄弟数和相同且都是最小,就找出弟数最小的那一对。

此题的思路就是枚举每一对不同的数,看看是不是兄弟数。用两个变量记录当前已经找到的最佳兄弟数,如果发现更佳的,就重新记录。解题程序如下:

```
//program 3.6.1.cpp 求兄弟数
1.    # include < iostream >
2.    using namespace std;
3.    int main()
4.    {
5.        int n,m;
6.        cin >> n >> m;
7.        int a = m + 1,b = m + 1;          //a,b用来记录已经找到的最佳兄弟数,a是弟数,b是兄数
8.        for( int i = n; i < m ; ++i ) {              //取弟数,共 m − n 种取法
9.          if( i > (a + b)/2 + 1)
10.             break;                                //跳出外重循环
11.         for( int j = i + 1; j <= m; ++j ) {      //取兄数
12.             if( i + j > a + b )
13.                 break;                            //跳出内重循环
14.             if( i * j % (i + j) == 0) {          //发现兄弟数
15.                 if( i + j < a + b) {             //发现和更小的兄弟数
16.                     a = i; b = j;                 //更新已找到的最佳兄弟数
17.                 }
18.                 else if( i + j == a + b && i < a) { //发现和相同但弟数更小的兄弟数
19.                     a = i; b = j;                 //更新已找到的最佳兄弟数
20.                 }
21.             }
22.         }
23.     }
24.     if( a == m + 1 )                              //没找到兄弟数
25.         cout << "No solution.";
26.     else
27.         cout << a << "," << b ;
28.     return 0;
29. }
```

第 7 行,变量 a、b 用来记录已经找到的最佳兄弟数,a 是弟数,b 是兄数。都初始化成 m+1,是因为只要能找到兄弟数,它们的和就一定会小于初始的 a+b 值。

第 9 行,如果发现弟数 i 已经大于(a+b)/2 + 1,由于后面尝试的兄数 j 是大于 i 的,所以 i+j 肯定大于 a+b,因而此时继续往后尝试已经不可能找到比 a、b 更优的解了,因此就可以执行第 10 行的 break 语句跳出外重循环,直接输出解或输出"No solution."。

第 12 行,如果发现 i+j 的值已经大于当前的最佳兄弟数 a、b 的和,那么继续尝试更大的 j,就是没有意义的,所以可以通过执行第 13 行的 break 语句,跳出内重循环,回到外重循环继续尝试下一个 i,即下一个新的弟数。

新标准 C++程序设计教程

这个程序说明在适当的时机跳出循环,可以避免无意义的尝试,加快程序执行速度。

这个程序,严格来说还不完美。首先,如果输入的 n 或 m 超过了 int 类型变量的表示范围,那么程序肯定不能正确工作;其次,即便输入的 n 和 m 都没有超出 int 类型变量的表示范围,在计算 i*j 或 i+j 时,正确的结果可能也会超过 int 类型所能表示的范围(即溢出),这也会导致程序运行结果不正确。好一点的解决办法是使用 unsigned int 类型,甚至 long long 类型,如果要处理的整数更大,如有数百位,那么只能用后面要讲的数组来存放整数了。

本书的程序,没有特殊说明,均假定不会发生溢出的现象。

3.7 continue 语句

continue 语句可以出现在循环体中(for、while、do…while 循环均可),其作用是立即结束本次循环,并回到循环开头判断是否要进行下一次循环。下面的程序段会输出 1 到 100 内所有的偶数,奇数不输出。

```
for( int i = 1;i <= 100 ;++i ) {
    if( i % 2 )
        continue;                //导致不执行后面的语句,回到循环开头
    cout << i << endl;
}
```

和 break 语句类似,在多重循环的情况下,continue 语句只对直接包含它的那重循环起作用。

3.8 goto 语句

goto 语句用于无条件跳转到某个指定的位置。这个指定的位置是用"句子标号"来指明的,句子标号的命名规则和变量相同。

goto 的用法请看下面的例题。

例 3.8 如果两个不同的正整数,它们的和是它们的积的因子,就称这两个数为兄弟数,小的称为弟数,大的称为兄数。先后输入正整数 n 和 m(n<m),请在 n 至 m 这 m−n+1 个数中,找出一对兄弟数(任意一对即可)并输出。如果找不到,就输出"No Solution."。

解题程序:

```
    //program 3.8.1.cpp 求兄弟数
1.  # include < iostream >
2.  using namespace std;
3.  int main()
4.  {
5.      int n,m;
6.      cin >> n >> m;
7.      int i,j;
8.      for( i = n; i < m ; ++i )
```

```
9.              for( j = i + 1; j <= m; ++j )
10.                 if( i * j % ( i + j ) == 0 )          //为真则说明发现兄弟数
11.                     goto Done;
12. Done:
13.     if( i == m )
14.         cout << "No solution.";
15.     else
16.         cout << i << "," << j;
17.     return 0;
18. }
```

此程序一旦发现一对兄弟数,就不再寻找其他兄弟数。因此在第 10 行,如果发现了兄弟数,就立即执行第 11 行的 goto 语句,跳到句子标号"Done"后面的语句继续执行。第 12 行就是句子标号"Done",句子标号后面必须跟冒号":"。

执行到第 13 行时,如果发现 i 等于 m,那么就说明第 11 行的 goto 语句并没有得到执行(如果执行了,就会直接跳出两重循环,i 的值就不可能增加到 m),那也就意味着不曾找到兄弟数。

一般认为 goto 语句的使用会使得程序可读性变差——不容易搞清程序的走向。所以要尽量避免使用 goto 语句。

3.9　使用 freopen 方便程序调试

编写程序不可能一次写对,难免反复修改调试。如果每次运行程序,都要从键盘输入同样的东西,在输入的内容比较多的情况下,显然非常麻烦。把要输入的数据存在一个文件中,然后在程序中加上一条 freopen 语句(实际上是调用了库函数),就能做到运行时不用输入数据,程序会直接从文件中读取输入数据,这称为输入的重定向。下面的程序读入一个整数 n,表示后面有 n 组数据。每组数据占一行,是两个整数。针对每组数据,要求输出大的那个整数:

```
//program 3.9.1.cpp freopen 用法示例
1.   # include < iostream >
2.   using namespace std;
3.   int main()
4.   {
5.       freopen("c:\\tmp\\test.txt","r",stdin);        //字符串中的"\"要写两次
6.       int n;
7.       cin >> n;
8.       while( n -- ) {
9.               int a,b;
10.              cin >> a >> b;
11.              cout << (a > b?a:b) << endl;
12.      }
13. }
```

freopen 语句使得程序不再等待从键盘输入数据,而是直接从"c:\tmp\test.txt"文件中读入数据。如果该文件内容如下:

```
4
2 5
4 3
12 90
8 7
```

则程序输出结果是：

```
5
4
90
8
```

3.10 小结

值为整数类型(包括 char 类型)的表达式，都可以用做条件表达式。

在没有用"{}"明确指出配对关系的情况下，else 是和离它最近的 if 配对。

在分支很多的情况下，可以考虑用 switch 语句。switch 语句中 case 后面是整数类型(包括 char 类型)常量表达式。case 分支不要忘了编写 break 语句，否则会顺序执行到后面的 case 分支，直到碰到 break 语句。

对循环控制变量加 1，写++i 是比写 i++更好的习惯。

如果希望循环至少执行一次，可以考虑用 do…while 语句。

break 语句可以跳出当前层循环；continue 语句会回到当前层循环的开头，重新判断是否要进行下一次循环；goto 语句要尽量少用。

调试程序的时候，要积极使用 freopen 语句。

习题

1. 编写程序，每读入 3 个整数，就将它们从大到小排序输出。读到连续的 3 个 0，则程序结束。

输入样例：

```
3 4 5
7 2 9
0 0 0
```

输出样例：

```
5 4 3
9 7 2
```

2. 编写程序，输入一个整数 n，则输出一个由 n 行"＊"构成的等腰三角形，第一行有一个"＊"，第二行有 3 个"＊"，第三行有 5 个"＊"……每行比上一行多 2 个"＊"。最后一行不能有空格。

输入样例：

4

输出样例：

```
   *
  ***
 *****
*******
```

3. 斐波那契数列第一项和第二项都是 1,此后各项满足：$F_n = F_{n-1} + F_{n-2}$。编写程序,输入整数 n,输出斐波那契数列第 n 项。

4. 已知今天是星期二,问 n 天后是星期几($n \geq 0$)。程序输入 n,输出"Monday"、"Tuesday"、"Wednesday"、"Thursday"、"Friday"、"Saturday"或"Sunday"。

5. 编写程序,输入两个正整数,输出它们的最小公倍数。

6. 编写程序,输入两个正整数,输出它们的最大公约数。

7. 计算有两个运算符的算术表达式的值。输入数据第一行是表达式的个数 n,后面每行是一个表达式。表达式中没有括号,只有数字和"+"、"−"、"*"、"/"。对每个表达式,输出一行,即计算的结果。结果要精确到小数点后面 6 位。

输入样例：

```
2
3 + 4 * 5
9/6 + 2
```

输出样例：

```
23.000000
3.500000
```

8. 输入一个不超过 6 位的整数,输出其倒过来后的结果,符号不变。例如,输入"1234",则应输出"4321";输入"−9876",则应输出"−6789"。

9. 打印如下形式的乘法口诀表：

```
*  1  2  3  4  5  6  7  8  9
1  1  2  3  4  5  6  7  8  9
2  2  4  6  8 10 12 14 16 18
3  3  6  9 12 15 18 21 24 27
4  4  8 12 16 20 24 28 32 36
5  5 10 15 20 25 30 35 40 45
6  6 12 18 24 30 36 42 48 54
7  7 14 21 28 35 42 49 56 63
8  8 16 24 32 40 48 56 64 72
9  9 18 27 36 45 54 63 72 81
```

10. 输出所有"水仙花数"。"水仙花数"是一个 3 位正整数,其值等于各位数的立方和。例如,153 就是水仙花数,因为 $153 = 1^3 + 5^3 + 3^3$。

11. 输入一个二进制数(不超过 8 位),将其转换成一个十进制数输出。

12. 井底的蜗牛离井口 m 米。白天蜗牛向上爬若干米,晚上蜗牛滑下来 1 米。每天白天向上爬的距离是昨天的 1/3。已知第一天白天能向上爬 n 米,问几天后蜗牛能爬出井外(到井口就出去了)。输入两个整数数据为 m 和 n,输出第几天爬出井口。如果永远爬不出,则输出"Never"。

13. 编程输出 100 内所有 5 的倍数。

函 数　　第 4 章

　　在编写程序时,完成某一功能的那段代码常常在很多地方都要使用。例如,前面例 3.6 的程序实现了一个求平方根的功能,对于一个复杂的科学计算程序来说,很可能有几十甚至上百处都需要求平方根。如果在每个需要求平方根的地方,都要把求平方根的那段代码重新编写一遍,不但程序员工作量无谓地增加许多,编译出来的可执行程序也会有大量的重复部分,浪费内存空间。能不能求平方根的代码只编写一遍,就到处都可以使用呢?

　　高级语言几乎都提供了"函数"(function)这种机制,用来解决上述的问题。有些语言中将"函数"称为"过程"(procedure)。"函数"的作用之一就是可以将实现了某一功能并需要反复使用的代码包装起来形成一个功能模块(即写成一个"函数"),那么当程序中需要使用该项功能时,就不需要将实现该功能的代码重新编写一遍,而是只需编写一条语句,调用实现该功能的"函数"即可。

　　实际上,函数的作用不仅仅是减少重复劳动。编写一个复杂的程序,要一下子全盘都想清楚怎么编写是很难的,一般的思路就是将程序要解决的复杂的大问题,分解成多个相对简单的子问题,子问题又可以进一步分解更小的子问题……最小的子问题就可以用一个函数来解决。复杂的程序少则几个人合作编写,多则上千人共同开发(如 Windows 操作系统),有了函数或其他类似的机制,才能使得分工合作成为可能。即便是一个人编写并不很复杂的程序,将问题层层划分成子问题并将子问题分别用不同的函数实现,也有利于编写程序时理清思路、发现错误时便于查找,以及日后自己或合作伙伴阅读程序时容易理解。

4.1　函数的定义和调用

4.1.1　函数的定义

　　C++语言中,函数的定义形式如下:

返回值类型 函数名(参数 1 类型 参数 1 名称, 参数 2 类型 参数 2 名称,…)

```
{
      语句组
}
```

返回值类型就是具体的数据类型名,如 int、double 等。

函数名和参数名的命名规则和变量一样。**好的函数的命名,应当做到能让人看到名字,就明白其功能大致是什么。**括号"()"里面是参数表。参数之间用逗号隔开,各个参数的类型可以不同。参数表中的参数个数不限,也可以没有。即使没有参数,"()"也不能省略。"{}"及其内部的语句组合称为"函数体"。

C++函数有点类似于数学上的函数概念,参数相当于自变量,返回值相当于自变量映射到的值。C++函数的作用可以是根据参数计算出一个结果,但也可以不返回任何结果,只是在执行的过程中完成某一项功能(如在屏幕上画一个圆)。如果函数不需要返回值,则返回值类型可以写为"void"。当然也可以既计算出某个结果同时又完成某项功能。

4.1.2 函数调用和 return 语句

对函数的调用形式如下:

函数名(参数 1,参数 2, …)

对函数的调用,也是一个表达式。函数调用表达式的值,由函数内部的 return 语句决定。return 语句语法如下:

return 返回值;

return 语句的功能是结束函数的执行,并将"返回值"作为结果返回。"返回值"是常量、变量或复杂的表达式均可。如果函数不需要返回值,那么定义函数时可以将返回值类型写为"void",这种情况下,return 语句就直接写:

return ;

不需要也不能写"返回值"了。

return 语句作为函数的出口,可以在函数中多次出现。多个 return 语句的"返回值"可以不同。在哪个 return 语句结束函数的执行,函数的返回值就和哪个 return 语句里面的"返回值"相等。

4.1.3 函数使用实例

下面是一个函数的定义:

```
int Max( int x, int y)
{
    if( x > y )
        return x;
    return y;
}
```

这个函数名为"Max",其功能是返回两个参数 x、y 中比较大的那个。参数在函数内部就相当于一个变量,函数内部还可以定义其他变量。函数定义中的参数,如上面的 x、y,一般称为"形式参数",简称"形参"。

下面这条语句调用了 Max 函数,将 5 和 a 两者较大的那个取出来放到变量 n 中(假定 a 是个 int 类型变量):

```
int n = Max(5,a);
```

在上面的语句中,调用函数时给的参数,如 5 和 a,被称为"实际参数",简称"实参"。实参可以是常量、变量或复杂的表达式。C++ 要求调用函数时,实参的个数和类型以及先后次序要和函数定义中的形参匹配;如果用函数的返回值给某个变量赋值,那么该变量的类型应该和函数的返回值类型匹配。

函数调用语句被执行时,程序会跳转到函数内部的代码运行。刚进入函数内部时,形参的值就等于实参的值。形参的值在函数执行过程中也允许被修改。如上面的 int n = Max(5,a) 执行时进入 Max 函数内部,那么 x 的值就等于 5,y 的值就等于 a 的值。函数执行过程中碰到 return 语句,就会不再执行 return 后面的语句,立即从函数中跳出来回到调用语句后面继续执行。在上面的例子中,Max 函数返回 x、y 中较大的那个,返回值被存放到变量 n 中。

因为函数调用本身也是一个表达式,所以"int n = Max(5,a) + 7;"这样的语句也是合法的。

再看一个判断整数 n 是否是素数的函数的例子。该函数返回值是 bool 类型的,如果实参是个素数,就返回 true,否则返回 false。

```
bool IsPrime(int n)
{
    if( n <= 1)
        return false;
    //更好的做法是不用从 2 试到 n - 1,试到 n 的平方根即可,此处简单处理了
    for( int i = 2;i < n; ++i )              //看看有没有 n 的因子
        if( n % i == 0 )
            return false;
    return true;
}
```

可以看到,IsPrime 函数中 return 语句出现了多次。运行到 return 语句时,函数立即就会返回。

调用一个函数时,并非一定要使用其返回值。假设有如下函数 DrawCirle:

```
double DrawCircle(double x,double y, double r)
{
    //下面的代码在屏幕上以(x,y)点为圆心,r 为半径画圆
    …
    return 3.1415926 * r * r;
}
```

上面的函数能够在屏幕上画一个圆,并且返回该圆的面积。如果只想画圆而不关心其面积的话,调用该函数时就不用处理其返回值,可以只写:

```
DrawCircle(0,0,1);
```

例 4.1　给定平面上不共线的 3 个点,其坐标都是整数,编写程序,求它们构成的三角形的三条边的长度。输入 6 个整数,(x1,y1)、(x2,y2)、(x3,y3)代表 3 个点的坐标,以任意顺序输出三条边的长度均可。

新标准 **C++程序设计教程**

求两点之间的距离要用到求平方根。如果不使用函数,那么在这个程序中就需要将求平方根的代码编写 3 次(当然编写一次也能做到,但是程序的逻辑会复杂一些)。如果使用函数,这个程序可以如下编写:

```cpp
//program 4.1.1.cpp 求三角形三条边长
1.   # include < iostream >
2.   using namespace std;
3.   const double EPS = 0.001;                        //用以控制计算精度
4.   double Sqrt(double a)
5.   { //求 a 的平方根
6.       double x = a/2,lastX = x + 1 + EPS;          //确保能够进行至少一次迭代
7.       while( x - lastX > EPS || lastX - x > EPS) {
8.       //只要精度没有达到要求,就继续迭代
9.           lastX = x;
10.          x = (x + a/x)/2;
11.      }
12.      return x;
13.  }
14.  double Distance(double x1,double y1,double x2,double y2)
15.  {//求两点(x1,y1)、(x2,y2) 的距离
16.      return Sqrt((x1 - x2) * (x1 - x2) + (y1 - y2) * (y1 - y2));
17.  }
18.  int main()
19.  {
20.      int x1,y1,x2,y2,x3,y3;
21.      cin >> x1 >> y1 >> x2 >> y2 >> x3 >> y3;
22.      cout << Distance(x1,y1,x2,y2) << endl;        //输出(x1,y1)到(x2,y2)距离
23.      cout << Distance(x1,y1,x3,y3) << endl;
24.      cout << Distance(x3,y3,x2,y2) << endl;
25.      return 0;
26.  }
```

上面的程序编写了两个函数,用于求平方根的 Sqrt 和用于求两点距离的 Distance。函数之间是可以互相调用的,在第 16 行,Distance 函数即调用了 Sqrt 函数,实参是表达式"$(x1-x2) * (x1-x2)+(y1-y2) * (y1-y2)$"。Distance 函数的返回值就是 Sqrt 函数的返回值。

在第 22 行到第 24 行直接调用 Distance 函数求三角形两点的距离(即边长),比直接写:

```cpp
cout << Sqrt((x1 - x2) * (x1 - x2) + (y1 - y2) * (y1 - y2)) << endl;
```

显然要简洁、直观得多,编写起来更容易,看懂也更容易。

4.2 函数的声明

函数的定义必须出现在函数调用语句之前,否则调用语句在编译时就会报"标识符(就是函数名)没有定义"的错误。许多复杂的程序都是由多个.cpp 文件组成,并且不止一个文件中需要调用某个函数,而函数的定义在整个程序中只能出现一次,这时就需要用到"函数的声明"了。而且,有时两个函数 a、b,a 调用了 b,b 也调用了 a,那么显然不论把哪个函数的定义写在前面都是不行的,这个问题也可以用"函数的声明"来解决。

函数的声明是指不写出函数体,只写出函数的名称、返回值类型和参数表,即只编写函数的"原型"。函数声明的写法如下:

返回值类型 函数名(参数 1 类型 参数 1 名称, 参数 2 类型 参数 2 名称,…);

参数表中的参数名称也可以省略。下面是几个合法的函数声明:

```
int Max( int a, int b);
double Sqrt(double);
double Distance(double, double, double, double);
```

只要前面有了函数声明,那么调用函数的语句就能够编译通过了。因此前面提到的多个文件中都要调用同一个函数的问题,可以用在一个文件中编写函数定义其他文件中只编写函数声明的办法解决;两个函数 a、b 互相调用的问题,可以用先编写 a 的声明再编写 b 的定义,最后编写 a 的定义的办法来解决。

4.3　main 函数

所有的 C++程序都有一个 main 函数,到目前为止,看到的 main 函数的原型如下:

```
int main();
```

C++程序都是从 main 函数开始执行的。在 main 函数中,同样可以编写多条 return 语句。执行到 main 函数中的 return 语句时,整个程序就结束。main 函数的返回值,对程序本身没有用处,然而对启动该程序的程序(通常是操作系统,也可以是别的程序)会有用。一般来说在 main 函数中返回 0 表示程序正常执行结束,而返回非零值表示发生了一些异常或代表别的含义。

*4.4　函数参数的默认值

C++语言中,声明一个函数时,可以为函数的参数指定默认值。那么,当调用有默认参数值的函数时,可以不写参数,这时就相当于是以默认值作为参数调用该函数。

例如:

```
void Function1( int x = 20);     //函数的声明中,指明参数 x 的默认值是 20
…
Function1();                     //正确的调用语句,等效于 Function(20);
```

不仅可以用常数,还可以用任何有定义的表达式来作为参数的默认值。例如:

```
int Max( int m, int n);
int a, b;
void Function2 ( int x, int y = Max(a,b), int z = a * b) {
    …
}
Function2(4);                    //正确,等效于 Function(4,Max (a,b),a * b);
```

```
Function2(4,9);          //正确,等效于 Function(4,9, a * b);
Function2(4,2,3);        //当然正确
Function2(4, ,3);        //错误!这样的写法不允许,省略的参数一定是最右边连续的几个
```

　　函数参数的默认值,可以像上面的 Function1 那样编写在说明函数的地方,也可以像 Function2 那样编写在定义函数的地方,但是不能在两个地方都编写。

　　一般来说,会以最常用的参数值作为函数参数的默认值。例如,有些整型参数在调用时经常给的实参是 0,那么,不妨用 0 作为参数的默认值,这样编写函数调用语句时可以少输入参数,尤其在函数参数个数多时能省点事。

　　但这不是函数默认参数所带来的真正好处。真正的好处是使程序的可扩充性变好,即程序需要增加新功能时改动尽可能少。试想下面这种情况:一个快编写好的绘图程序,程序中有个画圆的函数 Circle,画出来的圆都是黑色的。突然觉得应该增加画彩色圆的功能,于是 Circle 函数就需要加个 int 类型的 color 参数,用来表示颜色。但是原来的程序中可能大多数调用 Circle 的地方依然是画个黑色的圆就可以了,只有少数几个地方需要改成画彩色的圆。此时,如果要找出所有调用 Circle 函数的语句并都补上颜色实参,那一定让人觉得很烦。而有了函数参数默认值的机制,则只需为 Circle 函数的新参数指定默认值 0(假定 0 代表黑色),然后找出少数几个调用 Circle 画彩色圆的地方,补上颜色参数即可。实践中这种情况是经常发生的。

*4.5　引用和函数参数的传递

4.5.1　引用的概念

　　在 C++语言中,可以定义"引用"。引用定义的方式如下:

类型名 & 引用名 = 同类型的某变量名;

此种写法就定义了一个某种类型的引用,并将其初始化为引用某个同类型的变量。"引用名"的命名规则和普通变量相同。例如:

```
int n;
int & r = n;
```

r 就是一个引用。也可以说 r 的类型是 int &。第二条语句使得 r 引用了变量 n,也可以说 r 成为 n 的引用。

　　某个变量的引用和这个变量是一回事,相当于该变量的一个别名。请注意,**定义引用时一定要将其初始化**,否则编译无法通过。**通常会用某个变量去初始化引用**,初始化后,它就一直引用该变量,不会再引用别的变量了。也可以用一个引用去初始化另一个引用,这样两个引用就引用同一个变量了。不能用常量初始化引用,也不能用表达式来初始化引用(除非该表达式的返回值是某个变量的引用)。总之,引用只能引用变量。

　　类型为 T & 的引用和类型为 T 的变量是完全兼容的,可以互相赋值。

　　引用的示例程序如下:

```
//program 4.5.1.1.cpp 引用的示例程序
1.   # include < iostream >
2.   using namespace std;
3.   int main()
4.   {
5.       int n = 4;
6.       int & r = n;          //r 引用了 n,从此 r 和 n 是一回事
7.       r = 4;                //修改 r 就是修改 n
8.       cout << r << endl;    //输出 4
9.       cout << n << endl;    //输出 4
10.      n = 5;                //修改 n 就是修改 r
11.      cout << r << endl;    //输出 5
12.      int & r2 = r;         //r2 和 r 引用同一个变量,就是 n
13.      cout << r2 << endl;   //输出 5
14.      return 0;
15.  }
```

4.5.2 引用作为函数的返回值

函数的返回值可以是引用。例如下面的程序:

```
//program 4.5.2.1.cpp 引用作为函数返回值
1.   # include < iostream >
2.   using namespace std;
3.   int n = 4;
4.   int & SetValue()
5.   {
6.       return n;             //返回对 n 的引用
7.   }
8.   int main()
9.   {
10.      SetValue() = 40;      //返回值是引用的函数调用表达式,可以作为左值使用
11.      cout << n << endl;    //输出 40
12.      int & r = SetValue();
13.      cout << r << endl;    //输出 40
14.      return 0;
15.  }
```

SetValue 的返回值是一个引用,是 int & 类型的。因此第 6 行使得其返回值成为变量 n 的引用。

第 10 行,SetValue()返回对 n 的引用,因此对 SetValue()的返回值进行赋值,就是对 n 进行赋值。结果就是使得 n 的值变为 40。

第 12 行,表达式 SetValue()的返回值是 n 的引用,因此可以用来初始化 r。其结果就是 r 也成为 n 的引用。

函数返回值是一个引用,其用途在后面的"运算符重载"和"标准模板库"章节中会体现。

4.5.3 参数传值

在 C++语言中,函数参数的传递有两种方式:传值和传引用。在函数的形参不是引用

的情况下,参数传递方式就是传值的。传引用的方式则要求函数的形参是一个引用。

"传值"是指函数的形参是实参的一个拷贝,在函数执行的过程中形参的改变不会影响到实参。请看下面的例子:

```
//program 4.5.3.1.cpp 参数传值
1.   # include < iostream >
2.   using namespace std;
3.   void Swap( int a, int b)
4.   {
5.       int tmp;
6.       //以下 3 行将 a、b 值互换
7.       tmp = a ;
8.       a = b;
9.       b = tmp;
10.      cout << "In Swap: a = " << a << " b = " << b << endl;
11.  }
12.  int main()
13.  {
14.      int a = 4, b = 5;
15.      Swap(a,b);
16.      cout << "After swaping: a = " << a << " b = " << b;
17.      return 0;
18.  }
```

在上面程序中,Swap 函数的返回值类型是 void,因此函数体内可以不编写 return 语句。不编写 return 语句的情况下,函数执行到最末的"}"才返回。

上面程序的输出结果是:

In Swap: a = 5 b = 4
After swaping: a = 4 b = 5

说明在 Swap 函数内部,形参 a、b 的值确实发生了互换,但是在 main 中的 a、b 还是维持原来的值,也就是说形参的改变不会影响实参。这是因为形参和实参存放在不同的内存空间。一个程序在运行时,其所占用的内存空间有一部分被称为"栈",当一个函数被调用时,在"栈"上面就会新分配出一块存储空间,用来存放形参和函数中定义的变量(称为局部变量,如上面程序中的 tmp)。实参的值会被复制到栈中存放对应形参的地方,因此形参的值才会等于实参。函数执行过程中对形参的修改,相当于修改了实参的拷贝,因此不会影响到实参。

4.5.4　参数传引用

如果函数的形参是一个引用,那么参数的传递方式就是传引用的。在传引用方式下,形参是对应的实参的引用。也就是说,形参和对应的实参是一回事,那么形参的改变,当然就会影响到实参。有了引用的概念,交换两个变量的 Swap 函数可以如下编写:

```
//program 4.5.4.1.cpp 参数传引用
1.   # include < iostream >
2.   using namespace std;
```

```
3.    void Swap(int & a, int & b)
4.    { //交换 a、b 的值
5.        int tmp;
6.        tmp = a; a = b; b = tmp;
7.    }
8.    int main()
9.    {
10.       int n1 = 100, n2 = 50;
11.       Swap(n1,n2) ;                     //n1,n2 的值被交换
12.       cout << n1 << " " << n2 << endl;  //输出 50 100
13.   }
```

在第 11 行,进入 Swap 函数后,a 引用了 n1,b 引用了 n2。a、b 值的改变,就会导致 n1、n2 值的改变,所以本行会导致 n1 和 n2 的值被交换。

4.5.5　常引用

定义引用时,可以在前面加"const"关键字,则该引用就成为"常引用"。例如:

```
int n;
const int & r = n;
```

就定义了常引用 r,其类型是 const int &。

常引用和普通引用的区别在于不能通过常引用去修改其引用的内容。注意,不是常引用所引用的内容不能被修改,只是不能通过常引用修改其引用的内容而已,可以用别的办法修改。例如下面的程序段:

```
int n = 100;
const int & r = n;
r = 200;              //编译出错,不能通过常引用修改其引用的内容
n = 300;              //没问题,n 的值变为 300
```

注意:const T & 和 T & 是不同的类型。T & 类型的引用或 T 类型的变量可以用来初始化 const T & 类型的引用。const T 类型的常变量和 const T & 类型的引用则不能用来初始化 T & 类型的引用,除非进行强制类型转换。例如下面的程序段:

```
void Func(char & r) {}
void Func2(const char & r) {}
int main()
{
  const char cc = 'a';
  char c;
  const char & rc1 = cc;
  const char & rc2 = c;              //char 变量可以用来初始化 const char & 的引用
  char & r = cc;          //编译出错,const char 类型的常变量不能用来初始化 char & 类型的引用
  char & r2 = (char & ) cc;          //没问题,强制类型转换
  Func(rc1);                         //编译出错,参数类型不匹配
  Func2(rc1);                        //没问题,参数类型匹配
  return 0;
}
```

*4.6 内联函数

使用函数能够避免将相同代码重写多次的麻烦,还能减少可执行程序的体积,但也会带来程序运行时间上的开销。函数调用在执行的时候首先要在栈上面为形参和局部变量分配存储空间,然后还要将实参的值复制给形参,接着还要将函数的返回地址(该地址指明了函数执行结束后程序应该回到哪里去继续执行)放入栈中,最后才跳转到函数内部去执行,这些个过程是要耗费时间的。另外,函数执行 return 语句返回时,需要从栈中回收形参和局部变量占用的存储空间,然后从栈中取出返回地址,再跳转到该地址去继续执行,这个过程也要耗费时间。总之,使用函数调用语句和直接把函数里面的代码重新编写一遍方式相比,节省了人力,但是带来了程序运行时间上的额外开销。一般情况下这个开销都可以忽略不计。但是如果一个函数内部本来就没有几条语句,执行时间本来就非常短,那么这个函数调用产生的额外开销和函数本身执行的时间相比,就显得不能忽略了。假如这样的函数在一个循环中被上千万次地执行,函数调用导致的时间开销就会使得程序明显变慢。作为特别注重程序执行效率,因而适合编写底层系统软件的高级程序设计语言,C++ 用"inline"关键字较好地解决了函数调用开销的问题。

C++ 语言中,可以在定义函数时,在返回值类型前面加上"inline"关键字。例如:

```
inline int Max( int a, int b)
{
    if( a > b )
        return a;
    return b;
}
```

加了"inline"关键字的函数,称为"内联函数"。内联函数和普通函数的区别在于,当编译器处理调用内联函数的语句时,不会将该语句编译成函数调用的指令,而是直接将整个函数体的代码插入调用语句处,就像整个函数体在调用处被重写了一遍一样。有了内联函数,就能像调用一个函数那样方便地重复使用一段代码,又不需要付出执行函数调用的额外开销。但很显然,使用内联函数比使用普通函数会使最终可执行程序的体积增加。以时间换取空间或增加空间消耗来节省时间,这本是计算机学科中常用的办法。

内联函数内的代码应该只是很简单的、执行很快的几条语句。如果一个函数较为复杂,它执行的时间可能上万倍于函数调用的额外开销,那么,将其作为内联函数处理的结果是付出让代码体积增加不少的代价,却只使速度提高了万分之一,这显然是得不偿失的。有时函数看上去很简单,比如只有一个包含一两条语句的循环,但该循环的执行次数可能很多,要消耗大量时间,那么这种情况也不适合实现为内联函数。

另外,需要注意的是调用内联函数的语句前面,必须已经出现**内联函数的定义**(即整个函数体),而不能只出现内联函数的声明。

*4.7　函数的重载

　　C++语言不允许变量重名,但是允许多个函数取相同的名字,只要参数表不同即可,这就称为函数的重载(读"虫载"不读"众载",其英文是"overload")。重载就是装载多种东西的意思,即同一个事物能完成不同功能。函数的重载使得 C++程序员对完成类似功能的不同函数可以统一命名,减少了命名所花的心思。例如,可能会需要一个求两个整数的最大值的函数,也可能还要写一个求 3 个实数的最大值的函数,这两个函数都是求最大值,那么都命名为 Max 即可,不需要一个命名为 MaxOfTwoIntegers,另一个命名为 MaxOfThreeFloats。

　　在调用同名函数时,编译器怎么知道到底调用的是哪个函数呢? 编译器是根据函数调用语句中实参的个数和类型来判断应该调用哪个函数的。因为重载函数的参数表不同,而调用函数的语句给出的实参必须和参数表中的形参个数和类型都匹配,因此编译器就能够判断出到底应该调用哪个函数。例如下面的程序:

```
//program 4.7.1.cpp 函数的重载
1.   # include < iostream >
2.   using namespace std;
3.   int Max( int a, int b)
4.   {
5.        cout << "Max 1" << endl;
6.   }
7.   double Max(double a, double b)
8.   {
9.        cout << "Max 2" << endl;
10. }
11. double Max(double a, double b, double c)
12. {
13.        cout << "Max 3" << endl;
14. }
15. int main()
16. {
17.        Max(3,4);                        //调用 int Max( int, int)
18.        Max(2.4,6.0);                    //调用 double Max(double, double)
19.        Max(1.2,3.4,5);                  //调用 double Max(double, double, double)
20.        Max(1,2,3);                      //调用 double Max(double, double)
21.        Max(3,1.5);                      //编译出错:二义性
22.        return 0;
23. }
```

以上程序如果去掉第 21 行编译出错的语句,输出结果是:

Max 1
Max 2
Max 3
Max 3

显然,编译器根据调用 Max 函数的语句所给的实参的个数和类型,可以找到完全匹配

的函数。例如,第 17 行实参是两个整型数,那么调用的当然就应该是原型为 int Max(int,int)的那个 Max 函数。

第 21 行编译会出错,因为两个实参:一个是整型,一个是实数型。如果将整型自动转换成实数型,那么看来应该调用 double Max(double,double)函数;可是如果将实数型去尾自动转换整型,那么似乎调用 int Max(int,int)也说得过去。C++设计者认为此时编译器应该因不知道如何选择而报告二义性的错误,而不是规定优先选择其中某一种。因为如果硬性规定的话,程序员很可能记不清到底编译器是怎么规定的,从而可能导致程序员心里认为应该调用这个 Max,实际上编译器的处理是调用另一个 Max,结果程序员因编译器不会报错而无法察觉这个问题。好的工具总是应该让初学者也能少犯错误,或者犯了错误能马上发现。

如果去掉 int Max(int,int)函数或去掉 double Max(double,double)函数中的任何一个,那么第 21 行就不会导致编译时的二义性错误了,因为此时实参该如何自动转换后才能和 Max 函数匹配,是确定的。

在两个函数同名而参数个数不同,但是其中参数多的那个函数的参数又可以默认的情况下,也可能会引发二义性。例如下面两个函数:

```
int Sum(int a, int b, int c = 0);
int Sum(int a, int b);
```

那么函数调用语句:

```
Sum(1,2);
```

就会在编译时导致二义性错误,因为编译器不知道是应该以(1,2,0)作为参数调用第一个 Sum,还是以(1,2)作为参数调用第二个 Sum。同样,将编译器设计成在这种情况下优先选择某一种也是不合理的。

需要强调一点,同名函数只有参数表不同才算重载;两个同名函数参数表相同而返回值类型不同,不是重载而是重复定义,是不允许的。

*4.8 库函数和头文件

在 C++语言标准中,规定了完成某些常用的特定功能的一些函数,这些函数是不同厂商的 C++语言编译器都会提供的,并且在用 C++语言编程时可以直接调用的。这样的函数统称为 C++标准库函数。例如,C++就有求平方根的标准库函数 sqrt,不需要程序员自己编写。下面这个输入一个非负数输出其平方根的程序:

```
1.  # include < iostream >
2.  # include < cmath >
3.  using namespace std;
4.  int main()
5.  {
6.      double a;
7.      cin >> a;
```

```
8.        if( a < 0 ) {
9.            cout << "Illegal input" << endl;
10.           return 0;
11.       }
12.       cout << sqrt(a);                    //调用标准库函数求平方根
13.       return 0;
14. }
```

在第 12 行中调用了函数 sqrt 求平方根,可是整个程序中并没有 sqrt 函数的定义或声明,那么编译器为什么不会报"sqrt 没有定义"的错误呢?

sqrt 是 C++规定的标准库函数,本程序中虽然没有其声明和定义,但是在 C++编译器提供的一个名为 cmath 的文件中包含了 sqrt 函数的声明。第 2 行的"♯include <cmath>"将整个 cmath 文件的内容都包含到程序中来,因此 sqrt 就有了定义。同理,iostream 文件中有 cin、cout 的声明,程序开头的"♯include <iostream>"将该文件包含进来,所以 cin、cout 才有定义。关于♯include 命令和头文件,在 10.5 节"预编译"中会详细解释。

C++语言提供了多类标准库函数,用于数学计算、字符串处理等。不同类的库函数,在不同的头文件中进行声明。编程时若要使用某个库函数,就需要用♯include 命令将包含该库函数声明的头文件包含到程序中,否则编译器就会认为该函数没有定义。这些头文件一般都放在编译器的安装文件夹下,编译器编译程序时能够找到它们,程序员也可以自行找到并打开这些头文件进行查看。下面是一些常用的库函数。

1. 数学函数

数学库函数在 cmath 中声明,主要有以下几种函数。

abs(x):求整型数 x 的绝对值。

cos(x):求 x(弧度)的余弦。

fabs(x):求浮点数 x 的绝对值。

ceil(x):求不小于 x 的最小整数。

floor(x):求不大于 x 的最大整数。

log(x):求 x 的自然对数。

log10(x):求 x 的对数(底为 10)。

pow(x,y):求 x 的 y 次方。

sin(x):求 x(弧度)的正弦。

sqrt(x):求 x 的平方根。

2. 字符处理函数

这些库函数在 ctype 中声明,主要有以下几种函数。

int isdigit(int c):判断 c 是否是数字字符。

int isalpha(int c):判断 c 是否是一个字母。

int isalnum(int c):判断 c 是否是一个数字或字母。

int islower(int c):判断 c 是否是一个小写字母。

int isupper(int c):判断 c 是否是一个大写字母。

int toupper(int c)：如果 c 是一个小写字母，则返回对应大写字母。

int tolower (int c)：如果 c 是一个大写字母，则返回对应小写字母。

4.9　小结

函数的名字应该起的让人能看明白其功能。

函数调用语句之前，必须有函数的定义或声明。

函数声明也称函数原型，必须包含函数名字、返回值类型、参数个数和每个参数的类型，参数名字可以不写。

函数执行到 return 语句就会返回。函数可以没有返回值。

函数参数可以有默认值。调用函数时，只能最右边的连续若干个参数默认。

函数调用是个表达式，其值就是函数的返回值。

函数调用表达式不能作为左值，除非其返回值是引用类型的。

传值的情况下，形参是实参的拷贝，形参改变不会影响实参，形参的复制需要时间和空间；传引用的情况下，形参改变就意味着实参改变。可以用 const 引用作为函数的参数，既避免形参复制所需的开销，又能防止实参在函数执行中被改变。

内联函数能够避免函数调用语句产生的开销。

函数的重载是多个函数名字相同，但参数表不同。仅返回值不同，不算重载。

C++语言提供了很多库函数，要使用这些库函数，需要用 ♯include 命令将含有它们的声明的头文件包含到程序中来。

习题

1. 编写一个接收 3 个 int 类型参数的函数，返回 3 个参数中的最大值。

2. 参数的传值和传引用有什么区别？

3. 什么情况下函数调用的返回值可以作为左值？

4. inline 函数有什么优点？

5. 如果有多个重载的函数，编译器根据什么来判断调用这些函数的语句，到底调用的是哪一个？

6. 编写一个函数，可用于交换两个 double 类型实参的值。

7. 以下有关函数的叙述中，正确的是(　　)。

A. 函数必须返回一个值

B. 函数体中必须有 return 语句

C. 两个同名函数，参数表相同而返回值不同不算重载

D. 函数执行中形参的改变会影响到实参

8. 函数的原型中可以不指出(　　)。

A. 函数的返回值类型　　　　　　　B. 函数的参数个数

C. 函数的参数的名字　　　　　　　D. 函数的名字

9. 以下正确的函数声明形式是(　　)。

A. int func(int x,int y)　　　　　　B. int func(int,int);

C. int func(int x;int y);　　　　　　D. int func(int x,y);

10. 以下说法不正确的是(　　)。

A. 不同函数中可以使用相同名字的变量　　B. 函数的实参和形参不能同名

C. 函数内也可以没有 return 语句　　　　D. 函数形参改变,实参也可能改变

第 5 章　　　　数　　组

想想如何编写下面的程序：

接收键盘输入的 100 个整数，然后将它们按从小到大的顺序输出。

要编写这个程序，首先要解决的问题就是如何存放这 100 个整数？直观的想法是定义 100 个 int 类型变量，n1，n2，n3，…，n100，用来存放这 100 个整数。可这样的做法太麻烦，C++ 语言中"数组"的概念，为解决上述问题提供了很好的办法。实际上，几乎所有的高级程序设计语言都支持数组。数组可以用来表示类型相同的元素的集合，集合的名字就是数组名。数组中的元素都有编号，元素的编号称为下标。通过数组名和下标就能访问元素。

5.1　一维数组

在 C++ 语言中，一维数组的定义方法如下：

类型名 数组名[元素个数]；

其中"元素个数"必须是常量或常量表达式，不能是变量，而且其值必须是正整数。元素个数也称为"数组的长度"。例如：

int a[100];

上面的语句就定义了一个名字为 a 的数组，它有 100 个元素，每个元素都是一个 int 类型变量。可以用 a 这个数组来存放本章开头提到的程序所需要存储的 100 个整数。

一般地，如果编写：

```
T a[ N ];                  //此处 T 可以是任何类型名，如 char、double、int 等
                           //N 是一个正整数，或值为正整数的常量表达式
```

那么，就定义了一个数组，这个数组的名字是 a(名字可以换)。a 数组中有 N 个元素，每个元素都是一个类型为 T 的变量。这 N 个元素在内存中是连续存放的。a 数组占用了一片连续的、大小总共为 N × sizeof(T) 字节的存储空间。

表达式"sizeof(a)"的值就是整个数组的体积,即 N×sizeof(T)。

如何访问数组中的元素呢? 实际上,每个数组元素都是一个变量,数组元素可以表示为以下形式:

数组名[下标]

其中,下标可以是任何值为整型的表达式,该表达式中可以包含变量和函数调用。下标若为小数时,编译器将自动去尾取整。例如,如果 a 是一个数组的名字,i,j 都是 int 类型变量,那么

a[5]
a[i+j]
a[i++]

都是合法的数组元素。

在 C++语言中,数组的"下标"是从 0 开始的。也就是说,如果有数组:

T a[N];

则 a[N]中的 N 个元素,按地址从小到大的顺序,依次是 a[0], a[1], a[2],…,a[N-1]。a[i](i 为整数)就是一个 T 类型的变量。**如果 a[0]存放在地址 n,那么 a[i]就被存放在地址 n + i×sizeof(T)。**

例 5.1　选择排序。编程接收键盘输入的若干个整数,排序后从小到大输出。先输入一个整数 n,表明有 n 个整数需要排序,再输入待排序的 n 个整数。

解题思路:先将 n 个整数输入到一个数组中,然后对该数组进行排序,最后遍历整个数组,逐个输出其元素。对数组排序有很多种方法,这里采用一种最直观的方法,称为"选择排序"。其基本思想是如果有 N 个元素需要排序,那么首先从 N 个元素中找到最小的(称为第 0 小的元素)放在第 0 个位置上,然后从剩下的 N-1 个元素中找到最小的元素放在第 1 个位置上,再从剩下的 N-2 个元素中找到最小的元素放在第 2 个位置上,直到所有的元素都就位。

```cpp
//program 5.1.1.cpp 选择排序
1.   # include < iostream >
2.   using namespace std;
3.   const int MAX_NUM = 100;
4.   int main()
5.   {
6.       int a[MAX_NUM];
7.       int n;
8.       cin >> n;                          //共有 n 个整数待排序
9.       for( int i = 0;i < n ;++i )        //输入 n 个整数
10.          cin >> a[i];
11.      //下面对整个数组进行从小到大排序
12.      for( int i = 0; i < n - 1; ++i ){  //每次循环将第 i 小的元素放好
13.          int tmpMin = i;    //用来记录从第 i 个到第 n-1 个元素中,最小的那个元素的下标
14.          for( int j = i; j < n; ++j) {
15.              if( a[j] < a[tmpMin] )
16.                  tmpMin = j;
17.          }
18.      //下面将第 i 小的元素放在第 i 个位置上,并将原来占着第 i 个位置的那个元素挪到后面
```

```
19.              int tmp = a[i];
20.              a[i] = a[tmpMin];
21.              a[tmpMin] = tmp;
22.      }
23.      //下面两行将排序好的 n 个元素输出
24.      for( int i = 0;i < n ;++i)
25.          cout << a[i] << endl;
26.      return 0;
27. }
```

思考题 考虑用另外一种算法来编写排序程序。

例 5.2 筛法求素数。求 10 000 000 以内的所有素数。

判断一个数 n 是不是素数,可以用 2 到 $\sqrt{n}$ 之间的所有整数去除 n,看能否整除。如果都不能整除,那么 n 是素数。求 10 000 000 以内的所有素数,可以对 3 至 10 000 000 中的每个数都重复上述过程,发现是素数则输出。但是这样做速度比较慢,如果用空间换时间,分配一个大数组,用筛法求素数,则速度会提高一倍左右。筛法求素数的基本思想是把 2 到 10 000 000 中所有的数都列出来,然后从 2 开始,先划掉 10 000 000 内所有 2 的倍数,再每次从下一个剩下的数(必然是素数)开始,划掉其 10 000 000 内的所有倍数。最后剩下的数就都是素数。程序如下:

```
//program 5.1.2.cpp 筛法求素数
1.   # include < iostream >
2.   # include < cmath >
3.   using namespace std;
4.   const int MAX_NUM = 10000000;
5.   bool isPrime[MAX_NUM + 10];            //最终如果 isPrime[i] 为 true,则表示 i 是素数
6.   int main()
7.   {
8.       for(int i = 2;i <= MAX_NUM; ++i)    //开始假设所有数都是素数
9.           isPrime[i] = true;
10.      for(int i = 2;i <= MAX_NUM; ++i) {  //每次将一个素数的所有倍数标记为非素数
11.          if(isPrime[i])                  //只标记素数的倍数
12.              for( int j = 2 * i; j <= MAX_NUM; j += i)
13.                  isPrime[j] = false;      //将素数 i 的倍数标记为非素数
14.      }
15.      for(int i = 2;i <= MAX_NUM; ++i)
16.          if(isPrime[i])
17.                  cout << i << endl;
18.      return 0;
19. }
```

5.2 数组的大小限制

在 C++语言中,数组的大小是有限制的,各个编译器具体规定不同。例如,在 Dev C++中,数组所占的字节数最多不能超过 0x7fffffff。

如果数组定义在一个函数内部,那么其大小是非常有限的(具体最大可以多大,各个编译器有所不同)。因为函数内部的变量(数组也算是变量)都是在栈上分配空间的,而一个程

序的栈,大小是比较有限的。在函数内部定义大数组是初学者很容易犯的错误,很容易导致程序运行时因栈溢出而崩溃。下面这个程序在 main 中定义了一个大数组,除此之外什么都没做。不论用 Visual Studio 2010 编译,还是用 Dev C++编译,该程序运行时都会立即导致崩溃:

```cpp
# include < iostream >
using namespace std;
int main()
{
    int a[10000000];
    return 0;
}
```

所以,**不要在函数内部定义大数组**。要使用大数组,就将数组定义在所有函数之外,例如:

```cpp
# include < iostream >
using namespace std;
int a[10000000];
int main()
{
    for( int i = 0;i < 100;++i)
        cout << a[i] << endl;
    return 0;
}
```

定义在所有函数之外的变量,称为"全局变量"。各个函数中都可以访问全局变量。

本节中提到的数组,其元素都是用数组名加一个下标就能表示出来。这样的数组称为一维数组。实际上,C++语言还支持二维数组乃至多维数组。二维数组中的每个元素,需要用两个下标才能表示。

5.3　二维数组

如果需要存储一个矩阵,并且希望只要给定行号和列号,就能立即访问到矩阵中的元素,该怎么办? 一个直观的想法是矩阵的每一行都用一个一维数组来存放,那么矩阵有几行,就需要定义几个一维数组。这个办法显然很麻烦。C++语言支持二维数组,能很好地解决这个问题。

如果编写:

```cpp
T a[N][M];          //此处 T 可以是任何类型名,如 char、double、int 等
                    //M、N 都是正整数,或值为正整数的常量表达式
```

那么,就定义了一个 **N** 行、**M** 列的二维数组,这个数组的名字是 **a**。**a** 数组中有 **N×M** 个元素,每个元素都是一个类型为 **T** 的变量。这 **N×M** 个元素在内存中是连续存放的。**a** 数组占用了一片连续的、大小总共为 **N×M×sizeof(T)** 字节的存储空间。

表达式"sizeof(a)"的值就是整个数组的体积,即 N×M×sizeof(T)。

a 数组中的每个元素,都可以表示为:

数组名[行下标][列下标]

行下标和列下标都是从 0 开始的。

数组 a[N][M]每一行都有 M 个元素,第 i 行的元素就是 a[i][0],a[i][1],…,a[i][M−1]。同一行的元素,在内存中是连续存放的。而第 j 列的元素就是 a[0][j],a[1][j],…,a[N−1][j]。

a[0][0]是数组中地址最小的元素。如果 a[0][0]存放在地址 n,那么 a[i][j](i,j 为整数)存放的地址就是 n+i×M×sizeof(T)+j×sizeof(T)。

图 5.1 显示了二维数组 int a[2][3]在内存中的存放方式。假设 a[0][0]存放的地址是 100,那么 a[0][1]的地址就是 104,以此类推。

100	104	108	112	116	120
a[0][0]	a[0][1]	a[0][2]	a[1][0]	a[1][1]	a[1][2]

图 5.1 二维数组的一行

从图 5.1 可以看出,**二维数组的每一行,实际上都是一个一维数组**。对上面的数组 int a[2][3]来说,a[0]、a[1]都可以看做是一个一维数组的名字,可以直接当一维数组使用。

二维数组用于存放矩阵特别合适。一个 N 行 M 列的矩阵,恰好可以用一个 N 行 M 列的二维数组进行存放。

遍历一个二维数组,将其所有元素依次输出的代码如下:

```
const ROW = 20;
const COL = 30;
int a[ROW][COL];
for( int i = 0; i < ROW ; ++i) {
    for( int j = 0; j < COL ; ++j)
        cout << a[i][j] << " ";
    cout << endl;
}
```

上面的代码将数组 a 的元素按行依次输出,即先输出第 0 行的元素,然后输出第 1 行的元素、再输出第 2 行的元素……每行元素在输出中也占一行,元素之间用空格分隔。

思考题   如果要将数组 a 的元素按列依次输出,即先输出第 0 列的元素,再输出第 1 列的元素……该如何编写?

5.4 数组的初始化

在定义一个一维数组的同时,就可以给数组中的元素赋初值。具体的写法如下:

类型名 数组名[常量表达式] = {值,值,…,值};

其中,在{ }中的各数据值即为各元素的初值,值之间用逗号间隔。例如:

```
int a[10]={0,1,2,3,4,5,6,7,8,9};
```

相当于 a[0]＝0;a[1]＝1,…,a[9]＝9;

　　数组初始化时,{}中值的个数可以少于元素个数。此时,相当于只给前面部分元素赋值,而后面的元素存储空间里的每个字节都被写入二进制数 0。例如:

```
int a[10]={0,1,2,3,4};
```

表示只给 a[0]～a[4] 5 个元素赋值,而后面的 5 个元素自动赋 0 值。

　　在定义数组时,如给全部元素赋值,则可以不给出数组元素的个数。例如:

```
int a[]={1,2,3,4,5};
```

是合法的,a 就是一个有 5 个元素的数组。

　　二维数组也可以进行初始化。例如,对于数组 int a[5][3],可用如下方式初始化:

```
int a[5][3]={ {80,75,92},{61,65},{59,63,70},{85,90},{76,77,85} };
```

每个内层的{},初始化数组中的一行。例如,{80,75,92}就对数组第 0 行的元素进行初始化,结果使得 a[0][0]＝80,a[0][1]＝75,a[0][2]＝92。

　　二维数组初始化时,如果对每行都进行了初始化,则也可以不给出行数:

```
int a[][3]={ {80,75,92},{61,65} };
```

a 是一个 2 行 3 列的数组,a[1][2]被初始化成 0。

　　有时会用一个数组存放一些固定不变的值,以取代复杂的程序分支结构。例如,前面的例 3.3(编写一个程序,接受一个整数作为输入,如果输入 1,则输出"Monday";输入 2,则输出"Tuesday";…;输入 7,则输出"Sunday",输入其他数,则输出"Illegal"),如果用数组来实现,就会简单很多。程序如下:

```
      //program 5.4.1.cpp
1.    # include < iostream >
2.    # include < string >                        //使用 string 需包含此头文件
3.    using namespace std;
4.    string weekdays[] = { "Monday","Tuesday","Wednesday","Thursday",
5.                          "Friday","Saturday","Sunday" };   //字符串数组
6.    int main()
7.    {
8.        int n;
9.        cin >> n;
10.       if( n > 7 || n < 1 )
11.           cout << "Illegal";
12.       else
13.           cout << weekdays[n-1];
14.       return 0;
15.   }
```

　　第 4 行的"string"是一个类型的名字,在头文件 string 中声明。string 类型的变量代表一个字符串。string 类型在"字符串"一章会详细说明。

　　第 13 行用 n－1 作为下标,直接就找到了 n 对应的星期几的名称并输出,省去了例 3.3

原解法中的 switch 语句。

如果要编写一个根据给定日期算出它是星期几的程序,就可以将每个月的天数存在数组中,计算过程中用月份作为下标就能直接得到该月天数,不必编写 switch 语句。

5.5 数组作为函数的参数

数组可以作为函数的参数使用。一维数组作为形参时的写法如下:

类型名 数组名[ ]

不用写出数组的元素个数。例如:

```
void PrintArray( int a[ ]) { }
```

数组作为函数参数时,是传引用的,即形参是实参的引用,形参数组改变了,实参数组也会随着改变。

二维数组也可以作为函数的参数。二维数组作为形参时,必须写明数组有多少列(即每行有多少个元素),不用写明有多少行,例如:

```
void PrintArray( int a[ ][5] )
{
    cout << a[4][3];
}
```

必须要写明列数,因为只有这样,才能根据下标计算元素的地址。二维数组元素 a[i][j] 的地址是数组首地址 $+i\times N\times$ sizeof(a[0][0])$+j\times$ sizeof(a[0][0]) (N 是数组列数)。形参数组的首地址就是实参数组的首地址,但是如果不说明 N 的大小,在函数中就无法计算出元素 a[i][j] 的地址。

思考题 三维数组作为函数的形参时,写法是什么样的?

例 5.3 实现插入排序。下面程序中的 InsertionSort 函数实现的是插入排序。其基本思想是把整个待排序序列分成有序序列和无序序列两部分,有序序列在左边,无序序列在右边。一开始有序部分就只是第一个元素。然后,每次取无序部分的最左边的元素作为待插入元素,通过一系列比较,将其插入到有序部分里面合适的位置,这样有序部分就增加了一个元素,无序部分就减少了一个元素。反复做下去,直到整个序列都变成有序。

插入的过程如下:从右往左,依次取有序部分的元素和待插入元素比较,如果该元素大于待插入元素,则将该元素向右移一个位置;如果该元素不大于待插入元素,则将待插入元素放到该元素右边,插入过程完成。如果有序部分的所有元素都大于待插入元素,那么这些元素都会被右移一个位置,待插入元素则被放到新的有序部分的最左边。

```
//program 5.5.1.cpp 插入排序
1.   # include < iostream >
2.   using namespace std;
3.   void InsertionSort( int a[ ] , int size )
4.   {//插入排序
5.       int i;   //有序区间的最后一个元素的位置,i+1 就是无序区间最左边元素的位置
6.       for( i = 0; i < size − 1; ++i ) {
7.           int tmp = a[i+1];   //tmp 是待插入到有序区间的元素,即无序区间最左边的元素
```

```
8.            int j = i;
9.            while( j >= 0 && tmp < a[j] ) {        //寻找插入的位置
10.                a[j+1] = a[j];                    //比 tmp 大的元素都往后移
11.                -- j;
12.            }
13.            a[j+1] = tmp;
14.        }
15. }
16. void PrintArray(int a[][5],int rows)
17. {//输出二维数组,rows 是行数
18.     for( int i = 0;i < rows; ++i ) {
19.         for( int j = 0; j < 5; ++j )
20.             cout << a[i][j] << " ";
21.         cout << endl;
22.     }
23. }
24. int main()
25. {
26.     int b[5] = { 50,30,20,10,40 };
27.     int a2d[3][5] = {{5,3,2,1,4},{10,20,50,40,30},{100,120,50,140,30}};
28.     InsertionSort(b,5);
29.     for( int i = 0;i < 5; ++i )
30.         cout << b[i] << " ";
31.     cout << endl;
32.     for( int i = 0;i < 3;++i)                    //将 a2d 每一行均排序
33.         InsertionSort(a2d[i],5);
34.     PrintArray(a2d,3);
35.     return 0;
36. }
```

数组作为函数参数时是传引用的,所以第 28 行调用了 InsertionSort 后,数组 b 会被排序。

第 33 行 a2d[i]代表 a2d 的第 i 行,由于二维数组的每一行都是一个一维数组,所以 a2d[i] 和 InsertionsSort 的形参 a 是匹配的。本行程序使得数组 a2d 的第 i 行被排序。

程序的输出结果是:

```
10  20  30   40   50
1   2   3    4    5
10  20  30   40   50
30  50  100  120  140
```

5.6　数组越界

5.6.1　什么是数组越界

数组元素的下标,可以是任何整数,也可以是负数,还可以大于等于数组的元素个数。如果出现这种情况,编译的时候是不会出错的。例如下面的程序段:

```
1.   int a[10];
2.   a[-2] = 5;
3.   a[200] = 10;
4.   a[10] = 20;
5.   int m = a[30];
```

这些语句的语法都没有问题，编译的时候都不会出错。a 只有 10 个元素，下标从 0 到 9。那么，a[-2]是什么含义呢？如果数组 a 的起始地址是 n，那么 a[-2]就代表位于地址 n + (-2) * size(int) 处的一个 int 类型变量，即位于地址 n-8 处的一个 int 类型变量。因此语句 2 的作用就是往地址 n - 8 处写入数值 5(写入 4 个字节)。地址 n-8 处，有可能存放的是其他变量，也有可能存放的是指令，往该处写入数据，就有可能意外更改了其他变量的值，甚至更改了程序的指令。程序继续运行就可能会出错。有时，n-8 处的地址可能是操作系统不允许程序进行写操作的，碰到这种情况，程序执行到第 2 行就会立即出错。因此，第 2 行中的语句是不安全的。

像第 2 行这样，要访问的数组元素并不在数组的存储空间内，这现象就称为"数组越界"。

第 3、4、5 行都会导致数组越界。要特别注意，a 有 10 个元素，有效的元素是 a[0]到 a[9]，a[10]已经不在数组 a 的地址空间内了，这是初学者经常会忽略的。第 5 行会导致 m 被赋了一个不可预料的值。在有的操作系统中，程序的某些内存区域是不能读取的，如果 a[30]正好位于这样的区域，执行到第 5 行就会立即引发错误。

除非有特殊的目的，一般不会写出像 a[-2] = 5 这样明显越界的语句。但是经常会用含有变量的表达式作为数组元素的下标使用，该表达式的值有可能会变成负数或大于等于数组的长度，这就会导致数组越界。

5.6.2　数组越界的后果

数组越界是实际编程中常见的错误，而且这类错误往往难以捕捉。因为越界语句本身并不一定导致程序立即出错，但是它埋下的隐患可能在程序运行一段时间后才发作。甚至，运气好的话，虽然由于数组越界，意外改写了别的变量或者指令，但是程序后来沿某个分支运行时并没有用到这些错误的变量或指令，那么程序就不会出错。

如果在跟踪调试程序时，发现某个变量突然变成了一个不正确的值，然而却查不出这个变量在哪里变成该值，就要考虑一下是否是由于某处的数组越界，导致该变量的值被意外修改了，尤其是在该变量定义的附近也定义了数组时。因为在一起定义的一些变量，它们的储存空间一般也是相邻的，数组越界的话，很有可能修改了和数组相邻存放的其他变量的值。

数组越界的程序用某个编译器编译出来的可执行程序运行时可能毫无问题，换一个编译器编译，在运行时却有可能不正确，甚至发生"运行时错误"(runtime error)导致程序中止。目前，在线程序评测平台(Online Judge, OJ)在教学中运用十分广泛，在教学实践中作者发现，不少学生做题时获得了 OJ 上题目的全部输入数据和标准的输出答案，在本机测试程序没有错误，但是将程序提交到 OJ 上，却无论如何通不过，不是出现"runtime error"就是"wrong answer"。最后细查的结果就是因为数组越界。OJ 服务器端的编译器和学生本机用的编译器不同，服务器端编译出来的程序运行会有问题。发现这类错误的办法是在本机换一个编译器编译程序再运行，错误常常就能体现出来。

5.7 小结

数组的元素是在内存中连续存放的,数组名就代表存放区域的起始地址。

有 n 个元素的数组,合法的下标是 0 到 n−1。

不要在函数(包括 main 函数)内部定义大数组。

二维数组的每一行都是一个一维数组。二维数组 T a[M][N],若起始地址是 n,则其元素 a[i][j] 的地址是 $n + N \times i \times sizeof(T) + j \times sizeof(T)$。

一维数组初始化时和作为函数参数时可以不指定元素个数,二维数组初始化时和作为函数参数时可以不指定行数。

数组作为函数参数时,是传引用的,即形参是实参的引用,形参数组修改了,实参数组也随着被修改。

数组越界编译器不会检查,运行时常导致莫名其妙的错误。用不同编译器编译程序,有助于发现数组越界错误。

习题

1. 以下对数组 a 不正确的定义是( )。

A. int a[10];

B. int n = 5; int a[n];

C. const int n = 5; double a[n];

D. double a[3 * 5];

2. 有数组 double a[10];假设 a[0] 的地址是 n,那么 a[i] 的地址是_____, sizeof(a) 等于_____。

3. 有数组 int a[4][20];假设 a[0][0] 的地址是 n,那么 a[i][j] 的地址是_____, sizeof(a) 等于_____。

4. 下面程序片段的输出结果是 _____。

```
int a[6];
for( int i = 1; i < 6;++i ) {
   a[i] = 8 * ( i + 2 * ( i > 3)) %5;
   cout << a[i] << " " ;
}
```

5. 下面程序片段的输出结果是 _____。

```
int a[][3] = {{ 2,1},{3,4}};
cout << sizeof(a) << endl;
for( int i = 0;i < 2 ; ++i ) {
   for( int j = 0; j < 3; ++j)
      cout << a[i][j] << " ";
   cout << endl;
}
```

6. 编程求两个矩阵相乘的结果。输入第一行是整数 m,n,表示第一个矩阵是 m 行 n 列的;然后是一个 m×n 的矩阵。再下一行的输入是整数 p,q,表示下一个矩阵是 p 行 q 列的(n=p);然后就是一个 p 行 q 列的矩阵。要求输出两个矩阵相乘的结果矩阵(1<m、n、p、q<=8)。

输入样例:

```
2 3
2 4 5
2 1 3
3 3
1 1 1
2 3 2
0 1 4
```

输出样例:

```
10 19 30
4 8 16
```

7. 打印以下杨辉三角形,要求输出到第 10 行:

```
1
1 1
1 2 1
1 3 3 1
1 4 6 4 1
1 5 10 10 5 1
 ⋮
```

该三角形的特点是:第 n 行有 n 个数字,每个数字是上方和左上方的数字之和。

8. 已知 2012 年 1 月 25 日是星期三,编写一个程序,输入用"年 月 日"表示的一个日期,输出该日期是星期几。

字　符　串　　第6章

C++语言中,字符串有以下3种形式。

第一种形式就是用双引号括起来的字符串常量,如"CHINA"、"C++ program"。

第二种形式的字符串,存放于字符数组中。该字符数组中包含一个'\0'字符,代表字符串的结尾。C++中有许多用于处理字符串的函数,它们都可以用字符串常量或字符数组的名字作为参数。

第三种形式是 string 对象。string 是 C++ 标准模板库中的一个类,专门用于处理字符串。

本书将前两种形式的字符串称为"普通字符串"。

6.1　字符串常量

字符串常量是由一对双引号括起的字符序列。例如:"CHINA","C++ program","＄12.5","a" 等都是合法的字符串常量。

一个字符串常量占据内存的字节数等于字符串中字符数目加1。多出来的那个字节位于字符串的尾部,存放的是字符'\0'。字符'\0'的 ASCII 码就是0。C++语言中的字符串,不论是字符串常量,还是字符数组,都是以'\0'结尾的。

例如,字符串 "C program" 在内存中的布局表示如图 6.1 所示。

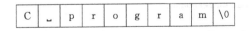

图 6.1　"C program"在内存中的布局

提到字符串的长度时,是不将结尾的'\0'计算在内的。

"" 也是合法的字符串常量。该字符串中没有字符,称为"空串"。它仍然会占据一个字节的存储空间,就是用来存放代表结束位置的'\0'。

如果字符串常量中包含双引号,则双引号应写为'\"'。而'\'字符在字符串中出现时,需连写两次,变成'\\'。例如:

cout << "He said: \"I am a stu\\dent.\"";

该语句的输出结果是：

He said: "I am a stu\dent."

6.2　用字符数组存放的字符串

6.2.1　用一维数组存放字符串

字符数组就是每个元素都是 char 类型的数组。例如：

char szString[10];

字符数组的每个元素占据一个字节。可以用字符数组来存放字符串，这种情况下数组中需包含一个'\0'字符，代表字符串的结尾。因而字符数组的元素个数，应该不少于被存储字符串的字符数目加 1。字符数组的内容，可以在初始化时设定，也可以用一些 C++库函数进行修改，还可以用对数组元素赋值的办法任意改变其中的某个字符。

字符数组同样可以用 cout 输出，用 cin 也能读取字符串到字符数组。用 cin 将字符串读入字符数组时，cin 会自动在字符数组中字符串的末尾加上'\0'。

下面通过一个例子来说明字符数组的用法：

```
//program 6.2.1.1.cpp 字符数组的用法
1.    # include < iostream >
2.    # include < cstring >                 //包含字符串库函数的声明
3.    using namespace std;
4.    int main()
5.    {
6.        char title[] = "Prison Break";
7.        char hero[100] = "Michael Scofield";
8.        char prisonName[100];
9.        char response[100];
10.       cout << "What's the name of the prison in " << title << endl;
11.       cin >> prisonName;
12.       if( strcmp(prisonName, "Fox - River") == 0 )
13.           cout << "Yeah! Do you love" << hero << endl;
14.       else {
15.           strcpy( response, "It seems you haven't watched it!\n");
16.           cout << response;
17.       }
18.       title [0] = 't';
19.       title [3] = 0;                      //等效于 title [3] = '\0';
20.        cout << title << endl;
21.       return 0;
22. }
```

该程序运行结果根据用户输入的内容有所不同，可以如下：

```
What's the name of the prison in Prison Break
Fox - River ↙
```

Yeah! Do you love Michael Scofield
tri

也可以如下：

What's the name of the prison in Prison Break
Shark ↙
It seems you haven't watched it!
tri

第 6 行定义了一个字符数组 title，并进行初始化，使得其长度自动为 13（字符串"Prison Break"中的字符个数再加上结尾的'\0'）。初始化后 title 的内存布局如图 6.2 所示。

图 6.2　初始化后 title 的内存布局

第 7 行定义了一个有 100 个元素的字符数组 hero，并将其前 17 个元素进行初始化（"Micheal Scofield"再加上结尾的'\0'）。

第 11 行等待用户输入监狱的名字，并将用户的输入存放到 prisonName 数组中，cin 会自动在输入的字符串末尾加上'\0'。如果用户输入超过了 99 个字符，那么加上'\0'后，就会发生数组越界的错误。注意，用 cin 输入字符串时，输入的字符串中不能有空格，否则被读入的就只是空格前面的那部分。例如，如果在本程序运行时输入"Fox River"再按 Enter 键，那么 prisonName 中就会存入"Fox"而不是"Fox River"。

如果想要将用户输入的包含一个甚至多个空格的一整行都当做一个字符串读入到 prisonName 中，那么第 11 行应改成：

```
cin.getline(prisonName,99);
```

此时如果用户输入"Fox River"然后按 Enter 键，则 prisonName 中就会存放着"Fox River"。

cin 是一个对象，getline 是其"成员函数"，具体什么称为"成员函数"，后面学到"类"的概念时再解释，这里只需要记住，调用对象的成员函数，写法就是"对象名.成员函数名"即可。getline 函数原型如下：

```
getline(char buf[], int bufSize);
```

其功就是将用户从键盘输入的一整行，当做一个字符串读入到内存缓冲区 buf 中，并且在末尾自动添加'\0'。为避免缓冲区溢出，函数最多只会读入 bufSize−1 个字符，哪怕一行不止这么多个字符。该函数的返回值暂不介绍。

第 15 行调用字符串复制库函数 strcpy 将"It seems you haven't watched it!"复制到数组 response 中。该库函数在头文件 cstring 中声明，原型如下：

```
strcpy(char dest[], const char src[]);
```

功能是将字符串 src 复制到 dest。src 必须以'\0'结尾。返回值暂不介绍。

使用字符串复制函数时一定要看看，目标缓冲区 dest 是否能装得下要复制的字符串。

新标准 C++程序设计教程

要特别注意,该复制函数会在目标缓冲区自动多加一个表示字符串结尾的'\0'。

第 18、19 行执行后,title 的内存布局如图 6.3 所示。

| t | r | i | \0 | o | n | ␣ | B | r | e | a | k | \0 |

图 6.3　title 的内存布局

第 20 行由于在 C++中对字符串进行处理时,碰到'\0'就认为字符串结束了,因此依据 title 的内存布局图,本条语句输出:

tri

6.2.2　用二维数组存放字符串

上面说的是用一维字符数组来存放字符串。实际上,二维字符数组也可以用来存放字符串。例如:

```
char friends[6][30] = { "Joey", "Phoebe", "Monica", "Chandler", "Ross", "Rachel" };
```

则"cout << friends[0];"会输出"Joey";"cout<<friends[5];"会输出"Rachel"。

思考题　编写一个函数:

```
int MyItoa( char s[] ) ;
```

其功能是将 s 中以字符串形式存放的非负整数,转换成相应整数返回。例如,如果 s 中存放字符串"1234",则该函数的返回值就是 1234。假设 s 中的字符全是数字,且不考虑 s 是空串或 s 太长,表示的数超过 int 能表示的范围的情况。

6.3　字符串函数用法示例

C++语言中有许多库函数,用于处理字符数组形式的字符串。这些库函数都在头文件 cstring 中声明。例如,strcpy 函数,用于字符串复制;strcmp 函数,用于字符串比较;strlen 函数,用于求字符串长度等。

下面程序演示了 strcpy、strcmp、strlen、strcat、strupr 等常用的 C++标准字符串库函数的用法。更多库函数的用法,在 7.9 节"字符串和指针"中还会讲述。

```
//program 6.3.1.cpp 常用字符串函数
1.   # include < iostream >
2.   # include < cstring >          //要使用字符串库函数需要包含此头文件
3.   using namespace std;
4.   void PrintSmall( char s1[],char s2[])    //输出词典序小的字符串
5.   {
6.       if(strcmp(s1,s2) <= 0)       //如果 s1 小于等于 s2
7.           cout << s1;
8.       else
9.           cout << s2;
10. }
```

```
11.  int main()
12.  {
13.      char s1[30];
14.      char s2[40];
15.      char s3[100];
16.      strcpy(s1,"Hello");                          //复制 "Hello" 到 s1, s1 = "Hello"
17.      strcpy(s2,s1);                               //复制 s1 到 s2, s2 = "Hello"
18.      cout << "1) " << s2 << endl;                 //输出 1) Hello
19.      strcat( s1,",world");                        //连接 ",world"到 s1 尾部. s1 = "Hello,world"
20.      cout << "2) " << s1 << endl;                 //输出 2) Hello,world
21.      cout << "3) "; PrintSmall("abc",s2); cout << endl;     //输出 3) Hello
22.      cout << "4) "; PrintSmall("abc","aaa"); cout << endl;  //输出 4) aaa
23.      int n = strlen( s2 );                        //求 s2 长度
24.      cout << "5) " << n << "," << strlen("abc") << endl;    //输出 5) 5,3
25.      strupr(s1);                                  //把 s1 变成大写, s1 = "HELLO,WORLD"
26.      cout << "6) " << s1 << endl;                 //输出 6) HELLO,WORLD
27.      return 0;
28.  }
```

程序在输出中加行号"1)"、"2)"是为了读者修改和调试此程序时,便于对照输出结果。

第 6 行用 strcmp 库函数比较两个字符串的词典序的大小(大小写相关)。如果第一个字符串小于第二个字符串,则返回值是负数;如果相等,则返回值是 0;如果第一个字符串大于第二个字符串,则返回值是正数。

第 23 行用 strlen 函数求字符串长度,该长度不将结尾的'\0'计算在内。在遍历一个字符串 s 时,初学者往往会编写以下的代码:

```
char s[100] = "test";
for( int i = 0; i < strlen(s); ++i ) {
    s[i] = s[i] + 1;                                 //此句不重要,只是为了说明要访问 s[i]
}
```

strlen 函数的执行是需要时间的,而且需要的时间和字符串的长度成正比。因为求一个字符串的长度,除了从开头一直数到结尾的'\0',没有别的办法。在上面的写法中,每次循环,在计算表达式"i < strlen(s)"时,都需要调用 strlen 函数,这是效率上的很大浪费。好的做法应该是取出 s 的长度存放在一个变量中,然后在循环的时候使用该变量:

```
char s[100] = "test";
int len = strlen(s);
for( int i = 0; i < len; ++i ) {
    s[i] = s[i] + 1;
}
```

*6.4 用 string 对象处理字符串

用字符数组存放字符串,不小心就容易发生数组越界的错误,而且往往还难以察觉。因此 C++标准模板库中设计了"string"数据类型,专门用于字符串处理。string 类型的变量就是用来存放字符串的,也称"string 对象"。string 类型并不是 C++语言的基本数据类型,而是 C++标准模板库中的一个"类",关于这一点,现在先不必深究,以后会学到,这里只要学会如何使用 string 对象即可。要使用 string 对象,必须包含头文件 string。

在用 C++ 编程时,要优先考虑用 string 对象来处理字符串,因为其用法比字符数组更简单,而且不容易出错。

6.4.1 定义 string 对象

定义 string 对象的方法和定义普通变量没什么不同,其形式如下:

```
string 变量名;
```

而且定义的时候还可以初始化,例如:

```
string str1;                            //定义 string 对象 str1;
string city = "Beijing";                //定义 string 对象 city,并对其初始化
```

定义 string 对象时,如果不对其初始化,则其值是空串,即""。

与字符数组不同的是一个 string 对象的体积,大小是固定的,即表达式"sizeof(string)"的值是固定的,和其中存放的字符串的长度无关。但这个固定的值不同编译器上不相同。例如,在 Dev C++ 中是 4,在 Visual studio 2010 中是 32。string 对象中并不会直接存放字符串,字符串会在别处开辟内存空间存放,string 对象中只存放该内存空间的地址或再加上其他一些信息。

还可以定义 string 对象数组,例如:

```
string as[] = { "Beijing","Shanghai","Chengdu"};
cout << as[1];                          //输出 Shanghai
```

6.4.2 string 对象的输入输出

string 对象同样可以用 cin、cout 进行输入和输出,例如:

```
string s1,s2;
cin >> s1 >> s2;
cout << s1 << "," << s2;
```

6.4.3 string 对象的赋值

string 对象之间可以互相赋值,也可以用字符串常量和字符数组的名字对 string 对象进行赋值。赋值时不需要考虑被赋值的对象是否会有足够空间存放字符串的问题。例如:

```
string s1,s2 = "ok";
s1 = "China";
s2 = s1;                    //s1 和 s2 不等长也没关系,赋值后 s2 内容和 s1 相同
char name[] = "Lady Gaga";
s1 = name;                  //赋值后 s1 中的内容和 name 相同,修改 s1 不会影响到 name
```

用普通字符串对 string 对象赋值,普通字符串的内容会被复制到 string 对象所管理的那片内存空间中去。

6.4.4　string 对象的运算

string 对象之间可以用"<"、"<="、"=="、">="、">"运算符进行比较,还可以用"+"运算符将两个 string 对象相加,或将一个字符串常量和 string 对象相加、将一个字符数组和 string 对象相加,相当于做字符串连接。"+="运算符也适用于 string 对象。此外,string 对象还可以通过"[]"运算符和下标,存取字符串中的某个字符。例如:

```
string s1 = "123", s2 = "abc",s3;        //s3 是空串
s3 = s1 + s2;                            //s3 变成"123abc"
s3 += "de";                             //s3 变成"123abcde"
bool b = s1 < s3;                       //b 为 true
char c = s1[2];                         //c 变成'3'(下标从 0 开始算)
s1[2] = '5';                            //s1 变成"125"
```

string 对象比较大小时,是按词典顺序比较,而且是大小写相关的。由于大写字母的 ASCII 码小于小写字母的 ASCII 码('A'～'Z'的 ASCII 码是 0x41～0x5a,'a'～'z'的 ASCII 码是 0x61～0x7a),所以"Zbc"是比"abc"小的。

6.4.5　string 对象用法示例

string 对象还有一些"成员函数",可以用来很方便地实现一些功能,如查找子串等,这些成员函数的调用方法就是"string 对象名.成员函数名"。具体的成员函数将在 19.13 节"string 类详解"中进行详细的介绍,这里给出一个 string 对象的基本用法的示例:

```
//program 6.4.5.1.cpp string 基本用法
1.   # include < iostream >
2.   # include < string >                     //要使用 string 对象必须包含此头文件
3.   using namespace std;
4.   int main()
5.   {
6.       string s1 = "123",s2;                 //s2 是空串
7.       s2 += s1;                            //s2 = "123"
8.       s1 = "abc";                          //s1 = "abc"
9.       s1 += "def";                         //s1 = "abcdef"
10.      cout << "1) " << s1 << endl;          //输出 1) abcdef
11.      if( s2 < s1 )
12.          cout << "2) s2 < s1" << endl;     //输出 2) s2 < s1
13.      else
14.          cout << "2) s2 >= s1" << endl;    //不被执行
15.      s2[1] = 'A';                         //s2 = "1A3"
16.      s1 = "XYZ" + s2;                     //s1 = "XYZ1A3";
17.      string s3 = s1 + s2;                 //s3 = "XYZ1A31A3"
18.      cout << "3) " << s3 << endl;          //输出 3) XYZ1A31A3
19.      cout << "4) " << s3.size() << endl;   //求 s3 长度,输出 4) 9
20.      string s4 = s3.substr(1,3);          //求 s3 从下标 1 开始,长度为 3 的子串
21.      cout << "5) " << s4 << endl;          //输出 5) YZ1
22.      char str[20];
23.      strcpy(str,s4.c_str());              //复制 s4 中的字符串到 str
```

```
24.    cout << "6) " << str << endl;              //输出 6) YZ1
25.    return 0;
26. }
```

第 19 行和第 20 行就分别调用了 string 对象的成员函数 size 和 substr,用于求 s3 的长度和子串。

第 23 行通过调用 c_str 成员函数,能够将 s4 的内容复制到 str。

6.5　小结

字符串常量和以字符数组方式存放的字符串都有结尾的'\0'(ASCII 码就是 0),计算字符串长度时,是不包括这个'\0'的。

可以用一个字符串常量对一维字符数组进行初始化,数组中会自动写入结尾的'\0'。

可以用"{ }"中的若干个字符串常量对二维字符数组进行初始化,这样每行就存放一个字符串。

常用的字符串函数有 strcpy、strlen、strcat、strcmp。

要多用 string 对象来处理字符串,少用容易引起 bug 的字符数组。

可以用字符串常量或字符数组的名字对 string 对象进行初始化或赋值。

string 对象之间可以用"<"、">"、"=="、"!="、"<="、">="运算符进行比较,还能用"+"将两个 string 对象相加,相当于做字符串连接。

习题

1. 下面对 s 的初始化正确的是(　　　)。

A. char s[5] = "abcde";　　　　　　　　B. char s = "abcd";

C. string s = "abcd";　　　　　　　　　D. string s= 'ab';

2. 对两个数组 a、b 进行以下初始化:

```
char a[] = "abcd";
char b[]={'a','b','c','d'};
```

这两个数组完全相同吗? 为什么?

3. 写出下列程序段的输出结果。

```
(1) char s[] = { 'a','b','\0','c','\0'};
    cout << s;
(2) char s1[] = "abcdef";
    char s2[] = "123";
    strcpy(s1,s2);
    int n = s1[3];
    cout << n;
```

(3) string s1 = "123";

    s1 += "abc";

    char s3[10];

    strcpy(s3,s1.c_str());

    cout << s3;

(4) char cities[3][30] = { "Beijing",

    "Shanghai", "London" };

    cout << cities[2] << endl;

    cout << cities[1][3] << endl;

4. 下面的程序段输出结果是：

Beijing Shanghai Chengdu

请填空：

_____{ "Beijing","Shanghai","Chengdu"};

for(int i = 0;i < 3; ++i)

    cout << s[i] << " ";

5. 下面的程序段，输入一个字符串，则输出相同的字符串，请填空：

string s1; cin >> s1; char s[20];

_____;

cout << s << endl;

6. 下面的程序段，输入两个字符串，输出这两个字符串连接在一起后的字符串。例如，输入：Hello world↙ 输出：Helloworld。请填空：

char s1[20],s2[20],s3[40];

cin >> s1 >> s2;

strcpy(s3,s1);

_____;

cout << s3 << endl;

7. 输入一个十进制数，将其转换成二进制数输出。

8. 输入两个字符串，判断第二个字符串是不是第一个字符串的子串。如果是，输出 Yes，否则输出 No。

9. 输入一个字符串，求其不含重复字符的最长的子串的长度。

10. 输入两个字符串，判断第二个字符串在第一个字符串中出现了几次。例如，"aa"在串"aaaa"中应该算出现了 3 次。

11. 输入一个字符串，求其最长上升子串的长度。上升串就是字符的 ASCII 码递增的字符串，例如"ades"、"abcd"，而"fghia"就不是上升串。

12. 输入两个字符串，判断第二个字符串是不是第一个字符串的子序列。子序列和子串的差别在于子序列可以不连续，例如"eck"是"eacdbk"的子序列，但不是其子串。

CHAPTER 7

第 7 章　　　　　　　　　　　指　　针

7.1　指针的基本概念

　　程序运行时,每个变量都被存放在从某个内存地址开始的若干个字节中。"指针"也称为"指针变量",是一种大小为 4 个字节的变量,其内容代表一个内存地址。内存地址的编排是以字节为单位的。通过一个指针能够对该指针指向的内存区域进行读写。如果把内存的每个字节都想象成宾馆的一个房间的话,那么内存地址相当于房间号,而指针中存放的就是房间号。

　　指针的定义方法如下:

　　类型名 ＊指针变量名;

　　例如:

```
int ＊ p;              //p 是一个指针,变量 p 的类型是 int ＊
char ＊ pc;            //pc 是一个指针, 变量 pc 的类型是 char ＊
float ＊ pf;           //pf 是一个指针,变量 pf 的类型是 float ＊
```

下面的语句经过强制类型转换,将整数 40 000 赋值给一个指针:

```
int ＊ p = ( int ＊ ) 40000;
                      //40000 是整型,p 的类型是 int ＊ ,所以必须强制转换
```

　　此时,p 这个变量的内容就是十进制的 40000,即十六进制的 0x9C40,如果要说出 p 这个变量中的 32 个比特每个都是什么的话,写出其二进制表示形式就明白了:

```
0000 0000 0000 0000 1001 1100 0100 0000
```

　　p 的内容就代表内存地址 40000,也可以说,p 指向内存地址 40000。在后文中,为了描述方便,如果 p 是一个指针,那么将"p 指向的内存地址"简称为"地址 p"。上面的语句执行后,如果想对内存地址 40000 处起始的若干个字节进行读写,就可以通过表达式 ＊p 来进行。因为表达式 ＊p 就代表 p 指

向的内容,即从地址 p 开始的内存中的若干个字节的内容。

在 p 指向地址 40000 后,再看下面连续执行的两条语句能有什么作用:

```
*p = 5000;      //往内存地址 40000 处起始的若干个字节的内存空间里写入数值 5000
int n = *p;     //将内存地址 40000 处起始的若干字节的内容赋值给 n,实际效果是使得 n = 5000
```

假设变量 p 存放在内存地址 XXXXX 处,变量 n 存放在内存地址 YYYYY 处,那么上面几条语句执行完后,内存中的情况如图 7.1 所示。

从语句"*p = 5000;"中赋值号两边的表达式类型应该兼容,可以推想出,表达式"*p"的类型应该是 int。

前面的几行文字多次提到了"若干字节",这个"若干字节"到底是多少字节呢?具体到 int *p 的这个例子,这个"若干字节"就是 4 个字节,因为,一个 int 类型的变量就是 4 个字节的。

总结一下一般的规律如下。

如果有定义:

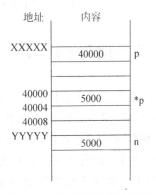

图 7.1　指针变量的存储地址

```
T   *p;      //T 可以是任何类型的名字,如 int、double、char 等
```

那么变量 p 就是一个"指针变量"(简称"指针"),p 的类型是 T*,表达式"*p"的类型是 T。而通过表达式"*p",就可以读写从地址 p 开始的 sizeof(T)个字节。

通俗地说,就是可以认为表达式"*p"等价于存放在地址 p 处的一个 T 类型的变量。表达式"*p"中的"*"被称为"间接引用运算符"。

需要记住的是不论 T 表示什么类型,sizeof(T *)的值都是 4。也就是说,所有指针变量,不论它是什么类型的,其占用的空间都是 4 个字节。因为指针表示的是地址,而当前流行的 CPU 的内存寻址范围一般都是 4GB,即 2^{32},所以一个地址正好用 32 位,即 4 个字节来表示。

在实际编程中,极少需要像前面的"int *p =(int *)40000"那样,直接给指针赋一个常数地址值。直接读写某个常数地址处的内容,常常会导致程序出错,因为像 40000 这个地址中存放的是什么,谁也不知道,往 40000 这个地址中写数据,也许会造成一些数据破坏。指针的通常用法是:**将一个 T 类型的变量 x 的地址,赋值给一个类型为"T *"的指针 p(俗称"让 p 指向 x"),此后表达式"* p"代表 p 所指向的变量,即 x,通过"*p"就能读取或修改变量 x 的值**。请看下面的程序段:

```
1. char ch1 = 'A';
2. char *pc = &ch1;    //使得 pc 指向变量 ch1
3. *pc = 'B';          //使得 ch1 = 'B'
4. char ch2 = *pc;     //使得 ch2 = ch1
5. pc = & ch2;         //使得 pc 指向变量 ch2,同一指针在不同时刻可以指向不同变量
6. *pc = 'D';          //使得 ch2 = 'D'
```

上面的第 2 行将变量 ch1 的地址写入指针 pc 中。通俗的说法就是让指针 pc 指向变量 ch1。"**&**"符号,在此处被称为"**取地址运算符**",功能是取得其操作数的地址。显然,"取地址运算符"是一个单目运算符,其操作数是个变量。

注意：对于类型为 T 的变量 x，表达式"&x"就表示变量 x 的地址，表达式"&x"的类型是 T *。

第 3 行是往 pc 指向的地方写入字符'B'。由于 pc 指向的地方就是存放变量 ch1 的地方，"* pc"等效于变量 ch1，因此本行就是往变量 ch1 中写入字符'B'。同样，在第 4 行中，* pc 等效于变量 ch1，因此第 4 行等效于用 ch1 对 ch2 进行赋值。

7.2 指针的作用

也许有学生会问：如果需要修改一个变量的值，直接使用该变量就可以了，不需要通过指向该变量的指针来进行吧？那么指针到底有什么用呢？的确，并不是所有的程序设计语言都有"指针"的概念，如 Basic、Java 语言都没有。但是"指针"在 C++中是十分重要的概念，有了指针，就有了可以自由地访问内存空间的手段，用 C++编写程序可以更加灵活、高效。C++是一种强调程序执行效率的语言，更贴近硬件底层，因而能够胜任如操作系统、设备驱动程序、3D 游戏等对运行效率要求很高的软件开发。指针提供了不需要通过变量，就能对内存直接进行操作的手段。通过指针程序能访问的内存区域就不再限于变量所占据的数据区域了，存放程序指令的指令区，别的程序的数据区、指令区，甚至操作系统的数据区和指令区，都可能被程序访问和修改，这也是病毒、木马程序和反病毒软件能够工作的关键。作者曾经编写过一个 Windows 平台上的能够鼠标取词并翻译的词典软件，这种软件在运行期间都需要往其他程序的内存空间中注入自己的代码，并且修改其他程序在内存中的指令，这样才能拦截其他程序在屏幕上输出的文字，从而实现鼠标移动到其他程序的文字上就能弹出翻译框的功能。这样的程序，使用没有指针的 Basic 或 Java 语言，是难以实现的，因为没有访问别的程序的内存空间的手段。

举一个容易理解的例子，如果定义了变量"int a"，在没有指针的程序设计语言中，程序只能访问 a 占据的内存区域；不能访问 a 前面和后面的内存区域。而在 C++语言中，只要用一个指针 p 指向 a 的地址，然后对 p 进行加减操作，p 就能够指向 a 后面或前面的内存区域，通过 p 也就能访问这些内存区域了。

需要注意的是，指针的灵活性带来的副作用就是使用指针的程序更容易出错，所以使用指针要慎重，不要滥用。

7.3 指针的互相赋值

不同类型的指针，如果不经过强制类型转换，是不能直接互相赋值的。请看下面的程序段：

```
1.  int *pn, char *pc, char c = 0x65;
2.  pn = pc;              //类型不匹配,编译出错
3.  pn = & c;             //类型不匹配,编译出错
4.  pn = (int * ) & c;
5.  int n = *pn;
6.  *pn = 0x12345678;
```

第 2 行和第 3 行都会在编译时报错,错误信息是类型不匹配。因为在这两条语句中,等号左边的类型是 int *,而等号右边的类型是 char *。第 4 行则没有问题,虽然表达式"& c"的类型是 char *,但是其值经过强制类型转换后,赋值给 pn 是可以的。第 4 行执行的效果是使得 pn 指向 c 的地址。

思考题　第 5 行的执行结果是使得 n 的值变为 0x65 吗? 第 6 行编译会不会出错? 如果不出错,执行后会有什么结果?

7.4　指针运算

指针变量可以进行以下运算。

(1) 两个同类型的指针变量可以比较大小。

p1、p2 是两个同类型的指针,如果地址 p1<地址 p2,则表达式"p1<p2"的值就为真。p1>p2 和 p1==p2 的意义也同样很好理解。

(2) 两个同类型的指针变量可以相减。

如果有两个 T * 类型的指针 p1 和 p2,那么表达式"p1-p2"的类型就是 int,其值可正可负,其值的绝对值表示在地址 p1 和 p2 之间能够存放多少个 T 类型的变量。写成公式就是:

```
p1 - p2 = ( 地址 p1 - 地址 p2 ) / sizeof(T)
```

(3) 指针变量可以加减一个整数类型变量或常量。

① 如果 p 是一个 T * 类型的指针,而 n 是一个整数类型的变量或常量,那么表达式"p+n"就是一个类型为 T * 的指针,该指针指向的地址是:

```
地址 p + n × sizeof(T)
```

"n+p"的意义与"p+n"相同。

② 如果 p 是一个 T * 类型的指针,而 n 是一个整数类型的变量或常量,那么表达式"p-n"也是一个类型为 T * 的指针,该指针指向的地址是:

```
地址 p - n × sizeof(T)
```

当然,按照上面的定义, *(p+n) 和 *(p-n) 都是有意义的了。请读者自己思考其含义。

(4) 指针变量还可以自增、自减。

如果 p 是一个 T * 类型的指针,指向地址 n,那么 p++ 和 ++p 都会使得 p 指向地址 n+sizeof(T);p-- 和 --p 都会使得 p 指向地址 n-sizeof(T)。

(5) 指针可以用下标运算符"[]"进行运算。

如果 p 是一个 T * 类型的指针,n 是一个整数类型的变量或常量,那么表达式"p[n]"等价于" *(p+n)"。

下面通过一个具体的实例来说明指针运算的用法。

```
//program 7.4.1.cpp 指针的用法
1.  # include < iostream >
2.  using namespace std;
3.  int main()
```

新标准 C++程序设计教程

```
4.  {
5.      int *p1, *p2;
6.      int n = 4;
7.      char *pc1, *pc2;
8.      p1 = (int *) 100;                    //地址 p1 为 100
9.      p2 = (int *) 200;                    //地址 p2 为 200
10.     cout << "1) " << p2 - p1 << endl;
                                //输出 1) 25, 因为(200-100)/sizeof(int) = 100/25 = 4
11.     pc1 = (char *) p1;                   //地址 pc1 为 100
12.     pc2 = (char *) p2;                   //地址 pc2 为 200
13.     cout << "2) " << pc1 - pc2 << endl;
                                //输出 2) -100,因为(100-200)/sizeof(char) = -100
14.     cout << "3) " << (p2 + n) - p1 << endl;   //输出 3) 29
15.     int * p3 = p2 + n;                   //p2 + n 是一个指针,可以用它给 p3 赋值
16.     cout << "4) " << p3 - p1 << endl;    //输出 4) 29
17.     cout << "5) " << (pc2 - 10) - pc1 << endl;//输出 5) 90
18.     return 0;
19. }
```

在第 14 行中,表达式"p2 + n"实际上是一个 int * 类型的指针,其值为:

地址 p2 + n × sizeof(int) = 200 + 4 × 4 = 216

(p2 + n)- pn1 实际上就是两个 int * 类型的指针相减,结果是:

(216-100)/sizeof(int) = 116/4 = 29

这里只讲明了指针运算的定义。指针运算的作用将在 7.7 节"指针和数组"中有示例。

7.5 空指针

在 C++语言中,可以用"NULL"关键字对任何类型的指针进行赋值。值为 NULL 的指针,被称做空指针。空指针指向地址 0,因为 NULL 实际上就是整数 0。例如:

```
int *pn = NULL; char *pc = NULL; int *p2 = 0;
```

pn、pc、p2 中存放的地址都是 0。程序不能够在地址 0 处进行读写。

指针也可以作为条件表达式使用。如果指针的值为 NULL,则相当于为假,值不为 NULL,就相当于为真。假设 p 是一个指针,则"if(p == NULL)"和"if(!p)"是等价的,"if(p != NULL)"和"if(p)"也是等价的。

在 C++ 11 的标准中,增加了 nullptr 关键字,用于表示空指针。nullptr 虽然内容是 0,但不能把它看做是 int 类型的。用 NULL 给 int 类型的变量赋值可以,但是用 nullptr 给 int 类型变量赋值是不可以的。

7.6 指针作为函数参数

指针也可以作为函数的形参。交换两个变量值的函数 Swap,也可以用指针作为函数的参数来实现,程序如下:

//program 7.6.1.cpp 指针作为函数参数

```cpp
1.   # include < iostream >
2.   using namespace std;
3.   void Swap( int *p1, int *p2)
4.   {
5.       int tmp = *p1;        //将 p1 指向的变量的值,赋给 tmp
6.       *p1 = *p2;            //将 p2 指向的变量的值,赋给 p1 指向的变量
7.       *p2 = tmp;            //将 tmp 的值赋给 p2 指向的变量
8.   }
9.   int main()
10.  {
11.      int m = 3,n = 4;
12.      Swap( &m, & n);       //使得 p1 指向 m,p2 指向 n
13.      cout << m << " " << n << endl;   //输出 4 3
14.      return 0;
15.  }
```

第 12 行由于"&m"即是 m 的地址(其类型是 int *),因此,Swap 函数执行期间,p1 的值即为 m 的地址,也可以说 p1 指向 m,那么"*p1"就等价于 m;同理,p2 指向 n,"*p2"就等价于 n。因此上面的函数能够实现交换 m、n 的值。

虽然上面的 Swap 函数能够改变 m、n 的值,但它的参数传递依然是传值的,而不是传引用的。以第一个参数为例,实参是"&m"而不是 m,形参 p1 的值是"&m"的拷贝,所以是传值的。再看下面的程序段:

//program 7.6.2.cpp 指针作为函数参数也是传值

```cpp
1.   # include < iostream >
2.   using namespace std;
3.   void Swap(int *p1, int *p2)
4.   {
5.       int *tmp = p1;       //保存 p1 指向的位置
6.       p1 = p2;             //p1 指向 p2 指向的位置
7.       p2 = tmp;            //p2 指向 p1 原来指向的位置
8.   }
9.   int main()
10.  {
11.      int m = 4, n = 3;
12.      int *pm = & m;       //p1 指向 m
13.      int *pn = & n;       //p2 指向 n
14.      Swap(pm,pn);
15.      cout << * pm << "," << * pn;   //输出 4,3
16.  }
```

上面的程序中,形参 p1 是实参 pm 的拷贝,形参 p2 是实参 pn 的拷贝,在 Swap 函数中,对形参 p1 和 p2 所指向的位置做了互换,这不会影响到 pm 和 pn,实参 pm 依然指向 m,pn 依然指向 n。

7.7 指针和数组

一个数组的名字,实际上就是一个指针,该指针指向这个数组存放的起始地址。如果定义数组:

```
T a[N];
```

a 的类型就是 T *。可以用 a 给一个 T * 类型的指针赋值,但是,a 实际上是编译时其值就确定了的常量,不能够对 a 进行赋值。

假设 T 为某类型,在作为函数的形参时,"T * p"和"T p[]"是完全等价的。例如,可以写:

```
void Func( int *p) {}
```

也可以写:

```
void Func( int p[ ]) {}
```

两种写法是等价的。

下面的程序演示了指针和数组的关系:

```
//program 7.7.1.cpp 指针和数组的关系
1.   #include <iostream>
2.   using namespace std;
3.   int main()
4.   {
5.       int a[200];
6.       int *p;
7.       p = a;                       //p 指向数组 a 的起始地址,亦即 p 指向了 a[0]
8.       *p = 10;                     //使得 a[0] = 10
9.       *( p + 1 ) = 20;             //使得 a[1] = 20
10.      p[0] = 30;                   //p[i] 和 *(p+i) 是等效的,使得 a[0] = 30
11.      p[4] = 40;                   //使得 a[4] = 40
12.      for( int i = 0;i < 10; ++i)  //本循环对数组 a 的前 10 个元素进行赋值
13.          *( p + i ) = i;
14.      ++p;                         //p 指向 a[1]
15.      cout << p[0] << endl;        //输出 1 p[0] 等效于 *p, p[0]即是 a[1]
16.      p = a + 6;                   //p 指向 a[6]
17.      cout << *p << endl;          //输出 6
18.      return 0;
19. }
```

第 9 行,回顾前面学过的指针运算,表达式"p+1"就是一个 int * 类型的指针,而该指针指向的地址就是地址 p+sizeof(int),而此时 p 指向 a[0],那么 p+1 自然就指向 a[1] 了。

例 7.1 编写对数组进行"起泡排序"的函数。假设数组名为 pa,共有 size 个元素,起泡排序的过程就是:先让 pa[0]和 pa[1]比较,如果 pa[0]>pa[1],那么就交换 pa[0]和 pa[1];然后 pa[1]和 pa[2]比较,如果 pa[1]>pa[2],则交换 pa[1]和 pa[2],一直做到 pa[size−2]和

pa[size−1]比较,如果 pa[size−2]>pa[size−1],则交换 pa[size−2]和 pa[size−1]。经过这一轮的比较和交换,最大的那个元素就会被排在数组末尾,像气泡逐渐浮出水面一样。然后再从头进行第二轮的比较和交换,让次大的元素浮出到次末尾的位置。一轮轮进行下去,最终将整个数组排好序。

下面解题程序中的排序函数 BubbleSort 的第一个参数对应于数组起始地址,第二个参数对应于数组的元素个数。

```cpp
//program 7.7.2.cpp 起泡排序
1.   #include <iostream>
2.   using namespace std;
3.   void BubbleSort(int *pa, int size)
4.   {//起泡排序
5.       for(int i = size −1; i > 0; −− i)
6.         for(int j = 0; j < i; ++j)
7.             if(pa[j] > pa[j+1]) {
8.                 int tmp = pa[j];
9.                 pa[j] = pa[j+1];
10.                pa[j+1] = tmp;
11.            }
12.  }
13.  const int NUM = 5;
14.  int main()
15.  {
16.      int a[NUM] = {5,4,8,2,1};
17.      BubbleSort(a, NUM);              //将数组 a 从小到大排序
18.      for( int i = 0;i < NUM; ++i)
19.        cout << a[i] << " ";
20.      return 0;
21.  }
```

程序的输出结果:

```
1 2 4 5 8
```

第 5 行的外层循环,每次执行使得 pa[0]～pa[i]中的最大值浮出到 pa[i]的位置。

上面的 BubbleSort 函数定义,写成 void BubbleSort(int pa[], int nNum) 而其他地方都不变,也是一样的。

对于二维数组来说,如果定义:

```cpp
T a[M][N];
```

那么,a[i](i 是整数)就是一个一维数组,所以 a[i]的类型是 T *。a[i]指向的地址等于:数组 a 的起始地址 + i×N×sizeof(T)。但是 a 的类型并不是 T **。

假定有数组:

```cpp
int a[4][5];
```

那么如下调用上面那个程序中的函数:

```cpp
BubbleSort(a[1], 5);
```

就能将 a 数组的第 1 行排序,而执行 BubbleSort(a[0],3)则能将第 0 行的前 3 个元素排序。

7.8   常量指针

定义指针的时候,可以在前面加 const 关键字,则该指针就成为"常量指针"。例如:

```
const T *p;
```

就定义了常量指针 p,其类型是 const T * 。

常量指针和普通指针的区别在于:**不能通过常量指针去修改其指向的内容**。注意,不是常量指针所指向的内容不能被修改,只是不能通过常量指针修改其指向的内容而已,可以用别的办法修改。例如下面的程序段:

```
const int *p;
int n = 100;
p = &n;
*p = 200;                    //编译出错,不能通过常量指针修改其指向的内容
n = 300;                     //没问题,n 的值变为 300
```

注意:const T * 和 T * 是不同的类型。T * 类型的指针可以赋值给 const T * 类型的指针。反过来则不行,除非进行强制类型转换。例如下面的程序段:

```
void Func(char *p){}
void Func2(const char *p) {}
int main()
{
    const char *cp = "this";
    Func(cp);                //编译出错,参数类型不匹配
    Func2(cp);               //没问题,参数类型匹配
    char *p;
    p = cp;                  //编译出错,const char * 不会自动转换成 char *
    p = (char * ) cp;        //没问题,强制类型转换
    char sz[20];             //sz 的类型是 char *
    cp = sz;                 //没问题, char * 可以自动转换成 const char *
    return 0;
}
```

还有一种常量指针,符合前面所说的常变量的概念,是在定义时把 const 关键字写在"*"的后面,如:

```
char *const p = "this";
```

这样的常量指针,只能在初始化时让它指向某处,此后它就再也不能指向别处,但是可以通过它去修改它指向的内容。例如下面的程序段:

```
char c1,c2;
char *const p = & c1;
*p = 'a';                    //没问题,c1 的值变为'a'
```

```
p = & c2;                    //编译出错,p不能再指向别处
```

还可以写:

```
const char *const p = "this";
```

这种写法很少用,具体什么意思,有兴趣的读者请自行研究。

7.9　字符串和指针

7.9.1　普通字符串和指针的关系

字符串常量的类型就是 char *,字符数组名的类型也是 char *。因此可以用一个字符串常量或一个字符数组名,给一个 char * 类型的指针赋值。例如:

```
1.   # include < iostream >
2.   using namespace std;
3.   int main()
4.   {
5.       char *p = "Please input your name:\n";
6.       cout << p;
7.       char name[20];
8.       char * pName = name;
9.       cin >> pName;
10.      cout << "Your name is " << pName;
11.      return 0;
12.  }
```

程序运行的结果可以是:

```
Please input your name:
Jack ↙
Your name is Jack
```

第 9 行执行时,将用户输入写入到 pName 指向的位置,即 name 数组。如果用户输入的字符超过 19 个,则会发生 name 数组越界,导致程序运行出错。

在后文中,如果一个 char * 类型的指针 p 指向一个普通字符串,可称该字符串为字符串 p。

7.9.2　string 对象和 char * 指针的关系

可以用 char * 类型的指针对 string 对象进行赋值。

string 对象有以下成员函数:

```
const char *c_str();
```

该成员函数返回指向 string 对象中的字符串的指针,该字符串也是以 '\0' 结尾的。返回的指针是 const 的,所以不能通过该指针去修改 string 对象中的字符串的内容。为安全起见,

新标准 C++程序设计教程

也不应该通过这个指针去修改 string 对象的内容。

需要注意的是,如果 s 是一个 string 对象,执行"const char ∗ p ＝ s.c_str()"后,如果 s 的内容发生了改变,则 p 指针很可能不再有效。因为 s 内容的改变意味着存放 s 中字符串的内存空间的地址可能已经变了。

string 对象和 char ∗ 指针关系的程序示例如下:

```
//program 7.9.2.1.cpp string 对象和 char ∗ 指针关系
1.    # include < iostream >
2.    # include < cstring >
3.    # include < string >
4.    using namespace std;
5.    int main()
6.    {
7.        string s;
8.        char str1[20] = "The Flowers Of War";
9.        char str2[20] = "";          //str2 是空串
10.       char *p = str1;
11.       s = p;                       //s 变成 "The Flowers Of War"
12.       strcat(str2,s.c_str());      //将 s 的内容连接到 str2
13.       cout << str2 << endl;        //输出   The Flowers Of War
14.       return 0;
15.   }
```

7.9.3 字符串操作库函数

C++提供了许多用于字符串操作的标准库函数,在 cstring 头文件中声明。常用的字符串操作库函数如表 7.1 所示(最后 3 个函数在 cstdlib 头文件中声明)。

表 7.1   C++字符串操作库函数

函 数 名 称	功　　能
strcat	将一个字符串连接到另一个字符串后面
strchr	查找某字符在字符串中最先出现的位置
strrchr	查找某字符在字符串中最后出现的位置
strstr	求子串的位置
strcmp	比较两个字符串的大小(大小写相关)
stricmp	比较两个字符串的大小(大小写无关)
strcpy	字符串复制
strlen	求字符串长度
strlwr	将字符串变成小写
strupr	将字符串变成大写
strncat	将一个字符串的前 n 个字符连接到另一个字符串后面
strncmp	比较两个字符串的前 n 个字符
strncpy	复制字符串的前 n 个字符
strtok	抽取被指定字符分隔的子串
atoi	将字符串转换为整数(在 cstdlib 中声明)
atof	将字符串转换为实数(在 cstdlib 中声明)
itoa	将整数转换为字符串(在 cstdlib 中声明)

下面对这些函数进行详细介绍。除 stricmp 外,这些函数都是大小写相关的。

char ***strcat**(char *dest,const char *src);

将字符串 src 连接到 dest 后面。执行后 src 不变,dest 变长了。返回值是 dest。

char ***strchr**(const char *str,int c);

寻找字符 c 在字符串 str 中第一次出现的位置。如果找到,就返回指向该位置的 char * 指针;如果 str 中不包含字符 c,则返回 NULL。

char ***strrchr**(const char *str,char c);

寻找字符 c 在字符串 str 中最后一次出现的位置。如果找到,就返回指向该位置的 char * 指针;如果 str 中不包含字符 c,则返回 NULL。

char ***strstr**(const char *str, const char *subStr);

寻找子串 subStr 在 str 中第一次出现的位置。如果找到,就返回指向该位置的指针;如果 str 中不包含字符串 subStr,则返回 NULL。

int **strcmp**(const char *s1,const char *s2);

字符串比较。如果 s1 小于 s2,则返回负数;如果 s1 等于 s2,则返回 0;s1 大于 s2,则返回正数。

int **stricmp**(const char *s1,const char *s2);

大小写无关的字符串比较。如果 s1 小于 s2,则返回负数;如果 s1 等于 s2,则返回 0;s1 大于 s2,则返回正数。不同的编译器实现此函数的方法有所不同,有的编译器是将 s1、s2 都转换成大写字母后再比较;有的编译器是将 s1、s2 都转换成小写字母再比较。这样,在 s1 或 s2 中包含 ASCII 码介于'Z'和'a'之间的字符时(即'['、'\'、']'、'^'、'_'、'`'这 6 个字符)不同编译器编译出来的程序,执行 stricmp 的结果就可能不同。

char ***strcpy**(char *dest,const char *src);

将字符串 src 复制到 dest。返回值是 dest。

int **strlen**(const char *s);

求字符串 s 的长度,不包括结尾的 '\0'。

char ***strlwr**(char *str);

将 str 中的字母都转换成小写。返回值就是 str。

char ***strupr**(char *str);

将 str 中的字母都转换成大写。返回值就是 str。

char ***strncat**(char *dest, const char *src,int n);

将 src 的前 n 个字符连接到 dest 尾部。如果 src 长度不足 n,则连接 src 全部内容。返回值是 dest。

int **strncmp**(const char *s1,const char *s2);

比较 s1 前 n 个字符组成的子串和 s2 前 n 个字符组成的子串的大小。若长度不足 n,则取整个串作为子串。返回值和 strcmp 类似。

char ***strncpy**(char *dest, const char *src);

复制 src 的前 n 个字符到 dest。如果 src 长度大于或等于 n,该函数不会自动往 dest 中写入'\0';若 src 长度不足 n,则复制 src 的全部内容以及结尾的'\0'到 dest。返回值是 dest。

char ***strtok**(char *str, const char *delim);

连续调用该函数若干次,可以做到:从 str 中逐个抽取出被字符串 delim 中的字符分隔开的若干个子串。

int **atoi**(char *s);

将字符串 s 中的内容转换成一个整型数返回。例如,如果字符串 s 的内容是"1234",那么函数返回值就是 1234。如果 s 格式不是一个整数,如是"a12",那么返回 0。

double **atof**(char *s);

将字符串 s 中的内容转换成实数返回。例如,"12.34"就会转换成 12.34。如果 s 的格式不是一个实数,则返回 0。

char ***itoa**(int value, char *string, int radix);

将整型值 value 以 radix 进制表示法写入 string。例如:

```
char szValue[20];
itoa(27,szValue,10);                    //使得 szValue 的内容变为 "27"
itoa(27,szValue,16);                    //使得 szValue 的内容变为"1b"
```

下面的程序演示了一些字符串库函数的用法:

```
    //program 7.9.3.1.cpp 字符串库函数用法
1.   # include < iostream >
2.   # include < cstring >
3.   using namespace std;
4.   int main()
5.   {
6.       char s1[100] = "12345";
7.       char s2[100] = "abcdefg";
8.       char s3[100] = "ABCDE";
9.       strncat(s1,s2,3);                   //s1 = "12345abc
10.      cout << "1) " << s1 << endl;        //输出 1) 12345abc
11.      strncpy(s1,s3,3);                   //s3 的前 3 个字符复制到 s1,s1 = "ABC45abc"
12.      cout << "2) " << s1 << endl;        //输出 2) ABC45abc
13.      strncpy(s2,s3,6);                   //s2 = "ABCDE"
14.      cout << "3) " << s2 << endl;        //输出 3) ABCDE
15.      cout << "4) " << strncmp(s1,s3,3) << endl;
```

```
16.        //比较 s1 和 s3 的前 3 个字符,比较结果是相等,输出 4) 0
17.        char *p = strchr(s1,'B');            //在 s1 中查找'B'第一次出现的位置
18.        if( p )                              //等价于 if(p!= NULL)
19.            cout << "5) " << p - s1 <<"," << *p << endl;  //输出 5) 1,B
20.        else
21.            cout << "5) Not Found" << endl;
22.        p = strstr(s1,"45a");                //在 s1 中查找子串 "45a".s1 ="ABC45abc"
23.        if( p )
24.            cout << "6) " << p - s1 << "," << p << endl;  //输出 6) 3,45abc
25.        else
26.            cout << "6) Not Found" << endl;
27.        //以下演示 strtok 用法:
28.        cout << "strtok usage demo:" << endl;
29.        char str[] = " - This, a sample string, OK.";
30.        //下面要从 str 逐个抽取出被" ,.-"这几个字符分隔的子串
31.        p = strtok (str," ,.-");             //",.-"里有空格
32.        while (p != NULL)                    //只要 p 不为 NULL,就说明找到了一个子串
33.        {
34.            cout << p << endl;
35.            p = strtok(NULL, " ,.-");         //后续调用,第一个参数必须是 NULL
36.        }
37.        return 0;
38. }
```

程序的输出结果:

1) 12345abc
2) ABC45abc
3) ABCDE
4) 0
5) 1,B
6) 3,45abc
strtok usage demo:
This
a
sample
string
OK

　　程序执行第 17 行时,s1 是"ABC45abc"。查找'B'在 s1 中第一次出现的位置,返回值是一个指针,指向 s1 中的字符'B'。因此第 19 行中 p—s1 的值是 1, *p 就是'B'。

　　同理,第 22 行在 s1 中查找子串 "45a"。返回值是个指针,指向 s1 中的字符'4'。因此第 24 行中 p—s1 的值是 3。

　　strtok 的用法比较复杂,第一次调用时要给出源字符串和分隔字符组成的字符串,后续在调用时,源字符串必须是 NULL。第 31 行指明了要从 str(内容为" — This, a sample string, OK. ")中抽取被空格、','、'.'和'—'分隔的子串。这些子串依次是:"This"、"a"、"sample"、"string"、"OK"。每次调用 strtok,如果还能找到子串,就会返回指向该子串的指针,直到找不到子串了,strtok 就会返回 NULL。

7.10 void 指针和内存操作库函数

```
void *p;
```

上面的语句定义了一个指针 p，其类型是 void * 。这样的指针称为 void 指针。

可以用任何类型的指针对 void 指针进行赋值或初始化。 例如：

```
double d = 1.54;
void *p = & d;
void *p1;
p1 = & d;
```

但是，由于 sizeof(void) 是没有定义的，所以对于 void * 类型的指针 p，表达式" * p"也没有定义，而且所有前面所述的各种指针运算对 p 也不能进行。

void 指针主要用于内存复制。将内存中某一块的内容复制到另一块中，那么源块和目的块的地址就都可以用 void 指针表示。C++语言中有两个常用的内存操作的标准库函数：memset 和 memcpy。在 cstring 头文件中声明：

void *memset(void *dest, int ch, int n);

将从 dest 开始的 n 个字节，都设置成 ch。返回值是 dest。ch 虽然是整型，但只有最低的字节是起作用的。

下面的程序段，将 szName 的前 10 个字符都设置成'a'：

```
char szName[200] = "";
memset(szName,'a',10);
cout << szName << endl;
```

输出结果是：

aaaaaaaaaa

常用 memset 函数将数组内容全部设置成 0，例如：

```
int a[100];
memset(a,0,sizeof(a));
```

则数组 a 的每个元素都变成 0 了。

void *memcpy(void *dest, void *src, int n);

将地址 src 开始的 n 个字节，复制到地址 dest。返回值是 dest。

下面的程序段，能将数组 a1 的内容复制到数组 a2 中去。结果就是 a2[0]＝a1[0]，a2[1]＝a1[1]，…，a2[9]＝a1[9]：

```
int a1[10];
int a2[10];
memcpy(a2, a1, 10 * sizeof(int));
```

如果编写一个这样的内存复制函数 MyMemcpy,那么可以如下编写:

```
void *MyMemcpy(void *dest , const void *src, int n)
{
    char *pDest = (char * )dest;
    char *pSrc = (char * ) src;
    for( int i = 0; i < n; ++i ) {   //逐个字节复制源块的内容到目的块中
        * (pDest + i) = * ( pSrc + i );
    }
    return dest;
}
```

思考题　上面的 MyMemcpy 函数是有缺陷的,虽然在大多数情况下都能正确工作,但是在某些特殊情况下不能得到正确结果。缺陷在哪里? 如何改进?

7.11　函数指针

7.11.1　函数指针的定义

程序运行期间,每个函数的函数体都会占用一段连续的内存空间。函数名就代表该函数体所占内存区域的起始地址(也称"入口地址")。可以将函数体的入口地址赋给一个指针变量,使该指针变量指向该函数,然后通过指针变量就可以调用这个函数。这种指向函数的指针变量称为"函数指针"。

函数指针定义的一般形式如下:

类型名　(*指针变量名)(参数类型 1, 参数类型 2,…);

其中,"类型名"表示被指函数的返回值的类型;"(参数类型 1, 参数类型 2,…)"中则依次列出了被指函数的所有参数及其类型。例如:

int (* pf)(int , char);

其中,pf 是一个函数指针,它所指向的函数的返回值类型应是 int,该函数应有两个参数,第一个是 int 类型,第二个是 char 类型。

可以用一个原型匹配的函数的名字给一个函数指针赋值。要调用函数指针所指向的函数,写法如下:

函数指针名(实参表);

下面的程序说明了函数指针的用法

```
//program 7.11.1.1.cpp 函数指针用法
1.  # include < iostream >
2.  using namespace std;
3.  void PrintMin(int a, int b)
4.  {
5.      if( a < b )
6.          cout << a;
```

```
7.       else
8.           cout << b;
9.   }
10.  int main(){
11.      void ( * pf)(int, int);              //定义函数指针 pf
12.      int x = 4,   y = 5;
13.      pf = PrintMin;                       //用 PrintMin 函数对指针 pf 进行赋值
14.      pf(x, y);                            //调用 pf 指向的函数,即 PrintMin
15.      return 0;
16.  }
```

程序的输出结果:

4

7.11.2 函数指针的应用

C++语言中有一个快速排序的标准库函数 qsort,在 cstdlib 头文件中声明,其原型为:

```
void qsort(void * base, int nelem, unsigned int width,
                int ( *pfCompare)(const void * , const void * ));
```

使用该函数,可以对任何类型的一维数组排序。该函数参数中,base 是待排序数组的起始地址,nelem 是待排序数组的元素个数,width 是待排序数组的每个元素的大小(以字节为单位),最后一个参数 pfCompare 是一个函数指针,它指向一个"比较函数"。排序就是一个不断比较元素,并交换元素位置的过程。qsort 如何在连元素的类型是什么都不知道的情况下,比较两个元素并判断哪个应该在前呢? 答案是:qsort 函数在执行期间,要比较两个元素的先后时,会以这两个元素的地址作为参数,通过 pfCompare 指针调用一个"比较函数",根据"比较函数"的返回值来判断两个元素哪个更应该排在前面。这个"比较函数"不是 C++的库函数,而是由使用 qsort 的程序员编写的。在调用 qsort 时,将"比较函数"的名字作为实参传递给 pfCompare。程序员当然清楚该按什么规则决定哪个元素应该在前,哪个元素应该在后,这个规则就体现在"比较函数"中。

qsort 函数的用法规定,"比较函数"的原型应是:

```
int 函数名(const void *elem1, const void *elem2);
```

该函数的两个参数,elem1 和 elem2 指向待比较的两个元素。也就是说, * elem1 和 * elem2 就是待比较的两个元素。该函数必须具有以下行为:

(1) 如果 * elem1 应该排在 * elem2 前面,则函数返回值是负整数(任何负整数都行)。

(2) 如果 * elem1 和 * elem2 哪个排在前面都行,那么函数返回 0。

(3) 如果 * elem1 应该排在 * elem2 后面,则函数返回值是正整数(任何正整数都行)。

下面的程序,功能是调用 qsort 库函数,将一个 unsigned int 数组按照个位数从小到大进行排序。例如,8、23、15 这 3 个数,按个位数从小到大排序,就应该是 23、15、8。

```
     //program 7.11.2.1.cpp qsort 用法示例
1.   # include < iostream >
2.   using namespace std;
```

```
3.  int MyCompare( const void *elem1, const void *elem2 )
4.  {
5.      unsigned int *p1, *p2;
6.      p1 = (unsigned int *)elem1;          // *elem1 无定义,要转换成 unsigned int *
7.      p2 = (unsigned int *)elem2;
8.      return ( *p1 % 10) - ( *p2 % 10);
9.  }
10. const int  NUM = 5;
11. int main()
12. {
13.     unsigned int a[NUM] = { 8,123,11,10,4 };
14.     qsort(a, NUM, sizeof(unsigned int), MyCompare);
15.     for( int i = 0;i < NUM; ++i )
16.      cout << a[i] << " ";
17.     return 0;
18. }
```

程序的输出结果:

10 11 123 4 8

　　qsort 函数执行期间,并不需要知道数组的元素是什么类型的。知道了数组的开始地址和每个元素所占字节数,qsort 就能知道每个元素的地址。需要比较两个元素 x、y 哪个在前面时,就通过函数指针形参调用 MyCompare(&x,&y)。如果返回值小于 0,则 qsort 就得知 x 应该在前;如果返回值大于 0,则 x 应该在后;如果返回值等于 0,则哪个在前都行。

　　第 6 行,由于 elem1 是 const void * 类型的指针,那么表达式“*elem1”是没有意义的。但是编写 MyCompare 时需要知道 elem1 指向的待比较的元素,是一个 unsigned int 类型的变量,所以要经过强制类型转换,将 elem1 中存放的地址赋值给 p1,这样, *p1 就是待比较的第一个元素了。第 7 行同理。

　　第 8 行体现了排序的规则。如果 *p1 的个位数小于 *p2 的个位数,那么就返回负值。其他两种情况不再赘述。

　　思考题　如果要将 a 数组从大到小排序,那么 MyCompare 函数该如何编写?

7.12　指针和动态内存分配

　　在第 5 章“数组”中,曾介绍过数组的长度是预先定义好的,在整个程序中固定不变。C++不允许定义元素个数不确定的数组。例如:

```
int n;
int a[n];                        //这种定义是不允许的
```

但是在实际的编程中,往往会发生所需的内存空间大小,取决于实际要处理的数据多少,在编程时无法确定的情况。如果总是定义一个尽可能大的数组,又会造成空间浪费。何况,这个“尽可能大”到底是多大才够?

　　为了解决上述问题,C++提供了一种“动态内存分配”的机制,使得程序可以在运行期间,根据实际需要,要求操作系统临时分配给自己一片内存空间用于存放数据。此种内存分配是在程序运行中进行的,而不是在编译时就确定的,因此称为"动态内存分配"。在 C++ 中,通过"new"运算符来实现动态内存分配。new 运算符的第一种用法如下:

```
P = new T;
```

其中,T 是任意类型名,P 是类型为 T * 的指针。这样的语句,会动态分配出一片大小为 sizeof(T) 字节的内存空间,并且将该内存空间的起始地址赋值给 P。例如:

```
int *p;
p = new int;
*p = 5;
```

第二行动态分配了一片 4 个字节大小的内存空间,而 p 指向这片空间。通过 p 可以读写该内存空间。

new 运算符还有第二种用法,用来动态分配一个任意大小的数组:

```
P = new T[N];
```

其中,T 是任意类型名;P 是类型为 T * 的指针;N 代表"元素个数",可以是任何值为正整数的表达式,表达式中可以包含变量、函数调用等。这样的语句动态分配出 N×sizeof(T) 个字节的内存空间,这片空间的起始地址被赋值给 P。例如:

```
int *pn;
int i = 5;
pn = new int[i * 20];
pn[0] = 20;
pn[100] = 30;
```

最后一行编译时没有问题。但运行时会导致数组越界。因为上面动态分配的数组只有 100 个元素,pn[100] 已经不在动态分配的这片内存区域之内了。

如果要求分配的空间太大,操作系统找不到足够的内存来满足,那么动态内存分配就会失败。此时程序会抛出异常。关于这一点,在 20.4 节"C++ 异常处理"中会讲到。

程序从操作系统动态分配所得的内存空间,使用完后应该释放,交还操作系统,以便操作系统将这片内存空间分配给其他程序使用。C++ 提供"delete"运算符,用以释放动态分配的内存空间。delete 运算符的基本用法如下:

```
delete 指针;
```

该指针必须是指向动态分配的内存空间的,否则运行时很可能会出错。例如:

```
int *p = new int;
*p = 5;
delete p;
delete p;                              //本句会导致程序出错
```

上面的第一条 delete 语句,正确地释放了动态分配的 4 个字节内存空间。第二条 delete 语句会导致程序出错,因为 p 所指向的空间已经释放,p 不再是指向动态分配的内存空间的指针了。

如果是用 new 运算符的第二种用法分配的内存空间，即动态分配了一个数组，那么，释放该数组的时候，应以如下形式使用 delete 运算符：

delete [] 指针；

例如：

```
int *p = new int[20];
p[0] = 1;
delete [] p;
```

同样要求，被释放的指针 p 必须是指向动态分配的内存空间的指针，否则会出错。

如果动态分配了一个数组，但是却用"delete 指针"的方式释放，没有用"[]"，则编译时没有问题，运行时也一般不会发生错误，但实际上会导致动态分配的数组没有被完全释放。

请牢记，**用 new 运算符动态分配的内存空间，一定要用 delete 运算符予以释放**。否则即便程序运行结束，这部分内存空间仍然不会被操作系统收回，从而成为被白白浪费掉的内存垃圾。这种现象也称为"内存泄漏"。

如果一个程序不停地进行动态内存分配而总是忘了释放，那么可用内存就会被该程序大量消耗，即便该程序结束也不能恢复。这就会导致操作系统运行速度变慢，甚至无法再启动新的程序。当然，不用太担心，只要重新启动计算机，这种现象就会消失了。

编程时如果进行了动态内存分配，那么一定要确保其后的每一条执行路径都能释放它。

另外还要提一点，delete 一个指针，并不会使该指针的值变为 NULL。

7.13　指向指针的指针

指针也是变量，是变量当然就有地址。如果一个指针中存放的是另一个指针的地址，则称这个指针为指向指针的指针。

前面提到的指针定义方法如下：

T *p;

这里的 T 可以是任何类型的名字。实际上，"char *"和"int *"也都是类型的名字。因此，

int **p;

这样的写法也是合法的，它定义了一个指针 p，变量 p 的类型是 int ** 。"*p"则表示一个类型为 int * 的指针变量。在这种情况下，p 是"指针的指针"，因为 p 指向的是个类型为 int * 的指针，即可以认为 p 指向的位置存放着一个类型为 int * 的指针变量。程序示例如下：

```
#include <iostream>
using namespace std;
int main()
{
    int ** pp;                          //指向 int *类型指针的指针
```

```
        int *p;
        int n = 1234;
        p = &n;                          //p 指向 n
        pp = & p;                        //pp 指向 p
        cout << * ( * pp) << endl;       //* pp 是 p, 所以 * ( * pp)就是 n
        return 0;
}
```

输出结果：

1234

上面的程序执行时的内存图如图 7.2 所示。

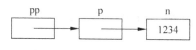

图 7.2　指向指针的指针示例

总结一般的规律，如果定义：

```
    T ** p;                              //此处 T 可以是任何类型名
```

那么 p 就被称为"指针的指针"。p 这个指针类型是 T **，而表达式 * p 的类型是 T *，* p 表示一个类型为 T * 的指针。

如果 q 是一个类型为 T * 的指针，那么表达式 &q 表示存放 q 的那片内存空间的地址，也就是指向 q 的指针，那么其类型就是 T **。

同理，int ***p;　int ****p; int *****p; 等，不论中间有多少个 "*"，都是合法的定义。只不过，int ** 这样的指针还算常用，int *** 这么复杂的指针就几乎不会用到。

再次强调一下，**不论 T 表示什么类型，sizeof(T *)的值都是 4**。也就是说，所有指针变量，不论它是什么类型的，其占用的空间都是 4 个字节。

7.14　指针数组

还可以定义指针数组，例如：

```
    T *a[N];                             //N 是整数类型的常量或常量表达式
```

a 数组中的每个元素都是一个类型为 T * 的指针，而 a 的类型，就是 T **。指针数组的示例程序如下：

```
//program 7.14.1.cpp 指针数组示例
1.  # include < iostream >
2.  using namespace std;
3.  int main()
4.  {
5.      char **p;
6.      char *countries[] = { "China","USA","Japan","France"};
7.      p = countries;                   //p 指向 countries[0]
8.      for( int i = 0;i < 4;++i )
```

```
9.        cout << * ( p + i ) << endl;
10.     cout << * (( * p ) + 3) << endl;
11.     return 0;
12. }
```

countries 就是一个指针数组。countries[0]指向字符串"China",countries[1]指向字符串"USA"。字符串常量的内存地址是由编译器分配的。

在程序中,p 以及和 p 相关的各种指针指向的位置如图 7.3 所示。

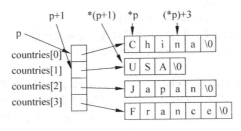

图 7.3 指针数组示例

p 指向 countries 数组的起始地址,即 countries[0]的地址。p+1 就指向 countries[1]的地址。于是 *p 就是 countries[0], *(p+1)就是 countries[1]。 *p 的类型是 char *, *p 指向字符串"China"的起始地址,即字符'C'的地址,因而 *(*p)就是字符'C'。(*p)+3 指向字符'n',所以 *((*p)+3)就是字符'n'。

程序的输出结果:

```
China
USA
Japan
France
n
```

例 7.2 输入若干个单词,将它们按字典顺序从小到大排序后输出。

输入数据:第一行是整数 n,表示后面一共会有 n 个单词,0 < n < 10000;接下来共 n 行,每行是一个单词,单词长度不超过 100,中间不会有空格。

输出数据:输出 n 行,每行一个单词,按字典顺序输出。

输入样例:

```
4
Jack
Tom
Frank
Bill
```

输出样例:

```
Bill
Frank
Jack
Tom
```

解法一：

用二维数组存放所有单词。二维数组的每行存放一个单词，然后将数组按行排序。

```
//program 7.14.2.cpp 单词排序解法一
1.    # include < iostream >
2.    # include < cstring >
3.    using namespace std;
4.    const int WORD_NUM = 10000;
5.    const int WORD_LEN = 100;
6.    char words[WORD_NUM + 10][WORD_LEN + 10];
7.    //数组稍微开大一点没坏处，免得由于边界处理不好导致出错
8.    int MyCompare(const void *e1, const void *e2)
9.    {
10.       char *str1 = ( char * ) e1;          //str1 会指向一个单词
11.       char *str2 = ( char * ) e2;          //str2 会指向一个单词
12.       return strcmp(str1,str2);            //strcmp 是字符串比较库函数
13.   }
14.   int main()
15.   {
16.       int n;
17.       cin >> n;
18.       for( int i = 0;i < n;++i )
19.           cin >> words[i];                 //words 每行存放一个单词
20.       qsort(words,n,sizeof(words[0]),MyCompare);
21.       for( int i = 0;i < n;++i )
22.           cout << words[i] << endl;
23.       return 0;
24.   }
```

qsort 是一个对一维数组进行排序的函数，它并不关心数组中的元素是什么类型的，只要知道数组首地址、每个元素的大小及排序规则即可。因此，如果要用 qsort 对一个二维数组的各行之间进行排序，就应该将二维数组看做是一个一维数组，该一维数组中的每个元素都是原二维数组的一行。程序第 20 行，实际上是让 qsort 将 words 当做一个一维数组，一维数组的前 n 个元素需要排序，每个元素都是 words 中的一行，其大小是 sizeof(words[0])（当然也可以是 sizeof(words[1])）。于是 qsort 执行过程中会在 words 的行与行之间进行比较、交换。

MyCompare 被 qsort 调用时，e1 和 e2 分别是 words 中某两行的首地址。MyCompare 的任务是告诉 qsort，这两行哪一行更小。因此，在 MyCompare 中要取出这两行中存放的单词进行比较。e1、e2 实际上都会指向某个单词，因此将它们强制转换成 char * 类型的指针后，再用 strcmp 库函数进行比较即可。

解法一有以下两个缺点。

（1）words 数组按最大的可能性开，而实际上许多单词可能都不到 100 个字符长，因此空间上比较浪费。

（2）qsort 在排序时，要在行与行之间做内容交换，每交换一次，就需要将 110 个字节（上面的程序中 words 数组每行是 110 个字节）的内容来回复制 3 次，因此效率比较低。

解法二：

解法二可以避免解法一的缺点，其基本思想如下。

（1）动态分配存储空间来存放单词，并用一个指针数组存放每个单词地址。这样可以避免空间的浪费。

（2）用 qsort 对上述指针数组进行排序，则交换的元素就只是 4 个字节的指针，比解法一在行与行之间交换节省时间。

```cpp
//program 7.14.3.cpp 单词排序解法二
1.   # include < iostream >
2.   using namespace std;
3.   const int WORD_NUM = 10000;
4.   const int WORD_LEN = 100;
5.   char *words[WORD_NUM + 10];              //数组稍微开大一点,保险
6.   int MyCompare(const void *e1, const void *e2)
7.   {
8.       char **p1 = ( char ** ) e1;
9.       char **p2 = ( char ** ) e2;
10.      return strcmp( *p1, *p2);            // *p1 和 *p2 指向待比较的两个单词
11.  }
12.  int main()
13.  {
14.      int n;
15.      char word[120];
16.      cin >> n;
17.      for( int i = 0;i < n;++i ) {
18.          cin >> word;
19.          words[i] = new char[strlen(word) + 1];//要留出放末尾'\0'的空间
20.          strcpy(words[i],word);
21.      }
22.      qsort(words,n,sizeof(char *),MyCompare);
23.      for( int i = 0;i < n;++i ) {
24.          cout << words[i] << endl;
25.          delete [] words[i];              //不要忘了释放空间
26.      }
27.      return 0;
28.  }
```

上面的程序中，数组 words 的每个元素都是一个 char * 类型的指针，只占 4 个字节，它指向一个单词。对 words 进行排序时，只是交换这些指针，而不需要交换指针指向的内容，因此速度比较快。

在 MyCompare 函数中，指针 e1、e2 指向 words 中的元素。words 中的元素都是指针，是 char * 类型的，那么指向 char * 指针的指针，则应该是 char ** 类型的，所以要通过强制类型转换，将 e1 转换成 char ** 类型的指针 p1，则 *p1 就是 words 数组中的元素了，它会指向一个单词。对 e2 也是同样办法处理。图 7.4 演示了对于样例输入数据，排序前（左边）和排序后（右边）的情况。

新标准 C++ 程序设计教程

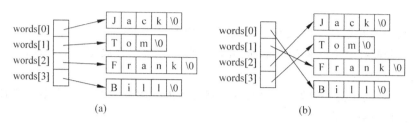

图 7.4　字符串数组的排序前后示例

如果不在乎内存空间,不想使用动态内存分配的话,也可以把解法一和解法二相结合,仍然用固定大小的二维数组:

```
char words[WORD_NUM + 10][WORD_LEN + 10];
```

存放单词,但是另外再设一个指针数组:

```
char *pwords[WORD_NUM + 10];
```

然后让 pwords 的每个元素指向 words 的一行(即一个单词):

```
for( int i = 0;i < WORD_NUM; ++i )
    pwords[i] = words[i];
```

最后对 pwords 进行排序即可。

解法三:

用 string 对象数组存放字符串,然后对该数组排序。

```
//program 7.14.4.cpp 单词排序解法三
1.  # include < iostream >
2.  # include < string >              //要使用 string 对象必须包含此头文件
3.  # include < algorithm >           //要使用排序算法 sort 必须包含此头文件
4.  using namespace std;
5.  const int WORD_NUM = 10000;
6.  string words[WORD_NUM + 10];
7.  int main()
8.  {
9.      int n;
10.     cin >> n;
11.     for( int i = 0;i < n;++i )
12.       cin >> words[i];            //words 每个元素存放一个单词
13.     sort(words,words + n);        //调用 C++ 标准模板 sort 进行排序
14.     for( int i = 0;i < n;++i )
15.       cout << words[i] << endl;
16.     return 0;
17. }
```

第 13 行用到了 C++ 标准模板库中的排序算法 sort。目前,暂且不妨将 sort 理解为 C++ 的一个库函数,它能够对基本类型以及 string 类型的数组进行排序。其用法如下:

```
sort(数组名,数组名 + N);
```

N 是一个值为整数的表达式,表示需要将数组的前 N 个元素排序。

使用 sort 需要包含头文件 algorithm。

解法三对 string 数组排序,要交换的就是 string 对象。string 对象的体积不会超过 100 字节(最少可能才 4 字节,取决于编译器),所以比解法一节省时间。

7.15   误用无效指针

指针提供了灵活强大的功能,但也是程序 bug、尤其是难以捕捉的 bug 的罪魁祸首。许多错误就是因为在指针指向了某个不安全的地方,甚至指针为 NULL 的时候,还依然通过该指针读写其指向的内存区域而引起的。这样的错误导致的现象和第 5 章中"数组越界"导致的现象几乎完全一样。

例如,新手常写出以下错误的代码:

```
char *p;
cin >> p;                          //希望将一个字符串从键盘读入,存放到 p 指向的地方
```

p 并没有经过赋值,不知道指向哪里,此时用 cin 往 p 指向的地方读入字符串,当然是不安全的。

7.16   小结

指针也称为"指针变量",是一种大小为 4 个字节的变量,其内容代表一个内存地址。

类型为 T * 的指针 p,* p 就代表类型为 T 的变量,对类型为 T 的变量 x,& x 就代表类型为 T * 的指针。

两个同类型指针可以比较大小,可以相减。指针可以自增,自减。指针加减一个整数,结果还是指针。

对指针 p 来说,p[i] 等效于 *(p+i)。空指针 NULL 的值就是 0。

如果有数组 T a[N],则 a 的类型就是 T *。可以用数组名字给同类型的指针赋值。

不能通过常量指针修改其指向的内容。

可以用字符串常量给 char * 类型的指针赋值或初始化。

string 对象的 c_str() 成员函数能返回指向其中字符串的 const char * 类型指针。

任何类型的指针都可以用来给 void * 类型的指针赋值或初始化。对于 void * 类型的指针 p,* p 是没有定义的。

函数指针可以用来指向类型匹配的函数,此后就能通过函数指针调用其指向的函数。

用 new 运算符可以动态分配空间,用 delete 运算符释放。如果动态分配的是一个数组,则要用 delete [] 释放。

如果有指针 T * p,则 & p 就是指向指针的指针,其类型为 T ** ;还可以定义指针数组 T * a[N],则 a 的类型是 T **。

若指针的值为 NULL 或不知指向何处,则访问指针指向的内容会引发严重错误。

新标准 C++ 程序设计教程

习题

1. 写出下面程序段的输出结果。

(1) char *p = "This";

　　cout << sizeof(p) << "," << *p << endl;

　　++p;　cout << p[2];

(2) char s[] = "Hello,world";

　　char *p = s + 3;

　　string str = p; cout << str << endl;

(3) int a[10][20];

　　int *p1 = a[2]; int *p2 = a[4] + 2;

　　cout << p2 - p1 << endl;

(4) char s[4][20] =

　　{ "pig","dog","cat","sheep" };

　　char *p = s[1]; cout << *p << endl;

(5) char *p[3] =

　　{ "Toyota","Honda","BMW", };

　　char **pp = p + 2; cout << p[2];

2. 以下初始化语句正确的是(　　　)。

A. string *p = "this";　　　　　　　　B. string p[] = "that";

C. string p[] = { "What","this" };　　D. char *p = { "Please" };

3. 以下程序段正确的是(　　　)。

A. char a[20];　char *p = & a[10];

B. int a[4];　　int *p = a[5];

C. char c = 'a';　int *p = & c;

D. char *p1 = NULL, *p2; p2 = p1[4];

4. 下面程序段的输出结果是 Hello,请填空。

```
char s[] = "Hello";  char *p;
for(_____)
    cout << *p ;
```

5. 下面程序段的输出结果是 kkkkk,请填空。不能使用 strcpy 和 strncpy 函数。

```
char s[6] = "12345";
_____;
cout << s;
```

6. 下面程序输出结果是 Lexus,请填空。

```
# include < iostream >
using namespace std;
```

```
void Print(char *p1, char *p2)
{   for( ; _____; _____)        cout << *p1;}
int main()  {
    char *s = "Lexus";
    Print(s,s + 5);
    return 0;
}
```

7. 编写一个 MyStrstr 函数，实现和 strstr 完全一样的功能。

8. 编写一个 MySort 函数，实现和 qsort 完全一样的功能，具体排序的算法不限。

第 8 章　　　自定义数据类型

8.1　结构

8.1.1　结构的定义和使用

　　在现实问题中,常常需要用一组不同类型的数据来描述一个事物。例如,一个学生的学号、姓名和绩点;一个工人的姓名、性别、年龄、工资、电话。如果编程时要用多个不同类型的变量来描述一个事物,就很麻烦。当然希望只用一个变量就能代表一个"学生"这样的事物。

　　C++语言允许程序员自己定义新的数据类型。因此针对"学生"这种事物,可以定义一种新的数据类型,如该类型名为 Student,那么一个 Student 类型的变量就能描述一个学生的全部信息。还可以定义另一种新的数据类型,如该类型名为 Worker,那么一个 Worker 类型的变量就能描述一个工人的全部信息。如何定义这么好用的"新类型"呢?

　　C++中有"结构"(也称为"结构体")的概念,支持在基本数据类型的基础上定义复合的数据类型。用"struct"关键字来定义一个"结构",也就定义了一个新的数据类型。定义"结构"的具体写法如下:

```
struct   结构名
{
    类型名   成员变量名 1;
    类型名   成员变量名 2;
    类型名   成员变量名 3;
    …
};
```

例如:

```
struct Student {
    unsigned ID;
    char szName[20];
    float fGPA;
};
```

在上面这个结构定义中,结构名为 Student。结构名可以作为数据类型名使用。**定义了一个结构,即定义了一种新的数据类型**。在上面程序中就定义了一种新的数据类型,名为 Student。一个 Student 结构的变量是一个复合型的变量,由三个成员变量组成。第一个成员变量 ID 是 unsigned 类型的,用来表示学号;第二个成员变量 szName 是字符数组,用来表示姓名;第三个成员变量 fGPA 是 float 类型的,表示绩点。不要忘了结构定义一定是以一个分号结束。

像 Student 这样通过 struct 关键字定义出来的数据类型,一般统称为“结构类型”。由结构类型定义的变量,统称为“结构变量”。

在其他书籍中,也将结构的成员变量,称为结构的“域”(field)。

定义了一个结构类型后,就能定义该结构的变量了。在 C++ 中,定义方法如下:

结构名 变量名;

例如,如果定义了结构:

```
truct Student {
   unsigned ID;
   char szName[20];
   float fGPA;
};
```

那么,

```
Student stu1, stu2;
```

就定义了两个结构变量 stu1 和 stu2。这两个变量的类型都是 Student。还可以直接写为:

```
struct Student {
   unsigned ID;
   char szName[20];
   float fGPA;
} stu1, stu2;
```

也能定义出 stu1、stu2 这两个 Student 类型的变量。

显然,像 stu1 这样的一个变量,就能描述一个学生的基本信息。

两个同类型的结构变量,可以互相赋值。但是结构变量之间不能用“＝＝”、“！＝”、“＜”、“＞”、“＜＝”、“＞＝”进行比较运算。

一般来说,一个结构变量所占的内存空间的大小就是结构中所有成员变量大小之和。结构变量中的各个成员变量在内存中一般是连续存放的,定义时写在前面的成员变量,地址也在前面。例如,一个 Student 类型的变量,共占用 28 个字节(即 sizeof(Student) = 28),其内存布局图如图 8.1 所示。

4 字节	20 字节	4 字节
ID	szName	fGPA

图 8.1　Student 类型的变量在内存中的布局

一个结构的成员变量可以是任何类型的,包括可以是另一个结构类型。例如,定义了一个结构:

新标准 C++程序设计教程

```
struct Date {
    int year;
    int month;
    int day;
};
```

定义了 Date 之后,还可以再定义一个更详细的包括生日的 StudentEx 结构:

```
struct StudentEx {
    unsigned ID;
    char szName[20];
    float fGPA;
    Date birthday;
};
```

后文中还会用到 StudentEx 结构,为节省篇幅在后文中对 StudentEx 就不再说明了。

结构的成员变量可以是指向本结构变量的指针,例如:

```
struct Employee {
    string name;
    int age;
    int salary;
    Employee *next;
};
```

这样的结构,常用来实现链表或二叉树中的结点。链表和二叉树是数据结构课程的重要概念,这里就不解释了。

思考题 StudentEx 变量的内存布局图是什么样的?

8.1.2 访问结构变量的成员变量

一个结构变量的成员变量,可以完全和一个普通变量一样来使用,也可以取得其地址。访问结构变量的成员变量的一般形式如下:

结构变量名.成员变量名

假设已经定义了前面的 StudentEx 结构,并且定义了 StudentEx 结构的结构变量 stu,那么就可以写:

```
cin >> stu.fGPA;
stu.ID = 12345;
strcpy(stu.szName, "Tom");
cout << stu.fGPA;
stu.birthday.year = 1984;
unsigned int *p = & stu.ID;          //p 指向 stu 中的 ID 成员变量
```

8.1.3 结构变量的初始化

结构变量可以在定义时进行初始化。例如,对前面提到的 StudentEx 类型,其变量可以用如下方式初始化:

```
StudentEx stu = { 1234,"Tom",3.78,{ 1984,12,28 }};
```

初始化后,stu 所代表的学生,学号是 1234,姓名为"Tom",绩点是 3.78,生日是 1984 年 12 月 28 日。

8.1.4 结构数组

数组的元素也可以是结构类型的。在实际应用中,经常用结构数组来表示具有相同属性的一个群体,如一个班的学生等。

定义结构数组的方法如下:

结构名　数组名[元素个数];

例如:

```
StudentEx MyClass[50];
```

就定义了一个包含 50 个元素的结构数组 MyClass,用来记录一个班级的学生信息。数组的每个元素都是一个 StudentEx 类型的变量。"MyClass"的类型就是 StudentEx * 。

对结构数组也可以进行初始化。例如:

```
StudentEx MyClass[50] = {
{ 1234,"Tom",3.78,{ 1984,12,28 }},
{ 1235,"Jack",3.25,{ 1985,12,23 }},
{ 1236,"Mary",4.00,{ 1984,12,21 }},
{ 1237,"Jone",2.78,{ 1985,2,28 }}
};
```

用这种方式初始化,则数组 MyClass 后面的 46 个元素,其存储空间中的每个字节都被写入二进制数 0。

定义了 MyClass 后,以下语句都是合法的:

```
MyClass[1].ID = 1267;
MyClass[2].birthday.year = 1986;
int n = MyClass[2].birthday.month;
cin >> MyClass[0].szName;
```

8.1.5 指向结构变量的指针

可定义指向结构变量的指针,即所谓"结构指针"。定义的一般形式如下:

结构名 *指针变量名;

例如:

```
StudentEx *pStudent;
StudentEx Stu1;
pStudent = & Stu1;
StudentEx Stu2 = *pStudent;
```

通过指针,访问其指向的结构变量的成员变量,写法有两种:

指针 ->成员变量名

或者:

(* 指针).成员变量名

例如:

pStudent -> ID;

或者:

(* pStudent).ID;

下面的程序段通过指针对一个 StudentEx 变量赋值,然后输出其值。

```
StudentEx Stu;
StudentEx *pStu;
pStu = & Stu;
pStu -> ID = 12345;
pStu -> fGPA = 3.48;
cout << Stu.ID << endl;              //输出 12345
out << Stu.fGPA << endl;             //输出 3.48
```

结构指针还可以指向一个结构数组,这时结构指针的值是整个结构数组的起始地址。结构指针也可指向结构数组的一个元素,这时结构指针的值是该数组元素的地址。

设 p 为指向某结构数组的指针,则 p 指向该结构数组的下标为 0 的元素,p+1 指向下标为 1 的元素,p+i 则指向下标为 i 的元素。这与普通数组的情况是一致的。

下面的例程调用 qsort 函数,将一个 Student 结构数组先按照绩点从小到大排序输出,再按照姓名字典顺序排序输出。此程序的 Student 结构,用 string 对象来存放姓名。

```
//program 8.1.5.1.cpp 结构数组
1.    # include < iostream >
2.    # include < string >
3.    # include < cstdlib >
4.    using namespace std;
5.    const int NUM = 4;
6.    struct Student {
7.        unsigned ID;
8.        string name;
9.        float fGPA;
10.   } ;
11.   Student MyClass[NUM] = {
12.       { 1234,"Tom", 3.78},
13.       { 1238,"Jack",3.25},
14.       { 1232,"Mary",4.00},
15.       { 1237,"Jone",2.78}
16.   };
17.   int CompareID( const void *elem1, const void *elem2)
18.   {
```

```
19.        Student * ps1 = (Student *) elem1;
20.        Student * ps2 = (Student *) elem2;
21.        return ps1 -> ID - ps2 -> ID;
22.  }
23.  int CompareName(const void *elem1, const void *elem2)
24.  {
25.        Student * ps1 = (Student *) elem1;
26.        Student * ps2 = (Student *) elem2;
27.        return strcmp( ps1 -> name.c_str(), ps2 -> name.c_str());
28.  }
29.  int main()
30.  {
31.        int i;
32.        qsort( MyClass, NUM, sizeof(Student), CompareID);//按 ID 排序
33.        for(i = 0;i < NUM;++i)
34.            cout << MyClass[i].name << " ";
35.        cout << endl;
36.        qsort( MyClass, NUM, sizeof(Student), CompareName);//按 name 排序
37.        for(i = 0;i < NUM;++i)
38.            cout << MyClass[i].name << " ";
39.        return 0;
40.  };
```

程序的输出结果：

Mary Tom Jone Jack

Jack Jone Mary Tom

8.1.6　动态分配结构变量和结构数组

结构变量、结构数组都是可以动态分配存储空间的，例如：

```
StudentEx *pStu = new StudentEx;
pStu -> ID = 1234;
delete pStu;
pStu = new StudentEx[20];
pStu[0].ID = 1235;
delete [] pStu;
```

8.1.7　结构变量或引用作为函数形参

结构变量可以作为函数的参数。例如：

```
void PrintStudentInfo(StudentEx Stu) { …  };
StudentEx Stu1;
PrintStudentInfo(Stu1);
```

当调用上面的 PrintStudentInfo 函数时，参数 Stu 会是变量 Stu1 的一个复制。如果 StudentEx 结构的体积较大，那么这个复制操作就会耗费不少的空间和时间。可以考虑使用"引用"作为函数参数，这时参数传递的只是 4 个字节的地址，从而减少了时间和空间的开

销。例如：

```
void PrintStudentInfo(const StudentEx & stu) {  …  };
StudentEx stu1;
PrintStudentInfo(stu1);
```

在 PrintStudentInfo 函数执行过程中，stu 引用了 stu1 变量，通过 stu 一样可以访问到 stu1 的所有信息。stu 前加 const，是为了确保函数中不会出现修改 stu 值的语句，以及告诉阅读或修改此程序的程序员，该函数中不该修改 stu 的值。

8.2 联合

在 C++ 语言中，"联合"(union)形式上有点像结构，其定义方式如下：

```
union  联合名
{
    类型名  成员变量名 1;
    类型名  成员变量名 2;
    类型名  成员变量名 3;
    …
};
```

结构变量的每个成员变量占据不同存储空间，整个结构变量的体积是所有成员变量的体积之和。而"联合"和结构的区别在于，所有的成员变量都是从相同的地址（即联合变量的地址）开始存放的，成员变量的存储空间有重叠，整个联合变量的体积等于体积最大的那个成员变量的体积。

联合的示例程序如下：

```
//program 8.2.1.cpp 联合的示例程序
1.   # include < iostream >
2.   using namespace std;
3.   union UTest
4.   {
5.       int a;
6.       short b;
7.       char s[16];
8.       char c;
9.   };
10.  int main()
11.  {
12.      UTest u;
13.      cout << sizeof(u) << endl;          //输出 16
14.      memset(&u, 0, sizeof(u));           //u 变成全 0
15.      u.a = 0x61626364;
16.      cout << hex << u.a << "," << u.b << "," << u.c <<"," << u.s;
17.          //hex 告诉 cout,此后整数均以十六进制形式输出.输出 61626364,6364,d,dcba
18.  }
```

程序的输出结果：

61626364, 6364, d, dcba

程序中联合变量 u 的内存布局图如图 8.2 所示,其中的数都是十六进制数:

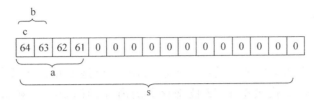

图 8.2　联合变量 u 在内存中的布局

u 的成员变量 a、b、c、s 的内存空间是重叠的,修改一个成员变量,就会影响另一个成员变量。

C++ 的 int、unsigned int、short、unsigned short、long, unsigned long 类型的变量,在内存中存放的方式是高位存放在地址大的地方。例如,对于 int n = 0x61626364; n 在内存中存放时,地址从小到大的 4 个字节,存放的内容依次是:0x64,0x63,0x62,0x61,正如图 8.2 中 u.a 的存放方式一样。在上面的程序中,u.b 和 u.a 的地址小的 16 位重叠,所以 u.b 的值是 0x6364。同理,u.c 的值是 0x64。0x61 至 0x63 分别是字母'a'到'd'的 ASCII 码,因此 u.c 就是字符'd',而 u.s 就是字符串"dcba"。

C++ 是比较接近硬件底层的语言,甚至可以内嵌汇编语言,进行底层的软件开发。此时联合就比较有用。例如,32 位的英特尔或其兼容 CPU 中有若干个 32 位的寄存器,其中 4 个通用寄存器在汇编语言编程时称为 AX,BX,CX,DX。做算术运算等各种运算时,都需要先将变量从内存复制到寄存器,然后才能计算。计算结果也是先放在寄存器中,然后再复制到内存。编写汇编语言指令时,可以访问这 4 个通用寄存器的全部内容,也可以只访问这 4 个通用寄存器的高 16 位或低 16 位。AX 寄存器的高 16 位,在汇编语言中被称为 AH,AX 寄存器的低 16 位,在汇编语言中被称为 AL。同理,还有 BH、BL、CH、CL 等。用 C++ 编程时,如果想设置一种 32 位的变量和通用寄存器相对应,既能方便地访问整个 32 位的内容,又能方便地单独访问高 16 位或低 16 位,就可以使用联合来完成此任务,请看下面的程序段:

```
    //program 8.2.2.cpp 用联合模拟寄存器
1.  # include < iostream >
2.  using namespace std;
3.  union Register
4.  {
5.      unsigned int word;              //word 作为计算机术语是"字"的意思,表示 32 位
6.      struct {
7.          unsigned short L;           //寄存器的低 16 位
8.          unsigned short H;           //寄存器的高 16 位
9.      }data;
10. };
11. int main()
12. {
13.     Register AX;
14.     AX.word = 0x12345678;
```

```
15.        AX.data.H = 0x9999;
16.        cout << hex << AX.word << "," << AX.data.L << "," << AX.data.H;
17. }
```

程序的输出结果：

99995678,5678,9999

Register 联合中有两个成员变量：一个是 word，一个是 data。这两个成员变量体积相同，正好完全重叠。word 代表整个 32 位寄存器的内容，而 data.H 和 word 的高 16 位重叠，data.L 和 word 的低 16 位重叠。

在进行网络编程时，常会用到 IP 地址。IP 地址是由 4 段组成的，如"192.168.12.13"。每段的最大值是 255，可以用一个字节表示，因此用一个 unsigned int 变量就能保存 IP 地址，变量的每个字节正好对应于一段。用一个联合变量和 IP 地址对应，就既可以方便地访问整个 IP 地址，也能方便地只访问任何一段。

8.3　枚举类型

编程时，常用整型变量代表某个事物的某种属性。有时，该属性的取值范围可能只有几种。例如，"星期几"这个属性，就只有 7 种；对一个汽车销售管理程序，汽车的颜色这个属性，也可能只有十几种。用一般的整型变量来表示这些属性，要检查变量取值的合法性，比较麻烦。例如，"星期几"这个变量，可以用取值 1～7 表示周一到周日，需要防止该变量出现大于 7 或小于 0 的情况。针对这个问题，C++引入了"枚举"这种自定义的数据类型。

枚举类型的定义方式如下：

enum 枚举类型名 { 枚举值 1, 枚举值 2, …, 枚举值 n};

其中，"枚举值"是一个常量，命名规则和变量名相同。例如：

enum Weekday { MON,TUE,WED,THU,FRI,SAT,SUN };

定义枚举变量的方法如下：

枚举类型名 变量名；

例如：

Weekday workingDay;

"枚举值"和枚举类型变量可以被自动转换成整型值，但整型值不能自动转换成枚举值。枚举值是常量，和整型值对应的规则是：枚举值 1 = 0，枚举值 2 = 1，枚举值 3 = 2，依此类推。例如，定义了上面的 Weekday 类型和 workingDay 变量后，就可以直接写：

```
Weekday workingDay = SUN;
cout << MON << "," << WED << "," << workingDay;
```

则会输出：

0,2,6

但是写成：

```
workingDay = 3;
```

编译就会出错。

　　在定义枚举类型时，可以指定枚举值所对应的整型数值。假设某个枚举值 i，指定了其对应的数值是 n，而枚举值 i+1，枚举值 i+2……都没有指定对应数值，那么枚举值 i+1 对应的数值就是 n+1，枚举值 i+2 对应的数值就是 n+2，以此类推。例如：

```
enum CarColor { red = 7,white,black,blue = 6,green,yellow };
```

则各个枚举值对应的数值是：red:7,white:8,black:9,blue:6,green:7,yellow:8。

8.4　用 typedef 定义类型

　　使用 typedef 关键字，可以给类型的名字起一个别名，此后别名就和类型名代表同一种类型了。具体用法如下：

　　typedef 类型名　类型别名;

　　例如：

　　typedef int MYINT;

则此后，MYINT 就是代表 int 类型，可以像 int 一样使用了，例如写为：

　　MYINT a;　　　　　　　　　　　　　　//等价于 int a;

　　再例如：

```
typedef char *PSTR;                 //PSTR 等价于 char *
typedef const char *CPSTR;          //CPSTR 等价于 const char *
PSTR p;
CPSTR cp;
```

有时，有的类型名写起来很长，不方便，用 typedef 为其起一个短的别名，这个类型用起来就方便多了。例如，要定义一些函数指针变量或数组，写起来可能很麻烦，如下：

```
void ( *p1) (int n ,char c, const char *s);
void ( *p2) (int n ,char c, const char *s);
void ( *a[5]) (int n ,char c, const char *s);
```

有了 typedef，就可以给上面的很长的函数指针类型起一个短的别名，再定义函数指针变量就容易多了，例如：

```
typedef void ( *MYFUNCTION) (int n,char c, const char *s);
MYFUNCTION p1;
MYFUNCTION p2;
MYFUNCTION a[5];
```

以后学到标准模板库 STL 的时候，会发现不少地方都需要用 typedef 来简化类型的名字，以及用 typedef 来定义模板中的可变类型。

8.5 小结

一般来说,结构变量的体积等于各个成员变量的体积之和,但编译器中关于结构成员变量对齐的方式会影响到这一点。

结构变量中可以包含指向本结构类型的变量的指针。

联合变量的体积等于体积最大的那个成员变量的体积,联合变量的各个成员变量在内存中是重叠的。

枚举类型的变量或常量可以自动转换成整型。

用 typedef 定义书写格式较长的类型可以减少输入的麻烦,增强程序的可读性。

习题

1. 请写出下面程序段的输出结果。

(1) struct Student{
        int age;
        char name[20];
        double gpa；
    };
    cout << sizeof(Student);

(2) struct Student{
        int age;
        char *name;
        double gpa；
    };
    Student s;
    s. name = new char[20];
    cout << sizeof(Student);

(3) enum Colors { Red ,Blue = 6,
    Black,Green,Yellow = 3,Purple };
    cout << Red << "," << Green << ","
        << Purple;

(4) union IP {
        unsigned int ip;
        unsigned char seg[4];
    };
    IP ipadr;

```
ipadr.ip = 0x12131415;
cout << (int)ipadr.seg[3] << ","
      << (int)ipadr.seg[0];
```

2. 下面程序段的输出结果是 5,请填空:

```
#include <iostream>
using namespace std;
int Max(int a, int b) {
    return a>b?a:b;
}
int main()  {
    _____;
    PFUN p = Max;
    cout << p(5,4);
    return 0;
}
```

3. 下面的程序段,输入一个字符串,则输出相同的字符串,请填空:

```
struct Employee {
    string name;
    int age;
    int salary;
};
Employee *p;
_____;
cin >> p->name;
cout << p->name;
```

4. 若有以下定义语句:

```
struct Employee {
    string name;
    int age;
    int salary;
};
Employee e, *p = & e;
```

则以下对 e 中的成员变量 name 的引用,不正确的是(　　)。

　　A. p.name　　　　B. p->name　　　C. (*p).name　　D. *p.name

5. 若有以下定义语句:

```
struct Employee {
    char name[20];
    int age;
    int salary;
};
Employee e[5], *p = e;
```

则以下对结构变量成员引用方式不正确的是(　　)。

　　A. e[0].name　　　　　　　　　B. p->age

    C. p[1]—>age   D. int *p = &(p—>age)

6. 编写一个结构,用于表示一辆汽车。一辆汽车的信息包括品牌、发动机排量、价格、车主姓名、颜色。

7. 请写出能表示 IP 地址的联合的定义,并说明每个成员变量对应于 IP 地址的哪一段。

程序设计的基本思想　　第9章

程序设计的基本思想有枚举、递归、二分、动态规划、搜索等。篇幅所限，本章只介绍前 3 种。

9.1　枚举

用计算机解决问题和用数学方法解决问题的不同之处在于，数学方法总是试图找到规律，推出公式；而计算机解决问题，最简单的办法就是尝试各种可能的情况，甚至所有可能的情况，看哪种情况是符合要求的解，这就称为枚举。

例 9.1　八皇后问题：国际象棋棋盘是 8×8 的方格。要求在棋盘上摆 8 个皇后，使得它们互相之间都吃不着，即没有两个皇后处于同一行、同一列或同一斜线上。输出所有的摆法。行、列都从 0 开始算。

解题思路：用八重循环枚举所有皇后可能的摆法，每行的皇后有 8 种摆法，共 8 行，所以总的摆法是 8^8 种。但不需要把这 8^8 种都试过，因为摆放某一行的皇后的时候，可以立即判断它和前面已经摆好的皇后是否冲突，如果是，就否定当前摆放位置，试下一个位置。两个不在同一行，也不在同一列的皇后，如果它们行号差的绝对值和列号差的绝对值相等，则这两个皇后在同一斜线上。解题程序如下：

```
//program 9.1.1.cpp 八重循环解八皇后问题
1.  # include < iostream >
2.  # include < cmath >
3.  using namespace std;
4.  bool Valid( int row, int pos[ ])      //第 row 行皇后的摆法, 是否和前面的冲突
5.  {                                      //第 row 行的皇后摆放位置是 pos[row]
6.      for(int i = 0; i < row; ++i)
7.              if(pos[row] == pos[i] || abs(row - i) == abs(pos[row] - pos[i]))
8.                      return false;    //冲突
9.      return true;                     //不冲突
10. }
11. int main()
12. {
```

```
13.        int pos[8];                          //8 个皇后摆放的位置,行列都从 0 开始算
14.        for(pos[0] = 0;pos[0] < 8; ++pos[0])
15.            for(pos[1] = 0;pos[1] < 8; ++pos[1]) {
16.                if(!Valid(1,pos))            //若当前摆法已经和前面的皇后冲突,就试下一摆法
17.                    continue;
18.                for(pos[2] = 0;pos[2] < 8; ++pos[2]) {
19.                    if(!Valid(2,pos))
20.                        continue;
21.                    for(pos[3] = 0;pos[3] < 8; ++pos[3]) {
22.                        if(!Valid(3,pos))
23.                            continue;
24.                        for(pos[4] = 0;pos[4] < 8; ++pos[4]) {
25.                            if(!Valid(4,pos))
26.                                continue;
27.                            for(pos[5] = 0;pos[5] < 8; ++pos[5]) {
28.                                if(!Valid(5,pos))
29.                                    continue;
30.                                for(pos[6] = 0;pos[6] < 8; ++pos[6]) {
31.                                    if(!Valid(6,pos))
32.                                        continue;
33.                                    for(pos[7] = 0;pos[7] < 8; ++pos[7]) {
34.                                        if(Valid(7,pos)) {  //最后一行皇后摆好了
35.                                            for(int k = 0;k < 8; ++k)
36.                                                cout << pos[k] << " " ;
37.                                            cout << endl;
38.                                        }
39.                                    }
40.                                }
41.                            }
42.                        }
43.                    }
44.                }
45.            }
46.        return 0;
47. }
```

这个程序会输出全部 92 种摆法,前几种如下:

```
0 4 7 5 2 6 1 3
0 5 7 2 6 3 1 4
0 6 3 5 7 1 4 2
```

从这个程序可以看出,枚举不一定真的要尝试到所有的情况。有些情况明显不符合要求的,可以跳过不试。

例 9.2 奥数问题。用数字'0'～'9'替换字母'A'～'E',使得如下形式的等式成立:

$$ABC + ACDE = DCABC$$

要求输出替换字母后的等式,输出任意一组解既可。同一字母必须用同一数字替换,不同字母必须用不同数字替换。如果无解,则输出"No Solution"。输入数据第一行是整数 n,代表有 n 个等式要求解;接下来每行是一个等式,由 3 个字符串 s1、s2、s3 组成,等式就是 s1+s2=s3。每个字符串长度最多 10 个字符,只会包含'A'～'E'这 5 个字母。替换后产生

的数不能有前导 0，如"012"，是不允许出现的。对每个等式，要求输出替换字母后的等式，输出任意一个解即可。如无解，则输出"No Solution"。

输入样例：

```
5
A A B
AA AA AAA
AB ABC ACDD
A A BC
ABCD BCD ACEA
```

输出样例：

```
1 + 1 = 2
No Solution
No Solution
5 + 5 = 10
2371 + 371 = 2742
```

解题思路：枚举，把所有可能的替换方案都试一遍，看等式是否成立。不同字母不能用同一数字替换，所以在用一个数字 a 替换一个字母时，要先看 a 是否已经被占用了。对每个数字设置一个占用标记，某个数字被占用了，就将其对应的标记置为 true。这样，判断某个数字是否已经被占用，只需看其标志位即可。解题程序如下：

```cpp
//program 9.1.2.cpp 奥数问题
1.   # include < iostream >
2.   # include < string >
3.   using namespace std;
4.   const int LETTER_NUM = 5;
5.   bool taken[10];          //标志数组,taken[i]表示数字 i 是否已被用于替换某个字母,即被占用
6.   int val[LETTER_NUM];
7.   //val[0]表示'A'被替换成的数字,val[1]表示'B'被替换成的数字,依此类推
8.   int StringToInt(const string & s)
9.   {  //求字符串中 s 字母被替换成数字后代表的整数
10.      if( s.length() > 1 && val[s[0] - 'A'] == 0)
11.          return -1;  //有前导 0 则返回 -1 表示 s 不合法
12.      int intVal = 0;
13.      for(int i = 0; i < s.length(); ++i)
14.          intVal = intVal * 10 + val[s[i] - 'A'];
15.      return intVal;
16.  }
17.  int main()
18.  {
19.      int n;
20.       string s1,s2,s3;
21.      cin >> n;
22.      while(n--) {
23.          cin >> s1 >> s2 >> s3;
24.          for(val[0] = 0; val[0] <= 9; ++val[0]) {          //尝试字母 A 的所有替换法
25.              taken[val[0]] = true;//标记数字 val[0]已经被占用,不能再用来替换其他字母
```

```
26.                  for(val[1] = 0; val[1] <= 9; ++val[1]) {        //尝试字母 B 的所有替换法
27.                      if(taken[val[1]])
28.                          continue;          //若数字 val[1]已经被占用,则不能用来替换字母 B
29.                      taken[val[1]] = true;
30.                      for(val[2] = 0; val[2] <= 9; ++val[2]) {
31.                          if(taken[val[2]])
32.                              continue;
33.                          taken[val[2]] = true;
34.                          for(val[3] = 0; val[3] <= 9; ++val[3]) {
35.                              if(taken[val[3]])
36.                                  continue;
37.                              for(val[4] = 0; val[4] <= 9; ++val[4]) {
38.                                  if( taken[val[4]])
39.                                      continue;
40.                                  int n1 = StringToInt(s1);
41.                                  int n2 = StringToInt(s2);
42.                                  int n3 = StringToInt(s3);
43.                                  if( n1 >= 0 && n2 >= 0 && n3 >= 0 && n1 + n2 == n3 ) {
44.                                      cout << n1 << " + " << n2 << " = " << n3 << endl;
45.                                      goto Found;
46.                                  }
47.                              }
48.                              taken[val[3]] = false;    //解除对数字 val[3]的占用
49.                          }
50.                          taken[val[2]] = false;          //解除对数字 val[2]的占用
51.                      }
52.                      taken[val[1]] = false;    //试下一个数字前,要解除对数字 val[1]的占用
53.                  }
54.              taken[val[0]] = false;          //试下一个数字前,要解除对数字 val[0]的占用
55.          }
56.          cout << "No Solution" << endl;
57. Found: ;
58.      }
59.      return 0;
60. }
```

例 9.3 在 n 个不同的整数中,任意取若干个,要求它们的和是 7 的倍数,问有几种取法。输入数据第一行是整数 t,表示有 t 组数据。接下来有 t 行,每行是一组数据,第一个数是 n(1<=n<=16),表示要从 n 个整数中取数,接下来就是 n 个整数。对每组数据,输出一行,表示取法的数目(一个都不取也算一种取法)。

输入样例:

```
4
3 1 2 4
5 1 2 3 4 5
12 1 2 3 4 5 6 7 8 9 10 11 12
11 3 14 7 9 8 5 13 233 98 71 100
7 1345 79 73 123 12 16 27
```

输出样例:

2
5
586
280

解题思路：每个整数只有取和不取两种状态，对 n 个整数来说，所有的取法共有 2^n 种。对每种取法都算一下和是不是 7 的倍数即可。但是，由于 n 是不固定的，所以没法写"n 重循环"来完成此事。如果把每个整数的状态（取或不取）用一个二进制位表示，1 代表取，0 代表不取，那么可以发现，一种取法正好对应于一个 n 位的二进制数，而且不同取法对应的二进制数也不同，即 n 位二进制数和 n 个整数的 2^n 种取法正好是——对应的。例如，对于 4 个整数，二进制数 1111 就代表全取，0000 代表全不取，0011 代表取第 1 个数和第 2 个数。0 至 15 这 16 个数的二进制形式和 4 个整数的所有取法一一对应，那么只要让一个变量 i 从 0 循环至 15，就能遍历所有的取法。对每种 i 的取值，用位运算符找出其中有哪些 1，将其对应的整数求和即可。解题程序如下：

```cpp
//program 9.1.3.cpp 取数问题
1.   # include < iostream >
2.   # include < cmath >                                    //使用库函数 pow 要包含此头文件
3.   using namespace std;
4.   const int NUMS = 16;
5.   int num[ NUMS + 10 ];                                  //数组开大点没坏处
6.   inline int Bit(int n, int i) { return ( n & (1 << i)); }    //看 n 的第 i 位是否非 0
7.   int main()
8.   {
9.       int t;
10.      cin >> t;
11.      while(t -- ) {
12.          int n;
13.          cin >> n;
14.          int totalSolutions = 0;          //解法总数
15.          for(int i = 0; i < n; ++i)
16.              cin >> num[ i ];
17.          int tmp = pow(2.0, n);           //用库函数 pow 求 2 的 n 次方
18.          for( int i = 0; i < tmp; ++i ) {  //枚举所有的取法
19.              int sum = 0;                 //取到的整数的和
20.              for( int k = 0; k < n; ++k )
21.                  if(Bit(i,k))             //如果 i 的第 k 位为 1
22.                      sum += num[k];       //取第 k 个整数(k 从 0 开始算)
23.              if( sum % 7 == 0 )
24.                  totalSolutions ++;
25.          }
26.          cout << totalSolutions << endl;
27.      }
28.      return 0;
29. }
```

9.2 递归

要求非负数 n 的阶乘 F(n)，可以按照以下公式：

$$F(n) = \begin{cases} 1 & (n = 0) \\ n \times F(n-1) & (n > 0) \end{cases}$$

据此可以写出求非负数 n 的阶乘的函数 F：

```
1.  int F(int n)
2.  {
3.        if(n == 0)
4.            return 1;
5.        return n * F(n - 1);              //调用自身
6.  }
```

上面的函数，调用了它自身。一个函数调用了它自己，这称为"递归"（recursion）。调用自身的函数称为"递归函数"。

以调用 F(3) 为例来说明上面函数的执行过程：

F(3)3→F(3)5→F(2)3→F(2)5→F(1)3→F(1)5→ F(0)3→F(0)4：返回 1→F(1)5：返回 1 * 1→F(2)5：返回 2 * 1→ F(3)5：返回 3 * 2→函数执行结束

上面的 F(i)j 表示在 n=i 那一层的函数调用中，执行了第 j 行。例如，最先执行的是 F(3)3，表示在 n=3 的那一层函数调用中，先执行了第 3 行"if(n==0)"。接下来执行 F(3)5，第 5 行在执行的过程中进入了下一层函数调用，下一层函数调用中 n=2，所以 F(3)5 后面被执行的就是 F(2) 3，再接下来是 F(2)5……执行到 F(0)4 后，函数开始逐层向上返回，先返回到 F(1)5，把 n=1 时的第 5 行执行完毕，返回值是 1 * F(0)，即 1 * 1；再返回到 F(2)5，F(2)5 执行完则返回值为 2 * F(1)=2 * 1，并且返回到 F(3)5，F(3)5 执行完则返回值为 3 * 2，函数调用结束。

由上可见，**递归函数一定要有一个终止递归的条件，满足此条件时，函数就返回，不再调用自身。**否则，递归就会没完没了了进行下去。无休止的递归会导致"栈溢出"而使得程序崩溃。有时程序中没有死循环，然而却总是不能结束，就要考虑是否发生了无限递归。

递归的基本思想是：要解决某一问题 A，可以先解决一个形式相同，但规模小一点的问题 B。问题 B 如果解决了，那么问题 A 也就迎刃而解。例如，求 n!，如果已经求出了(n-1)!，那么 n! 也就容易求出了，而求(n-1)!，则先要求出(n-2)! ……最终需要求出 0!。关于递归，请看下面的经典例题：

例 9.4 汉诺(Hanoi)塔问题（图 9.1）。古代有一个梵塔，塔内有 3 个座 A、B、C，A 座上有 64 个盘子，盘子大小不等，大的在下，小的在上。有一个和尚想把这 64 个盘子从 A 座移到 C 座，但每次只能允许移动一个盘子，并且在移动过程中，3 个座上的盘子始终保持大盘在下，小盘在上。在移动过程中可以利用 B 座来放盘子，要求输出移动的步骤。

解题思路：可以用递归的思路来分析，即把原问题分解成一个或多个形式相同，但规模小一些的问题。结果会发现，要把 A 上的 n 个盘子以 B 为中转移动到 C，可以分以下 3 个

图 9.1　汉诺塔问题示例

步骤来完成。

(1) 将 A 座上的 n−1 个盘子,以 C 座为中转,移动到 B 座。

(2) 把 A 座上最底下的一个盘子移动到 C 座。

(3) 将 B 座上的 n−1 个盘子,以 A 座为中转,移动到 C 座。

上面的(1)和(3)两个步骤和原问题形式相同,只是规模少了 1(要处理的盘子数目少了 1)。当然如果 n=1,那么只需要一个步骤,即把 A 座上的一个盘子移动到 C 座。

据此可以写出使用递归函数的解题程序:

```
//program 9.2.1.cpp 递归解汉诺塔问题
1.   # include < iostream >
2.   using namespace std;
3.   void Hanoi( int n, char src,char mid,char dest)
4.   //将 src 座上的 n 个盘子,以 mid 座为中转,移动到 dest 座
5.   {
6.       if(n == 1) {                          //只需移动一个盘子
7.           cout << src << " ->" << dest << endl; //直接将盘子从 src 移动到 dest 即可
8.           return;                           //递归终止
9.       }
10.      Hanoi(n-1,src,dest,mid);              //先将 n-1 个盘子从 src 移动到 mid
11.      cout << src << " ->" << dest << endl;  //再将一个盘子从 src 移动到 dest
12.      Hanoi(n-1,mid,src,dest);              //最后将 n-1 个盘子从 mid 移动到 dest
13.       return;
14.  }
15.  int main()
16.  {
17.      int n;
18.      cin >> n;                             //输入盘子数目
19.      Hanoi(n,'A','B','C');
20.      return 0;
21.  }
```

上面的程序,输入 3,则输出结果是:

```
A -> C
A -> B
C -> B
A -> C
B -> A
B -> C
A -> C
```

用类似于前面求阶乘程序的执行过程的表示方法,函数调用 Hanoi(3,'A','B','C')的

执行过程如下：

```
Hanoi(3,'A','B','C')6
Hanoi(3,'A','B','C')10
Hanoi(2,'A','C','B')6
Hanoi(2,'A','C','B')10
Hanoi(1,'A','B','C')6
Hanoi(1,'A','B','C')7:输出 A->C
Hanoi(1,'A','B','C')8:返回
Hanoi(2,'A','C','B')11:输出 A->B
Hanoi(2,'A','C','B')12
Hanoi(1,'C','A','B')6
Hanoi(1,'C','A','B')7:输出 C->B
Hanoi(1,'C','A','B')8:返回
Hanoi(2,'A','C','B')13:返回
Hanoi(3,'A','B','C')11:输出 A->C
Hanoi(3,'A','B','C')12
Hanoi(2,'B','A','C')6
Hanoi(2,'B','A','C')10
Hanoi(1,'B','C','A')6
Hanoi(1,'B','C','A')7:输出 B->A
Hanoi(1,'B','C','A')8:返回
Hanoi(2,'B','A','C')11:输出 B->C
Hanoi(2,'B','A','C')12
Hanoi(1,'A','B','C')6
Hanoi(1,'A','B','C')7:输出 A->C
Hanoi(1,'A','B','C')8:返回
Hanoi(2,'B','A','C')13:返回
Hanoi(3,'A','B','C')13:返回
```

如果有 n 个盘子，就要做 2^n-1 次移动。64 个盘子是不可能完成的任务，每秒移动一个盘子，需要 5000 多亿年。

递归并不是程序设计语言中必须有的机制，因为**所有递归的程序都可以不用递归来实现**。例如，汉诺塔问题，要写出汉诺塔问题的非递归程序，先要想明白人如何用手工来完成这件事。计算机能解决的问题，只要有足够时间，人一样都能凭借一步步机械的操作来解决。想出解决问题的办法和步骤，是需要思考的脑力劳动；而知道了办法和步骤后，按照步骤一步步进行操作，就是体力活了。计算机做的恰恰就是高速完成一步步的机械的操作。如果人想不出解决某问题的办法，那自然也不可能编写出能解决问题的程序，于是计算机也不可能解决这个问题。因此从本质上来说，目前的计算机，和起重机、汽车等机械没有区别，同样都是人的体力而非脑力的扩展和延伸，并不具有真正的智能。下面来看看如何用手工解决汉诺塔问题。

思路依然是将问题"Hanoi(n,src,mid,dest)"分解成 3 个子问题，然后依次解决。手工解决该问题的步骤可以形象地描述如下。

开始桌面上有一个信封，里面写着要解决的问题 Hanoi(n,'A','B','C')。人可以按如下步骤进行操作。

（1）若桌面上没有信封，则转到步骤（4），否则，往下执行步骤（2）。

（2）取最上面的信封、拆开，拿到里面的问题（称为当前问题），然后丢弃信封。当前问题的形式是 Hanoi(n, src, mid, dest)，即要将 src 上的 n 个盘子，以 mid 为中转，移动到 dest。此时，如果 n 是 1，则将一个盘子从 src 移动到 dest，然后转到步骤（1）。如果 n 不是 1，则往下执行步骤（3）。

（3）将当前问题分解成 3 个子问题，分别放入 3 个新信封，然后将这 3 个信封叠放在信封堆上，再转到步骤（1）。叠放的次序是将需要先解决的子问题放在上面。例如，当前问题是 Hanoi(n, src, mid, dest)，则新增的 3 个信封里的问题，从上到下依次是：

```
Hanoi(n - 1, src, dest, mid)
Hanoi(1, src, mid, dest)
Hanoi(n - 1, mid, src, dest)
```

（4）整个问题已经圆满解决。

在解决问题的过程中，信封开始越叠越高，但不会无限增高，而且总会一个个被丢弃。最终桌面上没有信封了，问题就已圆满解决。读者可以自己拿铅笔、橡皮和纸模拟一下这个过程。图 9.2 显示了第一个信封里是 Hanoi(3, 'A', 'B', 'C')时，桌面信封堆的变化情况：

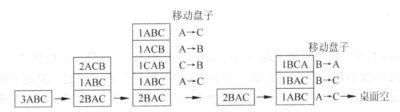

图 9.2　手工解决汉诺塔问题的步骤

如果用非递归程序来模拟上述过程，则可用"栈"这种数据结构来模拟信封堆。栈的特点就是后进先出，即后入栈的元素先被处理掉。"栈"有点像柴火堆，后捡来的柴火堆在上面，也先被拿来烧掉。"栈"可以用数组实现，程序如下：

```cpp
//program 9.2.2.cpp 非递归解汉诺塔问题
1.   # include < iostream >
2.   using namespace std;
3.   struct Problem
4.   {
5.       int n;
6.       char src, mid, dest;
7.   };   //一个 Problem 变量代表一个子问题，将 src 上的 n 个盘子，以 mid 为中转，移动到 dest
8.   Problem stack[200];                    //用来模拟信封堆的栈，一个元素代表一个信封
9.                                          //若有 n 个盘子，则栈的高度不超过 n * 3
10.  int main()
11.  {
12.      cin >> stack[1].n;
13.      stack[1].src = 'A';
14.      stack[1].mid = 'B';
15.      stack[1].dest = 'C';               //上面初始化了第一个信封
16.      int problemNum = 1;                //相当于桌上信封数目
17.      while( problemNum > 0) {           //只要还有信封，就继续处理
18.          Problem curProblem = stack[problemNum -- ];    //取最上面的信封，即当前问题
19.                                         //problemNum -- 相当于丢弃一个信封
```

```
20.        if( curProblem.n == 1 )
21.            cout << curProblem.src << " ->" << curProblem.dest << endl;
22.        else {                          //分解子问题
23.            //先把分解得到的第3个子问题放入栈中
24.            stack[++problemNum].n = curProblem.n - 1;
25.            stack[problemNum].src = curProblem.mid;
26.            stack[problemNum].mid = curProblem.src;
27.            stack[problemNum].dest = curProblem.dest;
28.            //再把第2个子问题放入栈中
29.            stack[++problemNum].n = 1;
30.            stack[problemNum].src = curProblem.src;
31.            stack[problemNum].mid = curProblem.mid;
32.            stack[problemNum].dest = curProblem.dest;
33.            //最后放第1个子问题,后放入栈的子问题先被处理
34.            stack[++problemNum].n = curProblem.n - 1;
35.            stack[problemNum].src = curProblem.src;
36.            stack[problemNum].mid = curProblem.dest;
37.            stack[problemNum].dest = curProblem.mid;
38.        }
39.    }
40.    return 0;
41. }
```

可以看到,上面的程序明显比递归程序复杂。实际上,递归程序也用到了栈,因为局部变量和函数的参数都是保存在栈上的,递归函数的参数就代表子问题;因此也就相当于子问题被存在栈上。递归函数递进一层,就相当于往栈中添加了一个子问题,递归函数执行到返回语句,就相当于栈顶的子问题被解决。编译器生成的程序的指令会自动维护这个栈。因此,利用"递归"机制的本质,就是将程序员本该自己编写的、对栈进行操作的代码,交由编译器自动生成了,从而降低了思考和编程的复杂度。

例 9.5 放苹果问题。有 m 个苹果,要放到 n 个盘子里,问有多少种放法。一个盘子里可以不放苹果,也可以放任意多个苹果。苹果和盘子都是没有区别的。

解题思路:可以把放法分成两种:有空盘子的和没空盘子的。分别计算两种情况的放法,然后相加即可。把 m 个苹果放到 n 个盘子里且有空盘子的放法数等于把 m 个苹果放到 n-1 个盘子里的放法数(因为至少会有一个空盘子);而把 m 个苹果放到 n 个盘子里且没有空盘子的放法数等于把 m-n 个苹果放到 n 个盘子里的放法数(因为每个盘子里都有苹果,那么从每个盘子里拿走一个苹果,剩下的局面就对应于 m-n 个苹果放到 n 个盘子里的一种放法)。另外,如果盘子数目多于苹果数目,则那些多出来的盘子定是空的,所以这种情况等价于苹果数目和盘子数目一样多。最后,如果没有苹果,那么放法只有一种,即盘子全空;如果盘子只有一个,那么放法也只有一种,即苹果全放到这个盘子里。上面这两条是递归的终止条件。由此可以写出递归解题程序:

```
//program 9.2.3.cpp 分苹果问题
1.  # include < iostream >
2.  using namespace std;
3.  int Count(int m, int n)              //返回 m 个苹果,放在 n 个盘子里,有多少种放法
4.  {
5.      if(m == 0 || n == 1)
6.          return 1;
```

```
7.        if(n > m)                          //盘子比苹果多
8.            return Count(m,m);             //等价于盘子和苹果一样多
9.        return Count(m,n-1) + Count(m-n,n); //返回有空盘子和没空盘子的放法数之和
10. }
11. int main()
12. {
13.     int m,n;
14.     cin >> m >> n;                       //m 个苹果,n 个盘子
15.     cout << Count(m,n);
16.     return 0;
17. }
```

例 9.6　N 皇后问题。N 皇后问题就是将 N 个皇后摆放在一个 N 行 N 列的棋盘上,要求任何两个皇后不能互相攻击。输入皇后数 N,输出所有的摆法。

解题思路:由于皇后数目不确定,所以不能用多重循环来解决。可以用递归来代替循环。实际上,在个别程序设计语言中,就是用递归来完成循环的。解题程序如下:

```
//program 9.2.4.cpp N 皇后问题
1.   # include < iostream >
2.   # include < cmath >
3.   using namespace std;
4.   int N;                                 //共 N 个皇后
5.   int   queenPos[1000];                  //用来存放算好的皇后位置
6.   void NQueen(int n)                     //摆放第 n 个皇后,皇后编号从 0 开始算
7.   {
8.       int i;
9.       if( n == N ) {                     //N 个皇后已经摆好
10.          for( i = 0; i < n;++i )        //输出解
11.              cout << queenPos[i] << " ";
12.          cout << endl;
13.          return;
14.      }
15.      for(i = 0;i < N; ++i) {            //逐一尝试第 n 个皇后的位置
16.          int j;
17.          for( j = 0; j < n; ++j) {
18.              //和已经摆好的 n 个皇后的位置比较,看是否冲突
19.              if(queenPos[j] == i || abs(queenPos[j] - i) == abs(n-j)) {
20.                  break;                 //冲突,则试下一个位置
21.              }
22.          }
23.          if( j == n ) {                 //当前选的位置 i 不冲突
24.              queenPos[n] = i;           //将第 n 个皇后摆放在位置 i
25.              NQueen(n+1);               //摆放第 n+1 个皇后
26.          }
27.      }
28. }
29. int main()
30. {
31.     cin >> N;
32.     NQueen(0);                          //从第 0 个皇后开始摆放
33.     return 0;
34. }
```

新标准 C++ 程序设计教程

9.3 二分

二分法是在有序或单调的区间中快速寻找答案的有效办法。

在一个未排序的、有 n 个元素的数组中查找某个元素,只能从头搜到尾。运气好的话,搜到前几个元素就找到了,运气不好的话,要搜到数组尾部才能找到。那么平均要经过 n/2 次比较才能找到元素。如果这 n 个元素是从小到大排好序的,则查找时可以采用以下的二分查找策略。

一开始查找区间是整个数组。每次均用待查找元素 p 和位于查找区间正中间的元素 q 比较(如果有两个元素位于查找区间正中间,则随便取哪一个都行),如果 p=q,则已经找到;如果 p>q,则将查找区间变为当前区间的后一半,继续查找;如果 p<q,则将查找区间变为当前区间的前一半,然后继续查找。这样,每经过一次比较,查找的范围就缩小了一半。因此最多需要 $\lceil \log_2 n \rceil$(向上取整)次就能找到所需元素(或断定找不到)。下面的函数 BinarySeach 就能在包含 size 个元素的、从小到大排序的 int 数组 a 中查找元素 p,如果找到,则返回元素下标;如果找不到,则返回 -1:

```
//program 9.3.1.cpp 二分查找
1.  int BinarySearch(int a[], int size, int p)
2.  {
3.      int L = 0;                          //查找区间的左端点
4.      int R = size - 1;                   //查找区间的右端点
5.      while(L <= R) {                     //如果查找区间不为空就继续查找
6.          int mid = (L + R)/2;            //取查找区间正中元素的下标
7.          if(p == a[mid] )
8.              return mid;
9.          else if(p > a[mid])
10.             L = mid + 1;                //设置新的查找区间的左端点
11.         else
12.             R = mid - 1;                //设置新的查找区间的右端点
13.     }
14.     return - 1;
15. }
```

例 9.7 求下面方程的根:$f(x) = x^3 - 5x^2 + 10x - 80 = 0$。

解法:对 $f(x)$ 求导,得 $f'(x) = 3x^2 - 10x + 10$。由一元二次方程求根公式可知方程 $f'(x)=0$ 无解,因此 $f'(x)$ 恒大于 0。故 $f(x)$ 是单调递增的。易知 $f(0) < 0$ 且 $f(100)>0$,所以根必位于区间 [0,100] 内。由于 $f(x)$ 在 [0,100] 内是单调的,所以可以用二分的办法在区间 [0,100] 中寻找根。寻找的办法是:每次在寻根区间 [x1,x2](初始时 x1=0,x2=100)中取中点 x1+(x2-x1)/2 作为假设的根,记为 root。计算 $f(root)$,如果 $f(root)>0$,则根必然在 [x1,root] 中,于是令 x2=root,在新的区间 [x1,x2] 继续寻根;若 $f(root)<0$,则令 x1=root,在新的 [x1,x2] 继续寻根。这一过程直至 $|f(root)|$ 小于某个精度值的时候结束,此时的 root 就是近似的根。此过程每次将寻根的范围缩小一半。解题程序如下:

```
//program 9.3.2.cpp 二分法求方程根
1.  # include < iostream >
```

```
2.    #include<cmath>
3.    #include<iomanip>
4.    using namespace std;
5.    const double EPS = 1e-6;
6.    inline double f(double x) { return  x*x*x - 5*x*x + 10*x - 80; }
7.    int main()
8.    {
9.        double root, x1 = 0, x2 = 100, y;
10.       root = x1 + (x2-x1)/2;
11.       y = f(root);
12.       int triedTimes = 1;              //记录一共尝试多少次,对求根来说不是必须的
13.       while(abs(y) > EPS) {
14.           if( y > 0 )
15.               x2 = root;
16.           else
17.               x1 = root;
18.           root = x1 + (x2 - x1)/2;
19.           triedTimes ++;
20.           y = f(root);
21.       }
22.       cout << setprecision(10) << root << endl; //setprecision(10)表明保留小数点后面10位
23.       cout << triedTimes << endl;
24.       return 0;
25.   }
```

程序的输出结果：

5.705085932
32

说明求出的近似根是 5.705085932,在第 32 次尝试时求得此根。

如果不用二分法,最笨的办法就是从 0 开始,在[0,100]区间每隔 EPS 就取一个 x,试一下是否是方程的根。这相当于顺序查找,自然比二分查找慢得多。本程序希望根精确到小数点后面 n 位,EPS 就取 10^{-n}。

9.4　算法的时间复杂度及其表示法

一段程序或一个算法的时间效率,也称"时间复杂度"或简称"复杂度",常常用大的字母 O 和小写字母 n 来表示,如 O(n),O(n²)等。n 代表问题的规模,如待排序的数组的元素个数、汉诺塔问题中盘子的个数、N 皇后问题中皇后的数目、求全排列时排列中的元素个数等。

时间复杂度是用算法运行过程中,某种时间固定的操作需要被执行的次数和 n 的关系来度量的。至于这种时间固定的操作,每次需要多少时间,并不重要。例如,在数组中顺序查找某个值,这个"时间固定的操作"就是用待查找的值和数组中的元素比较,这个操作每次所花的时间显然和 n 的大小无关,是固定的。这样的操作平均需要执行 n/2 次,因此可以说顺序查找的时间复杂度是 n/2。一般标记算法的复杂度时,不关心系数,所以复杂度是 n/2 的算法和复杂度是 1000×n 的算法,都一样称其复杂度是 O(n)的,即和 n 成正比的。O(n)

的复杂度也称为线性复杂度。

在排好序的 n 个元素的数组中进行二分查找,最多只需进行 $\lceil \log_2 n \rceil$(向上取整)次比较,因此其复杂度就是 $\log_2 n$。$\log_2 n$ 和 $\log_{10} n$(或 $\log_{100} n$)差别只是一个系数,所以它们都可以被记为 $O(\log(n))$。$O(\log(n))$ 的复杂度也称为对数复杂度。

平面上有 n 个点,要求出任意两点之间的距离。在这个问题中,"求给定两点的距离"就是时间固定的操作,一共有 $n(n-1)/2$ 个点对,所以不论用什么好算法(其实也没什么好算法),这个问题的复杂度都是 $n^2/2 - n/2$。由于 $n^2/2$ 的增长速度要快于 $n/2$,因此 n 大的时候,$n/2$ 可以忽略,所以这个问题的复杂度就记为 $O(n^2)$。由此例可以看出,谈某个问题或算法的复杂度时,只关心随着 n 增长而增长得最快的那一项。例如,如果复杂度是 $2^n - n^3$,就记为 $O(2^n)$,如果复杂度是 $n! + 3^n$,就记为 $O(n!)$。

前面提到的选择排序、插入排序、起泡排序,复杂度都是 $O(n^2)$ 的。好的排序算法,如快速排序、归并排序,复杂度是 $O(n \times \log(n))$ 的。排序的复杂度最低也是 $O(n \times \log(n))$。

对于汉诺塔问题,n 个盘子需要 $2^n - 1$ 次移动,所以复杂度是 $O(2^n)$。这样的复杂度称为指数复杂度。指数复杂度的问题,规模达到几十,基本上就没法解决了,只能寻求近似的解法。求一个集合的所有子集,复杂度也是指数的。

求 n 个字母的全排列,这个问题的复杂度就是 $O(n!)$ 的。阶乘复杂度比指数复杂度更费时间。

计算复杂度的时候,只统计执行次数最多的那种固定操作的次数。例如,某个算法需要执行加法 n^2 次、除法 n 次,那么就记其复杂度是 $O(n^2)$ 的。

如果一个问题所花费的时间和规模无关,是个常数,就记其复杂度为 $O(1)$,也称为常数复杂度。例如,取一个排好序的序列中的最大元素,这个问题的复杂度就是 $O(1)$ 的,因为它和序列中有多少个元素无关。

有时复杂度不能仅用一个 n 来表示,如矩阵乘法。一个 $m \times n$ 的矩阵和一个 $n \times k$ 的矩阵相乘,如果用最原始和简单的方法计算(实际上有更好的算法),那么需要做 $m \times n \times k$ 次乘法,即复杂度是 $O(m \times n \times k)$。$O(m+n)$ 这样的复杂度,则被称为线性复杂度。

复杂度还有最坏情况下的复杂度和平均复杂度之分,虽然许多情况下最坏复杂度和平均复杂度没区别。最常用的排序算法——快速排序,一般情况下复杂度是 $O(n \times \log(n))$ 的,但是在待排序的序列处于个别的特殊的情况下,其复杂度会变成 $O(n^2)$。如果实在是强烈地不能容忍出现最坏情况,那么在快速排序前可以将序列随机打乱一下。

在编程解决一个问题时,要考虑算法的复杂度,而不是写出能完成任务的程序就算完。同一个问题,用不同的算法解决,复杂度可能差别悬殊。例如,下面这个据说是微软公司招工程师的面试题:数组 a 中有 n 个数,找出其中的两个数,它们之和等于 m(假定肯定有解)。

第一种解法就是用两重循环,枚举所有的取数方法,复杂度是 $O(n^2)$ 的。提出这种解法的话,抱歉,你的面试结束了,回去等不会来的消息吧。

第二种解法是先将数组排序,排序的复杂度是 $O(n \times \log(n))$;然后,对数组中的每个元素 a[i],在数组中二分查找 m-a[i],看能否找到;二分查找的复杂度是 $O(\log(n))$,最坏要查找 n-2 次,所以查找这部分的复杂度也是 $O(n \times \log(n))$。这种解法总的复杂度是 $O(n \times \log(n))$ 的。

第三种解法是先从小到大排序。查找的时候,设置两个变量 i 和 j,i 初值是 0,j 初值是

$n-1$，然后看 a[i]＋a[j]，如果大于 m，就让 j 减 1，如果小于 m，就让 i 加 1，直至 a[i]＋a[j]＝m。这种算法，虽然总复杂度也是 $O(n×\log(n))$，但是查找的时候复杂度是 $O(n)$ 的，所以比第二种算法快。

　　第四种解法用到了哈希表的数据结构。将每个元素用哈希函数映射到一个哈希表，这部分操作时间是 $O(n)$ 的，然后，对每个元素 a[i]，用同样的哈希函数查找 $m-a[i]$ 是否在哈希表中。这种算法总的时间复杂度是 $O(n)$ 的，但需要更多的存储空间。如果能提出这种做法，恭喜你，起码你可以得到回答下一个面试问题的机会。

9.5　小结

　　枚举是计算机解决问题的基本方法。枚举时应尽可能排除不可能是解的情况。

　　递归的基本思想是将问题分解成规模更小、形式相同的一个或多个子问题。

　　二分法可用于在有序或单调区间上快速寻找答案。

习题

　　1. 给定 4 个整数 m、n、p、q，求大于 m 的最小的 n,p,q 的公倍数。

　　2. 九宫图问题。将 0～9 这 9 个数字填入 3×3 的方格，使得每一行、每一列、每条对角线上的数字之和都相等。编程求该问题的一个解。

　　3. 给定 n 个不同的字母（n＜10），按字典顺序输出其全部排列。例如，给定 3 个字母 A、B、C，则应输出：

ABC, ACB, BAC, BCA, CAB, CBA

　　4. 编写不用递归的分苹果程序。

　　5. 共有 n 级台阶，上台阶时可以每步走一级、二级或三级，编程求一共有多少种走法。

　　6. 编程求方程 $2^x＋3x－7＝0$ 的一个解。

第10章　　　　　　C++程序结构

10.1　全局变量和局部变量

定义变量时,可以将变量写在一个函数内部,这样的变量称为局部变量(函数的形参也是局部变量);也可以将变量写在所有函数的外面,这样的变量称为全局变量。全局变量在所有函数中均可以使用,局部变量只能在定义它的函数内部使用。请看下面的程序:

```
//program 10.1.1.cpp 全局变量和局部变量
1.    # include < iostream >
2.    using namespace std;
3.    int n1 = 5, n2 = 10;
4.    void Function1()
5.    {
6.        int n3 = 4;
7.        n2 = 3;
8.    }
9.    void Function2()
10.   {
11.       int n4;
12.       n1 = 4;
13.       n3 = 5;  //编译出错
14.   }
15.   int main()
16.   {
17.       n2 = 1;  //这里的 n2 是全局变量 n2
18.       int n5;
19.       int n2;  //和全局变量 n2 同名,此后在 main 中起作用的是这里的 n2
20.       if( n1 == 5 ) {
21.           int n6;
22.           n6 = 8;
23.       }
24.       n1 = 6;
25.       n4 = 1;  //编译出错
```

```
26.     n6 = 9;                    //编译出错
27.     n2 = 7;
28.     ::n2 = 9;                  //::指定了要到当前作用域外面去找 n2
29.     return 0;
30. }
```

上面的程序中,n1、n2 是全局变量,所以在所有的函数中均能访问,如在第 7、17、24 行中进行访问;n3 是在函数 Function1 中定义的,在其他函数中不能访问,因此第 13 行会导致"变量没定义"的编译错误;第 25 行出错的原因也是一样。

一个局部变量的作用域("作用域"就是起作用的范围),就是从定义该变量的语句开始到包含该变量定义语句的最内层的"{}"的右大括号为止,因此第 21 行定义的变量 n6,其作用域就是从第 21 行到第 22 行。在第 26 行试图访问 n6,导致"变量没定义"的编译错误。

如果某局部变量和某个全局变量的名字一样,那么在该局部变量的作用域中,起作用的是局部变量,全局变量不起作用。例如,第 19 行定义的局部变量 n2 和全局变量 n2 同名,那么第 27 行改变的就是局部变量 n2 的值,不会影响全局变量 n2。而在第 17 行中局部变量 n2 尚没有定义,故此处的 n2 是全局变量 n2。

如果在局部变量 n2 的作用域中,就是想要访问全局变量 n2,该如何做呢? 看第 28 行,使用作用域运算符"::"可以指定,在当前作用域外去寻找其右边的变量。于是编译器就认为,::n2 要访问的就是全局变量 n2,因此此在本语句中就会修改了全局变量 n2 的值。

一个程序所占用的内存区域,可分为代码区、全局数据区、栈区和堆。代码区是存放指令的,函数都存放在代码区;全局变量存放于全局数据区;局部变量存放于栈区;动态内存分配则是从堆取得内存空间。

10.2　静态变量、自动变量和寄存器变量

1. 静态变量和自动变量的概念

全局变量都是静态变量。局部变量定义时如果前面加了"static"关键字,则该变量也成为静态变量。之所以称为"静态",是因为存放这些变量的内存地址,在整个程序运行期间,都是固定不变的。

没加 static 关键字的局部变量,就是自动变量(函数的形参也是自动变量)。在程序运行期间,自动变量的存储地址并不固定,每次调用定义它的函数时,它的内存地址可能都不一样(但是在一次函数调用执行的过程中不会变化)。自动变量前面可以加 auto 关键字,但不加也一样,所以一般都不加。

静态局部变量和自动局部变量的区别在于,前者存放于全局数据区,地址固定,它的存储空间不会被别的变量占用,因此其值在定义它的函数执行完后还能被保持,即函数本次开始执行时,静态局部变量的值是函数上一次执行完时的值(函数第一次执行,则静态局部变量的值是初始化时给定的值或全 0);而自动局部变量是在每次函数调用,执行到定义它的语句时才在栈上分配空间给它,函数执行完后,它占据的存储空间就可能被别的变量占用,因此其值不能保持。即每次执行函数时,自动局部变量的初始值都是不确定的(形参或进行了初始化的自动给变量除外。形参初始值取决于实参,进行了初始化的自动局部变量,其初始值就是初始化的值)。

新标准 C++ 程序设计教程

关于静态局部变量的特点,请看下面的示例程序:

```
//program 10.2.1.cpp 静态局部变量
1.  # include < iostream >
2.  using namespace std;
3.  void Func()
4.  {
5.      static int n = 4;
6.      cout << n << endl;
7.      ++n;
8.  }
9.  int main()
10. {
11.     Func(); Func(); Func();
12. }
```

程序的输出结果:

```
4
5
6
```

Func 函数第一次调用时,n 的值被初始化为 4。静态局部变量只会被初始化一次。之后每次调用 Func 时,n 的值都是上一次调用结束时的值。如果把 n 前面的“static”关键字去掉,n 变成一个自动变量,本程序的输出结果就是:

```
4
4
4
```

静态局部变量只初始化一次,而自动局部变量就不是这样,例如下面的一段程序:

```
for( int i = 0;i < 3;++i ) {
    int n = 0;               //每次循环都要对 n 赋值为 0
    static int m = 0;        //只初始化一次
    n ++; m ++;
    cout << n << " " << m << endl;
}
```

程序的输出结果:

```
1 1
1 2
1 3
```

2. 静态局部变量应用示例

下面的程序实现了一个 GetWord 函数,多次调用它,可以将一个字符串中的单词一个个取出来。假定字符串中单词和单词之间用空格或标点符号等非字母的字符分隔。

```
//program 10.2.2.cpp 静态局部变量应用
1.  # include < iostream >
2.  # include < cstdlib >
3.  # include < cstring >
```

```
4.   using namespace std;
5.   bool GetWord(const char *str,char *word)
6.   {
7.       static const char *p;        //从 p 指向的地方开始寻找下一个单词
8.       int i;
9.       if( str )                    //str 不为空,说明要在一个新的字符串中找单词
10.          p = str;
11.      for(i = 0; !isalpha(p[i]) && p[i]; ++i) ;        //找第一个字母,isalpha 是库函数
12.      if( p[i] == 0 )             //已经到了结尾的'\0',说明没有单词了
13.          return false;
14.      p += i;                      //到这说明找到字母了,让 p 指向单词的起始位置
15.      for(i = 0;isalpha(p[i]) && p[i]; ++i) ;               //找下一个分隔字符
16.      strncpy(word,p,i);          //复制单词
17.      word[i] = 0;                 //添加单词末尾的 '\0'
18.      p += i;                      //将 p 设为下一个单词的寻找起点
19.      return true;
20.  }
21.  int main()
22.  {
23.      char *sentence = "To be or not to be, is a problem.";
24.      char word[100];              //假设单词长度不会超过 99
25.      bool b = GetWord( sentence,word );            //从 sentence 中取下一个单词,放入 word
26.      while( b ) { //GetWord 返回值为 true 说明取出了单词,返回值为 false 说明已无单词可取
27.          cout << word << endl;
28.          b = GetWord(NULL,word);
29.      }
30.  }
```

程序的输出结果:

To
be
or
not
to
be
is
a
problem

第 11 行用了库函数 isalpha,它判断一个字符是否是字母,在 cstdlib 头文件中声明。

GetWord 的实现方法是:每次都从指针 p 指向的位置开始寻找一个单词。如果参数 str 不为 NULL,就认为要从一个新的字符串中取单词,于是要先让 p 指向 str 的开头。找 单词的过程,就是先找到一个字母,然后再找到一个非字母的字符,两者之间就是单词。找 到单词后,将 p 指向刚找到的单词的后一个字符,以便下次调用时找下一个单词。

本程序中,p 是静态变量,这是关键。如果 p 是自动变量,程序就会出错。

3. 寄存器变量

在定义局部、非静态变量时,在变量类型前面加 register 关键字,就将变量定义为"寄存 器变量"。例如:

```
register int i;
```

在计算机中,做算术运算等各种运算时,都需要先将变量从内存复制到寄存器中,然后才能计算。计算结果也是先放在寄存器中,然后再复制到内存。在寄存器和内存之间复制,是需要消耗时间的。将一个变量定义为寄存器变量会使编译器在生成机器指令时,使得该变量尽量被留在寄存器中,以减少在寄存器和内存中来回复制该变量的次数。例如,对一个循环次数极多,但每次只执行很少几条指令的 for 循环:

```
for( int i = 0;i < 100000000; ++i )     {
}
```

在这个循环中,每次执行＋＋i 都需要将 i 从内存中复制到寄存器,＋＋i 操作结束再将 i 的值写回内存;判断 i<100 000 000 时又要将 i 从内存中复制到寄存器,这样会浪费很多时间。而将 i 声明为寄存器变量,编译器生成的代码中,就会尽量让 i 呆在寄存器中直接进行＋＋i 及判断大小的操作,以提高循环执行速度。写法如下:

```
for( register int i = 0;i < 100000000; ++i )     {
}
```

一般编写程序几乎都不用考虑寄存器变量,因为现在计算机速度已经很快,极少有需要靠寄存器变量来显著提高速度的时候。而且现在许多编译器会有优化手段,自动将特别频繁使用的变量放到寄存器中。但是从 C++支持寄存器变量可以看出,C++确实是一门很讲究效率,靠近硬件层的既高级又"低级"的语言。

10.3　标识符的作用域

在 C++语言中,变量名、函数名、类型名统称为"标识符"。一个标识符能够起作用的范围,称为该标识符的作用域。在一个标识符的作用域之外使用该标识符,会导致"标识符没有定义"的编译错误。

函数和全局变量的作用域是其定义所在的整个文件。但是如果在其他文件中进行了声明,作用域就能扩展到其他文件。枚举、结构等自定义类型,可以在多个文件中进行相同的定义,它们的作用域就是包含它定义的所有文件。当然,使用函数和全局变量的语句,必须出现在它们的声明或定义之后。

函数形参的作用域是整个函数。

局部变量的作用域是从定义它的语句开始,到包含它的最内层的那一对大括号"{}"的右大括号"}"为止。

for 循环中定义的循环控制变量,其作用域就是整个 for 循环。

有时两个同名变量的作用域可能会有重叠,这种重叠一定是一个作用域被另一个包含,而不会是两个作用域交叉。在这种情况下,在小的那个作用域中,作用域大的那个变量就被屏蔽,不起作用了。

下面的程序段说明了变量作用域的问题:

```
1.   void Func( int m)
2.   {
3.       for( int i = 0; i<4;++i ) {
```

```
4.          if( m <= 0 ) {
5.              int k = 3;
6.              m = m * ( k ++ );
7.          }
8.          else {
9.              k = 0;                  //编译出错,k 无定义
10.             int m = 4;
11.             cout << m;
12.         }
13.     }
14.     i = 2;                          //编译出错,i 无定义
15. }
```

形参 m 的作用域是整个函数,第 10 行定义 m 的作用域是从第 10 行到第 12 行,因此,在第 11 行中输出的 m 值总是 4。

第 3 行,循环控制变量 i 的作用域到第 13 行为止,所以第 14 行会编译出错。

第 5 行定义 k 的作用域到第 7 行为止,所以第 9 行编译会出错。

10.4　变量的生存期

变量的"生存期"是指在此期间,变量占有内存空间,其占有的内存空间只能归它使用,不会被用来存放别的东西。而变量的生存期终止,就意味着该变量不再占有内存空间,它原来占有的内存空间,随时可能被派作他用。

全局变量的生存期,从程序被装入内存开始到整个程序结束。可以认为,main 还没有开始执行时,全局变量就已经开始生存了。

静态局部变量的生存期,从定义它语句第一次被执行开始到整个程序结束为止。程序的执行路径经过了定义静态局部变量的语句,就视为其定义语句被执行。

函数形参的生存期,从函数执行开始到函数返回时结束。

自动局部变量的生存期,从执行到定义它的语句开始,一旦程序执行到了它的作用域之外,其生存期即告终止。因为函数可能被多次调用,所以函数的形参和自动局部变量,常常一会儿生存,一会儿消亡;一会儿又生存,一会儿又消亡了。

10.5　预编译

在 C++语言中,"预编译"也被称为"编译预处理",是指在真正开始对程序进行编译之前,先对源程序进行一番处理,修改一部分内容,添加一部分内容,也可能删除一部分内容,形成一个临时的源程序文件,然后编译器再对这个临时的文件进行编译。预处理并不会改变程序员看到的程序,只是使得编译器看到的程序和程序员看到的程序有所不同。

C++中的预编译功能主要有以下 3 种。

(1) 符号常量的定义和宏定义。

(2) 文件包含。

(3) 条件编译。

10.5.1 宏定义

宏定义由 #define 命令完成。用 #define 命令可以定义符号常量。用它还可以定义带参数的"宏",写法如下：

#define 宏名(参数表)　宏内容

例如：

#define SUM(a,b)　a+b

则可以如下使用该"宏"：

int a = SUM(5,3);

等价于：

int a = 5 + 3;

即 5 替换了参数 a,3 替换了参数 b。

"宏"在 C 语言编程中常用；而在 C++ 语言中,有了内联函数,宏的存在就没有价值了。

在预编译的时候,程序中所有由 #define 定义出来的常量和宏都会被替换,形成一个新的源程序,交给编译器。例如,程序中有" #define NUM 5",那么预编译时就会把所有出现 NUM 的地方,都替换成 5。

10.5.2 文件包含

1. 文件包含的作用

前面看到的每个完整程序,开始都有一行：

include < iostream >

这条命令的作用,是将 iostream 文件包含到程序中来。iostream 是编译器提供的一个文件,由 C++ 代码组成,cin、cout 这两个变量就是在 iostream 中声明的。如果程序中没有包含 iostream,编译时 cin、cout 就会因没有定义而导致出错。

include 命令能够将一个文件包含到程序中。所谓包含,就是将被包含的文件全部内容,插入到 # include 命令的位置,这就是预编译所做的事情,如图 10.1 所示。

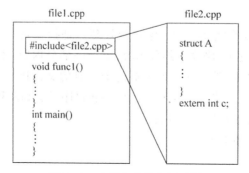

图 10.1　文件包含的作用示例

在经过预编译处理后的,交给编译器编译的程序中,file2.cpp 的全部内容,被复制粘贴到 file1.cpp 中 # include < file2.cpp >的位置。

被包含的文件一般称为"头文件"。C++的许多库函数,都是在编译器提供的各种头文件中声明的,要用这些库函数,程序中就必须包含它们的声明。如果没有 # include 命令,就得自己打开这些头文件,将库函数的声明复制到程序中,显然非常麻烦。

头文件可以是由 C++编译器提供的,也可以是程序员自己编写的。一般将自己编写的头文件保存为后缀名为".h"的文件(不是必须的)。复杂一点的程序常常由多个.cpp 文件组成,许多自己编写的函数在各个.cpp 文件中可能都会用到。函数的定义只能编写一次,一般会编写在某个.cpp 文件中。可以将函数的声明都编写在一个头文件中,然后在用到这些函数的.cpp 文件中包含该头文件即可。头文件还可以包含用 # define 命令定义的常量等内容。实际上,只要不会造成编译错误,头文件中编写什么都可以。头文件中还可以用 # include 命令包含别的头文件。

在头文件中,一般包含以下内容。

(1) 类型的定义。例如,枚举类型、结构、联合,还有以后要讲到的"类"的定义,以及用 typedef 定义的类型。

(2) 函数的声明。

(3) 内联函数的函数体。内联函数的代码需要被插入到调用语句处,所以在调用语句的前面,必须有内联函数的完整实现。编译器不会到别的文件中去找内联函数的代码。

(4) 用 # define 命令定义的符号常量或宏。

(5) 用 const 声明的常变量。同名常变量出现在多个.cpp 文件中,不算重复定义。

(6) 用 extern 声明的全局变量。

(7) 模板。模板是后面要学的内容。

2. # include 命令的两种形式

前面看到的 # include 命令,文件名都是用"< >"括起来的。编写 # include 命令时,头文件名也可以用双引号括起来,例如:

```
# include "iostream"
```

用"< >"的情况下,预编译器不会到当前文件夹(即程序文件所存放的文件夹)中去找头文件,只会到编译器指定的文件夹中去找头文件;而用双引号的情况下,预编译器首先到当前文件夹下去找头文件,然后再到编译器指定的文件夹下去找头文件。一般的编译器,都会有一个选项设定,即头文件存放的文件夹。用户可以在这个选项中添加多个文件夹,那么预编译器就会到多个文件夹中去找头文件。预编译器找不到 # include 命令中的头文件,就会报错。

前面看到的头文件名,都是不包含路径的。实际上头文件名可以包含绝对路径或相对路径,这种情况下,预编译器就在指定的路径中找头文件。例如:

```
# include < c:\tmp\file1.h >        //file1.h 在 c 盘的 tmp 文件夹中
# include < includes\file2.h >       //file2.h 在当前文件夹的 includes 子文件中
# include < ..\tmp\file2.h >         //file2.h 在当前文件夹的上层文件夹的 tmp 子文件中
```

10.5.3　条件编译

在软件开发时,常会在程序中编写一些调试用的代码,如输出某个变量的值以便查看,跳过输入用户名和密码的阶段以便调试程序等。这些代码,在软件发布的时候是必须要去掉的。去掉的办法可以是将这些代码变成注释。由于软件需要不断进行版本更新,那么调试新版本的时候又要将这些被注释掉的代码恢复回来。这么做十分麻烦,也很容易发生该被注释掉的代码忘了注释的糟糕情况。

C++ 的条件编译机制,可以解决这个问题。有了条件编译,就能够很容易地在程序中指定,哪些部分是需要被编译的,哪些部分是不需要被编译的,编译器应对其视而不见。

另外,一个软件常需要在不同的操作系统上运行。在不同的操作系统上,实现某个功能的代码可能会有所区别。在程序中应该分别编写适用于不同操作系统的代码。利用条件编译机制,在针对不同的系统进行编译的时候,就可以有选择地只编译和系统一致的那部分代码。

条件编译命令常有以下两种常用形式,第一种形式如下:

```
#ifdef　标识符
      程序段1
#else
      程序段2
#endif
```

如果"标识符"在前面有定义(所谓"有定义",指的是用 #define 命令定义过),则"程序段 1"被编译,"程序段 2"相当于不存在;如果没有定义,则"程序段 2"被编译,"程序段 1"相当于不存在。

条件编译命令的第二种形式如下:

```
#ifndef　标识符
      程序段1
#else
      程序段2
#endif
```

这种情况和第一种情况正好相反,如果"标识符"前面没有定义,才编译"程序段 1",否则编译"程序段 2"。

这里所说的"程序段",可以很复杂,基本上包含任何东西都可以,如可以包含多个函数的函数体。

上面两种情况,都可以不写 #else,如:

```
#ifdef DEBUG
      …                                //前面定义了 DEBUG 才会编译这里
#endif
```

或:

```
#ifndef DEBUG
      …                                //前面没有定义 DEBUG 才会编译这里
#endif
```

预编译器会根据条件编译语句,去除程序中不需要编译的部分,再把程序交给编译器编译。下面的程序演示了条件编译的用法:

```
//program 10.5.3.1.cpp 条件编译
1.   # include < iostream >
2.   # include < string >
3.   using namespace std;
4.   # define LINUX
5.   int main()
6.   {
7.   # ifdef LINUX
8.         string msg = "Your Linux version is too old";
9.   # else
10.        string msg = "Your Windows version is too old";
11.  # endif
12.        cout << msg << endl;
13.  # ifdef DEBUG
14.        cout << "this is debug version" << endl;
15.  # endif
16.        return 0;
17.  }
```

程序的输出结果:

Your Linux version is too old

预编译到第 7 行时,前面 LINUX 已经有了定义,所以第 8 行被保留在预编译的结果中,第 10 行被去掉。因为没有定义 DEBUG,所以第 14 行会被预编译器去掉。

还有一条预编译命令 ♯undef,能够去除某标识符的定义,例如:

```
# define DEBUG
…//从此后 DEBUG 是有定义的
…
# undef DEBUG                          //去除 DEBUG 的定义
…                                     //从此后 DEBUG 是没有定义的
```

10.6　命令行参数

在 Windows 操作系统中,执行一个程序有两种方式,一种是直接双击可执行程序的图标;另一种是单击左下角的"开始"按钮,然后选择"运行"选项,在"运行"对话框中输入"CMD"命令,屏幕上就会出现一个只有字符没有图的黑白窗口,称为"命令提示符"窗口,如图 10.2 所示。

在命令提示符窗口,输入可执行程序的文件名,再按 Enter 键,就能运行可执行文件。例如输入"notepad"再按 Enter 键,就能启动"记事本"程序。如果读者自己编写的 C++程序编译出来的可执行文件是"myprogram.exe",那么在命令提示符窗口中,用"CD"命令进入到"myprogram.exe"存放的文件夹后,输入"myprogram"再按 Enter 键,就能运行

图 10.2　命令提示符窗口

"myprogram.exe"了。例如,"myprogram.exe"位于 e 盘的 tmp\cpp 文件夹,那么进入该文件夹的办法是输入如下命令:

```
e:
cd \tmp\cpp
```

上述的程序启动方式,称为"用命令行方式启动程序"。Linux 也支持用命令行方式启动程序。在用命令行方式启动程序时,程序的名称后面,还可以跟一个或若干个用空格分隔的字符串。程序的名称和这些字符串,都称为"命令行参数"。例如输入如下命令:

```
copy file1.txt file2.txt
```

其中,"copy"、"file1.txt"和"file2.txt"就都是命令行参数。

如果输入"notepad　c:\tmp\test.txt",记事本程序就会打开"c:\tmp\test.txt"文件以供编辑。如果该文件不存在,记事本就会询问,是否要新建该文件。由此可以看出,程序运行时,是有办法知道到底有几个命令行参数,每个参数是什么的。

要在程序中获取命令行参数,C++程序的 main 函数就要增加两个参数,如下编写:

```
int main(int argc, char *argv[])
{
    …
    return 0;
}
```

参数 argc 就代表启动程序时,命令行参数的个数。可执行程序本身的文件名,也算一个命令行参数,因此,argc 的值至少是 1。

argv 是一个数组,其中的每个元素都是一个 char * 类型的指针,该指针指向一个字符串,这个字符串就是一个命令行参数。例如,argv[0]指向的字符串就是第一个命令行参数,即可执行程序的文件名;argv[1]指向第二个命令行参数;argv[2]指向第三个命令行参数……请看例子程序：

```
//program 10.6.1.cpp 命令行参数
1.  # include < iostream >
2.  using namespace std;
3.  int main( int argc, char  *argv[ ])
4.  {
5.         for( int i  =  0; i < argc;  ++ i)
6.              cout << argv[ i] << endl;
7.         return 0;
8.  }
```

将上面的程序编译成 sample.exe，然后在命令提示符窗口输入如下命令：

sample para1 s.txt "Bill Gates" 4 ↙

程序的输出结果：

sample
para1
s.txt
Bill Gates
4

命令行参数是用空格隔开的，如果命令行参数中包含空格，则应将其用""括起来，如上面的"Bill Gates"就是一个命令行参数。

每个程序的 main 函数都是操作系统调用的。操作系统启动程序时会调用 main 函数，并传给 argc、argv 适当的值，使得通过它们能访问命令行参数。

10.7　多文件编程

10.7.1　C++程序的编译过程

C++编写的程序，从源程序变成可执行文件的过程，虽然统称为编译，但是要细分的话，其实可以分成 3 个阶段：预编译（Precompile）、编译（Compile）和链接（Link）。

1. 预编译

预编译就是对程序中的预编译命令进行处理，然后生成一个不包含预编译命令的源程序交给编译器。预编译阶段所做的事情，前面已经讲过，此处不赘述。

2. 编译

编译阶段，先要检查语法错误，如果没有语法错误，就会生成中间的目标文件，这个目标文件，在许多编译器上就是后缀名为".obj"的文件。对于由多个 cpp 文件组成的程序，每个 cpp 文件都会被编译成一个 obj 文件，如 a.cpp 就会被编译成 a.obj。一个 cpp 文件对应的 obj 文件中，存放的是该 cpp 文件中的全局变量和静态变量的名称、地址等信息，以及在该

cpp 文件中编写的全部函数的可执行机器指令。a. cpp 有语法错误,不会影响 b. cpp 被成功编译成 b. obj。在进行编译时,编译器通常会显示"Compiling……"。

3. 链接

在介绍链接之前,先要讲清楚程序所调用的库函数,其可执行指令到底是放在哪里的。

像 strcpy、memset 这样的库函数,使用时要包含头文件 cstring。但是头文件中只有库函数的声明,没有库函数的函数体。库函数的源代码编译器厂家不一定会提供给用户。库函数也不一定就是用 C++ 编写的,为了提高效率,有些库函数甚至可能是用汇编语言编写的。编译器虽然不提供库函数的源代码,但是会提供库函数经过编译以后的中间结果。在许多编译器的安装文件夹下往往都会有一个 lib 文件夹,里面放着很多后缀名是". lib"或". obj"的文件(也可能还有别的后缀名),这样的一个 lib 文件或 obj 文件里,就可能包含很多个库函数的机器指令。编译器在链接阶段,会从这些文件中抽取库函数的机器指令,合并到用户编写的程序所编译出来的. exe 文件中去。

有些软件厂商专门卖函数库,如高效的图形处理函数库、游戏引擎函数库、科学计算函数库、视频编解码函数库等。显然源代码是他们的商业机密,不能卖给别人。用来卖的只能是经过编译的、包含这些函数机器指令的. lib 或. obj 文件,并且还需要提供配套的函数声明文件。C++ 程序员买到了这些库后,可以在程序中包含声明库函数的头文件,然后在编译器的链接选项中指定要链接哪些. lib 文件或. obj 文件,就能够在程序中调用买来的库函数了。

综上所述,链接实际上就是把编译出来的多个 obj 文件拼在一起,并且抽取一系列其他". lib"或". obj"文件中的函数的机器指令,合并进来,最终形成一个后缀名是". exe"的可执行文件。在进行链接时,编译器通常会显示"Linking……"。

链接阶段也可能发生错误,最常见的就是"找不到标识符 XXX"。例如下面的程序(假定名为 a. cpp):

```
void Func();
int main()
{
    Func();
    return 0;
}
```

这个程序调用了函数 Func,然而程序中只有 Func 的声明,没有其函数体。该程序编译能够通过,生成 a. obj 文件。但是到链接阶段,就会报错,错误信息的大致意思就是找不到 Func 函数。因为 Func 没有函数体,编译器在其自带的各种库文件中也找不到名为 Func 的函数,故而自然无法生成调用 Func 函数的指令,只能报错。

10.7.2　多文件共享全局变量

在多个 cpp 文件组成的 C++ 程序中,一个全局变量,有可能在多个. cpp 文件中都要用到,那么该全局变量只能在一个文件中定义,在其他文件中应被声明为"外部变量"(有的书将全局变量都称为"外部变量",本书不用这种称呼)。声明外部变量的写法如下:

```
extern 变量类型 变量名;
```

例如：

```
extern int n;
```

声明外部变量的时候不能初始化。如果初始化，就成了定义语句了。同一个全局变量，可以在多个文件中声明，但是只能在一个文件中定义。

cin、cout 就是外部变量，它们是在 iostream 头文件中声明的。

下面是一个由两个文件 a. cpp 和 b. cpp 组成的程序，两个文件分别如下：

```
//a.cpp:
#include < iostream >
using namespace std;
int a;
void PrintA()
{
    cout << a << endl;
}

//b.cpp
extern int a;
void PrintA();
int main()
{
    a = 10;
    PrintA();
    return 0;
}
```

程序的输出结果：

10

a. cpp 中定义了全局变量 a 和函数 PrintA，b. cpp 中对它们进行了声明后，就可以使用它们了。链接的时候，链接器会在 a. obj 中找到变量 a 和函数 PrintA。

用 C++ 编程，尽量不要使用全局变量，可以用类的静态成员变量替代全局变量，这一点后面会讲到。

10.7.3　静态全局变量和静态全局函数

定义全局变量或全局函数时，前面也可以加"static"关键字，使之成为静态全局变量或静态全局函数。静态全局变量和静态全局函数都只能在定义它的文件中使用，不能在别的文件中使用。写法示例如下：

```
static int a = 10;
static void PrintA()
{
}
```

如果一个全局变量或全局函数确定只需要在定义它们的文件中使用，不需要在别的文件中使用，那么可以把它们定义为静态，这样，它们在别的文件中就不可见了。这样做带来的好处就是即使别的文件中有同名全局变量或同名全局函数的定义,也不会引起重复定义的错误。在多个程序员共同编写一个大程序的情况下,使用静态全局变量和静态全局函数,是避免命名冲突的一种手段。但这种手段是 C 语言的做法,而在 C++ 语言中,只是处于兼容的考虑,才继续支持这种写法。C++ 语言有更好的机制来避免命名冲突,这种机制就是"名字空间",在后面会提到。

10.7.4　多文件编程中的内联函数

内联函数的定义(整个函数体)应该出现在所有调用该函数的语句之前。所以,在一个多文件的程序中,应该将整个内联函数(而不是只有函数的声明)写在一个头文件中,然后在所有调用了该函数的文件中都包含该头文件。

10.7.5　用条件编译避免头文件的重复包含

在复杂的多文件 C++ 程序中,文件之间的包含关系可能比较复杂,一个头文件还可能包含了另一个头文件。例如可能有如图 10.3 所示的情况。

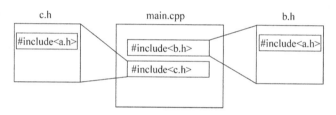

图 10.3　头文件的重复包含示例

b.h 中包含了 a.h,c.h 中也包含了 a.h,main.cpp 中既包含 b.h 又包含 c.h,于是,main.cpp 中出现了两份 a.h,那么在 a.h 中定义的一些东西,如结构的定义,在 main.cpp 中就会出现重复,这会导致编译错误。

用条件编译可以防止头文件的重复包含。具体的做法是每个头文件都以一条"#ifndef"预编译命令开头,以"#endif"结尾。例如,对于包含了某结构定义的头文件 a.h,可以如下编写:

```
#ifndef A_H
#define A_H
struct Movie
{
};
#endif
```

假定出现了 a.h 在 main.cpp 中被重复包含的情况,那么在 main.cpp 中,各头文件展开后会有如下片段:

```
    …
1.  #ifndef A_H
2.  #define A_H
3.  struct Movie
```

```
4.   {
5.   };
6.   #endif
7.   …
8.   …
9.   #ifndef A_H
10.  #define A_H
11.  struct Movie
12.  {
13.  };
14.  #endif
     …
```

虽然 a.h 被展开了两次,但是 Movie 结构却不会重复定义。道理如下:

预编译器处理到第 1 行的"#ifndef A_H"时,"A_H"还没有定义,因此第 2 行到第 5 行都是有效的;而在第 2 行定义了"A_H",此后"A_H"就变成有定义的了;预编译器处理到第 9 行的"#ifndef A_H"时,"A_H"已经有定义了,所以第 10 行到第 13 行都被忽略,因此不会导致 Movie 被重复定义。

10.8　小结

如果局部变量和全局变量同名,在局部变量的作用域中,全局变量被屏蔽。

全局变量的作用域可以是整个文件甚至整个程序;局部变量的作用域是从定义它的语句开始到包含它的最内层"{}"的"}"为止。函数形参也算局部变量,作用域是整个函数。

全局变量的生存期是程序装入内存开始到程序结束,自动局部变量的生存期是从执行到定义其的语句开始到程序执行到其作用域外为止。

静态局部变量的生存期一直持续到程序结束,静态局部变量能保持定义它的函数上次调用结束时的值。

用 #ifdef…#else…#endif 命令来进行条件编译,包括防止头文件的重复包含。

要使用命令行参数,则 main 函数的原型为: int main(int argc, char *argv[]);

用 extern 来说明在其他文件中定义的,本文件要访问的全局变量。

多个文件中要使用同一内联函数,则多个文件中都必须包含其函数体。

习题

1. 写出下面程序段的输出结果:

```
(1) int n;
    int main()  {
        n = 5;
        int n = 12;
        cout << n << endl;
        cout << ::n << endl;
```

```
        return 0；
    }
(2)  void Func() {
        static int a = 12；
        cout << a++ << endl；
    }
    int main()   {
            for( int i = 0；i < 3； ++ i )
                Func()；
            return 0；
    }
(3)  #define MAX(x,y) x * y
    cout << MAX(2+3,3+4)；
(4)  int main()   {
    #define DEBUG
    #ifdef DEBUG
    #undef DEBUG
            cout << "debuging" << endl；
    #endif
            cout << "running" << endl；
    #ifdef DEBUG
            cout << "step1" << endl；
    #else
            cout << "step2" << endl；
    #endif
    return 0；
    }
```

2. 编写一个程序 sort. exe,由命令行输入若干个单词,程序将这些单词排序后输出。例如：

sort bike about take fan

程序的输出结果：

about bike fan take sort

3. 编写一个由两个文件组成的 C++程序,一个文件中定义函数和全局变量,在另一个文件中使用。

面向对象的程序设计

## 第 2 篇

第 11 章　类和对象初步

第 12 章　类和对象进阶

第 13 章　运算符重载

第 14 章　继承与派生

第 15 章　多态与虚函数

第 16 章　输入输出流

第 17 章　文件操作

类和对象初步　　第 11 章

11.1　结构化程序设计的不足

结构化程序设计的基本思想是自顶向下、逐步求精,即将复杂的大问题层层分解为许多简单的小问题的组合。整个程序被划分成多个功能模块,不同的模块可以由不同的人员进行开发,只要合作者之间规定好模块之间相互通信和协作的接口即可。例如,一个大型的网络游戏,可以分成动画引擎、地图绘制、人工智能策略、游戏角色管理、用户账户管理、网络通信协议等诸多模块。不同模块可以分别由不同的小组开发,每个模块都要对外提供一个接口(一般就是函数和全局变量的集合),以便其他模块能够调用自己提供的功能。例如,人工智能模块可能就会提供在地图上寻找路径的功能,地图模块需要提供查询道路和障碍物、建筑物位置的功能,这个功能会被人工智能模块中的找路子模块所调用,游戏人物需要前进的时候就会调用人工智能模块提供的寻找路径的函数来决定下一步如何行走。

计算机界最高奖"图灵奖"得主,Pascal 语言发明人沃斯教授有个著名的公式,就是:

数据结构＋算法 ＝ 程序

这精辟地概括了结构化程序设计的特点。数据结构和变量相对应,算法和函数相对应。算法是用来操作数据结构的。在结构化程序设计中,算法和数据结构是分离的,没有直观的手段能够说明一个算法操作了哪些数据结构,一个数据结构又是由哪些算法来操作。当数据结构的设计发生变化时,分散在整个程序各处的、所有操作该数据结构的算法都需要找出来进行修改。结构化程序设计也没有提供手段来限制数据结构可被操作的范围,任何算法都可以操作任何数据结构,这容易造成算法由于编写失误,对关键数据结构进行错误的操作而导致程序出现严重 bug,甚至崩溃。

结构化程序设计也称为面向过程的程序设计。过程是用函数来实现的。因此结构化程序设计归根到底要考虑的就是如何将整个程序分成一个个的函数,哪些函数之间要互相调用,以及每个函数内部将如何实现。此外,结构化程序设计难免要使用一些全局变量来存储数据,例如,一个网游一般会以一些全局变量来记录当前战场上有多少个玩家,每个角色在地图上的位置之类。这些全局变量往往会被很多函数访问或修改,如选择角色前进路径的函数,可能就需要知道当前地图上有哪些敌人,以及敌人的位置。在程序规模庞大的情况下,有成千上万个函数,成百上千个全局变量,要搞清楚函数之间的调用关系,搞清楚哪些函数会访问哪些全局变量,是很麻烦的事情。图 11.1 表示结构化程序的模式,"Sub"代表一个个的函数,箭头代表"访问"或"调用"。

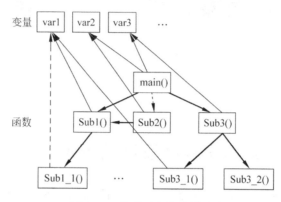

图 11.1　结构式程序的模式

　　结构化程序在规模变大时会难以理解和维护。在结构化的程序中,函数和其所操作的数据(全局变量),其关系没有清晰和直观的体现。随着程序规模的增加,程序逐渐难以理解,很难一下子看出来,函数之间存在怎样的调用关系?某项数据到底有哪些函数可以对它进行操作?某个函数到底是用来操作哪些数据的?这种情况下,当某项数据的值不正确时,很难找出到底是哪个函数导致其值不正确的,因而程序的查错也变得困难。

　　结构化的程序不利于修改和扩充(增加新功能)。结构化程序设计没有"封装"和"隐藏"的概念。要访问某个变量,就可以直接访问,那么当该变量的定义有改动的时候,就要把所有访问该变量的语句找出来修改,这些语句可能散落在上百个函数之中,这显然十分费时费力。

　　结构化程序不利于代码的重用。在编写某个程序时,常常会发现其需要的某项功能,在现有的某个程序中已经有了相同或类似的实现,那么自然希望能够将那部分源代码抽取出来,在新程序中使用,这就称为代码的重用。但是在结构化程序设计中,随着程序规模的增大,大量函数、变量之间的关系错综复杂,要抽取可重用的代码,往往会变得十分困难。例如,想要重用一个函数,可是这个函数又调用一些新程序用不到的其他函数,那么就不得不将其他函数也一并抽取出来;更糟糕的是,也许你想重用的函数,访问了某些全局变量,这样还要将不相干的全局变量也要抽取出来,或者修改被重用的函数以去掉对全局变量的访问。总之,结构化的程序中各个模块之间耦合度高,有千丝万缕牵扯不清的联系,想要重用某个模块,就像是在杂乱摆放着一大堆设备的电脑桌上要拿走笔记本电脑的电源适配器一样,拿起电源,它的连接线却扯出一大堆乱七八糟的音箱、耳机、鼠标、外接光驱等东西。

　　总之,结构化的程序,在规模庞大时,会变得难以理解、难以扩充、难以查错、难以重用。随着软件规模的不断扩大,结构化程序设计越来越难以适应软件开发的需要。此时,面向对象的程序设计方法就应运而生了。

11.2　面向对象程序设计的概念和特点

面向对象的程序设计方法继承了结构化程序设计方法的优点,同时又比较有效地克服了结构程序设计的弱点。面向对象的程序设计思路更接近于真实世界。真实的世界是各类不同的事物组成的,每一类事物都有共同的特点,各个事物互相作用构成了多彩的世界。例如,"人"就是一类事物,"动物"也是一类事物;人可以饲养动物、猎杀动物;动物有时也攻击人……面向对象的程序设计方法,要分析待解决的问题中,有哪些类事物,每类事物都有哪些特点,不同的事物种类之间是什么关系,事物之间如何相互作用,这跟结构化程序设计考虑的是如何将问题分解成一个个子问题,思路完全不同。

面向对象的程序设计有"抽象"、"封装"、"继承"、"多态"4 个基本的特点。

在面向对象的程序设计方法中,将各种事物称为"对象"。将同一类事物的共同特点概括出来,这个过程就称为"抽象"。在面向对象的程序设计中,对象的特点包括两个方面:属性和方法。属性是指对象的静态特征,如员工的姓名、职位、薪水等,可以用变量来表示;方法是指对象的行为,以及能对对象进行操作,如员工可以请假、加班,也可以被提拔、被加薪等,可以用函数来表示。方法可以对属性进行操作,例如,"加薪"这个方法会修改"薪水"这个属性,"提拔"这个方法会修改"职位"这个属性。

在完成抽象后,通过某种语法形式,将数据(即属性)和用以操作数据的那些算法(即方法)捆绑在一起,在形式上写成一个整体,即"类",这个过程就称为"封装"。通过封装,数据和操作数据的算法,一眼就能从形式上看出两者的紧密联系。通过封装,还可以将对象的一部分属性和方法隐藏起来,让这部分属性和方法对外不可见,留下另一些属性和方法对外可见,作为对对象进行操作的接口。这样就能合理安排数据的可访问范围,减少程序不同部分之间的耦合度,从而提高代码扩充、代码修改、代码重用的效率。

方便地以现有的代码为基础扩充出新的功能和特性,是所有软件开发者的需求。结构化的程序设计语言对此没有特殊支持。而面向对象的程序设计语言,通过引入"继承"的机制,较好地满足了开发者的需求。所谓"继承",就是在编写一个"类"的时候,可以用现有的类作为基础,使得新类从现有的类"派生"而来,从而达到代码扩充和代码重用的目的。

"多态"是指不同种类的对象都具有名称相同的行为,而具体行为的实现方式却有所不同。例如,游戏中的弓箭手和刀斧手都有名为"攻击"的这种方法,但是两者实现的方式不一样,前者是通过射箭实现攻击,后者是通过劈砍。

在面向对象的程序设计方法中,沃斯教授的公式需要修改了,应该变成:

$$类＋类＋\cdots＋类 ＝ 面向对象的程序$$

对于面向对象的程序设计方法来说,设计程序的过程,就是设计类的过程。面向对象的程序模式图如图 11.2 所示,"class"即代表"类"。

需要指出的是,面向对象的程序设计方法也离不开结构化的程序设计思想。编写一个类内部的代码时,还是要用结构化的设计方式。而且面向对象程序设计方法的先进性,主要体现在编写比较复杂的程序时。编写一个百十行的简单程序,并不一定要用面向对象的设计方法,本来编写几个函数就能解决的事情,一定要强求使用"抽象"、"封装"、"继承"、"多态"等机制,只会使事情变得更加复杂。

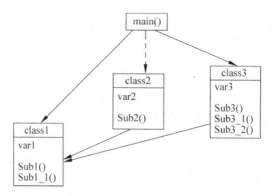

图 11.2　面向对象的程序模式

11.3　类的定义和使用

C++语言中,"类"的定义方法如下:

```
class 类名
{
    访问范围说明符:
        成员变量 1
        成员变量 2
        …
        成员函数声明 1
        成员函数声明 2
    访问范围说明符:
        更多成员变量
        更多成员函数声明
        …
};
```

类的定义要以";"结束。

"访问范围说明符"一共有"public"、"private"和"protected"3 种,后面会细说,目前暂且都用"public"。"访问范围说明符"可以出现任意多次。

"成员变量"的写法同普通的变量定义。之所以称其为"成员变量",是因为这些变量是一个类的成员。同样,"成员函数声明"的写法也同普通的函数声明。成员变量就代表对象的"属性",成员函数就代表对象的"方法"。成员变量和成员函数出现的先后次序没有规定。**一个类的成员函数之间可以互相调用。类的成员函数是可以重载的**,也可以设定参数的默认值。

以前讲解的函数,不是任何类的成员函数,可称为"全局函数"。

成员函数的实现可以在类的定义外面写,格式如下:

```
返回值类型 类名::函数名()
{
    语句组
}
```

定义了类后,就可以定义对象了。定义的对象的基本方法如下:

　　类名 对象名;

此处“对象名”的命名规则和普通变量相同。对象也可以看做就是“类变量”。

11.4　类的示例程序剖析

下面来看一个用面向对象的方法进行 C++程序设计的例子。

例 11.1　编写一个程序,输入矩形的宽和高,输出面积和周长。

这个程序太简单了,实际上根本不需要用面向对象的方法进行设计。但是为了让读者容易理解类和对象的概念,不得不以如此简单的程序作为例子。

首先要做的事情是分析问题中有哪些“对象”。这个比较明显,只有“矩形”这种对象。然后就要进行“抽象”,即概括“矩形”这种对象的共同特点。矩形的属性就是宽和高。因此需要两个变量,分别代表宽和高。一个矩形,可以有哪些方法呢(即可以对矩形进行哪些操作)? 在本程序中,矩形可以有设置宽和高,求面积和求周长这 3 种行为,这 3 种行为,可以各用一个函数来实现,它们都会用到宽和高这两个变量。

“抽象”完成后,就可以用 C++提供的语法特性,写出一个“矩形类”,将矩形的属性和方法“封装”在一起了。程序如下:

```
//program 11.4.1.cpp 矩形类
1.  # include < iostream >
2.  using namespace std;
3.  class CRectangle
4.  {
5.      public:
6.          int w, h;                //成员变量,宽和高
7.          void Init( int w_,int h_ ); //成员函数,设置宽和高
8.          int area();              //成员函数,求面积
9.          int perimeter();         //成员函数,求周长
10.
11. };//必须有分号
12. void CRectangle::Init( int w_,int h_ )
13. {
14.     w = w_;   h = h_;
15. }
16. int CRectangle::area()
17. {
18.     return w * h;
19. }
20. int CRectangle::perimeter()
21. {
22.     return 2 * ( w + h);
23. }
24. int main()
25. {
26.     int w,h;
27.     CRectangle  r;                //r 是一个对象
```

```
28.        cin >> w >> h;
29.        r.Init(w,h);
30.        cout << "It's area is " << r.area() << endl;
31.        cout << "It's perimeter is " << r. perimeter();
32.        cout << sizeof(CRectangle) << endl;
33.        return 0;
34. }
```

第 3 行到第 11 行定义了一个"类",类的名字就是"CRectangle"。在 C++ 语言中,每个类的名字,都是一种类型,可以像 int、double 等基本类型那样来使用。所以"CRectangle"也是一种程序员自己定义的类型的名字。

CRectangle 类的定义中声明了它有哪些成员变量和成员函数。第 5 行的"public"就是类成员的"访问范围说明符",它说明了下面的成员都是公有成员(具体含义在"类成员的可访问范围"一节解释)。第 12 行到第 23 行写出了 CRectangle 类各个成员函数的具体实现。

定义了 CRectangle 类后,就可以定义 CRectangle 类型的变量。在 C++ 语言中,通过类定义出来的变量称为"对象"。例如,在第 27 行就定义了一个 CRectangle 类型的变量 r,由于 CRectangle 是一个类,因此将 r 称为一个"对象"。

一般来说,C++ 语言中,一个对象占用的内存空间的大小等于其成员变量的体积之和。例如,一个 CRetangle 对象,就占用 8 个字节,因为它的两个成员变量 w 和 h 分别要占用 4 个字节。sizeof(CRectangle) 表达式的值是 8。

每个对象各有自己的存储空间。一个对象的某个成员变量被改变了,不会影响到另一个对象。成员函数并非每个对象各自存有一份。成员函数和普通函数一样,在内存中只有一份,但是它可以作用于不同的对象。

使用类的成员变量和成员函数可以用"对象名.成员名"的方式。如:

```
CRectangle r1,r2;
r1.w = 5;
r2.Init(5,4);
```

"r1.w = 5;"这条语句直接对 r1 对象的 w 成员变量进行赋值,它不会影响到 r2。

用"对象名.成员函数名"的方式,可以调用成员函数,并且这个成员函数是作用在该对象上的。例如,"r2.Init(5,4);"这条语句,就调用了 CRectangle 类的 Init 成员函数,该成员函数此次执行时是作用在 r2 这个对象上的。**所谓成员函数作用在某个对象 a 上,指的是进入该成员函数时,函数中访问到的成员变量是属于 a 的。**例如,"r2.Init(5,4);"这条语句,在 Init 函数执行期间访问的 w 和 h 就是属于 r2 这个对象的。执行 r2.Init(5,4); 不会影响到 r1。同理,在上面的程序中,第 30 和第 31 行的 area 和 perimiter 成员函数都是作用在 r 对象上的,返回的就是 r 的面积和周长。

11.5　访问对象的成员

除了前面提到"对象名.成员名"的方法外,还可用"指针－>成员名"的方式来访问对象的成员,例如:

```
CRectangle   r1,r2;
CRectangle *p1 = & r1;
CRectangle *p2 = & r2;
p1 -> w = 5;                          //此处的 w 属于 p1 指向的对象
p2 -> Init(5,4);                      //Init 作用在 p2 指向的对象上
```

还可用"引用名.成员名"的办法来访问对象的成员,例如:

```
CRectangle r2;
CRectangle & rr = r2;
rr.w = 5;
rr.Init(5,4);                         //rr 的值变了,r2 的值也变了
```

调用类的成员函数时,必须指明其所作用的对象。所以对上面的 CRectangle 类来说,如果只写"Init(5,4);",这条语句是不能编译通过的。因为编译器搞不清楚这个 Init 函数是作用在哪个对象上面的,进入 Init 以后,里面访问的 w 和 h 的内存地址在哪里,就无从知晓,因而也就无法编译了。

类还有另外一种写法,就是将 class 关键字换成 struct 关键字。例如:

```
struct CRectangle
{
        public:
            int w, h;                   //成员变量,宽和高
            void Init( int w_,int h_ ); //成员函数,设置宽和高
};
```

没有成员函数的"struct"还是称为"结构",结构变量不是对象;有成员函数的 struct 就是类。写成 struct 的类和写成"class"的类只在类成员的可访问范围方面有一点很小的差别,后面很快会提到。

和结构变量一样,**对象之间可以用"="互相赋值,但不能用"=="、"!="、"<"、">"、"<="、">="进行比较运算**,除非这些运算符经过适当的"重载"。运算符重载是后面要学的知识,此处就不予解释了。

11.6 类成员的可访问范围

1. private 和 public 访问范围说明符号

在类的定义中,用 private、public 和 protected 3 种关键字来指定成员可被访问的范围。

(1) private:用来指定私有成员。一个类的私有成员,不论是成员变量还是成员函数,都只能在该类的成员函数内部才能被访问。

(2) public:用来指定公有成员。一个类的公有成员,在任何地方都可以被访问。

(3) protected:用来指定保护成员,这需要等以后学到"继承"之后才可以解释。

3 种关键字出现的次数和先后次序都没有限制。成员变量的访问范围由离它最近的前面的那个访问范围说明符决定。**如果某个成员前面没有访问范围说明符,则对 class 来说,**

该成员默认地被认为是私有成员,对 struct 来说,该成员默认地被认为是公有成员。例如:

```
class A
{
    int m,n;
public:
    int a,b;
    int func1();
private:
    int c,d;
    void func2();
public:
    char e;
    int f;
    int func3();
};
```

在上面的类 A 中,成员变量 a、b 和成员函数 func1 都是公有的,成员变量 c、d 和成员函数 func2 是私有的,成员变量 e、f 和成员函数 func3 又是公有的。m 和 n 没有交代可访问范围,那就是私有的。如果把 class 换成 struct,那么 m 和 n 就是公有的了。

下面的程序可以说明公有成员和私有成员的区别。假设一个企业员工管理程序的一小部分如下:

```
//program 11.6.1.cpp 企业员工管理程序
1.   # include <iostream>
2.   # include <cstring>
3.   using namespace std;
4.   class CEmployee  {
5.       private:
6.           char szName[30];          //名字
7.           int salary;               //工资
8.       public:
9.           void setName(char *name);
10.          void getName(char *name);
11.          void averageSalary(CEmployee e1,CEmployee e2);
12.  };
13.  void CEmployee::setName(char *name)  {
14.      strcpy(szName, name);         //ok
15.  }
16.  void CEmployee::getName(char *name)  {
17.      strcpy(name,szName);          //ok
18.  }
19.  void CEmployee::averageSalary(CEmployee e1,CEmployee e2)
20.  {
21.      salary = (e1.salary + e2.salary )/2;
22.  }
23.  int main()
24.  {
25.      CEmployee e;
26.      strcpy(e.szName,"Tom1234567889");          //编译错,不能访问私有成员
27.      e.setName( "Tom");            //ok
```

```
28.      e.salary = 5000;               //ok
29.      return 0;
30. }
```

在上面的程序中,szName 是私有成员,其他成员都是公有的。私有成员只能在成员函数内部访问,因此第 14 行和第 17 行没有问题,这两条语句都是在访问函数所作用的那个对象的 szName 私有成员;另外,类的成员函数内部可以访问任何同类对象的私有成员,所以第 21 行访问形参(相当于局部变量)e1 和 e2 的私有成员 salary 也没有问题。所谓成员函数内部,指的就是成员函数的函数体内部,main 函数里面的语句,如第 26 行,当然就不在 CEmployee 的成员函数内部,因此该行试图访问 e 这个对象的 szName 私有成员变量,就会导致编译错误。而第 27 行虽然也不是属于 CEmployee 类的成员函数内部,但其访问的是对象 e 的公有成员 setName,因此没有问题。同理第 28 行也没有问题。

在 CEmployee 类的成员函数外面,想要访问 CEmployee 对象的 szName 私有成员变量,不能直接访问,只能通过两个成员函数 setName 和 getName 来进行间接访问。

2. "隐藏"的作用

设置私有成员的机制,称为"隐藏"。"隐藏"的一个目的就是强制对成员变量的访问一定要通过成员函数进行。这样做带来的好处就是:如果以后成员变量的类型等属性修改后,只需要更改成员函数即可;不需要把所有直接访问成员变量的语句都修改。

以上面的企业员工管理程序为例,如果 szName 不是私有,那么整个程序中可能会有很多类似于第 26 行:

```
strcpy(man1.szName,"Tom1234567889");
```

这样的语句。假设需要将该程序移植到内存空间紧张的手持设备上,希望将 CEmployee 类成员变量 szName 改为 char szName[5],以便节约空间。那么所有这样的语句都要找出来检查一番并修改,以防止数组越界,这显然很麻烦。

如果将 szName 变为私有,那么除了 CEmloyee 类的成员函数内部,其他地方就不可能出现第 26 行那样的对 szName 直接访问的语句,所有对 szName 的访问都是通过成员函数来进行,例如:

```
e.setName("Tom12345678909887");
```

就算 szName 改短了,上面的语句也不需要找出来修改,只要修改 setName 成员函数,在里面去掉超长的部分,确保数组不越界就可以了。

可见,"隐藏"有利于程序的修改。

"隐藏"机制还可以避免对对象的不正确操作。有的成员函数设计只是为了让同类的成员函数来调用的,并不希望对外开放,那么就可以将它们声明为私有的,隐藏起来。现代软件开发绝大多数是合作完成,一个程序员设计了一个类,可能被许多程序员使用。在设计类的时候,应当尽可能隐藏使用者不需要知道的那些实现细节,只留下必要的接口(即一些成员函数)来对对象进行操作,这样能够避免类的使用者随意使用成员函数和成员变量而导致错误。就像数码相机的设计者会用外壳将内部的电路全部封装隐藏起来,用户不需要知道数码相机的具体工作原理以及里面有哪些器件,只要能通过设计者留下的接口,即外壳上的各种按钮来使用数码相机即可。如果把内部的电路、器件、开关都暴露给用户,那么不懂行的用户瞎弄一番,很可能会把数码相机搞坏。

11.7 内联成员函数

在成员函数前面加上 inline 关键字后,成员函数就成为内联的成员函数。如果不写 inline 关键字,而是将整个成员函数的函数体写在类定义里面,那么该成员函数也会自动成为内联成员函数。下面的 class B 中的 func1 和 func2 都是内联成员函数:

```
class B
{
    inline void func1();
    void func2()
    {
    };
};
void B::func1 () { }
```

内联成员函数被调用时比非内联成员函数执行得快一点,但是会增大可执行文件的体积。如果一个成员函数本身执行时间就比较长,而且语句数量多,那么把它实现为内联成员函数,就只会带来额外的内存开销。所以,不要顺手就把成员函数体写在类定义内部,该写在外面的,就得写在外面。但是,出于节省篇幅和阅读方便的考虑,本书中的程序常将一些简单的成员函数的函数体写在类定义内部。

11.8 小结

面向对象的程序设计方法具有抽象、封装、继承、多态 4 个基本的特征。

类的成员有成员变量和成员函数两种。

成员函数之间可以互相调用,成员函数内部可以访问成员变量。

私有成员只能在类的成员函数内部访问。默认的情况下,以 class 定义的类的成员是私有的。

可以用"对象名. 成员名"、"引用名. 成员名"、"对象指针—>成员名"的方法来访问对象的成员变量或调用成员函数。成员函数被调用时,可以用上述 3 种方法指定是作用在哪个对象上的。

对象的体积等于各成员变量体积之和(如果不考虑成员变量对齐的问题的话)。

在成员函数前面有"inline"关键字或者函数体写在类定义内部的成员函数,是内联成员函数。

习题

1. 简述结构化程序设计有什么不足,面向对象的程序设计如何改进这些不足。

2. 以下说法正确的是(　　　)。

A. 每个对象内部都有成员函数的实现代码

B. 一个类的私有成员函数内部不能访问本类的私有成员变量

C. 类的成员函数之间可以互相调用

D. 编写一个类时,至少要编写一个成员函数

3. 以下对类 A 的定义正确的是(　　　)。

A. class A ｛
　　　private：　　int v;
　　　public：　　void Func() {}
　　　}

B. class A ｛
　　　int v;　　A * next;
　　　void Func() {}
　　};

C. class A ｛
　　　　int v;
　　　public：
　　　　　void Func();
　　　};
　　A∷void Func() {}

D. class A ｛
　　　int v;
　　public：
　　　A next;
　　　void Func() {}
　　};

4. 假设有以下类 A:

```
class A  {
  public:
  int func(int a) { return a * a; }
};
```

以下程序段不正确的是(　　　)。

A. A a; a.func(5);

B. A * p = new A; p->func(5);

C. A a; A & r = a; r.func(5);

D. A a,b; if(a != b) a.func(5);

5. 以下程序段不正确的是(　　　)。

A. int main(){
　　　class A { int v; };
　　　A a; a.v = 3; return 0;
　}

B. int main()　　{
　　class A { public：　int v; A * p; };
　　A a; a.p = & a; return 0;
　}

C. int main()　{
　　　class A { public：　int v; };
　　　A * p = new A;
　　　p->v = 4; delete p;
　　　return 0;
　}

D. int main() {

　　class A { public：　　int v; A * p; };

　　A a;　　a. p = new A; delete a. p;

　　return 0;

}

6. 实现一个学生信息处理程序。输入：姓名,年龄,学号(整数),第一学年平均成绩,第二学年平均成绩,第三学年平均成绩,第四学年平均成绩。输出：姓名,年龄,学号,4 年平均成绩。例如：

　　输入：Tom 18　7817　80　80　90　70

　　输出：Tom,18,7817,80

　　要求实现一个代表学生的类,并且所有成员变量都是私有的。

类和对象进阶

12.1 构造函数

12.1.1 构造函数的概念和作用

C++程序中,变量在定义时可以初始化。如果不进行初始化,变量的初始值会是多少呢? 对全局变量和局部变量来说,这个答案是不一样的。全局变量在程序装入内存时就已经分配好空间,程序运行期间其地址不变。对程序员没有初始化的全局变量,程序启动时自动将其初始化成全 0(即变量的每个比特都是 0),在大多数情况下都是一种稳妥的做法。而且,将全局变量自动初始化成全 0,是程序启动时的一次性工作,不会花费多少时间,所以大多数C++编译器生成的程序,未初始化的全局变量,初始值都是全 0。对于局部变量,如果不进行初始化,那么它的初始值是随机的。局部变量定义在函数内部,其存储空间是动态分配在栈上的。函数被调用时,栈上会分配出一部分空间存放该函数中的局部变量(包括参数),这片新分配的存储空间里原来的内容是什么,局部变量的初始内容也就是什么,因此局部变量的初始值就是不可预测的了。函数调用结束后,局部变量占用的存储空间就被回收,以便分配给下一次函数调用中涉及的局部变量。为什么不将局部变量自动初始化成全 0 呢? 因为一个函数的局部变量在内存中的地址,每次函数被调用时都可能不同,所以自动初始化的工作就不是一次性的了,而是每次函数被调用时都要做的,这会带来无谓的时间开销。当然,如果程序员在定义局部变量的时候将其初始化了,那么这个初始化的工作也是每次函数被调用时都要做的,但这是程序员要求要做的,因而不会是无谓的。

对象和基本类型的变量一样,定义的时候也能初始化。一个对象,其行为和内部结构可能比较复杂,如果不通过初始化将其某些成员变量赋予一个合理的值,使用它时就会产生错误。例如,有些以指针为成员变量的类,可能会要求其对象生成的时候,指针就已经指向一片动态分配的存储空间。对象的初始化往往不仅是对成员变量赋值这么简单,也可能还要进行一些动态内存分配、打开文件等复杂的操作,在这种情况下,就不可能用初始化基本类型变量的方法来对其初始化。虽然可以为类设计一个初始化函数,对象定义后就立即调用它,但这样做的话,初始化就不具有强制性,难保程序员在定义对象后忘记对其初始化。

面向对象的程序设计语言倾向于对象一定要初始化后,使用起来才比较安全。因此,引入了"构造函数"(constructor)的概念,用于对对象进行自动初始化。在 C++ 语言中,"构造函数"就是一类特殊的成员函数,其名字和类的名字一样,不写返回值类型(void 也不写),可以重载,即**一个类可以有多个构造函数**。**如果类的设计者没有编写构造函数,那么编译器就自动生成一个没有参数的构造函数**,虽然该无参构造函数什么都不做。无参的构造函数不论是编译器自动生成的,还是程序员编写的,都称为"默认构造函数"(default constructor)。如果编写了构造函数,那么编译器就不会自动生成默认构造函数。**对象在生成的时候,一定会自动调用某个构造函数进行初始化**,**对象一旦生成,就再也不会在其上执行构造函数。**

初学者常因"构造函数"这个名称而认为构造函数负责为对象分配内存空间,其实并非如此。构造函数执行时对象的内存空间已经分配好了,构造函数的作用是初始化这片空间。

为类编写构造函数是好的习惯,能够保证对象生成的时候,总是有合理的值,如一个"雇员"对象的年龄不会是负的。

来看下面的程序段:

```cpp
class Complex {
private:
    double real,imag;            //实部和虚部
public:
    void Set(double r,double i);  //设置实部和虚部
};
```

上面这个 Complex 类代表复数,没有编写构造函数。那么编译器就会为 Complex 类自动生成一个无参的构造函数。下面两条定义或动态生成 Complex 对象的语句,都会导致该无参构造函数被调用,以对 Complex 对象进行初始化:

```cpp
Complex c;                       //c 用无参构造函数初始化
Complex *p = new Complex;        //对象 *p 用无参构造函数初始化
```

如果为 Complex 类编写了构造函数,如下:

```cpp
class Complex {
private:
    double real,imag;
public:
    Complex(double r, double i = 0);   //第二个参数默认值为 0
};
Complex::Complex(double r,double i)
{
    real = r; imag = i;
}
```

那么以下语句,有的能够编译通过,有的不行:

```cpp
1. Complex  c1;                    //错,Complex 类没有无参构造函数(默认构造函数)
2. Complex *pc = new Complex;      //错,Complex 类没有默认构造函数
3. Complex  c2(2);                 //正确,相当于 Complex c2(2,0)
```

```
4. Complex  c3(2,4), c4(3,5);          //正确
5. Complex *pc2 = new Complex(3,4);     //正确
```

C++语言规定,任何对象生成的时候都一定会调用构造函数初始化。第 1 行通过变量定义的方式生成了 c1 对象,第 2 行通过动态内存分配生成了一个 Complex 对象,这两条语句均没有交代任何关于构造函数参数的信息,那么编译器就认为这两个对象应该用默认构造函数初始化。可是 Complex 类已经有了一个构造函数,编译器就不会自动生成默认构造函数,于是 Complex 类就不存在默认构造函数,所以上述两条语句就无法完成对象的初始化,导致编译时会报错。

构造函数是可以重载的,即可以编写多个构造函数,参数表不同。当编译到能生成对象的语句时,编译器会根据这条语句所提供的参数信息来决定该调用哪个构造函数。如果没有对参数有任何交代,编译器就认为应该调用无参构造函数。下面是一个有多个构造函数的 Complex 类的例子:

```
//program 12.1.1.1.cpp
1.  class Complex {
2.      private:
3.          double real,imag;
4.      public:
5.          void Set(double r,double i);
6.          Complex (double r);
7.          Complex(double r,double i);
8.          Complex (Complex  c1,  Complex  c2);
9.  };
10. Complex::Complex(double r)              //构造函数 1
11. {
12.     real = r; imag = 0;
13. }
14. Complex::Complex(double r,double i)     //构造函数 2
15. {
16.     real = r; imag = i;
17. }
18. Complex::Complex(Complex  c1,  Complex  c2)   //构造函数 3
19. {
20.     real = c1.real + c2.real;
21.     imag = c1.imag + c2.imag;
22. }
23. int main()
24. {
25.     Complex c1(3) , c2(1,2), c3( c1,c2),c4 = 7;
26.     return 0;
27. }
```

根据参数个数和类型要匹配的原则,c1、c2、c3、c4 分别用构造函数 1、构造函数 2、构造函数 3、构造函数 4 进行初始化。初始化的结果就是:c1.real = 3,c1.imag = 0(不妨表示为 c1={3,0}、c2 = {1,2}、c3 = {4,2}、c4={7,0})。

12.1.2　构造函数在数组中的使用

对象数组中的元素同样需要用构造函数初始化。具体哪些元素用哪些构造函数初始

化,取决于定义数组时的写法。

```
//program 12.1.2.1.cpp 构造函数和数组
1.   # include < iostream >
2.   using namespace std;
3.   class CSample {
4.   public:
5.       CSample() {                              //构造函数 1
6.           cout << "Constructor 1 Called" << endl;
7.         }
8.       CSample(int n) {                         //构造函数 2
9.           cout << "Constructor 2 Called" << endl;
10.        }
11.  };
12.  int main(){
13.      CSample array1[2];
14.      cout << "step1"<< endl;
15.      CSample array2[2] = {4,5};
16.      cout << "step2"<< endl;
17.      CSample array3[2] = {3};
18.      cout << "step3"<< endl;
19.      CSample *array4 = new CSample[2];
20.      delete [] array4;
21.      return 0;
22.  }
```

程序的输出结果:

```
Constructor 1 Called
Constructor 1 Called
step1
Constructor 2 Called
Constructor 2 Called
step2
Constructor 2 Called
Constructor 1 Called
step3
Constructor 1 Called
Constructor 1 Called
```

第 13 行的 array1 数组中的两个元素,没有指明如何初始化,那就要使用无参构造函数初始化,因此输出两行"Constructor 1 Called"。

第 15 行的 array2 数组进行了初始化,初始化列表{4,5}可以看做是用来初始化两个数组元素的参数,所以 array2[0]以 4 为参数,调用构造函数 1 进行初始化;array2[1]以 5 为参数,调用构造函数 1 进行初始化。这导致输出两行"Constructor 2 Called"。

第 17 行的 array3 数组,只指出了 array3[0]的初始化方式,没有指出 array3[1]的初始化方式,因此它们分别用构造函数 2 和构造函数 1 进行初始化。

第 19 行动态分配了一个 CSample 数组,里面有两个元素。没有指出和参数有关的信息,因此这两个元素都用无参构造函数初始化。

在构造函数有多个参数时,数组的初始化列表中要显式包含对构造函数的调用。例如下面的程序：

```
//program 12.1.2.2.cpp 构造函数和数组
1.  class  CTest {
2.      public:
3.          CTest(int n) {}                     //构造函数(1)
4.          CTest(int n, int m) {}              //构造函数(2)
5.          CTest() {}                          //构造函数(3)
6.  };
7.  int main(){
8.      CTest   array1[3] = { 1, CTest(1,2) };  //3 个元素分别用构造函数(1)、(2)、(3)初始化
9.      CTest   array2[3] = {CTest(2,3), CTest(1,2) ,1};
                                                //3 个元素分别用构造函数(2)、(2)、(1)初始化
10.     CTest  *pArray[3] = {new CTest(4), new CTest(1,2)};
11.     //两个元素指向的对象分别用构造函数(1)、(2)初始化
12.     return 0;
13. }
```

上面程序中比较容易让初学者困惑的是第 10 行。pArray 数组是个指针数组，其元素不是 CTest 类的对象，而是 CTest 类的指针。第 10 行对 pArray[0]和 pArray[1]进行了初始化，把它们初始化为指向动态分配的 CTest 对象的指针。而这两个动态分配出来的 CTest 对象，又分别是用构造函数(1)和构造函数(2)初始化的。pArray[2]没有初始化，其值是随机的，不知道指向哪里。第 10 行生成了两个 CTest 对象，而不是 3 个，所以也只调用 CTest 类的构造函数两次。

12.1.3　复制构造函数

1. 复制构造函数的概念

复制构造函数是构造函数的一种，也称为拷贝构造函数，它只有一个参数，参数类型是本类的引用。如果类的设计者不编写复制构造函数，编译器就会自动生成复制构造函数，大多数情况下其作用是实现从源对象到目标对象的逐个字节地复制，即使得目标对象的每个成员变量都变得和源对象相等。编译器自动生成的复制构造函数称为"默认复制构造函数"。注意，**默认构造函数（即无参构造函数）不一定存在，但是复制构造函数总是会存在**。下面是一个复制构造函数起作用的例子：

```
//program 12.1.3.1.cpp 复制构造函数
1.  # include < iostream >
2.  using namespace std;
3.  class Complex
4.  {
5.      public:
6.          double real,imag;
7.          Complex(double r,double i) {
8.              real = r; imag = i;
9.          }
10. };
11. int main(){
```

```
12.      Complex c1(1,2);
13.      Complex c2(c1);                        //用复制构造函数初始化 c2
14.      cout << c2.real << "," << c2.imag ;    //输出 1,2
15.      return 0;
16. }
```

第 13 行给出了初始化 c2 的参数,即 c1。只有编译器自动生成的那个默认复制构造函数的参数才能和 c1 匹配,因此,c2 就是以 c1 为参数,调用默认复制构造函数进行初始化的。初始化的结果就是 c2 成了 c1 的复制品,即 c2 和 c1 每个成员变量的值都相等。

如果编写了自己的复制构造函数,则默认复制构造函数就不存在了。下面是一个非默认复制构造函数的例子。

```
//program 12.1.3.2.cpp 非默认复制构造函数
1.   # include < iostream >
2.   using namespace std;
3.   class Complex {
4.      public :
5.          double real,imag;
6.          Complex(double r,double i){
7.              real = r;   imag = i;
8.          }
9.          Complex( const Complex & c ) {
10.             real = c.real;   imag = c.imag;
11.             cout << "Copy Constructor called" << endl;
12.         }
13. };
14. int main(){
15.     Complex c1(1,2);
16.     Complex c2(c1);                        //调用复制构造函数
17.     cout << c2.real << "," << c2.imag;
18.     return 0;
19. }
```

程序的输出结果:

Copy Constructor called
1,2

第 9 行的 const 写不写都可以。用上 const,则该复制构造函数适用范围可以更广一些,即可被用于以常量对象作为参数去初始化另一对象。

第 16 行,c2 就是以 c1 为参数调用第 9 行的那个复制构造函数初始化的。该复制构造函数执行的结果就是使得 c2 变得和 c1 相等,此外还输出"Copy Constructor called"。可以想象,如果将第 10 行去掉或改成"real = 2 * c.real;   imag =c.imag+1;"之类,那么 c2 的值就不会等于 c1 了,也就是说,自己编写的复制构造函数,并不一定要做复制的工作(如果只做复制工作,那么就用编译器自动生成的默认复制构造函数就行了)。但从习惯上来讲,当然还是应该完成类似于复制的工作为好,在此基础上还可以根据需要做点别的什么。

构造函数不能以本类的对象作为唯一参数,以免和复制构造函数相混淆。例如,不能编写如下构造函数:

```
Complex (Complex c)  {…}
```

2. 复制构造函数被调用的 3 种情况

复制构造函数在以下 3 种情况下会被调用。

(1) **当用一个对象去初始化同类的另一个对象时，会引发复制构造函数被调用。** 如下面的两条语句都会引发复制构造函数的调用，用以初始化 c2：

```
Complex   c2(c1);
Complex   c2 = c1;
```

这两条语句是等价的。要注意，第二条语句是初始化语句，不是赋值语句。赋值语句的等号左边是一个早已有定义的变量，赋值语句不会引发复制构造函数调用。例如：

```
Complex   c1,c2;
c1 = c2;
```

"c1＝c2;"这条语句不会引发复制构造函数调用，因为 c1 早已生成，已经初始化过了。

(2) **如果函数 F 的参数是类 A 的对象，那么函数 F 被调用时，类 A 的复制构造函数将被调用。换句话说，作为形参的对象，是用复制构造函数初始化的，而且调用复制构造函数时的参数，就是调用函数时所给的实参。** 例如下面的程序：

```
//program 12.1.3.3.cpp 复制构造函数用于函数形参
1.   # include < iostream >
2.   using namespace std;
3.   class A
4.   {
5.     public:
6.     A() {};
7.     A(A & a) {
8.         cout << "Copy constructor called" << endl;
9.     }
10.  };
11.  void Func(A a)
12.  {
13.  }
14.  int main(){
15.      A a;
16.      Func(a);
17.      return 0;
18.  }
```

程序的输出结果：

Copy constructor called

这是因为 Func 函数中的形参 a，在初始化时调用了复制构造函数。前面说过函数的形参的值是等于调用时对应的实参的，学到这里知道这不一定正确了。如果形参是一个对象，那么形参的值是否会等于实参，就取决于该对象所属的类的复制构造函数是怎么编写的了。例如，上面这个例子，Func 的形参 a 的值在进入函数时是随机的，未必会等于实参，因为复制构造函数没有做复制的工作。

以对象作为函数的形参，在函数被调用时，生成的形参要用复制构造函数初始化，这个会带来时间上的开销。如果用对象的引用，而不是对象作为形参，则就没有这个问题了。但是以引用作为形参有一定风险，因为这种情况下形参的值若是改变了，实参的值也会跟着改变。如果想确保实参的值不会改变，又不想承担复制构造函数带来的开销，解决的办法就是将形参声明为对象的 const 引用，例如：

```
void Function(const Complex & c)
{
    ...
}
```

这样，Function1 中出现任何有可能修改 c 值的语句，都会引发编译错误。

思考题　上面的 Function 函数中，除了赋值语句，还有什么样的语句有可能改变 c 的值？例如，通过 c 调用 Complex 的成员函数是否被允许？

（3）如果函数的返回值是类 A 的对象，则函数返回时，类 A 的复制构造函数被调用。**换言之，作为函数返回值的对象，是用复制构造函数初始化的，而调用复制构造函数时的实参，就是 return 语句所返回的对象**。例如下面的程序段：

```
//program 12.1.3.4.cpp 复制构造函数用于函数返回对象
1.   # include < iostream >
2.   using namespace std;
3.   class A
4.   {
5.     public:
6.     int v;
7.     A( int n ) { v = n; };
8.     A( const A & a ) {
9.         v = a.v;
10.        cout << "Copy constructor called" << endl;
11.     }
12.  };
13.  A Func( )
14.  {
15.    A a(4);
16.    return a;
17.  }
18.  int main(){
19.      cout << Func( ).v << endl;
20.      return 0;
21.  }
```

程序的输出结果：

Copy constructor called
4

第 19 行调用了 Func 函数，其返回值是一个对象，该对象就是用复制构造函数初始化的，而且调用复制构造函数时，实参就是第 16 行 return 语句所返回的 a。复制构造函数在第 9 行确实完成了复制的工作，所以第 19 行 Func 函数的返回值就和第 15 行的 a 相等了。

需要说明的是，有些编译器出于程序执行效率的考虑，编译的时候进行了优化，函数返回值对象就不用复制构造函数初始化了,这并不符合 C++ 语言的标准。上面的程序,用 Visual Studio 2010 编译后输出结果与上面的输出结果相同,但是在 Dev C++ 4.9 中,不会调用复制构造函数。把第 15 行的 a 变成全局变量,才会调用复制构造函数,对这一点就不必深究了。

12.1.4 类型转换构造函数

除复制构造函数外,只有一个参数的构造函数一般都可以称为类型转换构造函数,因为这样的构造函数能起到类型自动转换的作用。例如下面的程序段:

```
//program 12.1.4.1.cpp 类型转换构造函数
1.   # include < iostream >
2.   using namespace std;
3.   class Complex   {
4.     public:
5.        double   real, imag;
6.        Complex(int i)                      //类型转换构造函数
7.        {
8.            cout << "IntConstructor called" << endl;
9.            real = i; imag = 0;
10.       }
11.       Complex(double r,double i)
12.       {
13.           real = r; imag = i;
14.       }
15.  };
16.  int main ()
17.  {
18.       Complex   c1(7,8);
19.       Complex   c2 = 12;
20.       c1 = 9;                           //9 被自动转换成一个临时 Complex 对象
21.       cout << c1.real << "," << c1.imag << endl;
22.       return 0;
23.  }
```

程序的输出结果:

```
IntConstructor called
IntConstructor called
9,0
```

Complex(int) 这个构造函数就是类型转换构造函数。可以看出,该构造函数一共被调用了两次。第一次来自于对 c2 的初始化,第二次来自于第 20 行的赋值语句。这条赋值语句的等号两边类型是不匹配的,之所以不会报错,就是因为 Complex(int) 这个类型转换构造函数能够接受一个整型参数。因此,编译器在处理这条赋值语句的时候,会在等号右边自动生成一个临时的 Complex 对象,该临时对象以 9 为实参,用 Complex(int) 这个构造函数初始化,然后再将这个临时对象的值赋给 c1,也可以说是 9 被自动转换成一个 Complex 对象然后再赋值给 c1。要注意,第 19 行是初始化语句而不是赋值语句,所以不会将 12 转换成一个临时对象,而是直接以 12 作为参数调用 Complex(int) 构造函数来初始化 c2。

12.2 析构函数

析构函数(destructor)是成员函数的一种,它的名字与类名相同,但前面要加"~",没有参数和返回值。一个类有且仅有一个析构函数。如果定义类时没编写析构函数,则编译器生成默认析构函数。如果定义了析构函数,则编译器不生成默认析构函数。

析构函数在对象消亡时即自动被调用。可以定义析构函数在对象消亡前做善后工作,例如,对象如果在生存期间用 new 运算符动态分配了内存,那么,在各处编写 delete 语句以确保程序的每条执行路径都能释放这片内存,是比较麻烦的事情。有了析构函数,只要在析构函数中用 delete 语句,就能确保对象运行中用 new 分配的空间在对象消亡时被释放。例如下面的程序段:

```
class String{
private:
    char *p;
public:
    String (int n);
    ~ String ();
};
String::~String()
{
    delete [] p;
}
String::String(int n)
{
    p = new char[n];
}
```

上面的 String 类,成员变量 p 指向动态分配的一片存储空间,用于存放字符串。动态内存分配在构造函数中进行,而空间的释放在析构函数~String()中进行。这样,在其他地方就不用考虑释放空间的事情了。

只要对象消亡,就会引发析构函数的调用。下面的程序说明了析构函数起作用的一些情况:

```
    //program 12.2.1.cpp 析构函数
1.    # include <iostream>
2.    using namespace std;
3.    class CDemo {
4.        public:
5.        ~CDemo()                        //析构函数
6.        {
7.            cout << "Destructor called" << endl;
8.        }
9.    };
10.   int main () {
11.       CDemo array[2];                 //构造函数调用两次
12.       CDemo   *pTest = new CDemo;     //构造函数调用
```

```
13.       delete pTest;                              //析构函数调用
14.       cout << " -------------------------- " << endl;
15.       pTest = new CDemo[2];                       //构造函数调用两次
16.       delete [] pTest;                            //析构函数调用两次
17.       cout << "Main ends." << endl;
18.       return 0;
19. }
```

程序的输出结果：

Destructor called

Destructor called

Destructor called

Main ends.

Destructor called

Destructor called

第一次析构函数调用发生在第 13 行，delete 语句使得第 12 行动态分配的 CDemo 对象消亡。接下来的两次析构函数调用发生在第 16 行，delete 语句释放了第 15 行动态分配的数组，那个数组中有两个 CDemo 对象消亡。最后两次析构函数调用发生在 main 函数结束的时候，因第 11 行的局部数组变量 array 中的两个元素消亡而引发。

函数的参数对象以及作为函数返回值的对象，在消亡时也会引发析构函数调用。例如：

```
//program 12.2.2.cpp 析构函数
1.  # include < iostream >
2.  using namespace std;
3.  class CDemo {
4.      public:
5.      ~CDemo() { cout << "destructor" << endl; }
6.  };
7.  void Func(CDemo obj)
8.  {
9.      cout << "func" << endl;
10. }
11. CDemo d1;
12. CDemo Test()
13. {
14.     cout << "test" << endl;
15.     return d1;
16. }
17. int main(){
18.     CDemo d2;
19.     Func(d2);
20.     Test();
21.     cout << "after test" << endl;
22.     return 0;
23. }
```

程序的输出结果：

```
func
destructor
test
destructor
after test
destructor
destructor
```

共输出 destructor 4 次。第一次是由于 Func 函数结束时,参数对象 obj 消亡导致;第二次则是因为第 20 行调用 Test 函数,Test 函数的返回值是个临时对象,该临时对象在函数调用所在的语句结束时就消亡,因此引发析构函数调用;第三次则是 main 结束时 d2 消亡导致;第四次是整个程序结束时全局对象 d1 消亡导致。

12.3 构造函数、析构函数和变量的生存期

构造函数在对象生成时会被调用,析构函数在对象消亡时会被调用。对象何时生成和消亡是由对象的生存期决定的。下面通过一个例子来加深对构造函数、析构函数和变量的生存期的理解。

```
//program 12.3.1.cpp 构造函数、析构函数和变量生存期
1.    # include < iostream >
2.    using namespace std;
3.    class Demo {
4.        int id;
5.    public:
6.        Demo( int i )
7.        {
8.            id = i;
9.            cout << "id = " << id << "constructed" << endl;
10.       }
11.       ~Demo()
12.       {
13.           cout << "id = " << id << "destructed" << endl;
14.       }
15.   };
16.   Demo d1(1);
17.   void Func()
18.   {
19.       static Demo d2(2);
20.       Demo d3(3);
21.       cout << "func" << endl;
22.   }
23.   int main ()
24.   {
25.       Demo d4(4);
26.       d4 = 6;
27.       cout << "main" << endl;
28.       {   Demo d5(5);
```

```
29.     }
30.     Func();
31.     cout << "main ends" << endl;
32.     return 0;
33. }
```

程序的输出结果(行号不是输出的一部分,只是为了方便说明而加的):

1)　*id = 1 constructed*
2)　*id = 4 constructed*
3)　*id = 6 constructed*
4)　*id = 6 destructed*
5)　*main*
6)　*id = 5 constructed*
7)　*id = 5 destructed*
8)　*id = 2 constructed*
9)　*id = 3 constructed*
10)　*func*
11)　*id = 3 destructed*
12)　*main ends*
13)　*id = 6 destructed*
14)　*id = 2 destructed*
15)　*id = 1 destructed*

　　要分析程序的输出,首先要看有没有全局变量。因为全局变量是进入 main 以前就形成的,所以全局对象在 main 函数开始执行前就会被初始化。本程序第 16 行定义了全局对象 d1,因此 d1 初始化引发的构造函数调用,导致了第 1)行输出。

　　main 函数开始执行后,局部变量 d4 初始化,导致第 2)行输出。

　　在第 26 行,"d4=6;",6 先被自动转换成一个临时对象。这个临时对象的初始化导致第 3)行输出。临时对象的值被赋给 d4 后,这条语句执行完毕,临时对象也就消亡了,因此引发析构函数调用,导致第 4)行输出。

　　第 28 行的 d5 初始化导致第 6)行输出。d5 的作用域和生存期都只到离它最近的,且将其包含在内的那一对"{}"中的"}"为止,即第 29 行的"}",因此程序执行到第 29 行时,d5 消亡,引发析构函数调用,输出第 7)行。

　　第 8)行的输出是由于进入 Func 函数后,第 19 行的静态局部对象 d2 初始化导致的。静态局部对象在函数第一次被调用并执行到定义它的语句时初始化,生存期一直持续到整个程序结束,所以即便 Func 调用结束了,d2 也不会消亡。Func 中的 d3 初始化导致了第 9)行输出,第 30 行 func 函数调用结束后 d3 消亡导致第 11)行输出。

　　main 函数结束时,其局部变量 d4 消亡导致第 13)行输出。整个程序结束时,全局对象 d1 和静态局部对象 d2 消亡导致最后两行输出。

12.4　静态成员变量和静态成员函数

　　类的静态成员有两种:静态成员变量和静态成员函数。静态成员变量就是在定义时前面加了 static 关键字的成员变量;静态成员函数就是在声明时前面加了 static 关键字的

新标准 C++ 程序设计教程

成员函数。下面的 CRectangle 类就有两个静态成员变量和一个静态成员函数：

```cpp
class CRectangle
{
private:
    int w, h;
    static int nTotalArea;          //静态成员变量
    static int nTotalNumber;        //静态成员变量
public:
    static void PrintTotal();       //静态成员函数
};
```

普通成员变量每个对象有各自的一份，而静态成员变量一共就一份，被所有同类对象共享。普通成员函数一定是作用在某个对象上的，而**静态成员函数并不具体作用在某个对象上**。访问普通成员时，要通过"对象名.成员名"等方式，指明要访问的成员变量是属于哪个对象的或要调用的成员函数作用于哪个对象；**访问静态成员时，则可以通过"类名::成员名"的方式访问**，不需要指明被访问的成员是属于哪个对象或作用于哪个对象。因此，甚至可以在还没有任何对象生成的时候，就访问一个类的静态成员。非静态成员的访问方式其实也适用于静态成员，但效果和"类名::成员名"这种访问方式没有区别。

sizeof 运算符计算对象体积时，不会将静态成员变量计算在内。对上面的 CRectangle 类来说，sizeof(CRectangle) 的值是 8。

静态成员变量本质上是全局变量。对于一个类，哪怕一个对象都不存在，其静态成员变量也存在。静态成员函数并不需要作用在某个具体的对象上，因此本质上是全局函数。

设置静态成员的目的，是为了将和某些类紧密相关的全局变量和全局函数编写到类里面，形式上成为一个整体。考虑一个需要随时知道矩形总数和总面积的图形处理程序，当然可以用全局变量来记录这两个值，但是将这两个变量作为静态成员封装进类中，就更容易理解和维护。例如下面的程序：

```cpp
//program 12.4.1.cpp 静态成员
1.   # include <iostream>
2.   using namespace std;
3.   class CRectangle
4.   {
5.       private:
6.           int w, h;
7.           static int totalArea;          //矩形总面积
8.           static int totalNumber;        //矩形总数
9.       public:
10.          CRectangle(int w_, int h_);
11.          ~CRectangle();
12.          static void PrintTotal();
13.  };
14.  CRectangle::CRectangle(int w_, int h_)
15.  {
16.      w = w_;  h = h_;
17.      totalNumber ++;                    //有对象生成则增加总数
18.      totalArea += w * h;                //有对象生成则增加总面积
```

```
19.  }
20.  CRectangle::~CRectangle()
21.  {
22.      totalNumber -- ;                    //有对象消亡则减少总数
23.      totalArea - = w * h;                //有对象消亡则减少总面积
24.  }
25.  void CRectangle::PrintTotal()
26.  {
27.      cout << totalNumber << "," << totalArea << endl;
28.  }
29.  int CRectangle::totalNumber = 0;
30.  int CRectangle::totalArea = 0;
31.  //必须在定义类的文件中对静态成员变量进行一次声明
32.  //或初始化.否则编译能通过,链接不能通过
33.  int main()
34.  {
35.      CRectangle r1(3,3), r2(2,2);
36.      //cout << CRectangle::totalNumber;   //错误, totalNumber 是私有的
37.      CRectangle::PrintTotal();
38.      r1.PrintTotal();
39.      return 0;
40.  }
```

程序的输出结果:

2,13
2,13

这个程序的基本思想是：CRectangle 类只提供一个构造函数,那么所有 CRectangle 对象生成的时候都需要用这个构造函数初始化,因此在这个构造函数中增加总数和总面积的数值即可；而所有 CRectangle 对象消亡时都会执行析构函数,所以在析构函数中减少总数和总面积的数值即可。

第 7 行和第 8 行的两个成员变量用来记录程序中所有矩形对象的总数和它们的总面积。这两个值显然不能每个对象都维护自己的一份,而应该是一共只有一份。虽然用两个全局变量来存放这两个值也可以,但那样就无法从形式上一眼看出这两个全局变量和 CRectangle 类的紧密联系,也就看不出这两个全局变量会在哪些函数中被访问。把它们写成 CRectangle 类的静态成员变量,这个问题就迎刃而解了。输出矩形总数和总面积的函数 PrintTotal 没有写成全局函数,而是写成 CRectangle 类的静态成员函数,道理也是一样的。

静态成员变量必须在类定义的外面专门作一下声明,声明时变量名前面加"类名::",如第 29 行和第 30 行。声明的同时也可以初始化。如果没有声明,那么程序编译的时候虽然不会报错,但是到链接(link)阶段会报告"标识符找不到",总之是不能生成.exe 文件。

第 36 行如果没有注释掉的话,编译会出错的。因为 totalNumber 是私有成员,不能在成员函数外面访问。

第 37 行和第 38 行输出结果相同,说明二者是等价的。

因为静态成员函数不具体作用于某个对象,所以静态成员函数内部不能访问非静态成员变量,也不能调用非静态成员函数。假如上面程序中的 PrintTotal 如下编写：

新标准 C++ 程序设计教程

```
void CRectangle::PrintTotal()
{
    cout << w << "," << nTotalNumber << "," << nTotalArea << endl;      //错误
}
```

其中访问了非静态成员变量 w,这是不允许的,编译无法通过。因为如果用"CRetangle::
PrintTotal();"这种形式调用 PrintTotal,那么无法解释进入 PrintTotal 函数后 w 到底是属
于哪个对象的。

思考题 为什么静态成员函数内不能调用非静态成员函数?

上面程序中,CRectangle 类的写法表面上看没有什么问题,实际上是有 bug 的。原因
就是并非所有的 CRectangle 对象生成的时候都会用程序中的那个构造函数初始化。如果
使用该类的程序稍微复杂一些,包含以 CRectangle 对象为参数的函数或以 CRectangle 对
象为返回值的函数,或出现了"CRectangle r1(r2);"这样的语句,那么就有一些 CRectangle
对象是用默认复制构造函数,而不是用 CRectangle(int w_,int h_)进行初始化了。这些对
象生成的时候没有增加 totalNumber 和 totalArea 的值,而消亡的时候却减少了
totalNumber 和 totalArea 的值,这显然就会有 bug 的。解决的办法就是为 CRectangle 类编
写如下复制构造函数:

```
CRectangle::CRectangle(CRectangle & r)
{
    totalNumber ++;
    totalArea += r.w * r.h;
    w = r.w; h = r.h;
}
```

12.5 常量对象和常量成员函数

如果希望某个对象的值初始化以后就再也不被改变,则定义该对象的时候可以在前面
加 const 关键字,使之成为常量对象。例如:

```
class CDemo{
public:
    void SetValue() {}
};
const CDemo Obj;                              //Obj 是常量对象
```

在 Obj 被定义为常量对象的情况下,下面这条语句就是错误的,编译不能通过:

```
Obj.SetValue();
```

错误的原因是常量对象一旦初始化后,其值就再也不能更改。因此不能通过常量对象
调用普通成员函数,因为普通成员函数在执行过程中有可能会修改对象的值。

但是可以通过常量对象调用常量成员函数。所谓常量成员函数,就是在定义时加了
"const"关键字的成员函数(声明时也要加)。例如:

//program 12.5.1.cpp 常量成员函数
```
1.   # include < iostream >
2.   using namespace std;
3.   class Sample {
4.       public:
5.           void GetValue()  const;
6.   };
7.   void Sample::GetValue() const
8.   {
9.   }
10.  int main()
11.  {
12.      const Sample o;
13.      o. GetValue();                         //常量对象上可以执行常量成员函数
14.      return 0;
15.  }
```

上面的程序,Visual Studio 2010 中没有问题,在 Dev C++ 中,要为 Sample 类编写无参构造函数才可以。在 Dev C++ 中,常量对象如果是用无参构造函数初始化,那么就需要显式写出无参构造函数。

常量对象上可以执行常量成员函数,是因为常量成员函数确保不会修改任何非静态成员变量的值。编译器如果发现常量成员函数内出现了有可能修改非静态成员变量的语句,就会报错。因此,**常量成员函数内部也不允许调用同类的其他非常量成员函数(静态成员函数除外)**。

思考题 为什么上面一段话要强调"非静态成员变量"和"静态成员函数"除外?

有两个成员函数,名字和参数表都一样,但是一个是 const,一个不是,则算是重载。例如下面的例子:

//program 12.5.2.cpp 常量成员函数
```
1.   # include < iostream >
2.   using namespace std;
3.   class CTest {
4.       private:
5.           int n;
6.       public:
7.           CTest() { n = 1 ; }
8.           int GetValue()  const  { return n ; }
9.           int GetValue() { return 2 * n ; }
10.  };
11.  int main()  {
12.      const CTest objTest1;
13.      CTest objTest2;
14.      cout << objTest1. GetValue() << "," << objTest2. GetValue();
15.      return 0;
16.  }
```

程序的输出结果:

1,2

可以看到,通过常量对象调用 GetValue,那么被调用的就是带 const 的 GetValue,通过普通对象调用 GetValue,被调用的就是不带 const 的 GetValue。

如果一个成员函数中没有调用非常量成员函数,也没有修改成员变量的值,那么,将其写成常量成员函数是个好习惯。

12.6　成员对象和封闭类

一个类的成员变量如果是另一个类的对象,就称为"成员对象"。包含成员对象的类,称为封闭类(enclosed class)。

1. 封闭类构造函数的初始化列表

当封闭类的对象生成并初始化的时候,它里面包含的成员对象也需要被初始化。这就会引发成员对象构造函数的调用。如何让编译器知道,成员对象到底是用哪个构造函数初始化的呢？这可以通过在定义封闭类的构造函数时,添加初始化列表的方式来解决。

构造函数中添加初始化列表的写法如下:

类名::构造函数名(参数表):成员变量1(参数表),成员变量2(参数表),…
{
…
}

":"到"{"之间的部分就是初始化列表。初始化列表中的成员变量,既可以是成员对象,也可以是基本类型的成员变量。对于成员对象,初始化列表的"参数表"中放的就是构造函数的参数(它指明了该成员对象如何初始化)。对于基本类型成员变量,"参数表"中就是一个初始值。"参数表"中的参数可以是任何有定义的表达式,该表达式中可以包含变量,甚至函数调用等,只要表达式中的标识符都是有定义的就行。例如下面的例子:

```
//program 12.6.1.cpp 封闭类
1.   # include <iostream>
2.   using namespace std;
3.   class CTyre                              //轮胎类
4.   {
5.       private:
6.           int radius;                      //半径
7.           int width;                       //宽度
8.       public:
9.           CTyre(int r,int w):radius(r),width(w) {}
10.  };
11.  class CEngine                            //引擎类
12.  {
13.  };
14.  class CCar {                             //汽车类
15.      private:
16.          int price;                       //价格
17.          CTyre tyre;
18.          CEngine engine;
19.      public:
20.          CCar(int p,int tr,int tw);
```

```
21.  };
22.  CCar::CCar(int p,int tr,int tw):price(p),tyre(tr,tw)
23.  {
24.  };
25.  int main()
26.  {
27.      CCar car(20000,17,225);
28.      return 0;
29.  }
```

第 9 行的构造函数添加了初始化列表,将 radius 初始化成 r,width 初始化成 w。这种写法比在函数体中用 r 和 w 对 radius 和 width 进行赋值风格更好。建议对成员变量初始化都用这种写法。

CCar 是个封闭类,有 tyre 和 engine 两个成员对象。在编译第 27 行时,编译器需要弄明白,car 对象中的 tyre 和 engine 成员对象该如何初始化。编译器已经知道这里的 car 对象是用上面的 CCar(int p,int tr,int tw)构造函数初始化的,那么 tyre 和 engine 该如何初始化,就要看第 22 行,CCar(int p,int tr,int tw)后面的初始化列表了。该初始化列表中交待了,tyre 应以 tr 和 tw 作为参数调用 CTyre(int r,int w)构造函数初始化,但是没有交待 engine 该怎么处理。这种情况下,编译器就认为 engine 应该用 CEngine 类的无参构造函数初始化。而 CEngine 类确有一个编译器自动生成的默认无参构造函数,因此,整个 car 对象的初始化问题就解决了。

总之,生成封闭类对象的语句,一定要让编译器能够弄明白其成员对象是如何初始化的,否则就会编译错误。上面的程序中,如果 CCar 的构造函数没有初始化列表,那么第 27 行就会编译出错,因为编译器不知道该怎么初始化 car.tyre 对象了,CTyre 没有无参构造函数,而编译器又找不到用来初始化 car.tyre 对象的参数。

封闭类对象生成时,先执行所有成员对象的构造函数,然后才执行封闭类自己的构造函数。成员对象构造函数的执行次序和成员对象在类定义中的次序一致,与它们在构造函数初始化列表中出现的次序无关。**当封闭类对象消亡时,先执行封闭类的析构函数,然后再执行成员对象的析构函数**,成员对象析构函数的执行次序和构造函数的执行次序相反,即先构造后析构,这是 C++语言处理此类次序问题的一般规律。

```
//program 12.6.2.cpp 封闭类
1.  # include < iostream >
2.  using namespace std;
3.  class CTyre {
4.      public:
5.          CTyre() { cout << "CTyre contructor" << endl; }
6.          ~CTyre() { cout << "CTyre destructor" << endl; }
7.  };
8.  class CEngine {
9.      public:
10.         CEngine() { cout << "CEngine contructor" << endl; }
11.         ~CEngine() { cout << "CEngine destructor" << endl; }
12. };
13. class CCar {
```

新标准 C++程序设计教程

```
14.        private:
15.              CEngine engine;
16.              CTyre tyre;
17.        public:
18.              CCar()      { cout << "CCar contructor" << endl; }
19.              ~CCar() { cout << "CCar destructor" << endl; }
20.    };
21.    int main(){
22.              CCar car;
23.              return 0;
24.    }
```

程序的输出结果：

CEngine contructor
CTyre contructor
CCar contructor
CCar destructor
CTyre destructor
CEngine destructor

封闭类的对象初始化时，要先执行成员对象的构造函数，是因为封闭类的构造函数中有可能用到成员对象。如果此时成员对象还没有初始化，那么就不合理了。

思考题 为什么封闭类对象消亡时，要先执行封闭类的析构函数，然后才执行成员对象的析构函数？

2. 封闭类的复制构造函数

封闭类的对象，如果是用默认复制构造函数初始化的，那么它里面包含的成员对象，也会用复制构造函数初始化。例如下面的程序：

```
//program 12.6.3.cpp 封闭类的复制构造函数
1.    # include < iostream >
2.    using namespace std;
3.    class A
4.    {
5.    public:
6.              A() { cout << "default" << endl; }
7.              A(A & a) { cout << "copy" << endl;}
8.    };
9.    class B
10.   {
11.            A a;
12.   };
13.   int main()
14.   {
15.            B b1,b2(b1);
16.            return 0;
17.   }
```

程序的输出结果：

default
copy

说明 b2.a 是用类 A 的复制构造函数初始化的,而且调用复制构造函数时的实参就是
b1.a。

12.7 const 成员和引用成员

类还可以有常量型成员变量和引用型成员变量。这两种类型的成员变量必须在构造函数的初始化列表中进行初始化。常量型成员变量的值一旦初始化,就不能再改变。例如:

```
//program 12.7.1.cpp const 成员和引用成员
1.   #include <iostream>
2.   using namespace std;
3.   int f;
4.   class CDemo {
5.       private:
6.           const int num;          //常量型成员变量
7.           int & ref;              //引用型成员变量
8.           int value;
9.       public:
10.          CDemo(int n):num(n),ref(f),value(4)
11.          {
12.          }
13.  };
14.  int main(){
15.      cout << sizeof(CDemo) << endl;
16.      return 0;
17.  }
```

程序的输出结果:

12

12.8 友元

私有成员只能在类的成员函数内部访问,在别处如果想访问对象的私有成员,只能通过类提供的接口(成员函数)间接地进行。这固然能够带来数据隐藏的好处,利于将来程序的扩充,但也会增加眼前程序书写的麻烦。C++语言是从结构化的 C 语言发展而来,也要照顾一下结构化设计程序员的习惯,所以在对私有成员的可访问范围的问题上,也不可限制太死。C++语言设计者认为,如果有的程序员真的非常怕麻烦,就是想在类的成员函数外部直接访问对象的私有成员,那还是做一点妥协满足他们的愿望好了,这也算是眼前利益和长远利益的折中。因此 C++语言就有了"友元"(friend)的概念,打个比方,就相当于是说:朋友是值得信任的,所以可以对他们公开一些自己的隐私。

友元分为两种:友元函数和友元类。

12.8.1　友元函数

在定义一个类的时候,可以把一些函数(包括全局函数和其他类的成员函数)声明为"友元",这样那些函数就成为该类的友元函数,在友元函数内部就可以访问该类对象的私有成员了。将全局函数声明为友元的写法如下:

friend 返回值类型 函数名(参数表);

将其他类的成员函数声明为友元的写法如下:

friend 返回值类型 其他类的类名::成员函数名(参数表);

但是不能把其他类的私有成员函数声明为友元。

关于友元,请看下面的程序示例:

```
//program 12.8.1.1.cpp 友元函数
1.   # include < iostream >
2.   using namespace std;
3.   class CCar;                           //提前声明 CCar 类,以便后面的 CDriver 类使用
4.   class CDriver
5.   {
6.       public:
7.           void ModifyCar(CCar *pCar);        //改装汽车
8.   };
9.   class CCar
10.  {
11.       private:
12.           int price;
13.       friend int MostExpensiveCar(CCar cars[], int total);   //声明友元
14.       friend void CDriver::ModifyCar(CCar *pCar);            //声明友元
15.  };
16.  void CDriver::ModifyCar(CCar *pCar)
17.  {
18.      pCar -> price += 1000;                 //汽车改装后价值增加
19.  }
20.  int MostExpensiveCar(CCar cars[],int total)   //求最贵汽车的价格
21.  {
22.      int tmpMax = -1;
23.      for(int i = 0;i < total; ++i)
24.          if(cars[i].price > tmpMax)
25.              tmpMax = cars[i].price;
26.      return tmpMax;
27.  }
28.  int main()
29.  {
30.      return 0;
31.  }
```

这个程序只是为了展示一下友元的写法,所以 main 函数不做什么。

第 3 行声明了 CCar 类。CCar 类的定义在后面。之所以要提前声明一下,是因为

CDriver 类定义中用到了 CCar 类型(第 7 行),而此时 CCar 类还没有定义,编译会报错。不要第 3 行,而把 CCar 类的定义编写在 CDriver 类的前面,是解决不了这个问题的,因为 CCar 类里面也用到了 CDriver 类型(第 14 行),把 CCar 类的定义写在前面会导致第 14 行中的"CDrive"因没定义而报错。C++为此提供的解决办法就是可以简单地将一个类的名字提前声明一下,只要编写:"class 类名;"就可以了。尽管可以提前声明,但是在一个类的定义出现之前,仍然不能出现会生成该类对象的语句,只能使用该类的指针或引用。

第 13 行将全局函数 MostExpensiveCar 声明为 CCar 类的友元,所以在第 24 行就可以访问 cars[i] 的私有成员 price 了。同理,第 14 行将 CDriver 类的 ModifyCar 成员函数声明为友元,那么在第 18 行就可以访问 pCar 指针所指向的对象的私有成员变量 price 了。

12.8.2　友元类

一个类 A 可以将另一个类 B 声明为自己的友元,那么类 B 的所有成员函数都可以访问类 A 对象的私有成员了。在类定义中声明友元类的写法如下:

```
friend class 类名;
```

请看如下例程:

```
//program 12.8.2.1.cpp 友元类
1.   class CCar
2.   {
3.       private:
4.           int price;
5.           friend class CDriver;        //声明 CDriver 为友元类
6.   };
7.   class CDriver
8.   {
9.       public:
10.          CCar myCar;
11.          void ModifyCar()             //改装汽车
12.          {
13.            myCar.price += 1000;  //因为 CDriver 是 CCar 的友元类,故此处可以访问其私有成员
14.          }
15.  };
16.  int main()
17.  {
18.       return 0;
19.  }
```

第 5 行将 CDriver 声明为 CCar 的友元类。这条语句本来就是声明 CDriver 是一个类,所以 CCar 类定义以前就不用声明 CDriver 类了。第 5 行使得 CDriver 的所有成员函数都能访问 CCar 对象的私有成员。如果没有第 5 行,那么第 13 行对 myCar 私有成员 price 的访问就会导致编译出错。

一般来说,类 A 将类 B 声明为友元类,那么类 B 最好从逻辑上来讲和类 A 有比较接近的关系。例如,上面的例子,CDriver 代表司机,CCar 代表车,司机拥有车,所以 CDriver 类和 CCar 类从逻辑上来讲关系比较密切,把 CDriver 类声明为 CCar 类的友元,看上去就蛮有道理。

新标准 C++ 程序设计教程

友元关系在类之间不能传递。即 A 是 B 的友元，B 是 C 的友元，并不能导出 A 是 C 的友元。"咱俩是朋友，所以你的朋友就是我的朋友"这句话在 C++ 的友元关系上不成立。

12.9 this 指针

12.9.1 C++ 程序到 C 程序的翻译

C++ 是在 C 语言的基础上发展而来的，第一个 C++ 的编译器，实际上是将 C++ 程序翻译成 C 语言程序，然后再用 C 语言编译器进行编译。C 语言没有类的概念，只有结构，函数都是全局函数，没有成员函数。翻译时，将 class 翻译成 struct、对象翻译成结构变量是显而易见的，但是对类的成员函数应该如何翻译，对"myCar. Modify();"这样通过一个对象调用成员函数的语句，又该怎么翻译呢？

C 语言中只有全局函数，因此成员函数也只能被翻译成全局函数；"myCar. Modify();"这样的语句也只能被翻译成普通的调用全局函数的语句。那如何让翻译后的 Modify 全局函数还能作用在 myCar 这个结构变量上呢？答案就是引入"this 指针"。下面来看一段 C++ 程序到 C 程序的翻译。

C++ 程序：

```
class CCar
{
    public:
        int price;
        void SetPrice(int p);
};
void CCar::SetPrice(int p)
{
    price = p;
}
int main()
{
    CCar car;
    car.SetPrice(20000);
    return 0;
}
```

翻译后的 C 程序（此程序应存为后缀名为.c 的文件后再编译）：

```
struct CCar
{
    int price;
};
void SetPrice(CCar *this, int p)
{
    this->price = p;
}
int main()
```

```
{
    struct CCar car;
    SetPrice(& car, 20000);
    return 0;
}
```

可以看出，类被翻译成结构体，对象被翻译成结构变量，成员函数被翻译成全局函数。但是在 C 程序的全局函数 SetPrice 中，比 C++的成员函数 SetPrice 多了一个参数，就是"CCar ＊this"。"car. SetPrice(20000);"被翻译成"SetPrice(＆car, 20000);"，后者在执行时，this 形参指向的正是 car 变量，因而达到了 SetPrice 函数作用在 car 变量上的效果。

思考题　这个翻译还不完整，因为构造函数的作用没有体现出来。请思考构造函数应该怎么翻译。还有，静态成员函数和静态成员变量又该怎么翻译？

12.9.2　this 指针的作用

实际上，现在的 C++编译器从本质上来说也是按上面的办法来处理成员函数和对成员函数的调用的，即非静态成员函数实际上的形参个数，要比程序员编写的多 1 个。多出来的就是"this 指针"。这个"this 指针"指向了成员函数作用的对象，在成员函数执行的过程中，正是通过"this 指针"才能找到对象所在的地址，因而也就能找到对象的所有非静态成员变量的地址。下面程序的运行结果，能够证明这一点：

```
//program 12.9.2.1.cpp this 指针存在的证明
1.   # include < iostream >
2.   using namespace std;
3.   class A
4.   {
5.         int i;
6.     public:
7.       void Hello() { cout << "hello" << endl; }
8.   };
9.   int main()
10.  {
11.      A * p = NULL;
12.      p - > Hello();
13.  }
```

程序的输出结果：

hello

上面的程序，p 明明是个空指针，为何通过它还能正确调用 A 的成员函数 Hello 呢？因为参考上面 C++到 C 程序的翻译，"p－＞Hello()"实质上应该是"Hello(p)"，在翻译后的 Hello 函数中，cout 语句没有用到 this 指针，所以依然可以输出结果。如果 Hello 函数中有对成员变量的访问，则程序就会出错了。

C++规定，在非静态成员函数内部，可以直接使用"this"关键字，"this"就代表指向该函数所作用的对象的指针。请看下面的例子：

```
//program 12.9.2.2.cpp this 指针作用
1.   # include < iostream >
```

```
2.    using namespace std;
3.    class Complex {
4.        public:
5.        double real, imag;
6.        Complex(double r,double i):real(r),imag(i) { }
7.        Complex AddOne()
8.        {
9.            this->real++;
10.           return *this;
11.       }
12.   };
13.   int main()
14.   {
15.       Complex c1(1,1),c2(0,0);
16.       c2 = c1.AddOne();
17.       cout << c2.real << "," << c2.imag << endl;          //输出 2,1
18.       return 0;
19.   }
```

第 9 行，this 的类型是 Complex ＊ 。因为 this 就指向函数所作用的对象，所以"this－＞real"和"real"是完全等价的。"＊this"代表函数所作用的对象，而执行第 16 行，进入 AddOne 函数后"＊this"实际上就是 c1，因此 c2 的值会变得和 c1 相同。

因为**静态成员函数并不作用于某个对象**，所以在其内部是不能使用 this 指针的，否则，这个 this 指针该指向哪个对象呢？

12.10　在多个文件中使用类

在多个文件的 C++ 程序中，如果有多个.cpp 文件都用到同一个类，可以将该类的定义写在一个头文件中，然后在各个.cpp 文件中包含该头文件。类的非内联成员函数的函数体，只能出现在某一个.cpp 文件中，不能放在头文件中被多个.cpp 文件包含，否则链接的时候会发生重复定义的错误。类的内联成员函数的函数体，最好写在头文件中，这样编译器在处理内联函数的调用语句时，就能在本文件包含的头文件中找到内联函数的代码，并将这些代码插入调用语句处。内联成员函数放在头文件中被多个.cpp 文件包含，不会导致重复定义的错误。

12.11　小结

如果定义类时，一个构造函数都不编写，则编译器自动生成默认（无参）构造函数和复制构造函数。如果编写了构造函数，则编译器不自动生成默认构造函数。一个类不一定会有默认构造函数，但一定会有复制构造函数。

任何生成对象的语句，都要交代清楚对象是用哪个构造函数初始化的。即便定义对象数组，也要对数组中的每个元素如何初始化进行交代。如果不交代，编译器认为对象是用默认构造函数或参数全部可以默认的构造函数初始化。这种情况下，如果类没有默认构造函数或参数全部可以默认的构造函数,则编译出错。

复制构造函数只有一个参数,类型是同类的引用。

只有一个参数的构造函数(复制构造函数除外)都可以称为类型转换构造函数。类型转换构造函数能够使得一个其他类型的变量或常量自动转换成一个临时对象。

对象在消亡的时候会调用析构函数。

普通成员变量每个对象有各自的一份,但是静态成员变量一共就只有一份,被所有对象所共享。静态成员函数不具体作用于某个对象。即便对象不存在,也可以访问类的静态成员。静态成员函数内部不能访问非静态成员变量,也不能调用非静态成员函数。

常量对象上面不能执行非常量成员函数,只能执行常量成员函数。

包含成员对象的类称为封闭类。任何能够生成封闭类对象的语句,都要交代清楚对象中包含的成员对象是如何初始化的。如果不交代,则编译器认为成员对象是用默认构造函数或参数全部可以默认的构造函数初始化的。在封闭类的构造函数初始化列表中可以交代成员对象如何初始化。封闭类对象生成时,先执行成员对象的构造函数,再执行自身的构造函数;封闭类对象消亡时,先执行自身的析构函数,再执行成员对象的析构函数。

const 成员和引用成员必须在构造函数的初始化列表中予以初始化,此后值不可修改。

友元分为友元函数和友元类,友元关系不能传递。

成员函数中出现的 this 指针,就是指向成员函数所作用的对象的指针;因此静态成员函数内部不能出现 this 指针。成员函数实际上的参数个数比表面上看到的多一个,多出来的就是 this 指针。

习题

1. 以下说法中正确的是(　　　)。

A. 一个类一定会有无参构造函数

B. 构造函数的返回值类型是 void

C. 一个类只能定义一个析构函数,但可以定义多个构造函数

D. 一个类只能定义一个构造函数,但可以定义多个析构函数

2. 对于通过 new 运算符生成的对象(　　　)。

A. 在程序结束时自动析构

B. 执行 delete 操作时才能析构

C. 在包含该 new 语句的函数返回时自动析构

D. 在执行 delete 操作时会析构,如果没有执行 delete 操作,则在程序结束时自动析构

3. 如果某函数的返回值是个对象,则该函数被调用时,返回的对象(　　　)。

A. 是通过复制构造函数初始化的

B. 是通过无参数的构造函数初始化的

C. 用哪个构造函数初始化取决于函数中 return 语句是怎么写的

D. 不需要初始化

4. 以下说法正确的是(　　　)。

A. 在静态成员函数中可以调用同类的其他任何成员函数

B. const 成员函数不能作用于非 const 对象

C. 在静态成员函数中不能使用 this 指针

D. 静态成员变量每个对象有各自的一份

5. 以下关于 this 指针的说法中不正确的是（　　）。

A. const 成员函数内部不可以使用 this 指针

B. 成员函数内的 this 指针，指向成员函数所作用的对象

C. 在构造函数内部可以使用 this 指针

D. 在析构函数内部可以使用 this 指针

6. 请写出下面程序的输出结果。

```cpp
class CSample {
    int x;
public:
  CSample() { cout << "C1" << endl;}
  CSample(int n) {
    x = n;
    cout << "C2,x = " << n << endl;}
};
int main(){
    CSample array1[2];
    CSample array2[2] = {6,8};
    CSample array3[2] = {12};
    CSample * array4 = new CSample[3];
    return 0;
}
```

7. 请写出下面程序的运行结果。

```cpp
# include < iostream >
using namespace std;
class Sample{
public:
    int v;
    Sample() { };
    Sample(int n):v(n) { };
    Sample(Sample & x) { v = 2 + x.v ; }
};
Sample PrintAndDouble(Sample o) {
    cout << o.v;
    o.v = 2 * o.v;
    return o;
}
int main()  {
    Sample a(5);
    Sample b = a;
    Sample c = PrintAndDouble( b );
    cout << endl;
    cout << c.v << endl;
    Sample d;
```

```
    d = a;
    cout << d.v;
}
```

8.下面程序的输出结果是：

```
0
5
```

请填空：

```
class A {
public:
    int val;
    A(_____){ val = n; };
    _____ GetObj() {
        return _____;
    }
};
main()  {
    A a;
    cout << a.val << endl;
    a.GetObj() = 5;
    cout << a.val << endl;
}
```

9. 下面程序的输出结果是：

```
10
```

请补充 Sample 类的成员函数，不能增加成员变量。

```
#include <iostream>
using namespace std;
class Sample{
public:
    int v;
    Sample(int n):v(n) {};
};
int main() {
    Sample a(5);
    Sample b = a;
    cout << b.v;
    return 0;
}
```

10. 下面程序的输出结果是：

```
5,5
5,5
```

请填空：

```
# include < iostream >
using namespace std;
class Base {
public:
    int k;
    Base( int n ):k(n) {}
};
class Big  {
public:
    int v; Base b;
    Big _____{}
    Big _____{}
};
int main()  {
    Big a1(5);    Big a2 = a1;
    cout << a1.v << "," << a1.b.k << endl;
    cout << a2.v << "," << a2.b.k << endl;
    return 0;
}
```

11. 完成附录"魔兽世界大作业"中提到的第一阶段作业。

CHAPTER 13

运算符重载

13.1　运算符重载的概念和原理

如果不做特殊处理的话，C++的"＋""－""＊""/"等运算符只能用于对基本类型的常量或变量进行运算，不能用于对象之间的运算。有时会希望对象之间也能用这些运算符进行运算，以达到使程序更简洁、易懂的目的。例如，复数是可以进行四则运算的，两个复数对象相加如果直接能用"＋"运算符完成，那不是很直观和简洁吗？利用 C++ 提供的"运算符重载"机制，赋予运算符新的功能，就能解决用"＋"运算符将两个复数对象相加的问题。

运算符重载就是对已有的运算符赋予多重含义，使同一运算符作用于不同类型的数据时导致不同的行为。运算符重载的目的是使得 C++ 中运算符也能够用来操作对象。

运算符重载的实质是编写以运算符作为名称的函数。不妨把这样的函数称为运算符函数。运算符函数的格式如下：

返回值类型 operator 运算符(形参表)
{
　　…
}

使用了被重载的运算符的表达式，会被编译成对运算符函数的调用，运算符的操作数成为函数调用时的实参，运算的结果就是函数的返回值。运算符可以被多次重载。运算符可以被重载为全局函数，也可以被重载为成员函数。一般来说，倾向于能重载为成员函数，就重载为成员函数，这样能够较好地体现运算符和类的关系。请看下面的例子：

```
//program 13.1.1.cpp 运算符重载
1.  # include < iostream >
2.  using namespace std;
3.  class Complex
4.  {
5.    public:
```

```
6.        double real,imag;
7.        Complex( double r = 0.0, double i = 0.0 ):real(r),imag(i)    {}
8.        Complex operator－(const Complex & c);
9.    };
10.  Complex operator＋( const Complex & a, const Complex & b)
11.  {
12.        return Complex( a.real＋b.real,a.imag＋b.imag);          //返回一个临时对象
13.  }
14.  Complex Complex∷operator－(const Complex & c)
15.  {
16.         return Complex(real － c.real, imag － c.imag);          //返回一个临时对象
17.  }
18.  int main()
19.  {
20.        Complex a(4,4),b(1,1),c;
21.        c = a + b;                                              //等价于 c = operator＋(a,b);
22.        cout << c.real << "," << c.imag << endl;
23.        cout << (a－b).real << "," << (a－b).imag << endl;        //a－b 等价于 a.operator－(b)
24.        return 0;
25.  }
```

程序的输出结果:

5,5
3,3

程序将"＋"重载为一个全局函数(只是为了演示这种做法,否则还是重载成成员函数更好),将"－"重载为一个成员函数。**运算符重载为全局函数时,参数的个数等于运算符的目数(即操作数的个数);重载为成员函数时,参数的个数等于运算符的目数减1。**

如果"＋"没有被重载的话,第21行会编译出错,因为编译器不知道对两个 Complex 对象进行"＋"操作是什么意思。有了对"＋"的重载,编译器就将"a＋b"理解为对运算符函数的调用"operator ＋ (a,b)",因此第21行就等价于:

```
c = operator＋(a,b);
```

即以两个操作数 a,b 作为参数调用了名为"operator＋"的函数,并将返回值赋值给 c。

第12行,**在 C++中,"类名(构造函数实参表)"这个写法表示生成一个临时对象。**该临时对象没有名字,生存期就到包含它的语句执行完为止。因此,第12行实际上就生成了一个临时的 Complex 对象作为 return 语句的返回值,该临时对象被初始化成等于 a、b 之和。第16行与第12行类似。

由于"－"被重载成了 Complex 类的成员函数,因此,第23行中的"a－b",就被编译器处理成:

```
a.operator－(b);
```

由此就能看出,为什么运算符重载为成员函数时,参数个数要比运算符目数少1了。

13.2   重载赋值运算符"＝"

赋值运算符"＝"要求左右两个操作数类型是匹配或至少是兼容的。有时会希望"＝"两边的操作数类型即使不兼容,也能够成立,这就需要对"＝"进行重载了。C++规定"＝"只能

重载为成员函数。

要编写一个长度可变的字符串类 String,该类有一个 char ＊类型的成员变量,用以指向动态分配的存储空间,该存储空间用来存放以 '\0' 结尾的字符串。String 类可以如下编写：

```
//program 13.2.1.cpp 重载" = "
1.   # include < iostream >
2.   # include < cstring >
3.   using namespace std;
4.   class String {
5.       private:
6.           char *str;
7.       public:
8.           String ():str(NULL) {}
9.           const char *c_str() const { return str; };
10.          String & operator = (const char *s);
11.          String::~String();
12.  };
13.  String & String::operator = (const char *s)
14.  //重载" = "以使得 obj = "hello"能够成立
15.  {
16.      if(str)
17.          delete [] str;
18.      if(s) {   //s 不为 NULL 才会执行复制
19.          str = new char[strlen(s) + 1];
20.          strcpy(str, s);
21.      }
22.      else
23.          str = NULL;
24.      return * this;
25.  }
26.  String::~String()
27.  {
28.      if(str)
29.          delete [] str;
30.  };
31.  int main()
32.  {
33.      String s;
34.      s = "Good Luck," ;                //等价于 s.operator = ("Good Luck,");
35.      cout << s.c_str() << endl;
36.      //String s2 = "hello!";           //这条语句要是不注释掉就会出错
37.      s = "Shenzhou 8!";               //等价于 s.operator = ("Shenzhou 8!");
38.      cout << s.c_str() << endl;
39.      return 0;
40.  }
```

程序的输出结果：

Good Luck,
Shenzhou 8*!*

第 8 行的构造函数将 str 初始化为 NULL,仅当执行了 operator＝成员函数后,str 才会指向动态分配的存储空间,并且从此后其值不可能再为 NULL。在 String 对象生存期内,有可能从未执行过 operator＝成员函数,所以在析构函数中,delete［］str 之前要先判断 str 是否为 NULL。

第 9 行的函数返回了指向 String 对象内部动态分配的存储空间的指针。但是不希望外部得到这个指针后,去修改其指向的字符串的内容,因此,将返回值设为 const char ＊。这样,假定 s 是 String 对象,那么下面两条语句编译时都会报错,s 对象内部的字符串就不会轻易地从外部被修改了:

```
char *p = s.c_str();
strcpy(s.c_str(),"Tiangong 1");
```

第一条语句出错是因为"＝"左边是 char ＊ 类型,右边是 const char ＊类型,两边类型不匹配;第二条语句出错是因为 strcpy 函数的第一个形参是 char ＊类型的,而这里实参给的却是 const char ＊类型的,同样类型不匹配。

如果没有第 13 行对"＝"的重载,第 34 行的"s ＝ "Good Luck,""肯定会因为类型不匹配而编译出错。经过重载后,第 34 行等价于"s. operator＝("Good Luck,");",就没有问题了。在 operator＝函数中,要先判断 str 是否已经指向动态分配的存储空间,如果是,那么要先释放那片空间,然后重新分配一片空间,再将参数 s 指向的内容复制过去。这样,对象中存放的字符串就和 s 指向的字符串一样了。分配空间的时候要考虑到字符串结尾的'\0',所以分配的字节数要比 strlen(s)多 1。

需要注意一点,即使对"＝"做了重载,第 36 行的"String s2 ＝ "hello!";"还是会编译出错的,因为这是条初始化语句,要用到构造函数,而不是赋值号"＝"。String 类没有编写参数类型为 char ＊的构造函数,因此编译不能通过。

operator＝ 函数的返回值的类型,就上面的程序而言,没有什么特别的要求,void 也可以。但是**对运算符进行重载时,好的风格是应该尽量保留运算符原本的特性**,这样别人在使用这个运算符时,才不容易产生困惑。赋值运算符是可以连用的,这个特性在重载后也应该被保持,即下面的写法应该合法:

```
a = b = "Hello";
```

假定 a,b 都是 String 对象,那么上面这条语句会等价于下面的嵌套函数调用:

```
a.operator = (b.operator = ("Hello"));
```

如果 operator＝返回值类型为 void,显然上面这个嵌套函数调用就不能成立了。将返回值类型改为 String 并且返回 ＊this 可以解决问题,但是还不够好。假设 a、b、c 是基本类型的变量,那么:

```
(a = b) = c;
```

这条语句执行的效果,会使得 a 的值变成和 c 相等,即"a＝b"这个表达式的值其实是 a 的引用。为了保持"＝"的这个特性,operator＝也应该返回其所作用的对象的引用,所以返回值类型为 String & 才是风格最好的写法。在 a,c 都是 String 对象,b 是 char ＊指针时,"(a＝b)＝c;"会等价于:

```
(a.operator = (b)).operator = (c);
```

a.operator＝(b)返回对 a 的引用后,通过该引用继续调用 operator＝(c),就会改变 a 的值。

13.3 浅复制和深复制

同类对象之间可以通过赋值运算符"＝"互相赋值。如果没有经过重载,"＝"的作用就是把左边的对象的每个成员变量都变得和右边的对象相等,即执行逐个字节复制的工作,这种复制称为"浅复制"。有时,两个对象相等,从实际应用的含义上来讲,指的并不应该是两个对象的每个字节都一样,而是有其他解释,这个时候就需要对"＝"进行重载了。例如,前面的程序 13.2.1.cpp,两个 String 对象相等,其意义到底应该是什么呢? 是两个对象的 str 成员变量都指向同一个地方,还是两个对象的 str 成员变量指向的内存空间中放着的内容相同。如果把 String 对象理解为存放字符串的对象,那应该是后者比较合理、符合习惯;而前者不但不符合习惯,还会导致 bug。

按照 13.2 节的程序 13.2.1.cpp 中 String 类的写法,下面的程序段会引发问题:

```
String s1, s2;
s1 = "this";
s2 = "that";
s2 = s1;
```

执行完上面第 3 行后,s1 和 s2 的状态如图 13.1(a)所示,它们的 str 成员变量指向不同的存储空间。

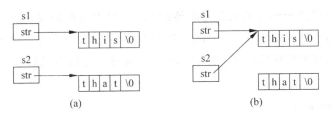

图 13.1 程序执行时 str 成员变量指向情况

"s2 = s1;"执行的是浅复制,执行完"s2 = s1;"后,s2.str 和 s1.str 指向了同一个位置,如图 13.1(b)所示。这导致 s2.str 原来指向的那片动态分配的存储空间再也不会被释放,变成内存垃圾。此外,s1 和 s2 消亡的时候都会执行"delete [] str;",这就使得同一片存储空间被释放两次,会导致严重的内存错误,可能引发程序意外中止。

为解决上述问题,需要对"＝"做再次重载。重载后"＝"的逻辑,应该是使得执行"s2＝s1"后 s2.str 和 s1.str 依然指向不同的位置,但是这两个位置所存储的字符串是一样的。再重载 "＝"写法如下:

```
1.   String & String::operator = (const String & s)
2.   {
3.       if( str == s.str)
4.           return *this;
5.       if(str)
```

```
6.          delete [] str;
7.      if(s.str) {                        //s.str 不为 NULL 才会执行复制
8.          str = new char[strlen(s.str) + 1];
9.          strcpy(str,s.str);
10.     }
11.     else
12.         str = NULL;
13.     return *this;
14. }
```

经过重载,赋值号"="的功能,不再是浅复制,而是将一个对象中指针成员变量指向的内容,复制到另一个对象中指针成员变量指向的地方去。这样的复制称为"深复制"。

程序第 3 行要判断 str==s.str,是因为要执行如下的语句:

s1 = s1;

这条语句本该不改变 s1 的值才对。"s1＝s1"等价于"s.operator＝(s1)",如果没有第 3 行和第 4 行,就会导致函数执行中的 str 和 s.str 完全是同一个指针(因为形参 s 引用了实参 s1,那么可以说 s 就是 s1)。第 8 行为 str 新分配一片存储空间,第 9 行从自己复制到自己,那么 str 指向的内容就不知道变成什么了。

当然程序员可能不会编写"s1＝s1;"这样莫名其妙的语句,但是可能会编写"rs1＝rs2;",如果 rs1 和 rs2 都是 String 类的引用,而且它们正好引用了同一个 String 对象,那么就等于发生了"s1＝s1;"这样的情况。

思考题 上面的两个 operator＝函数有什么可以改进以提高执行效率的地方?

重载了两次"="的 String 类依然可能导致 bug。因为没有编写复制构造函数,所以一旦出现了用复制构造函数初始化的 String 对象(如 String 对象作为函数形参,String 对象作为函数返回值),就可能导致问题。最简单的可能导致问题的情况如下:

```
String s2;
s2 = "Transformers";
String s1(s2);
```

s1 是以 s2 作为实参,调用默认复制构造函数来初始化。默认复制构造函数使得 s1.str 和 s2.str 指向同一个位置,即执行的是浅复制,这就导致了前面提到过的,没有对"="进行第二次重载时会产生的问题。因此还应该为 String 类编写如下复制构造函数,以完成深复制:

```
String::String(String & s)
{
    if(s.str) {
        str = new char[strlen(s.str) + 1];
        strcpy(str,s.str);
    }
    else
        str = NULL;
}
```

思考题　为什么复制构造函数中不要下面这几条语句了?

```
if(str == s.str)
    return;
if(str)
    delete [] str;
```

13.4　运算符重载为友元函数

　　一般情况下,将运算符重载为类的成员函数是较好的选择。但有时,重载为成员函数不能满足使用要求,重载为全局函数又不能访问类的私有成员,所以需要将运算符重载为友元。例如,对于复数类 Complex 的对象,希望它能够和整型以及实数型数据做四则运算,如假设 c 是 Complex 对象,希望"c+5"和"5+c"这两个表达式都能解释得通。将"+"重载为 Complex 类的成员函数能解释"c+5",但是无法解释"5+c"。要让"5+c"有意义,则应对"+"进行再次重载,重载为一个全局函数。为了使该全局函数能访问 Complex 对象的私有成员,就应该将其声明为 Complex 类的友元。具体写法如下:

```
class Complex
{
    double real,imag;
public:
    Complex(double r, double i):real(r),imag(i){};
    Complex operator + ( double r );
    friend Complex operator + (double r, const Complex & c);
};
Complex Complex::operator + ( double r )
{//能解释 c+5
    return Complex(real + r,imag);
}
Complex operator + (double r,const Complex & c)
{//能解释 5+c
    return Complex(c.real + r, c.imag);
}
```

13.5　实例——长度可变的整型数组类

　　实践中经常碰到程序中要分配一个数组空间,不知道该分配多大空间最合适的问题。按照最大的可能性分配空间,会造成空间浪费;空间分配小了当然更不可以。如果用动态内存分配的方式来解决,需要多少空间就动态分配多少,固然可以解决这个问题,但是要确保动态分配的内存在每一条执行路径上都能够被释放,也是一件头疼的事情。因此需要编写一个长度可变的数组类,该类的对象就能存放一个可变长数组。希望该数组类有以下特点。

　　(1) 数组的元素个数可以在初始化该对象的时候指定。

　　(2) 可以动态往数组中添加元素。

（3）使用该类的时候不用操心动态内存分配、释放问题。

（4）能够像使用数组那样来使用动态数组类对象，如可以通过下标来访问其元素。

这样的数组类如下编写：

```cpp
//program 13.5.1.cpp 可变长动态数组类
1.   # include < iostream >
2.   # include < cstring >
3.   using namespace std;
4.   class  CArray
5.   {
6.       int size;                                //数组元素的个数
7.       int * ptr;                               //指向动态分配的数组
8.   public:
9.     CArray(int s = 0);                         //s代表数组元素的个数
10.      CArray(const CArray & a);
11.      ~CArray();
12.      void push_back(int v);                   //用于在数组尾部添加一个元素 v
13.      CArray & operator = (const CArray & a);  //用于数组对象间的赋值
14.      int length() { return size; }            //返回数组元素个数
15.      int & CArray::operator[](int i)
16.      {//用以支持根据下标访问数组元素,如 a[i] = 4 和 n = a[i]这样的语句
17.          return ptr[i];
18.      }
19.  };
20.  CArray::CArray(int s):size(s)
21.  {
22.       if(s == 0)
23.           ptr = NULL;
24.       else
25.           ptr = new int[s];
26.  }
27.  CArray::CArray(const CArray & a)
28.  {
29.       if( !a.ptr) {
30.           ptr = NULL;
31.           size = 0;
32.           return;
33.       }
34.       ptr = new int[a.size];
35.       memcpy(ptr, a.ptr, sizeof(int) * a.size);
36.       size = a.size;
37.  }
38.  CArray::~CArray()
39.  {
40.           if(ptr) delete [] ptr;
41.  }
42.  CArray & CArray::operator = (const CArray & a)
43.  {   //赋值号的作用是使" = "左边对象中存放的数组,大小和内容都和右边的对象一样
44.      if(ptr == a.ptr)                         //防止 a = a这样的赋值导致出错
45.          return *this;
```

```
46.      if(a.ptr == NULL) {   //如果 a 里面的数组是空的
47.             if( ptr )
48.                 delete [ ] ptr;
49.             ptr = NULL;
50.             size = 0;
51.             return *this;
52.        }
53.        if(size < a.size) {                       //如果原有空间够大,就不用分配新的空间
54.           if(ptr)
55.              delete [ ] ptr;
56.           ptr = new int[a.size];
57.        }
58.        memcpy(ptr,a.ptr,sizeof(int) * a.size);
59.        size = a.size;
60.        return *this;
61.  }
62.  void CArray::push_back(int v)
63.  {   //在数组尾部添加一个元素
64.      if(ptr) {
65.             int *tmpPtr = new int[size + 1];       //重新分配空间
66.             memcpy(tmpPtr,ptr,sizeof(int) * size);  //复制原数组内容
67.             delete [ ] ptr;
68.             ptr = tmpPtr;
69.      }
70.      else                                         //数组本来是空的
71.             ptr = new int[1];
72.             ptr[size++] = v;                       //加入新的数组元素
73.  }
74.  int main()
75.  {
76.      CArray a;                                    //开始的数组是空的
77.      for( int i = 0;i < 5;++i)
78.          a.push_back(i);
79.      CArray a2,a3;
80.      a2 = a;
81.      for( int i = 0; i < a.length(); ++i)
82.          cout << a2[i] << " " ;
83.      a2 = a3;                                      //a2 是空的
84.      for( int i = 0; i < a2.length(); ++i )         //a2.length()返回 0
85.          cout << a2[i] << " ";
86.      cout << endl;
87.      a[3] = 100;
88.      CArray a4(a);
89.      for( int i = 0; i < a4.length(); ++i )
90.          cout << a4[i] << " ";
91.      return 0;
92.  }
```

程序的输出结果:

0 1 2 3 4

0 1 2 100 4

"[]"是双目运算符,两个操作数,一个在里面,一个在外面。表达式"a[i]"等价于"a.operator[](i)"。按照"[]"原有的特性,"a[i]"是应该能够作为左值使用的,所以"operator"[]这个函数应该返回引用。

思考题 每次在数组尾部添加一个元素都要重新分配内存并且复制原有内容,显然是效率低下的。有什么办法能够加快添加元素的速度呢?

13.6 重载流插入运算符和流提取运算符

在 C++中,左移运算符"<<"可以和"cout"一起使用于输出,因此也常被称为"流插入运算符"。实际上"<<"本来没有这样的功能,之所以能和"cout"一起使用,是因为被重载了。cout 是 ostream 类的对象。ostream 类和 cout 都是在 iostream 这个头文件中声明的。ostream 类将"<<"重载为成员函数,而且重载了多次。为了使"cout << "Star War""能够成立,ostream 类需要将"<<"如下重载:

```
ostream & ostream::operator <<( const char *s )
{
    …//输出 s 到屏幕的代码
    return *this;
}
```

为了使"cout << 5;"能够成立,ostream 类还需要将"<<"如下重载:

```
ostream & ostream::operator <<(int n)
{
    …//输出 n 到屏幕的代码
    return *this;
}
```

重载函数的返回值类型为 ostream 的引用,并且函数返回 * this,就使得"cout<<"Star War"<<5"能够成立。有了上面的重载,"cout<<"Star War"<<5;"就会等价于:

```
(cout.operator <<("Star War")).operator <<(5);
```

重载函数返回 * this,使得"cout<<"Star War""这个表达式的值依然是 cout(说得更准确一点就是 cout 的引用,等价于 cout),所以能够接着跟"<<5"继续进行运算。

cin 是 istream 类的对象,是在头文件 iostream 中声明的。istream 类将"$>>$"重载为成员函数,因此 cin 才能和"$>>$"连用以输入数据。一般也将"$>>$"称为流提取运算符。

例 13.1 假定 c 是 Complex 复数类的对象,现在希望编写"cout << c;",就能以"a+bi"的形式输出 c 的值;编写"cin>>c;",就能从键盘接受"a+bi"形式的输入,并且使得 c.real=a,c.imag=b。

显然,要对"<<"和"$>>$"进行重载,程序如下:

```
//program 13.6.1.cpp 重载 << 和 >>
1.   # include < iostream >
2.   # include < string >
3.   # include < cstdlib >
```

```
4.   using namespace std;
5.   class Complex
6.   {
7.        double real,imag;
8.   public:
9.        Complex(double r = 0, double i = 0):real(r),imag(i){};
10.       friend ostream & operator <<(ostream & os,const Complex & c);
11.       friend istream & operator >>(istream & is,Complex & c);
12.   };
13.  ostream & operator <<(ostream & os,const Complex & c)
14.  {
15.       os << c.real << " + " << c.imag << "i";              //以"a + bi"的形式输出
16.       return os;
17.  }
18.  istream & operator >>(istream & is,Complex & c)
19.  {
20.       string s;
21.       is >> s;                           //将"a + bi"作为字符串读入，"a + bi" 中间不能有空格
22.       int pos = s.find(" + ",0);
23.       string sTmp = s.substr(0,pos);              //分离出代表实部的字符串
24.       c.real = atof(sTmp.c_str());
                                            //atof 库函数能将 const char * 指针指向的内容转换成 float
25.       sTmp = s.substr(pos + 1, s.length() - pos - 2); //分离出代表虚部的字符串
26.       c.imag = atof(sTmp.c_str());
27.       return is;
28.  }
29.  int main()
30.  {
31.       Complex c;
32.       int n;
33.       cin >> c >> n;
34.       cout << c << "," << n;
35.       return 0;
36.  }
```

程序运行结果如下：

<u>13.2 + 133i   87</u>✓
13.2 + 133i, 87

因为没有办法修改 ostream 类和 istream 类，所以只能将"<<"和">>"重载为全局函数的形式。由于这两个函数需要访问 Complex 类的私有成员，因此在 Complex 类定义中将它们声明为友元。"cout << c"会被解释成"operator<<(cout,c)"，那么编写 operator<<函数时，它的两个参数就不难确定。

第 13 行，参数 os 只能是 ostream 的引用，而不能是 ostream 对象，因为 ostream 的复制构造函数是私有的，没有办法生成 ostream 参数对象。operator<<函数的返回值类型设为 ostream &，并且返回 os，就能够实现"<<"的连续使用，如"cout<<c<<5"。本程序中，执行第 15 行的"cout<<c"进入 operator<<后，os 引用的就是 cout，因此第 15 行就能产生输出。

用 cin 读入复数时,对应的输入必须是"a＋bi"的格式,而且中间不能有空格,如输入"13.2＋33.4i"。第 21 行的"is ＞＞ s;"读入一个字符串。假定输入的格式是没有错误的,那么被读入 s 的就是"a＋bi"格式的字符串。读入后需要将字符串中的实部 a 和虚部 b 分离出来,分离的办法就是找出被"＋"隔开的两个子串,然后将两个字串转换成浮点数。第 24 行调用了标准库函数 atof 来将字符串转换为浮点数。该函数原型是:float atof(const char ＊),在 cstdlib 头文件中声明。

13.7 重载强制类型转换运算符

在 C++语言中,类型的名字(包括类的名字)本身也是一种运算符,即强制类型转换运算符。强制类型转换运算符是单目运算符,也可以被重载,但只能重载为成员函数,不能重载为全局函数。经过适当重载后,"(类型名)对象"这个对对象进行强制类型转换的表达式,就会等价于:"对象. operator 类型名()",即变成对运算符函数的调用。

下面的程序对"double"这个强制类型转换运算符进行了重载:

```
//program 13.7.1.cpp 重载 double
1.    # include < iostream >
2.    using namespace std;
3.    class Complex
4.    {
5.        double real, imag;
6.        public:
7.            Complex(double r = 0, double i = 0):real(r), imag(i) {};
8.            operator double () { return real; }        //重载强制类型转换运算符 double
9.    };
10.   int main()
11.   {
12.        Complex c(1.2, 3.4);
13.        cout << (double)c << endl;                    //输出 1.2
14.        double n = 2 + c;                             //等价于 double n = 2 + c. operator double()
15.        cout << n;                                    //输出 3.2
16.   }
```

程序的输出结果:

```
1.2
3.2
```

第 8 行对 double 运算符进行了重载。重载强制类型转换运算符时,不要指定返回值类型,因为返回值类型是确定的,就是那个运算符代表的类型,在这里就是 double。

重载后的效果是第 13 行的"(double)c",就等价于"c. operator double()"。

有了对 double 运算符的重载,本该出现 double 类型的变量或常量的地方,如果出现了一个 Complex 类型的对象,那么该对象上的 operator double 成员函数就会被调用,然后取其返回值使用。

例如第 14 行,编译器认为本行中"c"这个位置如果出现的是一个 double 类型的变量或

常量的话,就能够解释得通,而 Complex 类正好重载了 double 运算符,因而本行就等价于:

```
double n = 2 + c.operator double();
```

13.8　重载自增、自减运算符

自增运算符"＋＋"、自减运算符"－－"都可以被重载。但是它们有前置、后置之分。以"＋＋"为例,假设 obj 是一个 CDemo 类的对象,"＋＋obj"和"obj＋＋"本应该是不一样的,前者的返回值应该是 obj 被修改后的值,而后者的返回值应该是 obj 被修改前的值。如果如下重载"＋＋":

```
CDemo CDemo::operator++()
{
    …
    return *this;
}
```

那么不论"obj＋＋"还是"＋＋obj",都等价于"obj.operator＋＋()",无法体现出差别。为了解决这个问题,C++规定,在重载"＋＋"或"－－"时,允许多编写一个没用的 int 类型形参的版本,编译器处理"＋＋"或"－－"前置的表达式时,调用参数个数正常的重载函数;而处理"＋＋"或"－－"后置的表达式时,调用多出一个参数的重载函数。请看下面的例子:

```
     //program 13.8.1.cpp, 重载 ++ 和 --
1.   # include < iostream >
2.   using namespace std;
3.   class CDemo {
4.     private:
5.        int n;
6.     public:
7.        CDemo( int i = 0 ):n(i) { }
8.        CDemo operator++();                //用于前置形式
9.        CDemo operator++( int );           //用于后置形式
10.       operator int () { return n; }
11.       friend CDemo operator -- (CDemo & );
12.       friend CDemo operator -- (CDemo & ,int);
13.  };
14.  CDemo CDemo::operator++()
15.  {//前置 ++
16.      n ++;
17.      return *this;
18.  }
19.  CDemo CDemo::operator++( int k )
20.  {//后置 ++
21.      CDemo tmp( * this);                 //记录修改前的对象
22.      n ++;
23.      return tmp;                         //返回修改前的对象
24.  }
25.  CDemo operator -- (CDemo & d)
```

```
26. {//前置--
27.        d.n--;
28.        return d;
29. }
30. CDemo operator--(CDemo & d,int)
31. {//后置--
32.        CDemo tmp(d);
33.        d.n--;
34.        return tmp;
35. }
36. int main()
37. {
38.        CDemo d(5);
39.        cout << (d++) << ",";                    //等价于 d.operator++(0);
40.        cout << d << ",";
41.        cout << (++d) << ",";                    //等价于 d.operator++();
42.        cout << d << endl;
43.        cout << (d--  ) << ",";                  //等价于 operator--(d,0);
44.        cout << d << ",";
45.        cout << (--d) << ",";                    //等价于 operator--(d);
46.        cout << d << endl;
47.        return 0;
48. }
```

程序的输出结果:

```
5,6,7,7
7,6,5,5
```

本程序将"++"重载为成员函数,将"--"重载为全局函数。其实都重载为成员函数更好。这里将"--"重载为全局函数只是为了说明可以这么做而已。

调用后置形式的重载函数时,对于那个没用的 int 形参,编译器自动以 0 作为实参。如第 39 行,"d++"等价于"d.operator++(0)"。

对比前置"++"和后置"++"的重载,可以发现,后置"++"的执行效率比前置的低。因为后置方式的重载函数中,要多生成一个局部对象 tmp(第 21 行),而对象的生成会引发构造函数调用,需要耗费时间。同理,后置"--"的执行效率也比前置的低。

在有的编译器中(如 Visual Studio 2010),如果没有后置形式的重载,那么后置形式的自增或自减表达式也被当做前置形式处理。而在有的编译器中(如 Dev C++),不进行后置形式的重载,那么后置形式的表达式就会编译出错。

13.9　运算符重载的注意事项

在 C++中进行运算符重载,有以下问题需要注意。

(1) **重载后运算符的含义应该符合原有用法习惯**。例如,重载"+"完成的功能就应该类似于做加法,在重载的"+"中做减法,实在是很让人困惑的。此外,重载应尽量保留运算符原有的特性。

（2）C++规定，运算符重载不改变运算符的优先级。

（3）以下运算符不能被重载：".""."."、"∷"、"?∶"、"sizeof"。

（4）重载运算符"()"、"[]"、"->"或者赋值运算符"="时，只能将它们重载为成员函数，不能重载为全局函数。

13.10　小结

运算符重载的实质是将运算符重载成一个函数，使用运算符的表达式就被解释成对重载函数的调用。

运算符可以重载为全局函数。此时函数的参数个数就是运算符的操作数个数，运算符的操作数就成为函数的实参。

运算符也可以重载为成员函数。此时函数的参数个数就是运算符的操作数个数减 1，运算符的操作数有一个成为函数作用的对象，其余的成为函数的实参。

必要的时候需要重载赋值运算符"="，以避免两个对象内部的指针指向同一片存储空间。

运算符可以重载为全局函数，然后声明为类的友元。

"<<"和">>"是在 iostream 中被重载才成为"流插入运算符"和"流提取运算符"的。

类型的名字可以作为强制类型转换运算符，它也可以被重载为类的成员函数。它能使对象被自动转换为某种类型。

自增、自减运算符各有两种重载方式，用于区别前置用法和后置用法。

运算符重载不改变运算符的优先级；重载运算符时，应该尽量保留运算符原本的特性。

习题

1. 如果将运算符"[]"重载为某个类的成员运算符（也即成员函数），则该成员函数的参数个数是（　　）。

A. 0 个　　　　　　B. 1 个　　　　　　C. 2 个　　　　　　D. 3 个

2. 如果将运算符"＊"重载为某个类的成员运算符（也即成员函数），则该成员函数的参数个数是（　　）。

A. 0 个　　　　　　B. 1 个　　　　　　C. 2 个　　　　　　D. 0 个或 1 个均可

3. 下面程序的输出是（　　）。

```
3＋4i
5＋6i
```

请补充 Complex 类的成员函数。不能加成员变量。

```
# include <iostream>
# include <cstring>
using namespace std;
class Complex {
```

```
private:
    double r, i;
public:
    void Print() {
        cout << r << " + " << i << "i" << endl;
    }
};
int main() {
    Complex a;
    a = "3 + 4i"; a.Print();
    a = "5 + 6i"; a.Print();
    return 0;
}
```

4. 下面的 MyInt 类只有一个成员变量。MyInt 类内部的部分代码被隐藏了。假设下面的程序能编译通过,且输出结果是:

4,1

请写出被隐藏的部分(要求编写的内容必须是能全部放进 MyInt 类内部的,MyInt 的成员函数中不允许使用静态变量)。

```
# include < iostream >
using namespace std;
class MyInt  {
    int nVal;
    public:
        MyInt(int n) { nVal = n ;}
        int ReturnVal() { return nVal;}
        …
};
int main ()  {
    MyInt objInt(10);
    objInt - 2 - 1 - 3;
    cout << objInt.ReturnVal();
    cout <<","; 　  objInt - 2 - 1;
    cout << objInt.ReturnVal();
    return 0;
}
```

5. 下面的程序输出结果是:

(4,5)
(7,8)

请填空:

```
# include < iostream >
using namespace std;
class Point {
private:
    int x;
```

```
        int y;
public:
        Point(int x_,int y_ ):x(x_),y(y_) {};
        _____;
};
_____ operator << (_____, const Point & p){
        _____;
        return _____;
}
int main(){cout << Point(4,5) << Point(7,8);return 0;}
```

6. 编写一个二维数组类 Array2，使得程序的输出结果是：

```
0,1,2,3,
4,5,6,7,
8,9,10,11,
next
0,1,2,3,
4,5,6,7,
8,9,10,11,
```

7. 编写一个 MyString 类，使得程序的输出结果是：

```
1.   abcd - efgh - abcd -
2.   abcd -
3.
4.   abcd - efgh -
5.   efgh -
6.   c
7.   abcd -
8.   ijAl -
9.   ijAl - mnop
10.  qrst - abcd -
11.  abcd - qrst - abcd -  uvw xyz
about
big
me
take
abcd
qrst - abcd -
```

程序如下：

```
# include < iostream >
# include < cstring >
# include < cstdlib >
using namespace std;
int CompareString(const void ∗e1,
        const void ∗e2) {
    MyString ∗s1 = (MyString ∗ ) e1;
    MyString ∗s2 = (MyString ∗ ) e2;
    if( ∗s1 < ∗s2 )     return − 1;
```

```cpp
        else if( *s1 == *s2) return 0;
        else if( *s1 > *s2 ) return 1;
    }
main() {
    MyString s1("abcd-"),s2,
            s3("efgh-"),s4(s1);
    MyString SArray[4] =
            {"big","me","about","take"};
    cout << "1. " << s1 << s2 << s3 << s4 << endl;
    s4 = s3;    s3 = s1 + s3;
    cout << "2. " << s1 << endl;
    cout << "3. " << s2 << endl;
    cout << "4. " << s3 << endl;
    cout << "5. " << s4 << endl;
    cout << "6. " << s1[2] << endl;
    s2 = s1;    s1 = "ijkl-";
    s1[2] = 'A';
    cout << "7. " << s2 << endl;
    cout << "8. " << s1 << endl;
    s1 += "mnop";
    cout << "9. " << s1 << endl;
    s4 = "qrst-" + s2;
    cout << "10. " << s4 << endl;
    s1 = s2 + s4 + "uvw" + "xyz";
    cout << "11. " << s1 << endl;
    qsort(SArray,4,sizeof(MyString),
        CompareString);
    for( int i = 0;i < 4;++i )
        cout << SArray[i] << endl;
//输出 s1 从下标 0 开始长度为 4 的子串
    cout << s1(0,4) << endl;
//输出 s1 从下标为 5 开始长度为 10 的子串
    cout << s1(5,10) << endl;
}
```

继承与派生　　第14章

14.1　继承和派生的概念

代码重用是提高软件开发效率的重要手段,因此 C++ 对代码重用有很强的支持,"继承"就是支持代码重用的机制之一。

假设教育部要编写一个学生管理程序,推广到全国的大、中、小学使用。如果用面向对象的方法开发,必然要设计一个"学生"类。"学生"类会包含所有学生的共同属性和方法,例如,姓名、学号、性别、成绩等属性;判断是否该退学,判断是否该奖励和处罚之类的方法。而中学生、大学生、研究生,又有各自不同的属性和方法,例如,本科生和研究生有专业的属性,而中学生没有;研究生还有导师的属性;中学生有竞赛、特长加分之类的属性,又是本科生和研究生没有的。如果为每种学生都编写一个类,显然会有不少重复的代码,造成空间上的浪费。C++ 的"继承"机制就能避免上述浪费。

1. 基本概念

在 C++ 语言中,定义一个新的类 B 时,如果发现类 B 拥有某个已编写好的类 A 的全部特点,此外还有类 A 没有的特点,那么就不必从头重新编写类 B,而是可以把类 A 作为一个"基类"(也称"父类"),把类 B 作为基类 A 的一个"派生类"(也称"子类")来编写。这样,就可以说从 A 类"派生"出了 B 类,也可以说 B 类"继承"了 A 类。

派生类是通过对基类进行扩充和修改得到的。**基类的所有成员自动成为派生类的成员**。所谓扩充,指的是在派生类中,可以添加新的成员变量和成员函数;所谓修改,指的是在派生类中可以重新编写从基类继承得到的成员。

在派生类的成员函数中,不能访问基类中的私有成员。

有了"继承"的机制,对上述学生管理程序,就可以编写一个"学生"类,概括了各种学生的共同特点,然后从"学生"类派生出"大学生"类、"中学生"类

图 14.1　继承和派生应用示例图

和"研究生类",如图 14.1 所示。

在 C++中,从一个类派生出另一个类的写法如下:

```
class 派生类名: 派生方式说明符 基类名
{
    …
};
```

派生方式说明符可以是"public"、"private"或"protected"。一般都用"public"(公有派生)。"protected"(保护派生)或"private"(私有派生)的方式很少用到。

派生类对象的体积,等于基类对象的体积再加上派生类对象自己的成员变量的体积。**在派生类对象中,包含着基类对象,而且基类对象的存储位置位于派生类对象新增的成员变量之前**。例如有 CBase 和 CDerived 两个类,CDerived 继承了 CBase:

```
class CBase
{
    int v1,v2;
};
class CDerived:public CBase
{
    int v3;
};
```

则 CDerived 对象的存储空间如图 14.2 所示。

显然,sizeof(CBase)等于 8,sizeof(CDerived)等于 12。

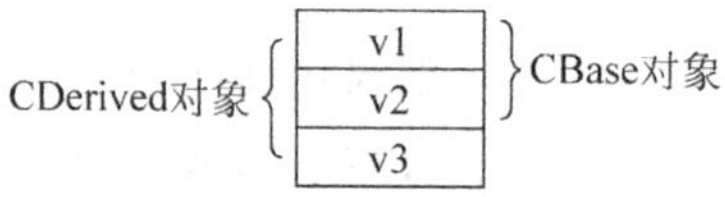

图 14.2　CDerived 对象的存储空间

2. 程序实例

下面来看一个有两个类的简单学生管理程序:

```
//program 14.1.1.cpp 简单学生管理程序
1.   # include < iostream >
2.   # include < string >
3.   using namespace std;
4.   class CStudent
5.   {
6.       private:
7.           string name;
8.           string id;                                    //学号
9.           char gender;                                  //性别,'F'代表女,'M'代表男
10.          int age;
11.      public:
12.          void PrintInfo();
13.          void SetInfo( const string & name_,const string & id_, int age_,char gender_ );
14.          string GetName() { return name; }
15.  };
16.  class CUndergraduateStudent:public CStudent          //本科生类,继承了 CStudent 类
17.  {
18.      private:
19.          string department;                           //学生所属的系的名称
```

```
20.    public:
21.        void QulifiedForBaoyan() {                              //给予保研资格
22.            cout << "qulified for baoyan" << endl;
23.        }
24.        void PrintInfo() {
25.            CStudent::PrintInfo();                              //调用基类的 PrintInfo
26.            cout << "Department:" << department << endl;
27.        }
28.        void SetInfo( const string & name_,const string & id_,
29.            int age_,char gender_ ,const string & department_) {
30.            CStudent::SetInfo(name_,id_,age_,gender_);   //调用基类的 SetInfo
31.            department = department_;
32.        }
33. };
34. void CStudent::PrintInfo()
35. {
36.    cout << "Name:" << name << endl;
37.    cout << "ID:" << id << endl;
38.    cout << "Age:" << age << endl;
39.    cout << "Gender:" << gender << endl;
40. }
41. void CStudent::SetInfo( const string & name_,const string & id_, int age_,char gender_ )
42. {
43.    name = name_;
44.    id = id_;
45.    age = age_;
46.    gender = gender_;
47. }
48. int main()
49. {
50.    CStudent s1;
51.    CUndergraduateStudent s2;
52.    s2.SetInfo("Harry Potter","118829212",19,'M',"Computer Science");
53.    cout << s2.GetName() << " ";
54.    s2.QulifiedForBaoyan ();
55.    s2.PrintInfo ();
56.    cout << "sizeof(string) = " << sizeof(string) << endl;
57.    cout << "sizeof(CStudent) = " << sizeof(CStudent) << endl;
58.    cout << "sizeof(CUndergraduateStudent) = " << sizeof(CUndergraduateStudent) << endl;
59.    return 0;
60. }
```

程序的输出结果：

Harry Potter qulified for baoyan
Name:Harry Potter
ID:118829212
Age:19
Gender:M
Department:Computer Science
sizeof(string) = 4
sizeof(CStudent) = 16
sizeof(CUndergraduateStudent) = 20

上述程序中,CStudent 类概括了所有学生的共同特点。CUndergraduateStudent 类继承了

CStudent 类,所有 CStudent 类的成员也都是 CUndergraduateStudent 类的成员,因此第 53 行调用 GetName 成员函数是没有问题的。此外 CUndergraduateStudent 还添加了新成员变量 department,以及新的成员函数 QulifiedForBaoyan。

CUndergraduateStudent 类还重新编写了从基类继承的两个成员函数 SetInfo 和 PrintInfo。在基类和派生类有同名成员(可以是成员变量,也可以是成员函数)的情况下,在派生类的成员函数中访问同名成员,或通过派生类对象访问同名成员,除非有特别指明,访问的就是派生类的成员,这种情况称为"覆盖",即派生类的成员覆盖基类的同名成员。因此,第 52 行调用的是 CUndergraduateStudent 类的 SetInfo,第 55 行调用的是 CUndergraduateStudent 的 PrintInfo。如果要访问基类的同名成员,那么需要在成员名前面加"基类名::"。例如,假设 s2 是 CUndergraduateStudent 类的对象,p 是 CUndergraduateStudent 类的指针,那么以下写法就调用了基类的成员函数:

```
s2.CStudent::PrintInfo();
p->CStudent::PrintInfo();
```

第 25 行和第 30 行,都调用了基类的同名成员函数。派生类的 PrintInfo 成员函数,先调用基类的 PrintInfo 输出基类部分的成员信息,然后再输出新增的 department 成员信息。基类和派生类有同名成员函数,完成类似的功能,在派生类的同名成员函数中,先调用基类的同名成员函数完成基类部分的功能,然后再执行自己的代码完成派生类部分的功能,这种做法非常常见(但并非必须)。在 Windows 面向对象的 MFC 编程、Android 系统应用程序开发等编程环境中,许多程序员编写的关键的类都是必须由编译器提供的类派生而来,在其中往往都必须编写和基类同名的一些成员函数。而且在派生类的这些成员函数中,一般都需要先调用基类的同名成员函数来完成必要的功能。

派生类和基类有同名成员函数很常见,但一般不会在派生类中定义和基类同名的成员变量,这样做会很让人困惑。

第 56 行及其后的几行输出,是为了说明派生类对象的体积等于基类对象的体积加上派生类新增成员变量的体积。第 56 行输出"sizeof(string)=4",是用 Dev C++ 编译出来的程序的输出结果。如果用 Visual Studio 2010 编译,输出结果会是"sizeof(string)=32"。这是由于不同的编译器所提供的类库对于 string 类有不同的实现方法,因此 sizeof(string) 在不同编译器上的值是不同的。

按理说,对象体积等于各成员变量体积之和,那么 sizeof(CStudent) 的值应该为 13,但输出结果却是"sizeof(CStudent)=16",这是为什么呢?由于计算机在 CPU 和内存之间传送数据都是以 4 字节(对 32 位计算机)或 8 字节(对 64 位计算机)为单位进行的,因此出于传输效率的考虑,应该尽量使对象的成员变量的地址是 4 或 8 的整数倍,这称为对齐。对于 CStudent 类的情况,编译器为每个 CStudent 对象中的 char 类型成员变量 gender 补齐 3 个字节,使得 age 成员变量能够对齐,这样 CStudent 对象就变成了 16 字节。在一些编译器中,关于对象的成员变量如何对齐,是有选项设定的。例如,在 Visual Studio 2010 中,这个选项就是 Projects→Properties→Configuration Properties→C/C++→Code generation→Struct Member Alignment,称为结构成员对齐,默认值是 8。

思考题 如何实现 string 类,会使得 sizeof(string)=4?这样实现的 string 类如何做才能在常数时间内求得 string 对象中字符串的长度?

14.2　正确处理类的复合关系和继承关系

在 C++中,类和类之间有两种基本的关系:复合关系和继承关系。

复合关系也称为"has a"关系或"有"的关系,表现为封闭类,即一个类以另一个类的对象作为成员变量。例如,14.1 节 CStudent 类的例子,每个 CStudent 对象都"有"一个 string 类的成员对象 name,代表姓名。

继承关系也称为"is a"关系或"是"的关系,即派生类对象也是一个基类对象。例如,在 14.1 节的程序中,CUndergraduateStudent 类(代表本科生)继承了 CStudent 类(代表学生)。因为本科生也是学生,所以说每一个 CUndergraduateStudent 类的对象也是一个 CStudent 类的对象。

在设计两个相关的类时,要注意,**并非两个类有共同点,就可以让它们成为继承关系。让类 B 继承类 A,必须满足"B 所代表的事物也是 A 所代表的事物"这个命题是成立的。**例如,编写了一个平面上的点类 CPoint:

```
class CPoint
{
    double x,y;          //点的坐标
};
```

又要编写一个圆类 CCircle。CCircle 有圆心,圆心也是平面上的一点,因而 CCircle 类和 CPoint 似乎有相同的成员变量。如果因此就让 CCircle 类从 CPoint 类派生而来,如下写法:

```
class CCircle:public CPoint
{
    double radius;       //半径
};
```

那就是不正确的。因为"圆也是点"这个命题是不成立的。这个错误不但初学者常犯,甚至不止一本销量很大的著名教科书中都以此作为继承的例子。正确的做法是使用"has a"关系,即在 CCircle 类中引入 CPoint 成员变量,代表圆心:

```
class CCircle
{
    CPoint center;       //圆心
    double radius;       //半径
}
```

这样,从逻辑上来说,每一个"圆"对象中都包含(有)一个"点"对象,这个"点"对象就是圆心,非常合理。

如果编写了一个 CMan 类代表男人,后来又发现需要一个 CWoman 类来代表女人,仅仅因为 CWoman 类和 CMan 类有共同之处,就让 CWoman 类从 CMan 类派生而来,同样也是不合理的。因为"一个女人也是一个男人"这个命题不成立。但是让 CWoman 类包含 CMan 类成员对象,当然就更不合适。此时正确的做法应该是概括男人和女人共同特点,编

写一个 CHuman 类，代表"人"，然后 CMan 和 CWoman 都是从 CHuman 派生出来的。

有时，复合关系也不一定都是通过封闭类来实现，尤其是 A 中有 B、B 中又有 A 的例子。

假设要编写一个小区养狗管理程序，该程序会需要编写一个"主人"类，还需要编写一个"狗"类。狗是有主人的，主人也有狗。假定狗只有一个主人，但一个主人可以有最多 10 条狗。该如何处理"主人"类和"狗"类的关系？下面是一种初学者喜欢的写法：

```
1.  class CDog;
2.  class CMaster            //主人
3.  {
4.      CDog dogs[10];
5.      int dogNum;          //狗的数量
6.  };
7.  class CDog
8.  {
9.    CMaster m;
10. };
```

这种写法编译是不能通过的。因为尽管将 CDog 类提前声明了，但编译到第 4 行时，编译器还是不知道 CDog 类的对象是什么样的，所以无法编译定义了 dog 对象的语句。而且这种人中有狗、狗中有人的做法导致了循环定义。避免循环定义的方法是在一个类中用另一个类的指针，而不是对象作为成员变量。例如下面的写法：

```
1.  class CDog;
2.  class CMaster
3.  {
4.      CDog * dogs[10];
5.      int dogNum;          //狗的数量
6.  };
7.  class CDog
8.  {
9.      CMaster m;
10. };
```

上面这种写法，在第 4 行定义了一个 CDog 类的指针数组作为 CMaster 类的成员对象。指针就是地址，大小固定为 4 个字节，所以编译器编译到此时不需要知道 CDog 类是什么样子。这种写法的思想是：当一个 CMaster 对象养了一条狗时，就用 new 运算符动态分配一个 CDog 类的对象，然后在 dogs 数组中找一个元素，让它指向动态分配的 CDog 对象。

这种写法还是不够好，问题出在 CDog 对象中包含了 CMaster 对象。在多条狗主人相同的情况下，多个 CDog 对象中的 CMaster 对象都代表同一个主人，这造成了没有必要的冗余，一个主人用一个 CMaster 对象表示足矣，没有理由对应于多个 CMaster 对象。而且，在一对多这种情况下，当主人的个人信息发生了变化，那么就需要将与其对应的、位于多个 CDog 对象中的 CMaster m 成员变量都找出来修改，这毫无必要，而且非常麻烦。

正确的写法应该是为"狗"类设一个"主人"类的指针成员变量，为"主人"类设一个"狗"类的对象数组。例如：

```
class CMaster;
class CDog
{
    CMaster * pm;
};
class CMaster
{
    CDog dogs[10];
    int dogNum;
};
```

这样，主人相同的多个 CDog 对象，其 pm 指针都指向同一个 CMaster 对象即可。实际上，每个主人未必都养 10 条狗，因此出于节省空间的目的，在 CMaster 类中设置 CDog 指针数组，而不是对象数组，也是一种好的写法：

```
class CMaster
{
    CDog * dogs[10];
    int dogNum;
};
```

有的教科书上，将类 A 的成员变量是类 B 的指针这种情况，称为"类 A 知道类 B"，两个类之间是"知道"关系。

14.3　protected 访问范围说明符

前面学过了类的成员可以是私有成员或公有成员。实际上，类的成员还可以用"protected"访问范围说明符修饰，从而成为"保护成员"。保护成员的可访问范围比私有成员大，比公有成员小。能访问私有成员的地方，都能访问保护成员。保护成员扩大的访问范围表现在**基类的保护成员可以在派生类的成员函数中被访问**。引入保护成员理由是基类的成员本来就是派生类的成员，因此对于那些出于隐藏的目的，不宜设为公有，但又确实需要在派生类的成员函数中经常访问的基类成员，将它们设置为保护成员，既能起到隐藏的目的，又避免了派生类成员函数中要访问它们时都只能间接访问所带来的麻烦。不过需要注意的是，在派生类的成员函数中，只能访问成员函数所作用的那个对象（即 this 指针指向的对象）的基类保护成员，不能访问其他基类对象的基类保护成员。请看下面的例子：

```
    //program 14.3.1.cpp 保护成员示例
1.  class CBase {
2.      private: int nPrivate;          //私有成员
3.      public: int nPublic;            //公有成员
4.      protected: int nProtected;      //保护成员
5.  };
6.  class CDerived :public CBase
7.  {
8.      void AccessBase ()
9.      {
10.         nPublic = 1;                //OK
```

```
11.          nPrivate = 1;              //错,不能访问基类私有成员
12.          nProtected = 1;            //OK,访问从基类继承 protected 成员
13.          CBase f;
14.          f.nProtected = 1;          //错,f 不是函数所作用的对象
15.      }
16. };
17. int main()
18. {
19.      CBase b;
20.      CDerived d;
21.      int n = b.nProtected ;         //错,不在派生类成员函数内,不能访问基类保护成员
22.      n = d.nPrivate;                //错,此处不能访问 d 的私有成员
23.      int m = d.nPublic;             //OK
24.      return 0;
25. }
```

第 11 行编译出错,因为在派生类的成员函数中不能访问基类的私有成员。

第 12 行没有问题,在派生类的成员函数中可以访问基类的保护成员。

第 14 行编译出错,因为 f 不是 this 指针所指向的对象,即不是 AccessBase 函数所作用的对象,所以不能访问其保护成员。

第 21 行和第 22 行都会编译出错,因为在类的成员函数外部,不能访问对象的私有成员和保护成员。

在基类中,更常见的做法是将需要隐藏的成员说明为保护成员而非私有成员。

14.4 派生类的构造函数和析构函数

派生类对象中包含基类对象,因此派生类对象在创建时,除了要调用自身的构造函数进行初始化,还要调用基类的构造函数初始化其包含的基类对象。因此,程序中任何能够生成派生类对象的语句,都要交代清楚其包含的基类对象是如何初始化的。如果对此不做交代,则编译器认为基类对象是用无参的构造函数初始化,如果基类没有无参构造函数,则会导致编译错误。

在执行一个派生类的构造函数之前,总是先执行基类的构造函数。

和封闭类交代成员对象如何初始化类似,派生类交代基类对象如何初始化,也需要在派生类构造函数后面添加初始化列表。在初始化列表中,要指明调用基类构造函数的形式。具体写法如下:

构造函数名(形参表): 基类名(基类构造函数实参表)
{
}

派生类对象消亡时,先执行派生类的析构函数,再执行基类的析构函数。

请看下面的程序:

```
//program 14.4.1.cpp 派生类的构造函数和析构函数调用顺序
1.   # include < iostream >
```

```
2.    # include < string >
3.    using namespace std;
4.    class CBug {
5.            int legNum,color;
6.        public:
7.            CBug (int ln, int cl):legNum(ln),color(cl)
8.            {
9.                cout << "CBug Constructor" << endl;
10.            };
11.            ~CBug()
12.            {
13.                cout << "CBug Destructor" << endl;
14.            }
15.            void PrintInfo()
16.            {
17.                cout << legNum << "," << color << endl;
18.            }
19.
20.    };
21.    class CFlyingBug: public CBug
22.    {
23.            int wingNum;
24.        public:
25.            //CFlyingBug() { } 若不注释掉则会编译出错
26.            CFlyingBug ( int ln, int cl, int wn):CBug(ln,cl),wingNum(wn)
27.            {
28.                cout << "CFlyingBug Constructor" << endl;
29.            }
30.            ~CFlyingBug()
31.            {
32.                cout << "CFlyingBug Destructor" << endl;
33.            }
34.
35.    };
36.    int main() {
37.        CFlyingBug fb(2,3,4);
38.        fb.PrintInfo ();
39.        return 0;
40.    }
```

程序的输出结果：

CBug Constructor
CFlyingBug Constructor
2,3
CFlyingBug Destructor
CBug Destructor

第 25 行如果没有注释掉就会出错。因为这个构造函数没有交代,在派生类对象用本构造函数初始化的情况下,其基类对象该如何初始化,那么就意味着基类对象应该用无参构造函数初始化。可是 CBug 类并没有无参构造函数,所以编译会出错。

第 26 行中的"CBug(ln,cl)"指明了派生类对象用本构造函数初始化的情况下,其基类对象的初始化方式。

思考题 派生类对象生成时,要先执行基类构造函数;派生类对象消亡时,先执行自身析构函数,再执行基类析构函数,为什么?

和封闭类的情况类似,**如果一个派生类对象是用默认复制构造函数初始化的,那么它内部包含的基类对象也是用基类的复制构造函数初始化。**

14.5 多层次的派生

在 C++语言中,派生可以是多层次的。例如,学生类派生出中学生类,中学生类又派生出初中生类和高中生类。总之,类 A 派生类 B,类 B 可再派生类 C,类 C 又能派生类 D⋯⋯这种情况下,称类 A 是类 B 的直接基类,类 B 是类 C 的直接基类,类 A 是类 C 的间接基类。当然类 A 也是类 D 的间接基类。在定义派生类时,只写直接基类,不写间接基类。派生类沿着类的层次自动向上继承它所有的间接基类。

派生类的成员包括派生类自己定义的成员、直接基类中定义的成员,以及所有间接基类的全部成员。

当派生类对象生成时,会从最顶层的基类开始逐层往下执行所有基类的构造函数,最后再执行自身的构造函数;派生类对象消亡时,会先执行自身的析构函数,然后从底向上依次执行各个基类的析构函数。例如下面的程序:

```cpp
//program 14.5.1.cpp 多层次派生情况下的构造函数和析构函数
1.    # include < iostream >
2.    using namespace std;
3.    class A {
4.        public:
5.            int n;
6.            A(int i):n(i) { cout << "A " << n << " constructed" << endl;}
7.            ~A() {cout << "A " << n << " destructed" << endl;   }
8.    };
9.    class B:public A
10.   {
11.       public:
12.           B(int i):A(i) { cout << "B constructed" << endl;}
13.           ~B() {cout << "B destructed" << endl;}
14.
15.   };
16.   class C:public B {
17.   public:
18.       C():B(2) {cout << "B constructed" << endl;}
19.       ~C() {cout << "B destructed" << endl;}
20.   };
21.   int main()
22.   {
23.       C Obj;
24.       return 0;
25.   }
```

程序的输出结果：

```
A 2 constructed
B constructed
B constructed
B destructed
B destructed
A 2 destructed
```

14.6　包含成员对象的派生类

在派生类也是封闭类的情况下,构造函数的初始化列表不但要指明基类对象的初始化方式,还要指明成员对象的初始化方式。派生类对象生成时,会引发一系列构造函数调用,顺序是先从上至下执行所有基类的构造函数,再按照成员对象的定义顺序执行各个成员对象的构造函数,最后执行自身的构造函数。而派生类对象消亡时,先执行自身的析构函数,然后按与构造的次序相反的顺序依次执行所有成员对象的析构函数,最后再从底向上依次执行各个基类的析构函数。

14.7　公有派生的赋值兼容规则

在公有派生的情况下,有以下 3 条赋值兼容规则。
(1) 派生类对象可以赋值给基类对象。
(2) 派生类对象可以用来初始化基类引用。
(3) 派生类对象的地址可以赋值给基类指针,也即派生类的指针可以赋值给基类的指针。

上面的 3 条,反过来是不可以的。例如,不能把基类对象赋值给派生类对象。

下面的程序是能够成功编译的,充分说明了上述 3 条规则。

```
//program 14.7.1.cpp 共有派生的赋值兼容规则
1.   class A
2.   {
3.   };
4.   class B:public A              //公有派生
5.   {
6.   };
7.   int main()
8.   {
9.     A a;
10.    B b;
11.    a = b;                      //派生类对象赋值给基类对象
12.    A & r = b;                  //派生类对象初始化基类引用
13.    A * pa = & b;               //派生类对象地址赋值给基类指针
14.    B * pb = & b;
15.    pa = pb;                    //派生类指针赋值给基类指针
```

16.   return 0;

17. }

    将派生类对象赋值给基类对象（如上面程序中的"a = b;"这条语句），在赋值号"＝"没有被重载的情况下，所做的操作就是将派生类对象中的基类对象，逐个字节复制到"＝"左边的基类对象中去。

    在公有派生的情况下，可以认为，派生类对象也是基类对象，所以任何本该出现基类对象的地方，如果出现的是派生类对象，那也是没有问题的。但如果派生方式不是 public，而是 private 或 protected，那么上面这个结论就不成立了。

14.8 基类与派生类的指针的互相转换

    在公有派生的情况下，派生类的指针可以直接赋值给基类指针。**但即便基类指针指向的是一个派生类对象，也不能通过基类指针访问基类没有的而派生类中有的成员。**

    基类的指针不能赋值给派生类的指针。但是通过强制类型转换，也可以将基类指针强制转换成派生类指针后再赋值给派生类指针。只是在这种情况下，程序员需要保证被转换的基类指针本来就指向一个派生类的对象，这样才是安全的，否则，很容易导致出错。

```cpp
//program 14.8.1.cpp 基类和派生类指针互相转换
1.  # include < iostream >
2.  using namespace std;
3.  class CBase
4.  {
5.      protected:
6.          int n;
7.      public:
8.          CBase( int i ):n( i ) { }
9.          void Print() { cout << "CBase:n = " << n << endl; }
10. };
11. class CDerived:public CBase
12. {
13.     public:
14.         int v;
15.     CDerived( int i ):CBase( i ),v( 2 * i ) { }
16.     void Func() { } ;
17.     void Print()
18.     {
19.         cout << "CDerived:n = " << n << endl;
20.         cout << "CDerived:v = " << v << endl;
21.     }
22. };
23. int main()
24. {
25.         CDerived objDerived( 3 );
26.         CBase objBase( 5 );
27.         CBase * pBase = & objDerived ;          //使得基类指针指向派生类对象
28.         //pBase -> Func();                      //错，CBase 类没有 Func() 成员函数
```

```
29.        //pBase->v = 5;                          //错,CBase 类没有 v 成员变量
30.        pBase->Print();
31.        cout << "1) ----------- " << endl;
32.        //CDerived * pDerived = & objBase;      //错,不能将基类指针赋值给派生类指针
33.        CDerived * pDerived = (CDerived *)(& objBase);
34.        pDerived->Print();                      //慎用,可能出现不可预期的错误
35.        cout << "2) ----------- " << endl;
36.        objDerived.Print();
37.        cout << "3) ----------- " << endl;
38.        pDerived->v = 128;                       //往别人的空间中写入数据,会有问题
39.        objDerived.Print();
40.        return 0;
41.    }
```

程序的输出结果:

```
CBase:n = 3
1) -----------
CDerived:n = 5
CDerived:v = 3
2) -----------
CDerived:n = 3
CDerived:v = 6
3) -----------
CDerived:n = 128
CDerived:v = 6
```

第 27 行使得基类指针 pBase 指向派生类对象 objDerived,这是合法的。虽然执行完此行语句后,pBase 指向的是派生类对象,但是第 28 行如果不注释掉,编译是会出错的,因为 CBase 类并没有 Func 成员函数。同理,第 29 行若不注释掉,编译也会出错。在第 30 行,尽管基类和派生类都有 Print 成员函数,而且 pBase 指向的是派生类对象,本行依然执行的是基类的 Print 成员函数,产生第一行输出。编译器看到的是哪个类的指针,那么就会认为通过它访问的,就应该是哪个类的成员,编译器不会分析基类指针到底指向的是基类对象还是派生类对象。

第 33 行,通过强制类型转换,使得派生类的指针 pDerived 指向了基类对象 objBase。第 34 行调用的 Print 就是 CDerived 类的 Print,这是有风险的语句。在 CDerived 对象中,成员变量 v 紧挨成员变量 n 存放,如图 14.3 所示。

那么执行 pDerived->Print()时,虽然 pDerived 指向的是一个基类对象,但这不影响成员变量 v 的地址计算方式,因此第 20 行"cout << "CDerived:v=" << v << endl;"所访问的 v 就位于如图 14.4 所示的阴影位置。

图 14.3　在 CDerived 对象中成员变量 v 和 n 存放位置　　图 14.4　执行第 20 行语句后访问 v 的情况

该位置并不属于 objBase 对象,可能属于其他变量,也可能是存放指令的。第 20 行输出"CDerived:v=3"是因为将阴影位置的 4 个字节看做一个 int 类型变量,其值是 3。但这

个值是不确定、不可预测的。此处存放什么,不同编译器的处理办法不同,如果该位置是操作系统规定不可访问的区域,那么程序就可能由于出错而中止。

同理,第 38 行的"pDerived—>v = 128;"也是不安全的,它往图 14.4 的阴影部分写入

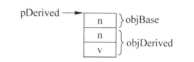

128,这就可能修改了别的变量的值。通过对比第 36 行和第 39 行的输出发现,objDerived. n 的值莫名奇妙地变成了 128,这实际上就是由于"pDerived—>v = 128;"造成的。因为碰巧在栈上 objDerived 对象是紧挨着 objBase 下方存放的,如图 14.5 所示。

图 14.5 objDerived 对象与 objBase 对象存放位置

因此,"pDerived—>v = 128;"实际上改写了 objDerived. n。

本程序用 Dev C++ 4.9.9.2 编译后,输出结果如上所述。不同编译器在栈上放置局部变量的方式有所不同,用 Visual Studio 2010 编译本程序,输出结果就未必如此。

基类引用也可以强制转换为派生类引用。将基类指针强制转换为派生类指针或将基类引用强制转换为派生类引用,都有安全隐患。**C++ 提供了 dynamic_cast 强制类型转换运算符,在特定情况下,可以判断这两种转换是否安全**(即转换后的指针或引用是否真的指向或引用派生类对象)。为讲述方便,本书将 dynamic_cast 运算符放在第 20 章"C++ 高级主题"中讲解,但是强烈建议读者掌握这部分内容。

14.9 私有派生和保护派生

除了公有派生,C++ 还支持私有派生和保护派生。具体写法是在派生类定义的"派生方式说明符"位置写"private"或"protected"。例如:

```
class B:private A { };
class C:protected A { };
```

不同派生方式会导致基类的成员在派生类中的可访问范围属性不同,如表 14.1 所示。

表 14.1 基类成员在派生类中的可访问范围

派生方式 基类成员	公有派生	私有派生	保护派生
私有成员	不可访问	不可访问	不可访问
保护成员	保护	私有	保护
公有成员	公有	私有	保护

举一个例子说明该表的解读方法:以第四行第三列进行说明,基类的公有成员,经过私有派生后,在派生类中变为私有成员。其他情况以此类推。

类的"不可访问"成员是指类的成员函数内部也不能访问的成员。例如,基类的私有成员,在派生类成员函数内就不能访问,但它依然是派生类的成员,因此就说基类的私有成员在派生类中成为不可访问成员。

假设基类 A 私有派生出 B,B 又派生出 C。依据表 14.1 可知,经过私有派生后,A 的公有成员 x 在 B 中成为私有成员,于是在 C 的成员函数中,就不能访问 x 了,因为在派生类的

成员函数中不能访问基类的私有成员。

一般情况下都使用公有派生。

14.10　派生类和赋值运算符"＝"

前面提到过,派生类的默认复制构造函数会调用基类的复制构造函数,以对派生类对象中的基类对象进行初始化。

如果基类重载了赋值运算符"＝"而派生类没有,那么在派生类对象之间赋值或用派生类对象对基类对象进行赋值时,其中基类部分的赋值操作,是调用被基类重载的"＝"来完成的。请看下面的程序:

```
//program 14.10.1.cpp 派生类和赋值运算符
1.   # include < iostream >
2.   using namespace std;
3.   class CBase
4.   {
5.       public:
6.           CBase() { }
7.           CBase(CBase & c) { cout << "CBase::copy constructor called" << endl; }
8.           CBase & operator = ( const CBase & b)
9.           {
10.              cout << "CBase::opeartor = called" << endl;
11.              return * this;
12.          }
13.  };
14.  class CDerived:public CBase { };
15.  int main()
16.  {
17.      CDerived d1,d2;
18.      CDerived d3(d1);        //d3 初始化过程中会调用 CBase 类复制构造函数
19.      d2 = d1;               //会调用 CBase 类重载的"＝"
20.      return 0;
21.  }
```

程序的输出结果:

CBase::copy constructor called
CBase::opeartor = called

14.11　多重继承

14.11.1　多继承的概念及其引发的二义性

在 C++中,一个类可以从多个直接基类派生而来,继承多个直接基类的全部成员。这种机制称作"多重继承",简称"多继承"。多继承的写法如下:

```
class 派生类名: 派生方式说明符 基类 1,派生方式说明符 基类 2, …
{
};
```

有时很自然地会需要多继承。例如,编写一个公司员工管理程序,其中会有销售员类,销售员类有销售额的属性;还会有经理类,经理类有管辖人数的属性。有一类人称为销售经理,其手下销售员的销售总额就是他的销售额;销售经理既具有销售员的特点,又有经理的特点,因此要实现销售经理类,很自然的想法就是它同时继承销售人员类和经理类。C++ 的多继承机制对此提供了支持。

虽然多继承机制是现实的需要,但是它有"二义性"这个严重的缺点。这使得有些面向对象的程序设计语言放弃了对多继承的完全支持,如 Java。用 C++ 编程时,使用多继承也要慎重。以员工管理程序为例,设置一个员工类,概括所有员工的共同特点,然后销售员类和经理类都从员工类派生而来,销售经理类又从销售员类和经理类共同派生,各类关系如图 14.6 所示。

图 14.6 多继承示例

根据派生类对象中包含基类对象的原则,一个销售经理类对象中会包含两个员工类的对象,一个从销售人员类继承得到,另一个从经理类继承得到。员工类中会有姓名、年龄、工号等所有员工都有的成员变量,于是在销售经理类对象中,就会有两份姓名、两份年龄、两份工号等。到底应该使用哪一份呢? 这就是二义性。实际上随便使用哪一份都是可以的,只要在整个程序中都一致就行,可是要让一起协作的多个程序员都搞清楚并记住用的到底是哪一份,是件麻烦的事情。例如下面的员工管理程序:

```
//program 14.11.1.1.cpp 使用多继承的员工管理程序
1.    # include < iostream >
2.    # include < string >
3.    using namespace std;
4.    class CEmployee
5.    {
6.            string name;
7.            int age;
8.            char gender;
9.    public:
10.           CEmployee() { cout << "CEmployee constructor" << endl; }
11.           void PrintBasicInfo()
12.           {
13.               cout << "Name:" << name << endl;
14.               cout << "Age:" << age << endl;
15.               cout << "Gender:" << gender << endl;
16.           };
17.           void SetBasicInfo(const string & name_, int age_, int gender_)
18.           {
19.               name = name_; age = age_; gender = gender_;
```

```
20.          }
21. };
22. class CSalesman:public CEmployee
23. {
24.   protected:
25.       int salesVolume;                    //销售额
26. };
27. class CManager:public CEmployee
28. {
29.   protected:
30.       int totalSubordinates;              //手下人数
31. };
32. class CSalesManager: public CSalesman, public CManager
33. {
34.     public:
35.         void setInfo( int sv,int sn)
36.         {
37.             salesVolume = sv;
38.             totalSubordinates = sn;
39.         }
40.         void PrintInfo()
41.         {
42.             CSalesman::PrintBasicInfo();    //必须指明在哪个基类对象上
43.                                             //执行 PrintBasicInfo
44.             cout << "Sales Volume:" << salesVolume << endl;
45.             cout << "Total Subordinates:" << totalSubordinates << endl;
46.         }
47. };
48. int main()
49. {
50.     CSalesManager sm;
51.     sm.CSalesman::SetBasicInfo("Tom",24,'M'); //必须指明在哪个基类对象上
52.                                               //执行 SetBasicInfo
53.     sm.setInfo ( 100000,20);
54.     sm.PrintInfo();
55.     return 0;
56. }
```

程序的输出结果：

```
CEmployee constructor
CEmployee constructor
Name:Tom
Age:24
Gender:M
Sales Volume:100000
Total Subordinates:20
```

CSalesManager 对象 sm 中有两份 CEmployee 对象，一份从 CSalesman 继承得到，一份从 CManager 继承得到。sm 生成的时候，两份 CEmployee 对象都需要用 CEmployee 类的构造函数初始化，因此输出两行"CEmployee constructor"。CSalesManager 对象的内存布局如图 14.7 所示。

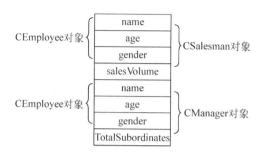

图 14.7　CSalesmanManager 对象的内存布局

第 42 行调用 CEmployee 类的 PrintBasicInfo 成员函数。如果仅仅写"PrintBasicInfo();"，编译会出错，因为没有交待这个 PrintBasicInfo 到底是作用在从 CSalesman 继承的 CEmployee 对象上，还是作用在从 CManager 继承的 CEmployee 对象上。而加上"CSalesman::"就指明了这一点。同理，第 51 行也需要指明调用的 SetBasicInfo 到底是作用在哪个 CEmployee 对象上。由于程序中 PrintBasicInfo 所作用的对象和 SetBasicInfo 所作用的对象是一致的，都是从 CSalesman 继承得到那个 CEmployee 对象，所以输出的结果和设置的数据相同。可以想象，如果在复杂的程序中要维持这种一致性，无疑是个负担。

14.11.2　用"虚继承"解决二义性

有什么办法在多继承结构中避免二义性呢？C++语言提供了"虚继承"的概念来支持这一点。所谓"虚继承"，就是在定义派生类的时候，在继承方式说明符之前加上"virtual"关键字。如果一个基类 A 在派生出其他类 B、C、D……的时候，都使用了"virtual"关键字，那么即使有某个类 X 由 B、C、D 等类共同派生而来，类 X 的对象中不会出现两个 A 对象，如图 14.8 所示。

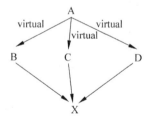

例如，将上节的程序 14.11.1.1.cpp 稍做修改，将第 22 行修改为：

图 14.8　用"虚继承"解决二义性示例

```
class CSalesman:virtual public CEmployee
```

将第 27 行修改为：

```
class CManager:virtual public CEmployee
```

那么在 CSalesManager 对象中就只会有一个 CEmployee 对象，不存在二义性问题了。于是第 42 行可以改成"PrintBasicInfo();"，不需要指明 PrintBasicInfo 是作用在哪个 CEmployee 对象上的；同理，第 51 行也可以改成"sm.SetBasicInfo("Tom",24,'M');"。修改后的程序输出结果如下：

```
CEmployee constructor
Name:Tom
Age:24
Gender:M
Sales Volume:100000
```

Total Subordinates:20

可以看到，CEmployee 类的构造函数只被调用了一次，可见 CSalesManager 类的对象 sm 中，只有一个 CEmployee 对象。

在图 14.8 中，如果从 A 派生出 B、C 的时候使用了"virtual"关键字，而派生出 D 的时候没有使用"virtual"关键字，那么在 X 对象中，就会存在两份 A 对象，二义性问题依然存在。

使用虚继承，并不能完全解决多继承的二义性问题。因为在程序扩充时，未必每个程序员从现有的类派生出新类的时候都会知道要使用"virtual"关键字。如果编译器自动将所有的继承都处理成虚继承，那么在程序运行时会带来很多额外的空间和时间开销，更不可行。

Java 语言在多继承问题上的处理办法是引入"接口"的概念。接口和类的差别主要在于接口中不能有非静态成员变量。在 Java 中，类不可以由多个基类派生而来，但可以由一个基类和多个接口共同派生而来。这个办法在保留多继承优点和避免其麻烦方面做了一个比较合适折衷。

14.12　小结

基类所有的成员都是派生类的成员；但是基类的私有成员在派生类的成员函数中不能访问，基类的保护成员在派生类的成员函数中可以访问。

正确的派生关系，必须在逻辑上满足"派生类对象就是基类对象"这个条件。派生类对象中包含基类对象。

任何能够生成派生类对象的语句，都要交代清楚对象中包含的基类对象是如何初始化的。如果不交代，则编译器认为基类对象是用默认构造函数或参数全部可以默认的构造函数初始化的。在派生类的构造函数的初始化列表中可以交代基类对象如何初始化。派生类对象生成时，先执行基类的构造函数，再执行自身的构造函数；派生类对象消亡时，先执行自身的析构函数，再执行基类的析构函数。

在公有派生的情况下，派生类对象可以赋值给基类对象，派生类指针可以赋值给基类指针，派生类对象或引用可以初始化基类引用。

多重继承会引发二义性，用虚继承的手段可以避免二义性。

习题

1. 以下说法不正确的是(假设在公有派生情况下)(　　　)。

A. 可以将基类对象赋值给派生类对象

B. 可以将派生类对象的地址赋值给基类指针

C. 可以将派生类对象赋值给基类的引用

D. 可以将派生类对象赋值给基类对象

2. 写出下面程序的输出结果。

```
# include < iostream >
using namespace std;
```

```
class B {
public:
    B(){ cout << "B_Con" << endl; }
    ~B() { cout << "B_Des" << endl; }
};
class C:public B {
public:
    C(){ cout << "C_Con" << endl; }
    ~C() { cout << "C_Des" << endl; }
};
int main() {
    C * pc = new C;
    delete pc;
    return 0;
}
```

3. 写出下面程序的输出结果。

```
# include < iostream >
using namespace std;
class Base {
public:
    int val;
    Base()
    { cout << "Base Constructor" << endl; }
    ~Base()
    { cout << "Base Destructor" << endl;}
};
class Base1:virtual public Base { };
class Base2:virtual public Base { };
class Derived:public Base1, public Base2 { };
int main() { Derived d; return 0;}
```

4. 按照第 13 章的第 7 题的要求编写 MyString 类,但 MyString 类必须是从 string 类派生而来。

提示 1:如果将程序中所有 "MyString"用"string" 替换,那么题目的程序中除了最后两条语句编译无法通过外,其他语句都没有问题,而且输出和前面给的结果吻合。也就是说,MyString 类对 string 类的功能扩充只体现在最后两条语句上面。

提示 2:string 类有一个成员函数 string substr(int start,int length);能够求从 start 位置开始,长度为 length 的子串。

5. 完成附录"魔兽世界大作业"中提到的第二阶段作业。

多态与虚函数　第15章

面向对象程序设计语言有封装、继承和多态 3 种机制，这 3 种机制能够有效提高程序的可读性、可扩充性和可重用性。

"多态"（polymorphism）是指同一名字的事物可以完成不同的功能。多态可分为编译时的多态和运行时的多态。前者主要是指函数的重载（包括运算符的重载），对重载函数的调用，在编译时就能根据实参确定应该调用哪个函数；而后者则和继承、虚函数等概念有关，是本章要讲述的内容。本书后面提及的多态都是指运行时的多态。

15.1　多态的基本概念

1. 通过基类指针实现多态

派生类对象的地址可以赋值给基类指针。对于通过基类指针，调用基类和派生类中都有的同名、同参数表的**虚函数**这样的语句，编译时并不确定要执行的是基类还是派生类的虚函数；而当程序运行到该语句时，如果该基类指针指向的是一个基类对象，则基类的虚函数被调用；如果该基类指针指向的是一个派生类对象，则派生类的虚函数被调用。这种机制就称为"多态"。

"虚函数"就是在声明时前面加了 virtual 关键字的成员函数。virtual 关键字只在类定义中的成员函数声明处使用，不能在类外部编写成员函数体时使用。**静态成员函数不能是虚函数**。

包含虚函数的类，称为"多态类"。

多态可以简单地理解成同一条函数调用语句能调用不同的函数，或者说，对不同对象发送同一消息，使得不同对象有各自不同的行为。

多态在面向对象的程序设计语言中是如此重要，以至于有类和对象的概念，但是不支持多态的语言，只能被称为"基于对象的程序设计语言"，而不能被称为"面向对象的程序设计语言"，如 Visual Basic 就是"基于对象的程序设计语言"。

下面是一个体现多态规则的例子：

新标准 C++程序设计教程

```cpp
//program 15.1.1.cpp 多态的规则
1.  # include < iostream >
2.  using namespace std;
3.  class A
4.  {
5.      public:
6.      virtual void Print( ) { cout << "A::Print"<< endl ; }
7.  };
8.  class B: public A
9.  {
10.     public:
11.     virtual void Print( ) { cout << "B::Print" << endl; }
12. };
13. class D: public A
14. {
15.     public:
16.     virtual void Print( ) { cout << "D::Print" << endl ; }
17. };
18. class E: public B
19. {
20.     virtual void Print( ) { cout << "E::Print" << endl ; }
21. };
22. int main()
23. {
24.    A a; B b; D d; E e;
25.    A * pa = &a; B * pb = &b;
26.    pa->Print();            //多态, a.Print()被调用,输出: A::Print
27.    pa = pb;                //基类指针 pa 指向派生类对象 b
28.    pa -> Print();          //b.Print()被调用,输出: B::Print
29.    pa = & d;               //基类指针 pa 指向派生类对象 d
30.    pa -> Print();          //多态, d. Print ()被调用,输出: D::Print
31.    pa = & e;               //基类指针 pa 指向派生类对象 d
32.    pa -> Print();          //多态, e.Print () 被调用,输出: E::Print
33.    return 0;
34. }
```

程序的输出结果:

```
A::Print
B::Print
D::Print
E::Print
```

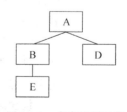

图 15.1 多态规则示例

程序中,4 个类之间的派生关系如图 15.1 所示。

每个类都有同名、同参数表的虚函数 Print(每个 Print 函数声明时都加了 virtual 关键字)。根据多态的规则,"pa -> Print()"这样的语句,由于 Print 是虚函数,尽管 pa 是基类 A 的指针,编译时也不能确定调用的是哪个类的 Print。当程序运行到该语句时,pa 指向的是哪个类的对象,被调用的就是哪个类的 Print。例如,程序执行到第 26 行时, pa 指向的是基类对象 a,因此被调用的就是类 A 的 Print 成员函数;执行到第 28 行时,pa 指向的是类 B 的对象,因此调用的是类 B 的 Print 成员函数;第 30 行同理;类 E 是类 A 的间接派生类,因此,执行到第 32 行时,多态规则仍然适用,此时 pa 指向派生类 E 的对象,故调用的是类 E 的 Print 成员函数。

需要强调的是,编译器不会分析程序的运行过程。编译器并没有通过分析程序上下文得出在第 28 行 pa 指向的是类 B 的对象,因此第 28 行应该调用类 B 的 Print 成员函数这样的结论。多态的语句调用哪个类的成员函数,是在运行时才能确定的,编译时不能确定(具体原理后面会解释)。因此多态的函数调用语句被称为是"动态联编"的,而普通的函数调用语句被称为是"静态联编"的。

2. 通过基类引用实现多态

通过基类的引用调用虚函数的语句也是多态的,即通过基类的引用调用基类和派生类中的同名、同参数表的虚函数时,若其引用的是一个基类的对象,那么被调用是基类的虚函数;若其引用的是一个派生类的对象,那么被调用的是派生类的虚函数。

下面是一个通过基类的引用实现多态的例子:

```
//program 15.1.2.cpp 通过引用实现多态
1.   # include < iostream >
2.   using namespace std;
3.   class A
4.   {
5.       public:
6.       virtual void Print() { cout << "A::Print"<< endl ; }
7.   };
8.   class B: public A
9.   {
10.      public:
11.      virtual void Print() { cout << "B::Print" << endl; }
12.  };
13.  void PrintInfo( A & r)
14.  {
15.      r.Print();              //多态,调用哪个 Print,取决于 r 引用了哪个类的对象
16.  }
17.  int main()
18.  {
19.  A a; B b;
20.  PrintInfo(a);         //输出 A::Print
21.  PrintInfo(b);         //输出 B::Print
22.  return 0;
23.  }
```

程序的输出结果:

```
A::Print
B::Print
```

第 15 条语句就是通过基类的引用调用基类和派生类中都有的同名、同参数表的虚函数,因而符合多态的规则。第 20 行执行过程中,PrintInfo 的形参 r 引用的是基类对象 a,因此调用 A::Print,第 21 行执行过程中,r 引用的是类 B 的对象 b,因此调用 B::Print。第 15 行的函数调用语句,每次执行时调用的可能是不同类的 Print 成员函数,因此这条语句编译时不可能确定它到底调用的是哪个类的 Print,即无法静态联编。

15.2 多态的作用

在面向对象的程序设计中使用多态,能够增强程序的可扩充性,即程序需要修改或增加功能的时候,需要改动和增加的代码较少。此外,使用多态也能起到精简代码的作用。下面通过两个实例来说明多态的作用。

1. 游戏程序实例

游戏软件的开发是最能体现面向对象设计方法的优势的。游戏中的人物、道具、建筑物、场景都是很直观的对象,游戏运行的过程就是这些对象相互作用的过程。每个对象都有自己的属性和方法,不同对象又可能有共同的属性和方法,特别适合使用继承、多态等面向对象的机制。下面就以"魔法门"游戏为例来说明多态在增加程序可扩充性方面的作用。

"魔法门"游戏中有各种各样的怪物,如骑士、天使、狼、鬼、等。每个怪物都有生命力、攻击力两种属性。怪物能够互相攻击,一个怪物攻击另一个怪物时,会使被攻击者受伤;同时被攻击者会反击,使得攻击者也受伤。但是一个怪物反击的力量较弱,只是其自身攻击力的1/2。

怪物主动攻击、被敌人攻击和实施反击时都有相应的动作。例如,骑士攻击时的动作就是挥舞宝剑,而火龙的攻击动作就是喷火;怪物受到攻击会嚎叫和受伤流血,如果受伤过重,生命力被减为 0,则怪物就会倒地死去……

针对这个游戏,该如何编写程序,才能使得游戏版本升级,要增加新的怪物时,原有的程序改动尽可能少呢?换句话说,就是怎样才能使程序的可扩充性更好?

不论是否使用多态,均应使每种怪物都有一个类与之对应,每个怪物就是一个对象。而且怪物的攻击、反击和受伤等动作,都是通过对象的成员函数实现的,因此为每个类都需要编写 Attack、FightBack 和 Hurted 成员函数。

Attact 函数表现攻击动作,攻击某个怪物,并调用被攻击怪物的 Hurted 函数,以减少被攻击怪物的生命值,同时也调用被攻击怪物的 FightBack 成员函数,遭受被攻击怪物反击。

Hurted 函数减少自身生命值,并表现受伤动作。

FightBack 函数表现反击动作,并调用被反击对象的 Hurted 成员函数,使被反击对象受伤。

下面对比使用多态和不使用多态两种写法,来看看多态在提高程序可扩充性方面的作用。

(1) 不使用多态的写法。假定用 CDragon 类表示火龙、用 CWolf 类表示狼、用 CGhost 类表示鬼,则 CDragon 类写法大致如下(其他类的写法也类似):

```
class CDragon
{
private:
    int power ;              //攻击力
    int lifeValue ;          //生命值
```

```
public:
    void Attack(CWolf * p);        //攻击"狼"的成员函数
    void Attack(CGhost * p);       //攻击"鬼"的成员函数
    //……其他 Attack 重载函数
    void Hurted( int nPower);      //表现受伤的成员函数
    void FightBack(CWolf * p);     //反击"狼"的成员函数
    void FightBack(CGhost * p);    //反击"鬼"的成员函数
        //……其他 FightBack 重载函数
};
```

接下来再看各成员函数的写法:

```
1.   void CDragon::Attack(CWolf * p)
2.   {
3.       p->Hurted(power);
4.       p->FightBack(this);
5.   }
6.   void CDragon::Attack(CGhost * p)
7.   {
8.       p->Hurted(power);
9.       p->FightBack(this);
10.  }
11.  void CDragon::Hurted(int nPower)
12.  {
13.      lifeValue - = nPower;
14.  }
15.  void CDragon::FightBack(CWolf * p)
16.  {
17.      p->Hurted(power/2);
18.  }
19.  void CDragon::FightBack(CGhost * p)
20.  {
21.      p->Hurted(power/2);
22.  }
```

第 1 行,Attack 函数的参数 p,指向被攻击的 CWolf 对象。

第 3 行,在 p 所指向的对象上面执行 Hurted 成员函数,使被攻击的"狼"对象受伤。调用 Hurted 函数时,参数是攻击者"龙"对象的攻击力。

第 4 行,以指向攻击者自身的 this 指针为参数,调用被攻击者的 FightBack 成员函数,接受被攻击者的反击。

在真实的游戏程序中,CDragon 类的 Attack 成员函数中还应包含表现龙在攻击时的动作和声音的代码。

第 13 行,一个对象的 Hurted 成员函数被调用会导致该对象的生命值减少,减少的量等于攻击者的攻击力。当然,真实的程序中,Hurted 函数还应包含表现受伤时动作的代码,以及生命力如果减至小于等于零,则倒地死去的代码。

第 17 行,p 指向的是实施攻击者,对攻击者进行反击,实际上就是调用攻击者的 Hurted 成员函数使其受伤。其受到的伤害的大小等于实施反击者的攻击力的一半(反击的力量不如主动攻击大)。当然,FightBack 函数中其实也应包含表现反击动作的代码。

实际上,如果游戏中有 n 种怪物,CDragon 类中就会有 n 个 Attack 成员函数,用于攻击 n 种怪物。当然,也会有 n 个 FightBack 成员函数(这里假设两条龙也能互相攻击)。对于其他类,如 CWolf 等,也是这样。

以上为非多态的实现方法。如果游戏版本升级,增加了新的怪物雷鸟,假设其类名为 CThunderBird,则程序需要做哪些改动呢?

除了新编写一个 CThunderBird 类外,所有的类都需要增加以下两个成员函数,用以对雷鸟实施攻击,以及在被雷鸟攻击时对其进行反击:

```
void Attack(CThunderBird *p);
void FightBack(CThunderBird *p);
```

这样,在怪物种类多的时候,工作量就较大。

实际上,非多态实现中,代码更精简的做法是将 CDragon、CWolf 等类的共同特点抽取出来,形成一个 CCreature 类,然后从 CCreature 类派生出 CDragon、CWolf 等类。但是由于每种怪物进行攻击、反击和受伤时的表现动作不同,CDragon、CWolf 类还是要实现各自的 Hurted 成员函数,以及一系列 Attack、FightBack 成员函数。所以只要没有利用多态机制,那么即便引入基类 CCreature,对程序的可扩充性也无帮助。

(2) 使用多态的写法。如果使用多态机制来编写这个程序,在要新增 CThunderBird 类时,程序改动就会小得多了。

设置一个基类 CCreature,概括了所有怪物的共同特点,然后所有具体的怪物类,如 CDragon、CWolf、CGhost 等,均从 CCreature 类派生而来。下面是 CCreature 类的写法:

```
class CCreature {          //"怪物"类
   protected:
      int lifeValue, power;
   public:
      virtual void Attack(CCreature *p) {};
      virtual void Hurted(int nPower) {} ;
      virtual void FightBack(CCreature *p) {} ;
};
```

在基类 CCreature 类中,只有一个 Attack 成员函数和一个 FightBack 成员函数,它们都以基类指针作为参数。实际上,所有 CCreature 的派生类都只有一个 Attack 成员函数和一个 FightBack 成员函数。例如,CDragon 类的写法如下:

```
class CDragon : public CCreature
{
public:
   virtual void Attack(CCreature *p) {
      p->Hurted(power);
      p->FightBack(this);
   }
   virtual void Hurted(int nPower) {
      lifeValue - = nPower;
   }
```

```
virtual void FightBack(CCreature *p) {
    p->Hurted(power/2);
}
};
```

在 CDragon 类的成员函数中,略去了表现动作和声音的那部分代码。其他类的写法和 CDragon 类的写法类似。

在上述多态的写法中,当需要增加新怪物"雷鸟"的时候,只需要编写新类 CThunderBird 即可,不需要在已有的类中专门为新怪物增加 void Attack(CThunderBird * p) 和 void FightBack(CThunderBird *p)这两个成员函数,也就是说,其他类根本不用修改。这和前面非多态的实现方法相比,程序的可扩充性当然大大提高了。实际上,即便不考虑可扩充的问题,程序本身也比非多态的写法大大精简了。

为什么 CDragon 等类只需要一个 Attack 函数,就能够实现对所有怪物的攻击呢?

假定有以下代码段:

```
1.    CDragon dragon;
2.    CWolf wolf;
3.    CGhost ghost;
4.    CThunderBird bird;
5.    Dragon.Attack(& wolf);
6.    Dragon.Attack(& ghost);
7.    Dragon.Attack(& bird);
```

根据赋值兼容规则,上面的 5、6、7 这 3 行中的参数,都与形参类型,即基类指针类型 CCreature * 匹配,所以编译没有问题。从 5、6、7 这 3 行进入到 CDragon::Attack 函数后,执行 p->Hurted(power)语句时,p 分别指向的是 wolf、ghost 和 bird,根据多态的规则,分别调用的就是 CWolf::Hurted、CGhost::Hurted 和 CBird::Hurted 了。

关于 FightBack 函数的情况和 Attack 类似,不再赘述。

2. 几何形体程序实例

例 15.1　编写一个几何形体处理程序:输入几何形体的个数,以及每个几何形体的形状和参数,要求按面积从小到大依次输出每个几何形体的种类及面积。假设几何形体总数不会超过 100 个。

例如输入:

```
4
R 3 5
C 9
T 3 4 5
R 2 2
```

表示一共有 4 个几何形体,第一个是矩形(R 代表矩形),宽和高分别是 3 和 5;第二个是圆形(C 代表圆),半径是 9;第三个是三角形(T 代表三角形),三条边分别是 3、4、5。第四个是矩形,宽和高都是 2。

应当输出：

Rectangle:4
Triangle:6
Rectangle:15
Circle:254.34

该程序可以如下运用多态机制编写，不但便于扩充（添加新的几何形体），还节省了代码量。

```
//program 15.2.1.cpp 几何形体程序
1.   # include < iostream >
2.   # include < cmath >
3.   using namespace std;
4.   class CShape                          //基类：形体类
5.   {
6.      public:
7.          virtual double Area() { };      //求面积
8.          virtual void PrintInfo() { };   //显示信息
9.   };
10.  class CRectangle:public CShape         //派生类：矩形类
11.  {
12.      public:
13.          int w, h;                       //宽和高
14.          virtual double Area();
15.          virtual void PrintInfo();
16.  };
17.  class CCircle:public CShape            //派生类：圆类
18.  {
19.      public:
20.          int r;                          //半径
21.          virtual double Area();
22.          virtual void PrintInfo();
23.  };
24.  class CTriangle:public CShape          //派生类：三角形类
25.  {
26.      public:
27.      int a,b,c;                          //三边长
28.      virtual double Area();
29.      virtual void PrintInfo();
30.  };
31.  double CRectangle::Area() {
32.      return w * h;
33.  }
34.  void CRectangle::PrintInfo() {
35.      cout << "Rectangle:" << Area() << endl;
36.  }
37.  double CCircle::Area() {
38.      return 3.14 * r * r;
39.  }
40.  void CCircle::PrintInfo() {
```

```
41.       cout << "Circle:" << Area() << endl;
42.   }
43.   double CTriangle::Area() {          //根据海伦公式计算三角形面积
44.       double p = ( a + b + c) / 2.0;
45.       return sqrt(p * ( p - a) * (p- b) * (p - c));
46.   }
47.   void CTriangle::PrintInfo() {
48.       cout << "Triangle:" << Area() << endl;
49.   }
50.   CShape * pShapes[100];              //用来存放各种几何形体,假设不超过 100 个
51.   int MyCompare(const void *s1, const void *s2)      //定义排序规则的函数
52.   {
53.       CShape ** p1 = (CShape ** ) s1; //s1 是指向指针的指针,其指向的指针为 CShape * 类型
54.       CShape ** p2 = ( CShape ** ) s2;
55.       double a1 = ( * p1)->Area(); //p1 指向的是几何形体对象的指针, * p1 才指向几何形体对象
56.       double a2 = ( * p2)->Area();
57.       if( a1 < a2 )
58.           return - 1;                //面积小的排前面
59.       else if ( a2 < a1 )
60.           return 1;
61.       else
62.           return 0;
63.   }
64.   int main()
65.   {
66.       int i; int n;
67.       CRectangle *pr; CCircle *pc; CTriangle *pt;
68.       cin >> n;
69.       for( i = 0;i < n;++i ) {
70.           char c;
71.           cin >> c;
72.           switch(c) {
73.               case 'R':            //矩形
74.                   pr = new CRectangle();
75.                   cin >> pr-> w >> pr-> h;
76.                   pShapes[i] = pr;
77.                   break;
78.               case 'C':            //圆
79.                   pc = new CCircle();
80.                   cin >> pc-> r;
81.                   pShapes[i] = pc;
82.                   break;
83.               case 'T':            //三角形
84.                   pt = new CTriangle();
85.                   cin >> pt-> a >> pt-> b >> pt-> c;
86.                   pShapes[i] = pt;
87.                   break;
88.           }
89.       }
90.       qsort(pShapes,n,sizeof( CShape * ),MyCompare);
91.       for( i = 0;i < n;++i) {
```

```
92.          pShapes[i]->PrintInfo();
93.          delete pShapes[i];          //释放空间
94.     }
95.     return 0;
96. }
```

程序涉及 3 种几何形体。如果不使用多态,就需要用 3 个数组分别存放 3 种几何形体,不但编码麻烦,而且以后如果要增加新的几何形体,就要增加新的数组,扩充性不好。

本程序将所有几何形体的共同点抽象出来,形成一个基类 CShape。CRectangle、CCircle 等各种几何形体类都由 CShape 派生而来,每个类都有各自的计算面积函数 Area 和显示信息函数 PrintInfo,这两个函数在所有类中都有,而且都是虚函数。

第 50 行定义了一个 CShape * pShapes[100] 数组。由于基类指针也能指向派生类对象,因此,每输入一个几何形体,就动态分配一个该形体对应的类的对象(第 74、79、84 行),然后将该对象的指针存入 pShapes 数组(第 76、81、86 行)。总之,pShapes 数组中的元素,有的可能指向 CRectangle 对象,有的可能指向 CCircle 对象,有的可能指向 CTriangle 对象。

第 90 行对 pShapes 数组进行排序。排序的规则是按数组元素所指向的对象的面积,从小到大排。注意,待排序的数组元素是指针,而不是对象,因此调用 qsort 时的第三个参数是 sizeof(CShape *),而不是 sizeof(CShape)。在定义排序规则的函数 MyCompare 中,形参 s1(s2 与 s1 同)指向的是待排序的数组元素,数组元素是指针,因而 s1 是指向指针的指针,其指向的指针是 CShape * 类型。* s1 是数组元素,即指向对象的指针,那么 ** s1 才是几何形体对象。由于 s1 是 void * 类型的,* s1 无定义,因此要先将 s1 转换到一个 CShape ** 类型的指针 p1(第 53 行),此后,* p1 即是一个 CShape * 类型的指针,* p1 指向一个几何形体对象,"(* p1)->Area()"就能求该对象的面积了(第 55 行)。"(* p1)->Area();"这条语句是多态的,因为 * p1 是基类指针,Area 是虚函数。程序运行到此时,* p1 指向哪种对象,就会调用其相应类的求面积函数 Area,正确求得其面积。

如果不使用多态,就需要将不同形体的面积一一求出来存到另外一个数组中,然后再排序,排序后还要维持面积值和其所属的几何形体的对应关系,这编写起来显然是比较麻烦的。

多态的作用还体现在第 91 行和第 92 行。只要用一个循环遍历排序好的 pShapes 数组,并通过数组元素调用 PrintInfo 虚函数,就能正确执行不同形体对象的 PrintInfo 成员函数,输出形体对象的信息。

上面这个使用了多态机制的程序,不但编码比较简单,可扩充性也较好。如果程序需要增加新的几何形体类,所要做的事情也只是从 CShape 类派生出新类,然后在第 72 行的 switch 语句中加一个分支即可。

第 93 行释放动态分配的对象。按照本程序的写法,这条语句是有一些问题的。具体什么问题,如何解决,在 15.5 节"虚析构函数"中将会解释。

15.3 多态的实现原理

"多态"的关键在于通过基类指针或引用调用一个虚函数时,编译时不确定到底调用的是基类还是派生类的虚函数,运行时才确定。这到底是怎么实现的呢?请看下面的程序:

//program 15.3.1.cpp 多态类对象的体积

```
1.   # include < iostream >
2.   using namespace std;
3.   class A
4.   {
5.       public:
6.       int i;
7.       virtual void func() { }
8.       virtual void func2() { }
9.   };
10.  class B:public A
11.  {
12.      int j;
13.      virtual void func() { }
14.  };
15.  int main()
16.  {
17.      cout << sizeof(A) << "," << sizeof(B); //输出 8,12
18.      return 0;
19.  }
```

程序的输出结果：

8,12

如果将程序中的"virtual"关键字去掉，发现输出结果变为：

4,8

对比发现，有了虚函数以后，对象的体积比没有虚函数时多了 4 个字节。实际上，任何有虚函数的类及其派生类的对象，都包含这多出来的 4 个字节，这 4 个字节就是实现多态的关键，它位于对象存储空间的最前端，里面存放的是虚函数表的地址。

每一个有虚函数的类（或有虚函数的类的派生类）都有一个虚函数表，该类的任何对象中都放着该虚函数表的指针（可以认为这是由编译器自动添加到构造函数中的指令完成的）。虚函数表是编译器生成的，程序运行时被载入内存。一个类的虚函数表中，列出了该类的全部虚函数地址。

例如，上面程序中类 A 对象的存储空间以及虚函数表，如图 15.2 所示（假定类 A 还有其他虚函数）。

类 B 对象的存储空间以及虚函数表，如图 15.3 所示（假定类 B 还有其他虚函数）。

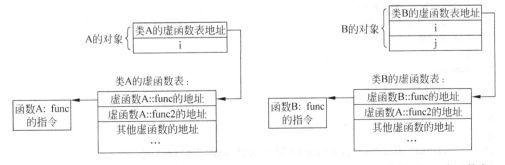

图 15.2　类 A 对象的存储空间及虚函数表　　　图 15.3　类 B 对象的存储空间及虚函数表

多态的函数调用语句被编译成根据基类指针所指向的(或基类引用所引用的)对象中存放的虚函数表的地址,在虚函数表中查找虚函数地址,并调用虚函数的一系列指令。

假设 pa 的类型是 A ∗,那么"pa—>func()"这条语句的执行过程如下。

(1) 取出 pa 指针所指位置的前 4 个字节,即对象所属的类的虚函数表的地址。如果 pa 指向的是 A 的对象,那么这个地址就是类 A 的虚函数表的地址;如果 pa 指向的是 B 的对象,那么这个地址就是类 B 的虚函数表的地址。

(2) 根据虚函数表的地址找到虚函数表,在其中查找要调用的虚函数的地址。不妨认为虚函数表是以函数名作为索引来查找的,虽然还会有更高效的查找方法。如果 pa 指向的是 A 的对象,自然就会在 A 的虚函数表中查出 A∷func 的地址;如果 pa 指向的是 B 的对象,就会在 B 的虚函数表中查出 B∷func 的地址。B 没有自己的 func2 函数,因此在 B 的虚函数表中照抄了 A∷func2 的地址,这样,即便 pa 指向 B 对象,"pa—>func2();"这条语句在执行过程中也能在 B 的虚函数表中找到 A∷func2 的地址。

(3) 根据找到的虚函数的地址,调用虚函数。

由以上可以看出,只要是通过基类指针或基类引用调用虚函数的语句,一定就是多态,一定就会执行上面的查表过程,哪怕这个虚函数仅在基类中有,在派生类中没有。

多态机制能够提高开发效率,但是也增加了程序运行时的开销。各个对象中包含的 4 个字节的虚函数表的地址,是空间上的额外开销;而查虚函数表的过程,就是时间上的额外开销了。在计算机发展的早期,计算机非常昂贵稀有,而且运行速度慢,计算机的运算时间和内存都是宝贵的,因此人们不惜多花人力编写运行速度更快、更节省内存的程序;而在今天,计算机的运算时间和内存往往没有人的时间宝贵,运算速度也很快,因此,在用户可以接受的前提下,降低程序运行的效率以提升人员的开发效率,就是值得的了。"多态"的应用就是典型例子。

15.4　关于多态的注意事项

1. 在成员函数中调用虚函数

类的成员函数之间可以互相调用,**在成员函数(静态成员函数、构造函数和析构函数除外)中调用同类的虚函数的语句是多态的**。请看下面程序:

```
//program 15.4.1.cpp 成员函数中调用虚函数
1.   # include < iostream >
2.   using namespace std;
3.   class CBase
4.   {
5.   public:
6.       void func1()
7.       {
8.           func2();
9.       }
10.      virtual void func2() { cout << "CBase::func2()" << endl; }
11.  };
```

```
12.  class CDerived:public CBase
13.  {
14.  public:
15.      virtual void func2() { cout << "CDerived:func2()" << endl; }
16.  };
17.  int main()
18.  {
19.      CDerived d;
20.      d.func1();
21.      return 0;
22.  }
```

程序的输出结果：

CDerived:func2()

第 20 行调用 func1 成员函数。进入 func1 函数，执行到第 8 行，调用了 func2 函数。看上去应该调用的是 CBase 类的 func2，但输出结果证明了实际上调用的是 CDerived 类的 func2。这是因为在 func1 函数中，"func2();" 等价于 "this－＞func2();"，而 this 指针显然是 CBase * 类型的，即一个基类指针，那么 "this－＞func2();" 就是在通过基类指针调用虚函数，因此这条函数调用语句就是多态的。当本程序执行到第 8 行，this 指针指向的是一个 CDerived 类的对象，即 d，所以，被调用的就是 CDerived 类的 func2 了。

2. 在构造函数和析构函数中调用虚函数

在构造函数和析构函数中调用虚函数不是多态的，编译时即可确定调用的是哪个函数。如果本类有该函数，调用的就是本类的；如果本类没有，调用的就是直接基类的；如果直接基类没有，调用的就是间接基类的……请看下面的程序：

```
//program 15.4.2.cpp 构造函数和析构函数中调用虚函数
1.   # include < iostream >
2.   using namespace std;
3.   class A
4.   {
5.   public:
6.       virtual void hello(){ cout <<"A::hello"<< endl; };
7.       virtual void bye() { cout <<"A::bye"<< endl; };
8.   };
9.   class B:public A
10.  {
11.      public:
12.          virtual void hello(){ cout <<"B::hello"<< endl;};
13.          B() { hello(); };
14.          ~B() { bye(); };
15.  };
16.  class C:public B
17.  {
18.      public:
19.          virtual void hello(){ cout <<"C::hello"<< endl; };
20.  };
```

新标准 C++程序设计教程

```
21.  int main()
22.  {
23.    C obj;
24.    return 0;
25.  }
```

程序的输出结果：

B::hello

A::bye

A 派生出 B，B 派生出 C。第 23 行 obj 对象生成时，会调用 B 类的构造函数。在 B 类的构造函数中调用了 hello。由于构造函数中调用虚函数不是多态，所以此时不会调用 C 类的 hello，而是调用 B 类自己的 hello。obj 对象消亡时，会引发 B 类析构函数的调用，在 B 类的析构函数中，调用了 bye 函数。B 类没有自己的 bye 函数，只有从基类 A 继承的 bye 函数，因此执行的就是 A 类的 bye。

将构造函数中调用虚函数实现为多态，是不合适的。以上面程序为例，obj 对象生成时，要先调用基类构造函数初始化其中的基类部分。在基类构造函数执行过程中，派生类部分还未完成初始化。此时在基类 B 的构造函数中调用派生类 C 的 hello，那么很可能就是不安全的了。析构函数中调用虚函数不能是多态，原因也是类似的，因为执行到基类的析构函数时，派生类的析构函数已经执行，派生类对象中的成员变量的值可能已经不正确了。

3. 注意区分多态和非多态的情况

初学者往往容易弄不清一条函数调用语句是否是多态。要注意，通过基类指针或引用调用成员函数的语句，只有当该成员函数是虚函数时才会是多态。如果该成员函数不是虚函数，那么这条函数调用语句就是静态联编的，编译时就能确定调用的是那个类的成员函数。

另外，C++语言规定，只要在基类中某个函数被声明为虚函数，那么，在派生类中，同名、同参数表的成员函数即使前面不写 **virtual** 关键字，也自动成为虚函数。

请看下面的程序：

```
//program 15.4.3.cpp 区分多态和非多态
1.   # include < iostream >
2.   using namespace std;
3.   class A
4.   {
5.     public:
6.       void func1() { cout <<"A::func1"<< endl; };
7.       virtual void func2() { cout <<"A::func2"<< endl; };
8.   };
9.   class B:public A
10.  {
11.    public:
12.      virtual void func1() { cout << "B::func1" << endl; };
13.      void func2() { cout << "B::func2" << endl; }      //func2 自动成为虚函数
14.  };
```

```
15.  class C:public B                                     //C 以 A 为间接基类
16.  {
17.    public:
18.      void func1() { cout << "C::func1" << endl; };     //func1 自动成为虚函数
19.      void func2() { cout << "C::func2" << endl; };     //func2 自动成为虚函数
20.  };
21.  int main()
22.  {
23.    C obj;
24.    A * pa = & obj;
25.    B * pb = & obj;
26.    pa->func2();                                        //多态
27.    pa->func1();                                        //不是多态
28.    pb->func1();                                        //多态
29.    return 0;
30.  }
```

程序的输出结果：

```
C::func2
A::func1
C::func1
```

　　基类 A 中 func2 是虚函数，因此派生类 B，C 中的 func2 声明时虽然没有写 virtual 关键字，也都自动成为虚函数。所以第 26 行就是一个多态的函数调用语句，调用的是 C 类的 func2。

　　基类 A 中的 func1 不是虚函数，因此第 27 行就不是多态。编译时根据 pa 的类型，就可以确定 func1 就是类 A 的 func1。

　　func1 在类 B 中成为虚函数，那么在 B 的直接和间接派生类中，func1 都自动成为虚函数。因此第 28 行，pb 是基类指针，func1 是基类 B 和派生类 C 中都有的同名、同参数表的虚函数，故这条函数调用语句就是多态。

15.5　虚析构函数

　　有时会让一个基类指针指向用 new 运算符动态生成的派生类对象，正如前面的"多态的作用"一节的几何形体程序中所做的那样。new 出来的对象都是通过 delete 指向它的指针来释放的。如果一个基类指针指向 new 出来派生类对象，而释放该对象的时候是通过 delete 该基类指针来完成，就如几何形体程序的第 93 行那样，就可能导致程序不正确。请看下面的程序：

```
//program 15.5.1.cpp
# include < iostream >
using namespace std;
class CShape
{
    public:
        ~CShape() { cout << "CShape::destrutor" << endl; }
```

```
};
class CRectangle:public CShape
{
    public:
        int w,h;                //宽和高
        ~CRectangle() { cout << "CRectangle::destrutor" << endl; }
};
int main()
{
  CShape * p = new CRectangle;
  delete p;
  return 0;
}
```

程序的输出结果：

CShape∷*destrutor*

输出的结果说明"delete p;"只引发了 CShape 类的析构函数被调用,没有引发 CRectangle 类的析构函数调用。这是因为该语句是静态联编的,编译器编译到此时,不可能知道此时 p 到底指向那个类型的对象,它只根据 p 的类型是 CShape *,来决定应该调用 CShape 类的析构函数。但按理说,"delete p;"导致一个 CRectangle 类的对象消亡,应该调用 CRectangle 类的析构函数才符合逻辑,否则有可能引发程序的 bug。例如,假设程序需要对 CRetangle 对象进行计数,那么此处不调用 CRetangle 类的析构函数,就会导致计数不正确。再如,假设 CRectangle 对象存续期间进行了动态内存分配,而释放内存的操作都是在析构函数中进行的,那么此处不调用 CRetangle 类的析构函数,就会导致被 delete 的对象中的动态分配的内存以后再也没有机会回收。

综上所述,希望"delete p;"这样的语句,能够聪明地根据 p 所指向的对象,来执行相应的析构函数。实际上,这也是多态。为了在这种情况下实现多态,C++规定,需要将基类的析构函数声明为虚函数,即虚析构函数。将上面的程序中的 CShape 类改写,在析构函数前加"virtual"关键字,将其声明为虚函数：

```
class CShape
{
    public:
        virtual ~CShape() { cout << "CShape::destrutor" << endl; }
};
```

则程序的输出结果变成：

CRectangle∷*destrutor*
CShape∷*destrutor*

说明 CRetangle 类的析构函数被调用了。实际上,派生类的析构函数,会自动调用基类的析构函数。

只要基类的析构函数是虚函数,那么派生类的析构函数不论是否用"virtual"关键字声明,都自动成为虚析构函数。

一般来说,一个类如果定义了虚函数,则最好将析构函数也定义成虚函数。

析构函数可以是虚函数,但是构造函数不能是虚函数。

15.6　纯虚函数和抽象类

纯虚函数就是没有函数体的虚函数。包含纯虚函数的类就称为抽象类。下面的类 A 就是一个抽象类:

```
class A {
        private:
            int a;
        public:
            virtual void Print() = 0 ;              //纯虚函数
            void fun1() { cout << "fun1"; }
};
```

Print 就是纯虚函数。纯虚函数的写法就是在函数声明后面加"= 0",不写函数体。所以纯虚函数实际上是不存在的,引入纯虚函数是为了便于实现多态。

之所以把包含纯虚函数的类称为"抽象类",是因为这样的类不能生成独立的对象。例如定义了上面的 class A 后,下面的语句都是会编译出错的:

```
A a;
A * p = new A;
A a[2];
```

既然抽象类不能用来生成独立对象,那么抽象类有什么用呢? 抽象类可以作为基类,用来派生新类。可以定义抽象类的指针或引用,并让它们指向或引用抽象类的派生类的对象,这就为多态的实现创造了条件。**独立的抽象类的对象不存在,但是被包含在派生类对象中的抽象类的对象,是可以存在的。**

抽象类的概念,是很符合逻辑的。回顾 15.2 节"多态的作用"中的"魔法门"游戏程序中 CCreature 类的写法:

```
class CCreature {              //"怪物"类
    protected :
        int lifeValue, power;
    public:
        virtual void Attack( CCreature * p) { };
        virtual void Hurted( int nPower) { } ;
        virtual void FightBack( CCreature * p) { };
};
```

在该程序中,实际上不需要独立的 CCreature 对象,因为一个怪物对象,它要么代表"狼",要么代表"龙",要么代表"雷鸟",总之是代表一种具体的怪物,而不会是一个抽象的什么都不是的"怪物"类的对象。所以,上面的 CCreature 类中的 Attack、Hurted、FightBack 成员函数也都无事可做。既然如此,将上面 3 个成员函数声明为纯虚函数,从而把 CCreature 类变成一个抽象类,就是很恰当的了。因此,CCreature 类的改进写法如下:

```
class CCreature {           //"怪物"类
```

```
        protected :
          int lifeValue, power;
        public :
          virtual void Attack( CCreature * p) = 0;
          virtual void Hurted( int nPower) = 0 ;
          virtual void FightBack( CCreature * p) = 0 ;
      };
```

同理,15.2 节"多态的作用"中的几何形体程序中,几何形体对象要么是个圆,要么是个三角形,要么是个矩形……也不存在抽象的 CShape 类的对象,因此 CShape 类应该如下改写为抽象类:

```
      class CShape                      //基类:形体类
      {
        public:
          virtual double Area() = 0;      //求面积
          virtual void PrintInfo() = 0;   //显示信息
      };
```

如果一个类从抽象类派生而来,那么当且仅当它对基类中的所有纯虚函数都进行覆盖并都写出了函数体(空的函数体"{ }"也可以),它才能成为非抽象类。

思考题 在抽象类的成员函数内可以调用纯虚函数,但是在构造函数或析构函数内部不能调用纯虚函数。为什么?

15.7 小结

通过基类的指针,调用基类和派生类中都有的同名虚函数时,基类指针指向的是基类对象,执行的就是基类的虚函数,基类指针如果指向派生类对象,执行的就是派生类的虚函数,这就称为多态。多态也适用于通过基类引用调用基类和派生类中都有的同名虚函数的情况。

多态的作用是提高程序可扩充性,简化编程。多态是通过虚函数表来实现的。

在普通成员函数中调用虚函数是多态的,但在构造函数和析构函数中调用虚函数不是多态的。

有虚函数的类,其析构函数也应该实现为虚函数。

包含纯虚函数的类称为抽象类。不能用抽象类定义对象。抽象类的派生类,仅当实现了所有的纯虚函数,才会变成非抽象类。

习题

1. 以下说法正确的是(　　)。

A. 在虚函数中不能使用 this 指针

B. 在构造函数中调用虚函数,不是动态联编

C. 抽象类的成员函数都是纯虚函数

D. 构造函数和析构函数都不能是虚函数

2. 写出下面程序的输出结果。

```cpp
#include <iostream>
using namespace std;
class A {
public:
    A() { }
    virtual void func()
    { cout << "A::func" << endl; }
    ~A() { }
    virtual void fund()
    { cout << "A::fund" << endl; }
};
class B:public A {
public:
    B () { func() ; }
    void fun() { func() ; }
    ~B () { fund(); }
};
class C : public B {
public :
    C() { }
    void func()
    { cout << "C::func" << endl; }
    ~C() { fund(); }
    void fund()
    { cout << "C::fund" << endl; }
};
int main()
{   C c; return 0; }
```

3. 写出下面程序的输出结果。

```cpp
#include <iostream>
using namespace std;
class A {
public :
virtual ~A() { cout <<"DestructA" << endl; }
};
class B: public A {
public:
virtual ~B() { cout <<"DestructB" << endl;}
};
class C: public B {
public:
~C() { cout << "DestructC" << endl; }
};
int main() {
    A * pa = new C;
    delete pa; A a;
```

```
    return 0;
}
```

4. 写出下面程序的输出结果。

```cpp
# include < iostream >
using namespace std;
class A {
public:
    A() { }
    virtual void func()
    { cout << "A::func" << endl; }
    virtual void fund()
    { cout << "A::fund" << endl; }
    void fun()
    { cout << "A::fun" << endl; }
};
class B:public A {
public:
    B () { func() ; }
    void fun() { func() ; }
};
class C : public B {
public :
    C() { }
    void func()
    { cout << "C::func" << endl; }
    void fund()
    { cout << "C::fund" << endl; }
};
int main()
{
    A * pa = new B();
    pa -> fun();
    B * pb = new C();
    pb -> fun();
    return 0;
}
```

5. 下面程序的输出结果是：

```
A::Fun
C::Do
```

请填空：

```cpp
# include < iostream >
using namespace std;
class A {
    private:
        int nVal;
    public:
```

```
        void Fun()
        { cout << "A::Fun" << endl; };
        void Do()
        { cout << "A::Do" << endl; }
};
class B:public A {
    public:
        virtual void Do()
        { cout << "B::Do" << endl; }
};
class C:public B {
    public:
    void Do()
    { cout <<"C::Do"<< endl; }
    void Fun()
    { cout << "C::Fun" << endl; }
};
void Call(_____) {
    p.Fun(); p.Do();
}
int main() {
    C c;Call( c);
    return 0;
}
```

6. 下面程序的输出结果是:

```
destructor B
destructor A
```

请完整写出 class A。限制条件: 不得为 class A 编写构造函数。

```
#include < iostream >
using namespace std;
class A { … };
class B:public A {
    public:
        ~B() { cout << "destructor B" << endl; }
};
int main() {
    A * pa;
    pa = new B;
    delete pa;
    return 0;
}
```

7. 下面的程序输出结果是:

```
A::Fun
A::Do
A::Fun
```

```
C::Do
```

请填空：

```
# include < iostream >
using namespace std;
class A {
    private:
        int nVal;
    public:
        void Fun()
{ cout << "A::Fun" << endl; };
        virtual void Do()
{ cout << "A::Do" << endl; }
};
class B:public A {
    public:
        virtual void Do()
{ cout << "B::Do" << endl; }
};
class C:public B {
    public:
    void Do()
{ cout <<"C::Do"<< endl; }
        void Fun()
{ cout << "C::Fun" << endl; }
};
void Call(_____) {
    p -> Fun(); p -> Do();
}
int main() {
    Call( new A());
    Call( new C());
    return 0;
}
```

8. 完成附录"魔兽世界大作业"中提到的终极版作业。

输入输出流

16.1 流类

程序中常用的 cin 和 cout，分别用于从键盘输入数据和向屏幕输出数据（简称为标准I/O）。除此之外，程序还可以从文件中读入数据，以及向文件中写入数据（简称为文件I/O）。数据输入和输出的过程也是数据传输的过程，数据像水一样从一个地方流动到另一个地方，因此，在 C++语言中将此过程称为"流"(stream)，在 C++的标准类库中，将用以进行数据输入输出的类，统称为"流类"。cin 是流类 istream 的对象，cout 是流类 ostream 的对象。要使用流类，需要在程序中包含 iostream 头文件。C++中常用的几个流类及其相互关系如图 16.1 所示。

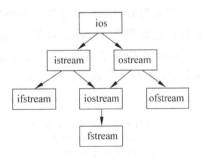

图 16.1 常用的流类及其相互关系

图 16.1 中的箭头代表派生关系，例如，ios 是个抽象的基类，它派生出 istream 和 ostrem；istream 和 ostream 又共同派生了 iostream 类。为了避免多继承的二义性，从 ios 派生出 istream 和 ostream 时，均使用了 virtual 关键字（虚继承）。

（1）istream 是用于输入的流类，cin 就是该类的对象。

（2）ostream 是用于输出的流类，cout 就是该类的对象。

（3）ifstream 是用于从文件读取数据的类。

（4）ofstream 是用于向文件写入数据的类。

（5）iostream 是既能用于输入，又能用于输出的类。

（6）fstream 是既能从文件读取数据，又能向文件写入数据的类。

16.2 标准流对象

iostream 头文件中定义了 4 个标准流对象,它们是 cin、cout、cerr 和 clog。

(1) cin 对应于标准输入流,用于从键盘读取数据,也可以被重定向为从文件中读取数据。

(2) cout 对应于标准输出流,用于向屏幕输出数据,也可以被重定向为向文件写入数据。

(3) cerr 对应于标准错误输出流,用于向屏幕输出出错信息,不能被重定向。

(4) clog 对应于标准错误输出流,用于向屏幕输出出错信息,不能被重定向。cerr 和 clog 的区别在于 cerr 不使用缓冲区,直接向显示器输出信息;而输出到 clog 中的信息先会被存放在缓冲区,缓冲区满或者刷新时才输出到屏幕。

cout 是 ostream 类的对象。在 Visual Studio 2010 安装文件夹下有"vc\crt\src\cout.cpp"文件,该文件中有 cout 的定义如下:

```
__PURE_APPDOMAIN_GLOBAL static filebuf fout(_cpp_stdout);
__PURE_APPDOMAIN_GLOBAL extern _CRTDATA2 ostream cout(&fout);
```

简单地看,就是:

```
ostream cout(&fout);
```

ostream 类的无参构造函数和复制构造函数都是私有的,因此在程序中一般定义不了 ostream 类的对象,唯一能用的 ostream 类的对象就是 cout。当然,上面关于 cout 对象的定义语句说明 ostream 还是有一个公有构造函数的,如果搞明白这个构造函数是什么样的,那么自己也能定义 ostream 对象了,但这么做并没必要。

cout 可以被重定向,而 cerr 不能。所谓重定向就是将输入的源或输出的目的地改变。例如,cout 本来是输出到屏幕上的,但是经过重定向,本该输出到屏幕上的东西,就可以被输出到文件中。请看下面的程序:

```
//program 16.2.1.cpp 输出重定向
1.   # include < iostream >
2.   using namespace std;
3.   int main()
4.   {
5.       int x, y;
6.       cin >> x >> y;
7.       freopen("test.txt","w",stdout);      //将标准输出重定向到 test.txt 文件
8.       if( y == 0 )                          //除数为 0 则输出错误信息
9.           cerr << "error." << endl;
10.      else
11.          cout << x /y ;
12.      return 0;
13.  }
```

第 7 行的 freopen 是个标准库函数。第二个参数"w"代表写模式,第三个参数代表标准输出。本条语句的作用就是将标准输出重定向为 test.txt 文件。重定向之后,所有对 cout 的输出,都不再出现在屏幕上,而是出现在 test.txt 文件中。test.txt 会和本程序的可执行文件出现在同一个文件夹中。重定向仅对本程序有用,不影响其他程序。运行本程序,输入:

程序没有输出,但是打开 test.txt 文件,可以看到文件中有:

3

输入:

<u>4 0</u>↙

则程序在屏幕上有输出:

error.

说明 cerr 不会被重定向。

cin 也是可以被重定向的。如果在程序中加入:

```
freopen("input.dat", "r",stdin);
```

第二个参数"r"代表读模式,第三个参数 stdin 代表标准输入。执行完此语句后,cin 就不再从键盘读入数据,而是从 input.dat 文件中读入数据了,input.dat 文件中有什么,就相当于是从键盘输入了什么。

16.3 　 使用流操纵算子控制输出格式

有时会希望按照一定的格式进行输出,例如,按十六进制输出整数;输出浮点数时保留小数点后面两位;输出整数时要按 6 个数字的宽度输出,宽度不足时左边补 0 等。在 C++中,用 cout 进行输出时,可以通过流操纵算子来进行格式控制。

C++提供了常用输出流操纵算子(也称为格式控制符),如表 16.1 所示。它们都是在头文件 iomanip 中定义的。要使用它们,必须包含该头文件。

表 16.1　C++流操纵算子

流操纵算子	作　　　用
* dec	以十进制形式输出整数
hex	以十六进制形式输出整数
oct	以八进制形式输出整数
fixed	以普通小数形式输出浮点数
scientific	以科学计数法形式输出浮点数
left	左对齐,即在宽度不足时将填充字符添加到右边
* right	右对齐,即在宽度不足时将填充字符添加到左边
setbase(b)	设置输出整数时的进制,b = 8、10 或 16
setw(w)	指定输出宽度为 w 个字符或输入字符串时读入 w 个字符
setfill(c)	在指定输出宽度的情况下,输出的宽度不足时用字符 c 填充(默认的情况是用空格填充)
setprecision(n)	设置输出浮点数的精度为 n。在非 fixed 且非 scientific 方式输出的情况下,意味着最多保留 n 位有效数字,如果有效数字位数超过 n,则小数部分四舍五入或自动变为科学计数法输出并保留一共 n 位有效数字;在 fixed 方式和 scientific 方式输出的情况下,n 是小数点后面应保留的位数
setiosflags(标志)	将某个输出格式标志置为 1
resetiosflags(标志)	将某个输出格式标志置为 0

新标准 C++程序设计教程

流操纵算子	作　　用
不太常用的流操纵算子	
boolapha	把 true 和 false 输出为字符串
＊ noboolalpha	把 true 和 false 输出为 0、1
showbase	输出表示数值的进制的前缀
＊ noshowbase	不输出表示数值的进制的前缀
showpoint	总是输出小数点
＊ noshowpoint	只有当小数部分存在时才显示小数点
showpos	在非负数值中显示＋
＊ noshowpos	在非负数值中不显示＋
＊ skipws	输入时跳过空白字符
noskipws	输入时不跳过空白字符
uppercase	十六进制数中使用'A'～'E',若输出前缀则前缀输出"0X",科学计数法中输出'E'
＊ nouppercase	十六进制数中使用'a'～'e',若输出前缀则前缀输出"0x",科学计数法中输出'e'
internal	数值的符号(正负号)在指定宽度内左对齐,数值右对齐,中间由填充字符填充

表 16.1 中"流操纵算子"一栏中的星号"＊"不是算子的一部分,星号表示默认的、没有使用任何算子的情况下就等效于使用了该算子。例如,在默认的情况下,整数是用十进制形式输出的,等效于使用了"dec"算子。

使用这些算子的方法就是将算子用"＜＜"和 cout 连用。例如:

```
cout << hex << 12 << "," << 24;
```

这条语句的作用就是指定以十六进制形式输出后面两个数,所以输出结果是:

```
c,18
```

setiosflags 算子实际上是一个库函数,它以一些标志作为参数,这些标志可以是在 iostream 头文件中定义的以下几种取值,它们的含义和同名算子一样。

```
ios::left        ios::right       ios::internal
ios::showbase    ios::showpoint   ios::uppercase    ios::showpos
ios::scientific  ios::fixed
```

这些标志实际上都是仅有某比特为1,而其他比特都为 0 的整数。

多个标志可以用"|"运算符连接,表示同时设置。例如:

```
cout << setiosflags(ios::scientific | ios::showpos ) << 12.34 ;
```

输出:

```
+1.234000e+001
```

如果两个矛盾的标志都被设置了,例如,先用了 setiosflags(ios::fixed),然后又用了 setiosflags(ios::scientific),那么结果是两个标志都不起作用。所以,在设置了某标志,又要改为设置其他矛盾的标志时,就应该用 resetiosflags 清除原先的标志。例如下面 3 条语句:

```
cout << setiosflags(ios::fixed) << 12.34 << endl;
```

```
cout << resetiosflags(ios::fixed) <<
setiosflags(ios::scientific | ios::showpos ) << 12.34 << endl;
cout << resetiosflags(ios::showpos) << 12.34 << endl;        //清除了要输出正号的标志
```

输出结果是：

12.340000

+ 1.234000e + 001

1.234000e + 001

关于流操纵算子的使用，请看下面的程序：

```
//program 16.3.1.cpp 流操纵算子
1.   # include < iostream >
2.   # include < iomanip >
3.   using namespace std;
4.   int main()
5.   {
6.       int n = 141;
7.       //1) 分别以十六进制、十进制、八进制先后输出 n
8.       cout << "1) " << hex << n << " " << dec << n << " " << oct << n << endl;
9.       double x = 1234567.89, y = 12.34567;
10.      //2) 保留 5 位有效数字
11.      cout << "2) " << setprecision(5) << x << " " << y << " " << endl;
12.      //3) 保留小数点后面 5 位
13.      cout << "3) " << fixed << setprecision(5) << x << " " << y << endl ;
14.      //4) 科学计数法输出,且保留小数点后面 5 位
15.      cout << "4) " << scientific << setprecision(5) << x << " " << y << endl ;
16.      //5) 非负数要显示正号,输出宽度为 12 字符,宽度不足则用' * '填补
17.      cout << "5) " << showpos << fixed << setw(12) << setfill(' * ') << 12.1 << endl;
18.      //6) 非负数不显示正号,输出宽度为 12 字符,宽度不足则右边用填充字符填充
19.      cout << "6) " << noshowpos << setw(12) << left << 12.1 << endl;
20.      //7) 输出宽度为 12 字符,宽度不足则左边用填充字符填充
21.      cout << "7) " << setw(12) << right << 12.1 << endl;
22.      //8) 宽度不足时,负号和数值分列左右,中间用填充字符填充
23.      cout << "8) " << setw(12) << internal << - 12.1 << endl;
24.      cout << "9) " << 12.1 << endl;
25.      return 0;
26. }
```

程序的输出结果：

1) 8d 141 215

2) 1.2346e + 006 12.346

3) 1234567.89000 12.34567

4) 1.23457e + 006 1.23457e + 001

*5) *** + 12.10000*

*6) 12.10000 ****

*7) **** 12.10000*

*8) - *** 12.10000*

9) 12.10000

需要注意的是 setw 算子起作用是一次性的，即只影响下一次输出。每次需要指定输出

的宽度时,都要使用 setw。因此看到第 9)行输出,因为没有使用 setw,所以输出的宽度就不再是前面指定的 12 字符。

在读入字符串时,setw 还能影响 cin 的行为。例如下面的程序:

```
//program 16.3.2.cpp setw 和 cin
1.   # include < iostream >
2.   # include < iomanip >
3.   using namespace std;
4.   int main()
5.   {
6.       string s1,s2;
7.       cin >> setw(4) >> s1 >> setw(3) >> s2;
8.       cout << s1 << "," << s2 << endl;
9.       return 0;
10.  }
```

当输入:

1234567890↙

程序的输出结果:

1234,567

说明"setw(4)"使得读入 s1 的时候,只读入 4 个字符,其后的"setw(3)"使得读入 s2 时,只读入 3 个字符。

setw 用于 cin 时,同样只影响下一次的输入。

思考题 setw 到底会是个什么东西,以至于能和 cout 连用来指定输出宽度?请自行查看编译器所带的 iomanip 头文件,然后写一个功能和 setw 完全相同的 mysetw。

16.4 调用 cout 的成员函数

ostream 类有一些成员函数,通过 cout 调用它们,也能用于控制输出的格式,其作用和流操纵算子相同。ostream 类的成员函数,如表 16.2 所示。

表 16.2 ostream 类的成员函数

成 员 函 数	作用相同的流操纵算子	成 员 函 数	作用相同的流操纵算子
precision(n)	setprecision(n)	setf(标志)	setiosflags(标志)
width(w)	setw(w)	unsetf(标志)	resetiosflags(标志)
fill(c)	setfill(c)		

setf 和 unsetf 用到的"标志",与 setiosflags 和 resetiosflags 用到的完全相同。

这些成员函数的用法十分简单,例如下面的 3 行程序:

```
cout.setf(ios::scientific);
cout.precision(8);
cout << 12.23 << endl;
```

输出结果是：

1.22300000e + 001

cout 有一个成员函数 put，可以用来输出一个字符。其参数是 int 类型，代表要输出的字符的 ASCII 码。其返回值是 cout 的引用。下面的两条语句：

```
cout.put('a');
cout.put(98).put('c').put('z');
```

输出结果是：

abcz

98 是'b'的 ASCII 码，'a'和'z'都能自动转换成整数，即字符对应的 ASCII 码。

16.5　cin 的高级用法

16.5.1　判断输入结束

cin 可以用来从键盘输入数据，将标准输入重定向为文件后，cin 也可以用来从文件中读入数据。在输入数据多少不定且没有结束标志的情况下，该如何判断输入数据已经读完了呢？例如，输入若干个正整数，输出最大值，程序该如何编写？

```
        //program 16.5.1.cpp 用 cin 判断输入结束
1.    # include < iostream >
2.    using namespace std;
3.    int main()
4.    {
5.        int n;
6.        int maxN = 0;
7.        while( cin >> n) {          //输入没有结束，条件就为真
8.            if( maxN < n )
9.                maxN = n;
10.        }
11.        cout << maxN;
12.        return 0;
13. }
```

假设该程序编译出来的可执行程序是 mycin.exe。Windows 系统下，在键盘输入的时候，在单独的一行敲 Ctrl＋Z 键再加回车键，就代表输入结束。所以程序运行时，输入若干个正整数，换行，再敲 Ctrl＋Z 键加回车，程序就会输出最大值然后结束。即"cin＞＞n"这个表达式在碰到 Ctrl＋Z 键的时候，会返回 false。在 UNIX/Linux 系统下，Ctrl＋D 键代表输入结束。

如果将标准输入重定向为某个文件，例如在程序开始添加"freopen("test.txt","r", stdin);"，或者不添加上述语句但是在 Windows 的"命令提示符"窗口输入：

mycin < test.txt

则都能使得本程序不再从键盘输入数据,而是从 test. txt 文件输入数据(前提是 test. txt 文件和 mycin. exe 在同一个文件夹下)。在这种情况下,test. txt 文件中并不需要包含 Ctrl+Z 键,只要有用空格或回车隔开的若干个正整数即可,cin 读到文件末尾时,"cin>>n"就会返回 false,从而导致程序结束。例如,test. txt 文件中的内容如果是:

```
112
23123
34 444 55
44
```

则程序输出:

> *23123*

在运算符重载一章,提到过 istream 类将">>"重载为成员函数,而且这些成员函数的返回值是 cin 的引用。"cin>>n"的返回值的确是 istream & 类型的,而 while 语句中的条件表达式返回值应该是 bool 类型、整数类型或其他和整数类型兼容的类型的,istream & 显然和整数类型不兼容,为什么"while(cin >> n)"还能成立呢?这是因为在 istream 类中,对强制类型转换运算符"bool"进行了重载,这使得 cin 对象可以被自动转换成 bool 类型。所谓自动转换的过程就是调用 cin 的"operator bool"这个成员函数,而该成员函数可以返回某个标志值,该标志值在 cin 没有读到输入结尾时是为 true 的,读到输入结尾后变为 false。对该标志值的设置,在"operator <<"成员函数中进行。

如果 cin 在读取的过程中发生了错误,"cin>>n"这样的表达式也会返回 false。例如下面的程序:

```cpp
# include < iostream >
using namespace std;
int main( )
{
    int n;
    while( cin >> n)
        cout << n << endl;
    return 0;
}
```

本该输入整数的,如果输入了一个字母,则程序就会结束。因为应该读入整数时却读入了字母,就算是读入出错。

思考题　请补齐类 MyCin,使得下面的程序不停地输入整数又输出其值,直到输入整数"100",程序才结束。

```cpp
# include < iostream >
using namespace std;
class MyCin
{
    …
};
int main( )
```

```
{
    MyCin m;
    int n;
    while( m >> n)
        cout << n << endl;
    return 0;
}
```

16.5.2 istream 类的成员函数

istream 类有一些成员函数,这里只介绍最常用的几个成员函数。

1. get

istream 类有好几个名为 get 的成员函数。这里只介绍其中的一个,其原型如下:

```
int get();
```

此函数从输入流中读入一个字符,返回值就是该字符的 ASCII 码。如果碰到输入的末尾,则返回值为 EOF。EOF 是"End of File"的缩写,istream 类中从输入流(包括文件)中读取数据的成员函数,在把输入数据都读取完后,再进行读取,就会返回 EOF。EOF 是 iostream 中定义的一个整型常量,值为-1。

get 函数不会跳过空格、制表符、回车等特殊字符,所有的字符都能被读入。请看下面的程序:

```
# include < iostream >
using namespace std;
int main()
{
    int c;
    while( (c = cin.get()) != EOF)
        cout.put(c);
    return 0;
}
```

程序运行情况如下:

```
Hello world! ↙
Hello world! ↙
^Z↙
```

输入^Z↙后程序结束。"↙"代表回车,"^Z"代表 Ctrl+Z。

程序中的变量 c 应是 int 类型,而不能是 char 类型的。碰到输入流中 ASCII 码等于 0xFF 的字符时,cin.get()返回 0xFF,0xFF 赋值给 c。此时如果 c 是 char 类型的,那么其值就是-1(因为符号位为 1 代表负数),即等于 EOF,于是程序就错误地认为输入已经结束。而在 c 为 int 类型的情况下,将 0xFF 赋值给 c,c 的值会是 255(因为符号位为 0,是正数),而非-1,即除非读到输入末尾,c 的值都不可能是-1。

要将文本文件 test.txt 中的全部内容原样显示出来,程序可以如下编写:

```
# include < iostream >
using namespace std;
int main()
{
    int c;
    freopen("test.txt","r",stdin);          //将标准输入重定向为 test.txt
    while( (c = cin.get()) != EOF)
        cout.put(c);
    return 0;
}
```

2. getline

getline 成员函数有两个版本:

```
istream & getline(char *buf, int bufSize);
istream & getline(char *buf, int bufSize,char delim);
```

第一个版本从输入流中读取 bufSize−1 个字符到缓冲区 buf,或读到碰到'\n'为止(哪个先到算哪个)。函数会自动在 buf 中读入数据的结尾添加'\0'。第二个版本和第一个版本的区别在于,第一个版本是读到'\n'为止,第二个版本是读到 delim 字符为止。'\n'或 delim 都不会被读入 buf,但会被从输入流中取走。这两个函数的返回值就是函数所作用的对象的引用。如果输入流中'\n'或 delim 之前的字符个数超过了 bufSize 个,就导致读入出错,其结果就是虽然本次读入已经完成,但是之后的读入就会失败了。

从输入流中读入一行,用 cin>>s(假设 s 是 string 对象或 char * 指针)不行,因为此种读法,在读入碰到行中的空格或制表符就会停止,那么 s 中就不能保证读入整行。用第一个版本的 getline 可以读入一行,其用法示例如下:

```
//program 16.5.2.1.cpp cin.getline 用法
1.  # include < iostream >
2.  using namespace std;
3.  int main()
4.  {
5.      char szBuf[20];
6.      int n = 120;
7.      if(!cin.getline(szBuf,6))        //如果输入流中一行字符超过 5 个,就会出错
8.          cout << "error" << endl;
9.      cout << szBuf << endl;
10.     cin >> n;
11.     cout << n << endl;
12.     cin.clear();                     //clear 能够清除 cin 内部的错误标记,使之恢复正常
13.     cin >> n;
14.     cout << n << endl;
15.     return 0;
16. }
```

程序运行过程如下：

ab cd ✓
ab cd
33 ✓
33
44 ✓
44

在上面的输入的情况下，程序是正常的。程序运行过程还可能是：

ab cd123456k ✓
error
ab cd
120
123456

说明第 7 行读入的时候因字符串超长导致出错了，于是 11 行并没有从输入流读入 n，n 维持了原来的值 120。在第 12 行调用 istream 的成员函数 clear，清除了 cin 内部的错误标记，此后 cin 又能正常读入了。因此，123456 都在第 13 行被读入 n。

可以用 getline 的返回值来判断输入是否结束（为 false 则输入结束）。例如，要将文件 test.txt 中的全部内容原样显示出来（假设文件中一行最长 10000 个字符），程序可以如下编写：

```
//program 16.5.2.2.cpp 用 cin.getline 读取文件全部内容
1.    # include < iostream >
2.    using namespace std;
3.    const int MAX_LINE_LEN = 10000;        //假设文件中一行最长 10000 个字符
4.    int main()
5.    {
6.        char szBuf[MAX_LINE_LEN + 10];
7.        freopen("test.txt","r",stdin);    //将标准输入重定向为 test.txt
8.        while(cin.getline(szBuf,MAX_LINE_LEN + 5))
9.                cout << szBuf << endl;
10.       return 0;
11.   }
```

每次读入文件中的一行到 szBuf 并输出。读取一行时，行末的回车是不会被读入到 szBuf 中的，因此输出 szBuf 后要再输出 endl 以换行。

3. eof

eof 函数原型如下：

bool eof();

此函数用以判断输入流是否已经结束。返回值为 true 表示结束。

新标准 C++ 程序设计教程

4. ignore

ignore 函数原型如下：

```
istream & ignore(int n = 1 , int delim = EOF);
```

此函数作用是跳过输入流中的 n 个字符，或跳过 delim 以及其之前的所有字符，哪个先到算哪个。两个参数都有默认值，因此"cin.ignore()"就效等于"cin.ignore(1,EOF)"，即跳过一个字符。本函数常用于跳过输入中的无用部分，以便提取有用部分的内容。例如输入的电话号码形式是"Tel：63652823"，"Tel："就是没用的内容。请看下面的程序：

```cpp
# include < iostream >
using namespace std;
int main()
{
    int n;
    cin.ignore(5,'A');
    cin >> n;
    cout << n;
    return 0;
}
```

该程序运行过程可能如下：

abcde34↙

34

cin.ignore 跳过了输入中的前 5 个字符，剩下的被当做整数输入到 n。

该程序运行过程也可能如下：

abA34↙

34

cin.ignore 跳过了输入中'A'及其前面的字符，剩下的被当做整数输入到 n。

5. peek

peek 函数原型如下：

```
int peek();
```

此函数返回输入流中的下一个字符，但是并不将该字符从输入流中取走，相当于只是看一眼，所以称为"peek"。cin.peek()不会跳过输入流中的空格、回车。在输入流已经结束的情况下，cin.peek()返回 EOF。

在输入数据的格式不同，需要预先判断格式，再决定如何输入时，peek 就能起作用了。

例 16.1 编写一个日期格式转换程序，输入若干个日期，每行一个，要求都转换成"mm-dd-yyyy"格式输出。输入的日期可以是"2011.12.24"格式的，也可以是"Dec 24 2011"格式的。要求该程序对输入数据：

```
Dec 3 1990
2011.2.3
```

458.12.1
Nov 4 1998
Feb 12 2011

输出结果应为：

12 - 03 - 1990
02 - 03 - 2011
12 - 01 - 0458
11 - 04 - 1998
02 - 12 - 2011

输入数据中的 Ctrl＋Z 就略去不写了，因为输入数据也可能来自于文件。

编写这个程序时显然希望如果输入的是中国格式，就用 cin＞＞year（假设 year 是 int 类型变量）读取年份，然后再读后面的数据；如果输入是美国格式，就用 cin＞＞sMonth（假设 sMonth 是 string 对象）读取月份，然后读后面的数据。可是，如果没有将数据从输入流中读取出来，就无法判断到底是哪种格式。即便用 cin. get()读取一个字符后再做判断，也很不方便。例如，在输入为"2011.12.24"的情况下，读取了第一个字符'2'就知道应该是中国格式，问题是输入流中的'2'已经被读取了，剩下表示的年份的部分只有"011"了，如何将这个"011"和前面读取的'2'凑成一个整数 2011，也是颇费周折的事情。使用 peek 解决起来就容易了，如下编程：

```
//program 16.5.2.3.cpp cin.peek 用法示例
1.    # include < iostream >
2.    # include < iomanip >
3.    # include < string >
4.    using namespace std;
5.    string Months[12] = { "Jan","Feb","Mar","Apr","May","Jun","Jul","Aug",
6.                          "Sep","Oct","Nov","Dec" };
7.    int main()
8.    {
9.        int c;
10.       while( (c = cin.peek()) != EOF) {         //取输入流中的第一个字符进行查看
11.           int year,month,day;
12.           if(c >= 'A' && c <= 'Z') {             //美国日期格式
13.               string sMonth;
14.               cin >> sMonth >> day >> year;
15.               for( int i = 0;i < 12; ++i )       //查找月份
16.                   if(sMonth == Months[i]) {
17.                       month = i + 1;
18.                       break;
19.                   }
20.           }
21.           else {                                 //中国日期格式
22.               cin >> year;
23.               cin.ignore() >> month ;            //用 ignore 跳过"2011.12.3"中的'.'
24.               cin.ignore() >> day;
25.           }
26.           cin.ignore();                          //跳过行末 '\n'
```

```
27.            cout << setfill('0') << setw(2) << month ;      //设置填充字符'0',输出宽度 2
28.            cout << " - " << setw(2) << day << " - " << setw(4) << year << endl;
29.        }
30.    return 0;
31. }
```

istream 还有一个成员函数"istream & putback(char c)",可以将一个字符插入到输入流的最前面。例如,上面的例题,也可以在用 get 读取一个字符并判断是中式格式还是西式格式时,将刚刚读取的字符再用 putback 成员函数放回流里面去,然后再根据判断结果进行不同方式的读入。

16.6　printf、scanf 等 C 语言标准输入输出库函数

C 语言有一套标准库函数用于输入输出,最常用的就是 scanf 和 printf 函数。C++也支持这些函数。使用 cin、cout 进行输入输出,速度明显比用 scanf 和 printf 等 C 语言库函数慢。在输入输出数据量大且对速度要求又比较高的场合,也许就不得不使用 scanf 和 printf。例如,有些在线程序评测系统(OJ)上的题目,输入输出的数据量很大,有几 MB 甚至十几 MB 之多,对这样的题目,用 cin 和 cout 进行输入输出的程序,提交上去就往往会因运行太慢而超时,导致不能通过。作为 C++ 程序员,实践中常常需要阅读别人编写的 C 程序或 C++ 代码,那些代码中常常也会用到 printf 或 scanf 等 I/O 库函数,因此,掌握 scanf、printf 等 C 语言 I/O 库函数的基本用法,也是必要的。

注意：程序中一定不要将 scanf 等 C 语言库函数和 cin 一起使用进行输入,也不要将 printf 等 C 语言库函数和 cout 一起使用进行输出。要么选择 C 语言的方法,要么选择 C++ 的方法,不能混用,否则很可能导致输入输出的错误。

1. scanf 和 printf 函数

(1) scanf 函数原型如下：

```
int scanf(const char *fmt[, address, …]);
```

它是参数个数可变的函数,fmt 参数是格式字符串,后面的参数是变量的地址,个数不限,也可以没有(方括号表示可省略)。该函数作用是按照第一个参数指定的格式,将数据读入到后面的变量中去。

该函数的返回值若大于 0,则代表成功读入的数据项个数；若等于 0 则代表一项也没有读入；若为 EOF 则说明输入数据都已经读完了。

(2) printf 函数原型如下：

```
int printf(const char *fmt[, argument, …]);
```

它是参数个数可变的函数,fmt 参数是格式字符串,后面的参数是待输出的变量或常量,个数不限。本函数作用是按照第一个参数指定的格式,将后面的变量或常量输出到屏幕上。函数的返回值是成功输出的字符数,返回负值则代表出错。

格式字符串中除了有普通的要输出的字符外,还可以有如表 16.3 所示的格式控制符,

用以指定数据的输出或输入格式。格式控制符均以'%'开头,大部分不但可以用于 printf 函数进行输出,也能用于 scanf 函数进行输入:

表 16.3　printf 和 scanf 格式控制符

格式控制符	作　用
%d	读入或输出 int 变量
%u	读入或输出 unsigned int 变量
%c	读入或输出 char 变量
%f	读入或输出 float 变量,输出时保留小数点后面 6 位
%lf	读入或输出 double 变量,输出时保留小数点后面 6 位
%s	读入或输出字符数组或 char * 指针指向的字符串
%e	以科学计数法格式读入或输出 float 变量,保留小数点后面 6 位
%le	以科学计数法格式读入或输出 double 变量,保留小数点后面 6 位
%x	以十六进制读入或输出整型变量
%lld	读入或输出 long long 变量(64 位整数)
%llu	读入或输出 unsigned long long 变量(64 位整数)
%llx	以十六进制格式读入或输出 long long 变量(64 位整数)
%p	输出指针地址值
%nd(如%4d,%12d)	以 n 字符宽度输出整数,宽度不足时用空格填充
%0nd(如%04d,%012d)	以 n 字符宽度输出整数,宽度不足时用 0 填充
%.nlf(如%.4lf,%3lf)	输出浮点数,精确到小数点后 n 位

下面通过一个程序说明 scanf 和 printf 的用法:

```
//program 16.6.1.cpp scanf 和 printf 用法示例
1.   # include < iostream >
2.   using namespace std;
3.   int main()
4.   {
5.       int a;
6.       char b;
7.       char c[20];
8.       double d = 0;
9.       float e = 0;
10.      int n = scanf("%d%c%s%lf%f",&a,&b,c,&d,&e);
11.      printf("result: %d %c %s %lf %e %f %d\n",a,b,c,d,e,e,n);
12.      return 0;
13.  }
```

第 10 行,scanf 的格式字符串中的格式控制符和后面的参数(变量地址)一一对应。例如,%d 对应于 &a,表示应该读入一个整数到变量 a;%c 对应于 &b,表示应该读入一个字符到变量 b;%s 对应于 c,表示应该读入一个字符串到字符数组 c(数组名即代表地址);%lf 对应于 &d,表示应该读入一个浮点数到变量 d;%f 对应于 &e,也表示要读入一个浮点数到变量 e。本行执行的时候,如果输入是:

新标准 C++ 程序设计教程

```
123k teststring  8.9   9.2↙
```

则整数 123 被读入 a,字符'k'被读入 b,字符串"teststring"被读入 c,浮点数 8.9 被读入 d, 9.2 被读入 e。scanf 认为被读入的各项是以一个或若干个空格、制表符或回车换行分隔的。

此后第 11 行,格式字符串中的非控制符部分(包括空格)会被原样输出,第一个%d 对应于变量 a,说明 a 应该以十进制格式输出;%c 对应于变量 b,说明 b 应被输出为一个字符;%s 对应于 c,说明 c 应输出为字符串;以此类推。所以,在上面的输入的情况下,本行的输出结果是:

result: 123,k,teststring,8.900000,9.200000e + 000,9.200000,5

用"%d"输入整数、用"%s"输入字符串、用"%f"输入实数时,都会跳过空格;但是用"%c"输入字符时,不会跳过空格,碰到空格,则输入的字符就是空格。上面的程序,如果输入为:

```
123 teststring  8.9   9.2↙
```

则输出是:

result: 123   teststring 8.900000 9.200000e + 000 9.200000 5

因为"123"和"teststring"之间的空格,被读入了变量 b。

下面再看一个程序。

```
//program 16.6.2.cpp 输入输出 long long 类型和 double 类型变量
1.    # include < iostream >
2.    using namespace std;
3.    int main()
4.    {
5.        int a;
6.        float f;
7.        double df;
8.        long long n = 9876543210001133LL;        //64 位整型常量要以 "LL"结尾
9.        scanf("% x:% e% le,% lld",&a,&f,&df,&n); //会跳过输入中的":"和","
10.       printf("% d,% x,% f,% lf,% lld",a,a,f,df,n);
11.       return 0;
12.   }
```

输入:

```
2e:3.14e + 2 2.56e − 3,1234567890123456↙
```

输出:

46,2e,314.000000,0.002560,1234567890123456

scanf 函数的格式字符串中如果有非格式控制符也非空格的字符,而且输入数据中在相应位置出现了该字符,那么该字符会被跳过。例如,上面输入中的":"和",",仅作分隔之用,不需要被读入到什么地方,因此在 scanf 中的格式字符串中,在对应位置写上":"和",",就能使得这两个字符被跳过。

scanf 和 printf 虽然速度比 cin 和 cout 快,但是它们也有一些弊端,就是容易用错,错的用法还不易发现。例如下面的程序段

```
int n = 20;
scanf("%d",n);
printf("%d %d",n);
```

第二条语句的原意应该是读入一个整数到 n,可是漏了写"&"了。但是编译器不会报错,它把 n 的数值当做变量的地址,例如 n 的数值是 123456,那么这条语句就会往内存地址 123456 处写入一个整数,这很可能导致程序崩溃。第三条语句,应该输出两项,但是待输出的变量只有一个,这种情况编译器也不会报错,运行时输出的第二项是什么,就是不可预料的了。

初学者在用 scanf 的时候特别容易写出以下错误程序:

```
# include < iostream >
using namespace std;
int main()
{
    char *s;
    scanf("%s",s);
    return 0;
}
```

此程序错在 s 没有初始化,不知道指向何处。此时用 scanf 往其指向的位置写入读来的数据,很可能导致程序崩溃。

2. sscanf 和 sprintf 函数

(1) sscanf 函数原型如下:

```
int sscanf(const char *buffer, const char *fmt[, address, …]);
```

它和 scanf 的区别在于,scanf 从标准输入读取数据,而它是从 buffer 中读取数据。

(2) sprintf 函数原型如下:

```
int sprintf(char * buffer, const char * fmt[, argument, …]);
```

它和 printf 的区别在于,printf 往标准输出(屏幕)输出数据,而它是向 buffer 中输出数据。

sscanf 函数常用从符合某种格式的字符串中抽取一些数据,ssprintf 常用于生成符合某种格式的字符串。sscanf 和 sprintf 用法示例如下:

```
//program 16.6.3.cpp sscanf 和 sprintf 用法示例
1.    # include < iostream >
2.    using namespace std;
3.    int main()
```

```
4.   {
5.       int a; char c; char s[20];
6.       char szSrc[] = "-28 K,test 1234567890123456";
7.       char szDest[200];
8.       long long n ;
9.       sscanf(szSrc, "%d %c, %s %lld",&a,&c,s,&n);        //从 szSrc 中读取数据
10.      sprintf(szDest, "%d %c %s %lld",a,c,s,n);          //将数据输出到 szDest
11.      printf("%s",szDest);
12.      return 0;
13.  }
```

程序的程序输出:

-28 K test 1234567890123456

3. getchar 和 gets 函数

getchar 函数原型如下:

```
int getchar();
```

用于从标准输入中读入一个字符,返回值就是读入的字符的 ASCII 码。若返回值为 EOF,则说明输入数据已经读完。其用法和 int iostream::get() 函数几乎一样。

gets 函数的原型如下:

```
char *gets(char * buffer);
```

其功能是从标准输入中读取字符串,一直读到换行符'\n'或 EOF 为止。读取的字符串存放在 buffer 指针所指向的字符数组中。'\n'不被读入 buffer,但会从输入中移除。函数自动往 buffer 中添加结尾的'\0'。若读入成功,则返回与参数 buffer 相同的指针;读入过程中遇到 EOF 或发生错误,返回 NULL 指针。所以在遇到返回值为 NULL 的情况下,要用 ferror 或 feof 函数检查是发生错误还是遇到 EOF。

本函数无从判断读入的字符串长度是否超过了 buffer 缓冲区的长度,所以程序员应该确保 buffer 的空间足够大,以便在执行读操作时不发生溢出。这使得 gets 成为很不安全的函数,要尽量少用。

16.7   小结

C++ 的类库中有几个基本的流类,都从 ios 派生而来。它们是 istream、ostream、fstream、ifstream、ofstream。cin 是流类 istream 的对象,cout 是流类 ostream 的对象。

流的输入输出格式可以用流操纵算子控制。

istream 类的成员函数 getline 可以用于读取一行。

printf、scanf 是 C 语言的输入输出库函数,用于输入输出比 cout 和 cin 速度快。两种输入输出方式不能混用。

习题

1. C++标准类库中有哪几个流类？用途分别如何？它们之间的关系如何？

2. cin 是哪个类的对象？cout 是哪个类的对象？

3. 编写程序，读取一行文字，然后将此行文字颠倒后输出。

输入样例：

These are 100 dogs.

输出样例：

. sgod 001 era esehT

4. 编写程序，输入若干个实数，对于每个实数，先以非科学计数法输出，小数点后面保留 5 位有效数字；再以科学计数法输出，小数点后面保留 7 位有效数字。输入以 Ctrl＋Z 结束。

输入样例：

12.34
123456.892255

输出样例：

12.34000
1.2340000e＋001
123456.89226
1.2345689e＋005

5. 编写程序，输入若干个整数，对于每个整数，先将该整数以十六进制输出，然后再将该整数以 10 个字符的宽度输出，宽度不足时在左边补 0。输入以 Ctrl＋Z 结束。

输入样例：

23
16

输出样例：

17
0000000023
10
0000000016

6. printf 和 scanf 与 cout 和 cin 相比有什么优势？

CHAPTER 17

第17章　　　　文件操作

17.1　文件的概念

内存中存放的数据,在计算机关机后就会消失。要长久保存数据,就要使用硬盘、光盘、U 盘等设备。为了便于数据的管理和检索,就引入了"文件"的概念。一篇文章,一段视频,一个可执行程序,都可以被保存为一个文件,并赋予一个文件名。操作系统以文件为单位管理磁盘上的数据。成千上万个文件都放在一起不分类的话,显然用户使用起来非常不便,因此又引入了树形目录(目录也称文件夹)的机制,可以把文件放在不同的文件夹中,文件夹中还可以套文件夹,这就便于用户对文件进行管理和使用,正如 Windows 的资源管理器呈现的那样。

一般来说,文件分为文本文件、视频文件、音频文件、图像文件、可执行文件等多种类别,这是从文件的功能方面分类的。**从数据存储的角度来说,所有的文件本质上都是一样的,都是由一个个字节组成,归根到底都是 0、1 比特串。**不同的文件呈现出不同的形态(有的是文本,有的是视频等)主要是文件的创建者和文件的解释者(使用文件的软件)约定好了文件的格式。所谓"格式"就是关于文件中每一部分的内容都代表什么含义的一种约定。例如,常说的"纯文本文件"(也称文本文件,后缀名通常是".txt"),指的是在 Windows 的"记事本"中能够打开,并且能看出是一段有意义的文字的文件。文本文件的格式就可以用下面一句话来描述:文件中的每个字节,都是一个可见字符的 ASCII 码。

除了纯文本文件外的图像、视频、可执行文件等,一般被称为"二进制文件"。二进制文件如果用记事本打开,看到的就是一片乱码。所谓"文本文件"和"二进制文件"只是约定俗成的、从计算机用户角度出发的分类,并不是计算机科学上的分类。从计算机科学的角度来看,所有的文件都是由二进制位组成的,都是二进制文件。文本文件和其他二进制文件,只是格式不同而已。实际上,只要规定好格式,而且不怕空间浪费,用文本文件一样可以表示图像、声音、视频甚至可执行程序。简单地说,如果约定用字符'1','2',…,'7'表示七个音符,那么一个由'1','2',…,'7'组成的文本文件,就可以被遵从该约定的音乐软件演奏成一首曲子。下面再看一个用文本文件表示一幅图像的例子。

一幅图像实际上就是一个由点构成的矩阵,每个点可以有不同的颜色,称为像素。有的图像是 256 色的,有的是 32 位真彩色的(即一个像素的颜色,用一个 32 位的整数表示)。以 256 色图像为例,可以用 0～255 这 256 个数代表 256 种颜色,那么每个像素就可以用一个数来表示了。再约定文件开始的两个数代表图像的宽和高(以像素为单位),那么以下文本文件就可以表示一幅宽 6 像素、高 4 像素的 256 色图像了。

```
6 4
24 0 38 129 4 154
12 73 227 40 0 0
12 173 127 20 0 0
21 73 87 230 1 0
```

这个"文本图像"文件的格式就可以描述为:第一行的两个数分别代表水平方向的像素数目和垂直方向的像素数目,此后每行代表图像的一行像素,一行中的每个数对应于一个像素,表示其颜色。理解这一格式的图像处理软件,就可以把上述文本文件呈现为一幅图像。视频可由每秒 24 幅图像组成,因此用文本文件,也可以表示视频了。

上面的用文本文件表示图像的方法,是非常拙劣的,浪费了太多的空间。文件中大量的空格是一种浪费,另外,常常要用 2 个甚至 3 个字符来表示一个像素,也造成大量浪费,本来一个字节就足以表示 0～255 这 256 个数的。因此,可以约定一个更节省空间的格式来表示一个 256 色的图案,此种文件格式描述如下。

文件中的第 0 和第 1 这 2 个字节是整数 n,代表图像的宽(2 字节的 n 的取值范围是 0～65535,说明图像最多只能 65535 像素宽),第 2 和第 3 这 2 个字节代表图像的高。接下来每 n 个字节表示图像的一行像素,其中每个字节对应于一个像素的颜色。

用这种格式存储的 256 色图像,比用上面文本格式存储的图像大大节省空间。在记事本中打开它,看到的就会是乱码,这个图像文件就是所谓的"二进制文件"了。真正的图像文件、音频、视频文件的格式都比较复杂,有的还经过了压缩,但只要文件的制作软件和文件的解读软件(如图像查看软件,音频视频播放软件)遵循相同的格式约定,用户就可以在文件解读软件中看到文件的内容。

17.2 C++文件流类

C++标准类库中有 ifstream、ofstream 和 fstream 共 3 个类可以用于文件操作,它们统称为文件流类。

(1) ifstream:用于从文件中读取数据。

(2) ofstream:用于向文件中写入数据。

(3) fstream:既可用于从文件中读取数据,又可用于向文件中写入数据。

使用这 3 个类,在程序中需要包含 fstream 头文件。图 17.1 列出了这 3 个类的相互关系,下面回顾一下这 3 个类的来历。

从图 17.1 中可知 **ifstream** 类和 **fstream** 类是从

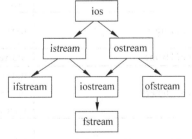

图 17.1 C++常用的流类及其相互关系

新标准 C++程序设计教程

istream 类派生而来,所以 istream 类的成员函数 ifstream 类都有;同样,ostream 类的成员函数,ofstream 和 fstream 类也都有。总之,这 3 个类中有一些成员函数可用,如 operator <<、operator >>、peek、ignore、getline、get 等。

在程序中,**要使用一个文件,先要打开,打开后才能读写,读写完后要关闭。**创建一个新文件也要先执行"打开"操作,然后才能往文件中写入数据。C++文件流类有相应的成员函数来实现"打开"、"读"、"写"、"关闭"等文件操作。

17.3 文件的打开和关闭

对文件进行读写操作之前,先要打开(open)文件。打开文件,有以下两个目的。

(1) 通过指定文件名,建立起文件和文件流对象的关联,以后要对文件进行操作,就可以通过与之关联的流对象来进行了。

(2) 指明文件的使用方式。使用方式有只读、只写、既读又写、在文件末尾添加数据、以文本方式使用、以二进制方式使用等多种不同。

打开文件可以用以下两种方式进行。

(1) 调用流对象的 open 成员函数打开文件。

(2) 定义文件流对象时,通过构造函数打开文件。

关闭文件,则调用文件流对象的 close()成员函数即可。

先看第一种打开文件的方式,以 ifstream 类为例,该类有一个 open 成员函数,其他两个文件流类的也有同样的 open 成员函数:

```
void open(const char * szFileName, int mode)
```

第一个参数是指向文件名的指针,第二个参数是文件的打开模式标记。文件的打开模式标记代表了文件的使用方式,这些标记可单独使用,也可以组合使用,表 17.1 列出了各种模式标记单独使用时的作用,以及常见的两种模式标记组合的作用。

表 17.1 文件打开模式标记

模 式 标 记	适用对象	作　　用
ios∷in	ifstream fstream	打开文件用于读取数据,如果文件不存在,则打开出错
ios∷out	ofstream fstream	打开文件用于写入数据。如果文件不存在,则新建该文件。如果文件原来就存在,则打开时清除原来的内容
ios∷app	ofstream fstream	打开文件用于在其尾部添加数据。如果文件不存在,则新建该文件
ios∷ate	ifstream	打开一个已有的文件,并将文件读指针指向文件尾(读写指针的概念以后解释)。如果文件不存在,则打开出错
ios∷trunc	ofstream	单独使用时与 ios∷out 相同
ios∷binary	ifstream ofstream fstream	以二进制方式打开文件。若不指定此模式,则以文本模式打开
ios∷in | ios∷out	fstream	打开已存在的文件,既可读取其内容,也可向其写入数据。刚打开时文件原有内容保持不变。如果文件不存在,则打开出错

续表

模 式 标 记	适用对象	作　　用
ios::in │ ios::out	ofstream	打开已存在的文件,可以向其写入数据。刚打开时文件原有内容保持不变。如果文件不存在,则打开出错
ios::in │ ios::out │ ios::trunc	fstream	打开文件,既可读取其内容,也可向其写入数据。如果文件本来就存在,则打开时清除原来的内容。如果文件不存在,则新建该文件

ios::binary 可以和其他模式标记组合使用,例如:

ios::in │ ios::binary 表示用二进制模式,以读取的方式打开文件;

ios::out │ ios::binary 表示用二进制模式,以写入的方式打开文件。

文本方式与二进制方式打开文件的区别,其实是非常微小的,后面专门有一节来解释。一般来说,如果处理的是文本文件,那么用文本方式打开也许会方便一些。但其实任何文件都可以二进制方式打开来读写。

在流对象上执行 open 成员函数,给出文件名和打开模式,就可以打开文件。判断打开文件是否成功,可以看"对象名"这个表达式的值是否为 true,如果为 true,则文件打开成功。请看下面的程序:

```cpp
//program 17.3.1.cpp 用流类的构造函数打开文件
1.   # include < iostream >
2.   # include < fstream >
3.   using namespace std;
4.   int main()
5.   {
6.       ifstream inFile;
7.      inFile.open( "c:\\tmp\\test.txt",ios::in);
8.       if(inFile)          //条件成立则说明文件打开成功
9.           inFile.close();
10.      else
11.          cout << "test.txt doesn't exist" << endl;
12.      ofstream oFile;
13.      oFile.open( "test1.txt", ios::out);
14.      if( !oFile)          //条件成立则说明文件打开出错
15.          cout << "error 1" << endl;
16.      else
17.          oFile.close();
18.      oFile.open( "tmp\\test2.txt",ios::out | ios::in);
19.      if( oFile)          //条件成立则说明文件打开成功
20.          oFile.close();
21.      else
22.          cout << "error 2" << endl;
23.      fstream ioFile;
24.      ioFile.open( "..\\test3.txt", ios::out | ios::in | ios::trunc );
25.      if(!ioFile)
26.          cout << "error 3" << endl;
27.      else
28.          ioFile.close();
29.      return 0;
30. }
```

调用 open 成员函数时,给的文件名可以是全路径的,如第 7 行的"c:\\tmp\\test.txt",指明文件在 c 盘的 tmp 文件下。也可以不给路径只给文件名,如第 13 行的"test1.txt",这种情况下程序会在当前文件夹(也就是可执行程序所在的文件夹)下寻找要打开的文件。第 18 行的"tmp\\test2.txt"给的是相对路径,说明 test2.txt 位于当前文件夹下的 tmp 子文件夹中。第 24 行的"..\\test3.txt"也是相对路径,".."代表上一层文件夹,所以此时要到当前文件夹的上一层文件中去找 test3.txt。此外,"..\\..\\test4.txt"、"..\\tmp\\test4.txt"等都是合法的带相对路径的文件名。

定义流对象时,在构造函数中给出文件名和打开模式,也可以打开文件。以 ifstream 类为例,它有如下构造函数:

```
ifstream::ifstream( const char * szFileName,int mode = ios::in, int);
```

第一个参数是指向文件名的指针;第二个参数是打开文件的模式标记,默认值为 ios::in;第三个参数是整型的,也有默认值,一般极少使用,这里就不详细写出来了。在定义流类对象时打开文件的示例程序如下:

```
//program 17.3.2.cpp 用流类的构造函数打开文件
1.   # include < iostream >
2.   # include < fstream >
3.   using namespace std;
4.   int main()
5.   {
6.       ifstream inFile( "c:\\tmp\\test.txt",ios::in);
7.       if(inFile)
8.           inFile.close();
9.       else
10.          cout << "test.txt doesn't exist" << endl;
11.      ofstream oFile("test1.txt", ios::out);
12.      if(!oFile)
13.          cout << "error 1";
14.      else
15.          oFile.close();
16.      fstream oFile2( "tmp\\test2.txt", ios::out | ios::in);
17.      if(!oFile2)
18.          cout << "error 2";
19.      else
20.          oFile.close();
21.      return 0;
22.  }
```

17.4 文件的读写

17.4.1 文本文件的读写

使用文件流对象打开文件后,文件就成为一个输入或输出的流。对于文本文件,可以用使用 cin、cout 的方法来读写它。前面讲解标准输入输出流时提到的流的成员函数和流操纵算子也同样适用于文件流,因为 ifstream 是 istream 的派生类,ofstream 是 ostream 的派生类,fstream 是 iostream 的派生类,而 iostream 又是从 istream 和 ostream 共同派生而来。

例 17.1　编写一个程序,将文件 in. txt 里面的整数排序后,输出到 out. txt。例如,若 in. txt 的内容为:

```
1 234 9 45
6 879
```

则执行本程序后,生成的 out. txt 的内容为:

```
1 6 9 45 234 879
```

假设 in. txt 中的整数不超过 1000 个。

解题程序如下:

```cpp
//program 17.4.1.1.cpp 读写文本文件
1.   # include < iostream >
2.   # include < fstream >
3.   # include < cstdlib >                       //qsort 在此头文件中声明
4.   using namespace std;
5.   const int MAX_NUM = 1000;
6.   int a[MAX_NUM];                             //存放文件中读入的整数
7.   int MyCompare( const void *e1, const void *e2)
8.   { //用于 qsort 的比较函数
9.       return * ((int * )e1) - * ((int * )e2);
10.  }
11.  int main()
12.  {
13.      int total = 0;                          //读入的整数个数
14.      ifstream srcFile("in. txt",ios::in); //以文本模式打开 in. txt 备读
15.      if(!srcFile ) {                         //打开失败
16.          cout << "error opening source file." << endl;
17.          return 0;
18.      }
19.      ofstream destFile("out. txt",ios::out); //以文本模式打开 out. txt 备写
20.      if(!destFile) {
21.          srcFile.close();                    //程序结束前不能忘记关闭以前打开过的文件
22.          cout << "error opening destination file." << endl;
23.          return 0;
24.      }
25.      int x;
26.      while(srcFile >> x )                     //可以像用 cin 那样用 ifstream 对象
27.          a[total++] = x;
28.      qsort(a,total,sizeof(int),MyCompare); //排序
29.      for(int i = 0;i < total; ++i)
30.          destFile << a[i] << " ";            //可以像用 cout 那样用 ofstream 对象
31.      destFile.close();
32.      srcFile.close();
33.      return 0;
34.  }
```

程序中如果用二进制方式打开文件,结果也毫无区别。

第 21 行是初学者容易忽略的。程序结束前不能忘记关闭以前打开过的文件。

17.4.2 二进制文件的读写

1. 为什么要用二进制文件

用文本方式来存放信息,不但浪费空间,而且检索不便。例如,一个学籍管理程序,需要记录所有学生的学号、姓名、年龄信息,并且能够按照姓名查找到学生的信息。很容易想到程序中可以用一个类来表示学生:

```
class CStudent
{
    char szName[20];        //假设学生姓名且不超过 19 字符,以'\0'结尾
    char szId[10];          //假设学号为 9 位,以'\0'结尾
    int age;                //年龄
};
```

如果用文本文件存放学生的信息,文件可能就是如下样子:

```
Micheal Jackson 110923412 17
Tom Hanks 110923413 18
…
```

这种存储方式不但浪费空间,而且查找效率低下。因为每个学生的信息占的字节数不同,所以即使文件中的学生信息是按姓名排好序的,要用程序根据名字查找,仍然没有什么好办法,只能在文件中从头搜到尾。如果把全部学生信息都读到内存并排序后再查找,当然速度会很快,但是如果学生数目巨大,把所有学生信息都读到内存就可能是不现实的了。

可以用二进制的方式来存放学生信息,即把 CStudent 对象直接写入到文件中去。那么在该文件中,每个学生的信息都占 sizeof(CStudent)个字节。对象写入文件中后,一般被称为"记录"。本例中,每个学生都对应于一个记录。该学生记录文件可以按姓名排好序,那么使用折半查找的办法,查找起来效率就会很高。

读写二进制文件,就不能使用前面提到的类似于 cin、cout 从流中读写数据的那一套方法了。这时可以调用 ifstream 和 fstream 的 read 成员函数从文件中读取数据,调用 ofstream 和 fstream 的 write 成员函数往文件中写入数据。

2. 用 ostream∷write 写文件

ofstream 类和 fstream 类的 write 成员函数实际上继承自 ostream 类,原型如下:

```
ostream & write (const char * buffer, int count);
```

该成员函数将内存中 buffer 所指定的 count 个字节的内容写入文件。返回值就是对函数所作用的对象的引用,如 obj. write(……)的返回值就是对 obj 的引用。

write 成员函数向文件中写入若干字节,可是调用 write 时并没有指定这若干字节要写入到文件中的什么位置。那么,write 执行过程中,到底把这若干字节写到哪里去呢? 答案是从文件写指针指向的位置开始写入。

文件写指针是 ofstream 或 fstream 对象内部维护的一个变量。文件刚打开时,文件写指针指向文件的开头(如果以 ios∷app 方式打开,则指向文件末尾),用 write 写入了 n 字节,写指针指向的位置就向后移 n 字节。

下面的程序从键盘输入几个学生的姓名和年龄,并以二进制文件形式保存起来,成为一个学生记录文件 students. dat(输入时,在单独的一行中敲 Ctrl+Z 再回车,以结束输入。假设学生姓名中都没有空格):

```
//program 7.14.2.1.cpp 用二进制文件保存学生记录
1.    # include < iostream >
2.    # include < fstream >
3.    using namespace std;
4.    class CStudent
5.    {
6.        public:
7.            char szName[20];
8.            int age;
9.    };
10.   int main()
11.   {
12.       CStudent s;
13.       ofstream outFile("students.dat",ios::out|ios::binary);
14.       while( cin >> s. szName >> s. age )
15.           outFile.write( (char * ) & s, sizeof(s));
16.       outFile.close();
17.       return 0;
18.   }
```

输入:

Tom 60 ↙

Jack 80 ↙

Jane 40 ↙

^Z ↙

则形成的 students. dat 为 72 字节,用记事本打开,呈现乱码:

Tom 烫烫烫烫烫烫烫烫　Jack 烫烫烫烫烫烫烫?　Jane 烫烫烫烫烫烫烫?

　　第 13 行指定了文件的打开模式是 ios::out|ios::binary,即以二进制写的模式打开。在 Windows 平台上,用二进制模式打开是必要的,否则可能出错,原因在稍后"文本方式打开文件与二进制方式打开文件的区别"一节会提到。

　　第 15 行,要将 s 对象写入文件。s 的地址就是要写入文件的内存缓冲区的地址。但是 &s 不是 char * 类型的,所以要强制类型转换一下。

　　第 16 行,文件用完以后一定要关闭,否则程序结束后,文件的内容可能不完整。

3. 用 istream::read 读文件

ifstream 类和 fstream 类的 read 成员函数实际上继承自 istream 类,原型如下:

istream & read(char * buffer,int count);

该成员函数从文件中读取 count 个字节的内容,存放到 buffer 所指向的内存缓冲区中去,返回值就是函数所作用的对象的引用。如果想要知道一共成功读取了多少个字节(读到文件尾时,就未必能读取 count 个字节了),可以在 read 执行后立即调用文件流对象的 gcount()

成员函数,其返回值就是最近一次 read 函数执行时成功读取的字节数。gcount 是 istream 类的成员函数,原型如下:

```
int gcount();
```

read 成员函数从文件读指针指向的位置开始读取若干字节。文件读指针是 ifstream 或 fstream 对象内部维护的一个变量。文件刚打开时,文件读指针指向文件的开头(如果以 ios∷ate 方式打开,则指向文件末尾),用 read 读取了 n 字节,读指针指向的位置就向后移 n 字节。因此,打开一个文件,然后连续调用 read 函数,就能将整个文件的内容都读出来。

下面的程序将上面程序创建的学生记录文件 students.dat 文件的内容读出并显示。

```
//program 17.4.2.2.cpp 读取二进制学生记录文件的内容
1.   # include < iostream >
2.   # include < fstream >
3.   using namespace std;
4.   class CStudent
5.   {
6.       public:
7.           char szName[20];
8.           int age;
9.   };
10.  int main()
11.  {
12.      CStudent s;
13.      ifstream inFile("students.dat",ios∷in|ios∷binary );      //二进制读方式打开
14.      if(!inFile) {
15.          cout << "error" << endl;
16.          return 0;
17.      }
18.      while(inFile.read( (char * ) & s, sizeof(s) ) ) {           //一直读到文件结束
19.          int readedBytes = inFile.gcount();                      //看刚才读了多少字节
20.          cout << s.szName << " " << s.age << endl;
21.      }
22.      inFile.close();
23.      return 0;
24.  }
```

程序的输出结果:

Tom 60

Jack 80

Jane 40

第 18 行,判断文件是否已经读完的方法,和 while(cin ＞＞n) 这种前面常见的判断输入是否结束的方法,道理是一样的,归根到底都是因为 istream 类重载了 bool 强制类型转换运算符。

第 19 行只是演示一下 gount 的用法,去掉本行对程序运行结果没有影响。

思考题 关于 students.dat 的两个程序中,如果 CStudent 类的 szName 不是"char szName[20]"而是"string szName",可以不可以?为什么?

第 17 章　文件操作

297

4. 用文件流类的 put 和 get 成员函数读写文件

可以用 ifstream 对象和 fstream 对象的 get 成员函数(继承自 istream)来从文件中一次读取一个字节,也可以用 ofstream 对象和 fstream 对象的 put 成员函数(继承自 ostream)来向文件中一次写入一个字节。

例 17.2　编写一个 mycopy 程序,能实现文件复制的功能。用法是在命令提示符窗口输入:

```
mycopy 源文件名 目标文件名
```

就能将源文件复制到目标文件。例如:

```
mycopy src.dat dest.dat
```

即将 src.dat 复制到 dest.dat。如果 dest.dat 原来就有,则原来的文件会被覆盖。

解题的基本思路就是每次从源文件读取一个字节,然后写入到目标文件。程序如下:

```
//program 17.4.2.3.cpp 文件复制程序
1.   ＃include <iostream>
2.   ＃include <fstream>
3.   using namespace std;
4.   int main(int argc, char *argv[])
5.   {
6.       if(argc != 3) {
7.           cout << "File name missing!" << endl;
8.           return 0;
9.       }
10.      ifstream inFile(argv[1],ios::binary|ios::in);      //二进制读模式打开
11.      if(!inFile) {
12.          cout << "Source file open error." << endl;
13.          return 0;
14.      }
15.      ofstream outFile(argv[2],ios::binary|ios::out);    //二进制写模式打开
16.      if(!outFile) {
17.          cout << "New file open error." << endl;
18.          inFile.close();                                //打开的文件一定要关闭
19.          return 0;
20.      }
21.      char c;
22.      while(inFile.get(c))                               //每次读取一个字符
23.          outFile.put(c);                                //每次写入一个字符
24.      outFile.close();
25.      inFile.close();
26.      return 0;
27. }
```

文件存放于磁盘上,磁盘的访问速度远远低于内存。如果每次读一个字节或写一个字节都要去访问磁盘,那么文件的读写速度就会慢得无法忍受。所以,操作系统在接收到读文件请求时,哪怕只要读一个字节,操作系统也会一下就把一片数据(通常至少是 512 个字节,

因为磁盘的一个扇区就是 512 字节)都读取到一个操作系统自己管理的内存缓冲区中,那么要读下一个字节的时候,就不需要访问磁盘,直接从该缓冲区中读取就可以了。操作系统接收到写文件的请求的时候,也是先把要写入的数据在一个内存缓冲区中保存起来,等缓冲区满了,再将缓冲区内容全部写入磁盘。关闭文件的操作就能确保内存缓冲区中的数据被写入磁盘。

尽管如此,要连续读写文件的时候,像 mycopy 那样一个字节一个字节地读写,还是不如一次读写一片来得快。每次读写的字节数最好应是 512 的整数倍。

17.4.3　操作文件读写指针

在读写文件时,有时希望直接跳到文件中某处开始读写,这就需要先让文件的读写指针指向该处,然后再进行读写。**ofstream 类和 fstream 类有 seekp 成员函数可以设置文件写指针的位置,ifstream 类和 fstream 类有 seekg 成员函数可以设置文件读指针的位置。**所谓"位置"就是指距离文件开头有多少字节。文件开头的位置是 0。这两个函数原型如下:

```
ostream & seekp(int offset, int mode);
istream & seekg(int offset, int mode);
```

mode 代表文件读写指针的设置模式,有以下 3 种可选。

(1) ios::beg:让文件读指针(或写指针)指向从文件开始往后的 offset 字节处。offset 等于 0 即代表文件开头。此情况下 offset 只能是非负数。

(2) ios::cur:此情况下,offset 为负数则表示将读指针(或写指针)从当前位置向文件开头方向移动 offset 字节;offset 为正数则表示将读指针(或写指针)从当前位置向文件尾部移动 offset 字节;offset 为 0 则没效果。

(3) ios::end:让文件读指针(或写指针)指向从文件结尾往前的|offset|(offset 的绝对值)字节处。此情况下 offset 只能是 0 或者负数。

ofstream 类和 fstream 类还有 tellp 成员函数能够返回文件写指针的位置,ifstream 类和 fstream 类还有 tellg 成员函数能返回文件读指针的位置。这两个成员函数原型如下:

```
int tellg();
int tellp();
```

要获取文件长度,可以用 seekg 将文件读指针定位到文件尾部,然后再用 tellg 获取文件读指针位置,此位置即为文件长度。

例 17.3　假设有一个前面提到的学生记录文件 students.dat 是按照姓名排好序的,编写程序,在 students.dat 文件中,用折半查找的方法,找到姓名为"Jack"的学生记录,并将其年龄改为 20(假设文件很大,无法全部读入内存):

```
//program 17.4.3.1.cpp 在文件中进行折半查找
1.   # include < iostream >
2.   # include < fstream >
3.   # include < cstring >
4.   using namespace std;
5.   class CStudent
6.   {
```

```
7.     public:
8.         char szName[20];
9.         int age;
10. };
11. int main()
12. {
13.     CStudent s;
14.     fstream ioFile("students.dat", ios::in|ios::out);   //用既读又写的方式打开
15.     if(!ioFile) {
16.         cout << "error" ;
17.         return 0;
18.     }
19.     ioFile.seekg(0,ios::end);          //定位读指针到文件尾部
20.                                        //以便用以后 tellg 获取文件长度
21.     int L = 0,R;                       //L是折半查找范围内第一个记录的序号
22.                                        //R是折半查找范围内最后一个记录的序号
23.     R = ioFile.tellg() / sizeof(CStudent) - 1;
24.     //首次查找范围的最后一个记录的序号就是记录总数 - 1
25.     do {
26.         int mid = (L + R)/2;           //要用查找范围正中的记录和待查找的名字比对
27.         ioFile.seekg(mid * sizeof(CStudent),ios::beg);     //定位到正中的记录
28.         ioFile.read((char * )&s, sizeof(s));
29.         int tmp = strcmp(s.szName,"Jack");
30.         if(tmp == 0) {                 //找到了
31.             s.age = 20;
32.             ioFile.seekp(mid * sizeof(CStudent),ios::beg);
33.             ioFile.write((char * )&s, sizeof(s));
34.             break;
35.         }
36.         else if (tmp > 0)              //继续到前一半查找
37.             R = mid - 1;
38.         else                           //继续到后一半查找
39.             L = mid + 1;
40.     }while( L <= R );
41.     ioFile.close();
42.     return 0;
43. }
```

17.5 文本方式打开文件与二进制方式打开文件的区别

在 UNIX/Linux 平台下,用文本方式或二进制方式打开文件,没有任何区别。

在 UNIX/Linux 平台下,文本文件中是以"\n"(ASCII 码为 0x0a)作为换行符号的,而在 Windows 平台下,文本文件中是以连在一起的"\r\n"("\r"的 ASCII 码是 0x0d)作为换行符号的。在 Windows 平台下,如果以文本方式打开文件,当读取文件的时候,系统会将文件中所有的"\r\n"转换成一个字符'\n',即如果文件中有连续的两个字节是 0x0d0a,那么系统会丢弃前面的 0x0d 字节,只读入 0x0a;当写入文件的时候,系统会将'\n'转换成"\r\n"写入,即如果要写入的内容中有字节为 0x0a,那么将该字节写入前,系统会自动先写入一个

0x0d。因此,如果用文本方式打开二进制文件进行读写的话,读写的内容就可能和文件的内容有出入了。故用二进制方式打开文件总是最保险的。

17.6 小结

文件本质上都是一样的,都是二进制的比特串。

用 ifstream 对象打开文件进行读取,用 ofstream 对象往文件中写入数据。如果打开文件既要读取又要写入,就使用 fstream 对象。

文件使用前要先打开,用完后要关闭。可以在文件流对象的构造函数中打开文件,也可以用文件流类的 open 成员函数打开文件。打开文件有只读、只写、添加、读写等多种方式。

文件有读指针和写指针,读写均发生在读指针和写指针指向的位置。ifstream 类的 seekg 成员函数用于移动读指针,ofstream 类的 seekp 成员函数用于移动写指针。

习题

1. 打开文件只读不写,可以用哪个类? 打开文件只写不读,可以用哪个类? 打开文件既读又写,用哪个类?

2. 编程将一个 C++程序文件中的注释以及函数体内部的语句全部去掉后输出到一个新的文件。假设"/* */"形式的注释没有嵌套。若程序名为 proccpp,则以命令行方式运行之:

```
proccpp test1.cpp result2.cpp
```

能够将 test1.cpp 处理后的结果生成为 result2.cpp 文件。

输入样例:

```
# include < iostream >
# include < iomanip >
using namespace std;
/* test sample
*/
void func( int n)
{ if( n) {
    cout << "in func" << endl;
    }
}
int main() //this is main
{
    double f;
    cin >> f;
    return 0;
}
```

输出样例：

```
# include < iostream >
# include < iomanip >
using namespace std;
void func()
{
}
int main()
{
}
```

3. 编写一个程序 doublefile. exe,运行方式如下：

```
doubleflie 文件名
```

则能将指定文件内容加倍,文件未必是文本文件。例如有 some. txt 文件内容如下：

```
This is a file.
Please double it.
```

最后一行后面没有换行。则经过处理后 some. txt 文件内容如下：

```
This is a file.
Please double it. This is a file.
Please double it.
```

4. 编写一个学生记录处理程序。学生记录可以用以下类表示：

```
class {
    char name[10];
    int ID;
    double gpa;
};
```

学生记录文件名为 students. dat,要求是二进制文件,文件中的每个记录和上述类的对象相对应。students. dat 最初不存在。程序可以多次运行,如果第一次运行程序后 students. dat 生成了,则以后再运行时,程序应基于已经存在的 students. dat 进行操作。程序运行时能接受以下几种命令：

1) Add 姓名 学号 成绩

例如：Add Tom 1234567 78.5

添加学生信息。姓名和学号都不会包含有空格。姓名由最多 9 个字母组成,学号是整数。可能重名,但学号不会重复。如果发现相同学号的学生已经存在,则不添加学生信息,而是输出："Already entered"。

2) Search 姓名

根据姓名查找学生信息,并输出。如果有重名的,把重名的学生信息全部输出。输出格式为：

姓名 学号 成绩

每个学生信息输出为一行。查不到则输出"Not Found"。

3）Search 学号

根据学号查找学生信息，并输出。输出格式为：

姓名 学号 成绩

每个学生信息输出为一行。查不到则输出"Not Found"。

4）Modify 学号 成绩

根据学号修改学生的成绩并输出"Done"。如果找不到该学号的学生，则输出"Not Found"。

假定学生记录非常多，所以不能采取用一个大数组把全部学生记录都读取到内存的做法。

PART 3

泛型程序设计

第 3 篇

第 18 章　泛型程序设计与模板
第 19 章　标准模板库 STL

泛型程序设计与模板   第18章

泛型程序设计（generic programming）是一种算法在实现时不指定具体要操作的数据的类型的程序设计方法。所谓"泛型"指的就是算法只要实现一遍，就能适用于多种数据类型。泛型程序设计方法的优势在于能够减少重复代码的编写。泛型程序设计的概念最早出现于 1983 年的 Ada 语言，其最成功的应用就是 C++ 的标准模板库（STL）。也可以说，泛型程序设计就是大量编写模板、使用模板的程序设计。泛型程序设计在 C++ 中的重要性和带来的好处，不亚于面向对象的特性。在 C++ 中，模板分为函数模板和类模板两种。熟练的 C++ 程序员，在编写函数的时候都会考虑能否将其编写成函数模板，编写类的时候都会考虑能否将其编写成类模板，以便实现重用。

18.1 函数模板

1. 函数模板的作用

面向对象的继承和多态机制，有效提高了程序的可重用性、可扩充性。在程序的可重用性方面，程序员还希望得到更多支持。举一个最简单的例子，为了交换两个整型变量的值，需要编写下面的 Swap 函数：

```
void Swap( int & x, int & y)
{
    int tmp = x;
    x = y;
    y = tmp;
}
```

为了交换两个 double 类型变量的值，还需要编写下面的 Swap 函数：

```
void Swap( double & x, double & y)
{
    double tmp = x;
    x = y;
    y = tmp;
}
```

新标准 C++ 程序设计教程

如果还要交换两个 char 类型变量的值,要交换两个 CStudent 类对象的值等都需要再编写 Swap 函数。而这些 Swap 函数,除了处理的数据的类型不同外,形式上都是相同的。能不能只编写一遍 Swap,就能用来交换各种类型的变量呢? 继承和多态显然无法解决这个问题,因此,"模板"的概念就应运而生了。

有了"模子"后,用"模子"来批量制造陶瓷、塑料、金属铸造制品就变得容易了。程序设计语言中的"模板"就是用来批量制造功能和形式都几乎相同的代码的。有了"模板",编译器就能在需要的时候,根据"模板"自动生成程序的代码。从同一个"模板"自动生成的代码,形式几乎是一样的。

2. 函数模板的原理

C++语言支持"模板"。有了"模板",就可以只编写一个 Swap,编译器会根据 Swap 模板,自动生成多个 Swap 函数,用以交换不同类型的变量。C++中,模板分为函数模板和类模板两种。函数模板是用于生成函数的,类模板则是用于生成类的。函数模板的写法如下:

```
template<class 类型参数 1,class 类型参数 2, …>
返回值类型 模板名 (形参表)
{
    函数体
};
```

其中的"class"关键字也可以用"typename"关键字替换,例如:

```
template< typename 类型参数 1,typename 类型参数 2, …>
```

函数模板看上去就像一个函数。前面提到的 Swap 模板的写法如下:

```
template < class T>
void Swap(T & x,T & y)
{
    T tmp = x;
    x = y;
    y = tmp;
}
```

T 是类型参数,它代表类型。**编译器由模板自动生成函数时,会用具体的类型名对模板中所有的类型参数进行替换,其他部分则原封不动地照抄。同一个类型参数只能替换为同一种类型。编译器在编译到调用函数模板的语句时,会根据实参的类型,来判断对模板中的类型参数该如何替换。**例如下面的程序:

```
//program 18.1.1.cpp Swap 函数模板
1.    # include < iostream >
2.    using namespace std;
3.    template < class T >
4.    void Swap(T & x,T & y)
5.    {
6.        T tmp = x;
7.        x = y;
8.        y = tmp;
9.    }
```

```
10.  int main()
11.  {
12.      int n = 1, m = 2;
13.      Swap(n,m);          //编译器自动生成 void Swap(int & ,int & )函数
14.      double f = 1.2, g = 2.3;
15.      Swap(f,g);          //编译器自动生成 void Swap(double & ,double & )函数
16.      return 0;
17.  }
```

编译器在编译到"Swap(n,m);"时,找不到函数 Swap 的定义。但是它发现,实参 n、m 都是 int 类型的,用 int 类型替换 Swap 模板中的'T',能得到下面的函数:

```
void Swap(int & x, int & y)
{
    int tmp = x;
    x = y;
    y = tmp;
}
```

该函数可以匹配"Swap(n,m);"这条语句。于是编译器就自动用 int 替换 Swap 模板中的 T,生成了上面的 Swap 函数,将该 Swap 函数的源代码加入到程序中去一起编译,并且将"Swap(n,m);"编译成对自动生成的该 Swap 函数的调用。

同理,编译器在编译到"Swap(f,g);"时,会用 double 替换 Swap 模板中的 T,自动生成以下 Swap 函数:

```
void Swap(double & x, double & y)
{
    double tmp = x;
    x = y;
    y = tmp;
}
```

然后再将"Swap(f,g);"编译成对该 Swap 函数的调用。

编译器由模板自动生成函数的过程,称为模板的实例化。由模板实例化而得到的函数,称为模板函数。 在有些编译器中,模板只有在被实例化时,编译器才会检查其语法正确性。如果程序中编写了一个模板却没有用到它,那么这个模板中的语法错误,编译器是不会报告的。

函数模板中可以有不止一个类型参数。例如,下面这个函数模板的写法是合法的:

```
template < class T1, class T2 >
T2 print(T1 arg1, T2 arg2)
{
    cout << arg1 << " " << arg2 << endl;
    return arg2;
}
```

3. 一个求数组中最大元素的函数模板

例 18.1　设计一个分数类 CFraction。再设计一个名为 MaxElement 的函数模板,能够求数组中最大的元素,并用该模板求一个 CFraction 数组中的最大元素。

解题程序如下:

```
//program 18.1.2.cpp 求数组最大元素的 MaxElement 函数模板
1.    # include < iostream >
2.    using namespace std;
3.    template < class T >
4.    T MaxElement(T a[ ], int size)                    //size 是数组元素个数
5.    {
6.        T tmpMax = a[0];
7.        for( int i = 1;i < size;++i)
8.            if( tmpMax < a[i] )
9.                tmpMax = a[i];
10.       return tmpMax;
11.   }
12.   class CFraction                                   //分数类
13.   {
14.       int numerator;                                //分子
15.       int denominator;                              //分母
16.   public:
17.       CFraction(int n, int d):numerator(n),denominator(d) { };
18.       bool operator <( const CFraction & f) const
19.       {//为避免除法产生的浮点误差,用乘法判断两个分数的大小关系
20.           if( denominator * f.denominator > 0 )
21.               return numerator * f.denominator < denominator * f.numerator;
22.           else
23.               return numerator * f.denominator > denominator * f.numerator;
24.       }
25.       bool operator == ( const CFraction & f) const
26.       {//为避免除法产生的浮点误差,用乘法判断两个分数是否相等
27.           return numerator * f.denominator == denominator * f.numerator;
28.       }
29.       friend ostream & operator <<( ostream & o,const CFraction & f);
30.   };
31.   ostream & operator <<(ostream & o,const CFraction & f)
32.   {//重载 << 使得分数对象可以通过 cout 输出
33.       o << f.numerator << "/" << f.denominator;     //输出"分子/分母"形式
34.       return o;
35.   }
36.   int main()
37.   {
38.       int a[5] = { 1,5,2,3,4 };
39.       CFraction f[4] = { CFraction(8,6),CFraction( - 8,4),
40.                          CFraction(3,2), CFraction( 5,6)};
41.       cout << MaxElement(a,5) << endl;
42.       cout << MaxElement(f,4) << endl;
43.       return 0;
44.   }
```

编译到第 41 行时,根据实参 a 的类型,编译器通过 MaxElement 模板自动生成了一个 MaxElement 函数,原型如下:

```
int MaxElement(int a[ ],int size);
```

编译到第 42 行时，根据实参 f 的类型，编译器又生成一个 MaxElement 函数，原型如下：

```
CFraction MaxElement(CFraction a[ ] ,int size);
```

在该函数中，用到了"<"比较两个 CFraction 对象的大小。如果没有对"<"进行适当的重载，编译的时候就会出错。

从 MaxElement 模板的写法可以看出，**在函数模板中，类型参数不但可以用来定义参数的类型，还能用于定义局部变量和函数模板的返回值的类型。**

4. 函数或函数模板调用语句的匹配顺序

函数模板可以重载，只要它们的形参表不同即可。例如下面两个模板可以同时存在：

```
template < class T1, class T2 >
void print(T1 arg1, T2 arg2)
{
    cout << arg1 << " "<< arg2 << endl;

}
template < class T >
void print(T arg1, T arg2)
{
    cout << arg1 << " "<< arg2 << endl;
}
```

在有多个函数和函数模板名字相同的情况下，一条函数调用语句，到底应该被匹配成对哪个函数或对哪个模板的调用呢？ C++编译器遵循以下优先顺序。

(1) 先找参数完全匹配的普通函数（非由模板实例化而得的函数）。

(2) 再找参数完全匹配的模板函数。

(3) 然后找实参数经过自动类型转换后能够匹配的普通函数。

(4) 上面的都找不到，则报错。

请看下面的程序段：

```
//program 18.1.3.cpp 函数或函数模板调用语句的匹配顺序示例
1.   # include < iostream >
2.   using namespace std;
3.   template < class T >
4.   T Max( T a, T b)
5.   {
6.       cout << "Template Max 1" << endl;
7.       return 0;
8.   }
9.   template < class T,class T2 >
10.  T Max( T a, T2 b)
11.  {
12.      cout << "Template Max 2" << endl;
13.      return 0;
14.  }
```

```
15. double Max(double a, double b){
16.     cout << "Function Max" << endl;
17.     return 0;
18. }
19. int main() {
20.     int i = 4, j = 5;
21.     Max(1.2,3.4);          //调用 Max 函数
22.     Max(i,j);              //调用第一个 Max 模板生成的函数
23.     Max(1.2,3);            //调用第二个 Max 模板生成的函数
24.     return 0;
25. }
```

程序的输出结果：

Function Max
Template Max 1
Template Max 2

　　如果把程序中的函数 Max 和第二个 Max 模板都去掉，按照上面所说的 4 条匹配规则，第 23 行的"Max(1.2,3);"编译时就会报错。因为从第一个 Max 模板没法生成与之类型完全匹配的模板函数 Max(double,int)。虽然从该 Max 模板可以生成 int Max(int,int) 和 double Max(double,doube)，但是到底应该把 1.2 自动转换成 int 类型然后调用前者，还是应该把 3 自动转换成 double 类型然后调用后者，看上去都可以，即这是有二义性的。因此编译器会报错。

18.2　类模板

1. 类模板的原理

　　需要编写多个形式和功能都很类似的函数，因此有了函数模板来减少重复劳动；也会需要编写多个形式和功能都很类似的类，于是，C++引入了类模板的概念，编译器从类模板可以自动生成多个类，避免了程序员的重复劳动。

　　例如，"运算符重载"一章实现了一个可变长的整型数组类。可能还需要可变长的 double 数组类、可变长的 CStudent 数组类等。如果都要把类似于可变长整型数组类的代码重新编写一遍，那无疑非常麻烦。有了类模板的机制，只需要编写一个可变长的数组类模板，编译器就会由该类模板自动生成整型、double 型等各种类型的可变长数组类了。

　　C++的类模板的写法如下：

```
template <类型参数表>
class 类模板名
{
        成员函数和成员变量
};
```

"类型参数表"的写法就是：

class 类型参数 1,class 类型参数 2,…

类模板中的成员函数,在类模板定义外面编写时的语法如下:

```
template <类型参数表>
返回值类型 类模板名<类型参数名列表>::成员函数名(参数表)
{
      …
}
```

用类模板定义对象的写法如下:

类模板名 <真实类型参数表> 对象名(构造函数实际参数表);

如果类模板有无参构造函数,那么也可以只写:

类模板名 <真实类型参数表> 对象名;

类模板看上去很像一个类。下面以 Pair 类模板为例来说明类模板的写法和用法。实践中常常会碰到,某项数据记录由两部分组成,一部分是关键字,另一部分是值。关键字用来对记录进行排序和检索,根据关键字能查到值。例如,学生记录由两部分组成,一部分是学号,另一部分是绩点。要能根据学号对学生进行排序,以便根据学号能方便地检索到绩点,即学号就是关键字,绩点就是值。下面的 Pair 类模板就可用来处理这样的数据记录:

```
//program 18.2.1.cpp Pair 类模板
1.   #include <iostream>
2.   #include <string>
3.   using namespace std;
4.   template <class T1,class T2>
5.   class Pair
6.   {
7.   public:
8.       T1 key;                              //关键字
9.       T2 value;                            //值
10.      Pair(T1 k,T2 v):key(k),value(v) { };
11.      bool operator < ( const Pair<T1,T2> & p) const;
12.  };
13.  template <class T1,class T2>
14.  bool Pair<T1,T2>::operator < ( const Pair<T1,T2> & p) const
15.  //Pair 的成员函数 operator <
16.  { //"小"的意思就是关键字小
17.      return key < p.key;
18.  }
19.  int main()
20.  {
21.      Pair<string,int> student("Tom",19);   //实例化出一个类 Pair<string,int>
22.      cout << student.key << " " << student.value;
23.      return 0;
24.  }
25.
```

程序的输出结果:

Tom 19

实例化一个类模板的时候,如第 21 行,真实类型参数表中的参数是具体的类型名,如 string、int 或其他类的名字(如 CStudent 等),它们用来一一对应地替换类模板定义中"类型参数表"里面的类型参数。"类模板名 <真实类型参数表>"就成为一个具体的类的名字。编译器编译到第 21 行时,就会用"string"替换 Pair 模板中的 T1,用 int 替换 T2,其余部分原样照抄,这样就自动生成了一个新的类,这个类的名字编译器是怎么处理的不需要知道,但可以认为它的名字就是"Pair < string,int >",也可以说,student 对象的类型就是 Pair < string,int >。

Pair < string,int >类的成员函数自然也是通过替换 Pair 模板的成员函数中的 T1、T2 得到的。

编译器由类模板生成类的过程,称为类模板的实例化。由类模板实例化得到的类,称为模板类。

2. 函数模板作为类模板成员

类模板中的成员函数还可以是一个函数模板。成员函数模板只有在被调用时才会被实例化。例如下面的程序:

```
//program 18.2.2.cpp 成员函数模板
1.   # include < iostream >
2.   using namespace std;
3.   template < class T >
4.   class A
5.   {
6.   public:
7.       template < class T2 >
8.       void Func( T2 t) { cout << t; }   //成员函数模板
9.   };
10.  int main()
11.  {
12.      A < int > a;
13.      a.Func('K');                      //成员函数模板 Func 被实例化
14.      return 0;
15.  }
```

程序的输出结果:

K

3. 类模板实例:可变长数组类模板

为了加深对类模板应用的理解,下面程序给出一个可变长数组类模板的实现。

```
//program 18.2.3.cpp 可变长数组类模板
1.   # include < iostream >
2.   # include < cstring >
3.   using namespace std;
4.   template < class T >
5.   class CArray
6.   {
```

```
7.        int size;                                  //数组元素的个数
8.        T * ptr;                                   //指向动态分配的数组
9.   public:
10.       CArray( int s = 0 );                       //s 代表数组元素的个数
11.       CArray( CArray & a );
12.       ~CArray();
13.       void push_back( const T & v );             //用于在数组尾部添加一个元素 v
14.       CArray & operator = ( const CArray & a );  //用于数组对象间的赋值
15.       int length() { return size; }
16.       T & CArray::operator[]( int i )
17.       {//用以支持根据下标访问数组元素,如"a[i] = 4;"和"n = a[i]"这样的语句
18.            return ptr[i];
19.       }
20.  };
21.  template < class T >
22.  CArray < T >::CArray( int s ):size(s)
23.  {
24.       if( s == 0 )
25.            ptr = NULL;
26.       else
27.            ptr = new T[s];
28.  }
29.  template < class T >
30.  CArray < T >::CArray( CArray & a )
31.  {
32.       if( !a.ptr ) {
33.            ptr = NULL;
34.            size = 0;
35.            return;
36.       }
37.       ptr = new T[a.size];
38.       memcpy( ptr, a.ptr, sizeof(T ) * a.size);
39.       size = a.size;
40.  }
41.  template < class T >
42.  CArray < T >::~CArray()
43.  {
44.       if( ptr) delete [] ptr;
45.  }
46.  template < class T >
47.  CArray < T > & CArray < T >::operator = ( const CArray & a )
48.  { //赋值号的作用是使" = "左边对象中存放的数组,大小和内容都和右边的对象一样
49.       if( ptr == a.ptr)                          //防止 a = a 这样的赋值导致出错
50.            return * this;
51.       if( a.ptr == NULL) {                       //如果 a 里面的数组是空的
52.            if( ptr )
53.                 delete [] ptr;
54.            ptr = NULL;
55.            size = 0;
56.            return * this;
57.       }
```

```
58.        if( size < a.size) {          //如果原有空间够大,就不用分配新的空间
59.            if(ptr)
60.                delete [] ptr;
61.            ptr = new T[a.size];
62.        }
63.        memcpy( ptr,a.ptr,sizeof(T) * a.size);
64.        size = a.size;
65.        return * this;
66. }
67. template < class T >
68. void CArray< T >::push_back(const T & v)
69. { //在数组尾部添加一个元素
70.    if( ptr) {
71.        T * tmpPtr = new T[size + 1];      //重新分配空间
72.        memcpy(tmpPtr,ptr,sizeof(T) * size);   //复制原数组内容
73.        delete [] ptr;
74.        ptr = tmpPtr;
75.    }
76.    else                              //数组本来是空的
77.            ptr = new T[1];
78.    ptr[size++] = v;                   //加入新的数组元素
79. }
80. int main()
81. {
82.    CArray< int > a;
83.    for( int i = 0;i < 5;++i)
84.            a.push_back(i);
85.    for( int i = 0; i < a.length(); ++i )
86.            cout << a[i] << " ";
87.    return 0;
88. }
```

18.3　类模板中的非类型参数

类模板的"<类型参数表>"中可以出现非类型参数,例如下面的例子:

```
template < class T, int size >
class CArray{
      T array[size];
  public:
      void Print()
      {
              for( int i = 0;i < size; ++i)
                  cout << array[i] << endl;
      }
};
```

可以用 CArray 模板定义对象:

```
CArray < int, 40 > a;
```

编译器自动生成名为 CArray < int, 40 > 的类。该类是通过将 CArray 模板中的 T 换成 int, size 换成 40 后得到的。还可定义以下对象：

```
CArray < double, 40 > a2;
CArray < int, 50 > a3;
```

注意：CArray < int, 40 > 和 CArray < int 50 > 完全是两个类，这两个类的对象之间不能互相赋值。

18.4　类模板与继承

类模板和类模板之间，类模板和类之间，可以互相继承。它们之间的派生关系可以有以下 4 种情况。

1. 类模板从类模板派生

请看示例程序：

```
//program 18.4.1.cpp 类模板从类模板派生
1.   template < class T1, class T2 >
2.   class A
3.   {
4.       T1 v1; T2 v2;
5.   };
6.   template < class T1, class T2 >
7.   class B:public A < T2, T1 >
8.   {
9.       T1 v3; T2 v4;
10.  };
11.  template < class T >
12.  class C:public B < T, T >
13.  {
14.      T v5;
15.  };
16.  int main()
17.  {
18.      B < int, double > obj1;
19.      C < int > obj2;
20.      return 0;
21.  }
```

编译到第 18 行，编译器用 int 替换类模板 B 中的 T1，用 double 替换 T2，生成 B < int, double > 类如下：

```
class B < int, double >:public A < double, int >
{
    int v3; double v4;
};
```

B＜int,double＞的基类是 A＜double,int＞。于是编译器就要用 double 替换类模板 A
中的 T1,用 int 替换 T2,生成 A＜double,int＞类如下：

```
class A＜double,int＞
{
    double v1; int v2;
};
```

编译到第 19 行,编译器生成了类 C＜int＞,还有 C＜int＞的直接基类 B＜int,int＞,以及 B
＜int,int＞的基类 A＜int,int＞。

2. 类模板从模板类派生

请看示例程序：

```
1.   template＜class T1,class T2＞
2.   class A { T1 v1; T2 v2;      };
3.   template＜class T＞
4.   class B:public A＜int,double＞{   T v;      };
5.   int main() {    B＜char＞ obj1;   return 0; }
```

第 4 行,A＜int,double＞是一个具体的类的名字,而且它是个模板类,因此说类模板 B
从模板类派生而来。

编译器编译到第 5 行"B＜char＞ obj1;"的时候会自动生成两个模板类：A＜int,double＞和
B＜char＞。

3. 类模板从普通类派生

请看示例程序：

```
class A {   int v1;   };
template＜class T＞
class B:public A {   T v; };
int main() {    B＜char＞ obj1; return 0; }
```

4. 普通类从模板类派生

请看示例程序：

```
template＜class T＞
class A {   T v1; int n;   };
class B:public A＜int＞{   double v;      };
int main() {  B obj1;      return 0; }
```

18.5 类模板和友元

1. 函数、类、类的成员函数作为类模板的友元

函数、类、类的成员函数,都可以作为类模板的友元。程序示例如下：

```
//program 18.5.1.cpp 函数、类、类的成员函数作为类模板的友元
1.  void Func1() { }
2.  class A { };
3.  class B
4.  {
5.  public:
6.     void Func() { }
7.  };
8.  template < class T >
9.  class Tmpl
10. {
11.    friend void Func1();
12.    friend class A;
13.    friend void B::Func();
14. };
15. int main()
16. {
17.        Tmpl < int > i;
18.        Tmpl < double > f;
19.        return 0;
20. }
```

由于类模板实例化的时候,除了类型参数被替换外,其他所有内容都原样照抄,因此任何从 Tmpl 实例化得到的类,都会包含上面的 3 条友元声明,因而也都会把 Func1、类 A 和 B::Func 当做友元。

2. 函数模板作为类模板的友元

例 18.2　改进 18.2 节"类模板"的"类模板的原理"中的 Pair 类模板,将"＜＜"重载成一个函数模板,并将该函数模板作 Pair 模板的友元,这样,任何从 Pair 模板实例化得到的对象,都能用"＜＜"运算符通过 cout 输出。

编写程序如下:

```
//program 18.5.2.cpp 函数模板作为类模板的友元
1.  # include < iostream >
2.  # include < string >
3.  using namespace std;
4.  template < class T1, class T2 >
5.  class Pair
6.  {
7.  private:
8.      T1 key;                //关键字
9.      T2 value;              //值
10. public:
11.     Pair(T1 k, T2 v):key(k), value(v) { };
12.     bool operator < ( const Pair < T1,T2 > & p) const;
13.     template < class T3, class T4 >
14.     friend ostream & operator << ( ostream & o, const Pair < T3,T4 > & p);
15. };
16. template< class T1, class T2 >
```

```
17.  bool Pair < T1, T2 >∷ operator < ( const Pair < T1, T2 > & p) const
18.  { //"小"的意思就是关键字小
19.      return key < p. key;
20.  }
21.  template < class T1, class T2 >
22.  ostream & operator << (ostream & o, const Pair < T1, T2 > & p)
23.  {
24.      o << "(" << p. key << "," << p. value << ")" ;
25.      return o;
26.  }
27.  int main()
28.  {
29.      Pair < string, int > student("Tom", 29);
30.      Pair < int, double > obj(12, 3. 14);
31.      cout << student << " " << obj;
32.      return 0;
33.  }
```

程序的输出结果：

(Tom, 29) (12, 3. 14)

第 13、14 行将函数模板 operator<< 声明为 Pair 类模板的友元。在 Visual Studio 2010 中，这两行也可以用下面的写法替代：

```
friend ostream & operator << < T1, T2 > ( ostream & o, const Pair < T1, T2 > & p);
```

但在 Dev C++ 中，替代后就编译不过了。

编译本程序时，编译器自动生成了两个 operator <<函数，它们的原型分别如下：

```
ostream & operator <<( ostream & o, const Pair < string, int > & p);
ostream & operator <<( ostream & o, const Pair < int, double > & p);
```

3. 函数模板作为类的友元

实际上，类也可以将函数模板声明为友元。程序示例如下：

```
//program 18.5.3.cpp 函数模板作为类的友元
1.   # include < iostream >
2.   using namespace std;
3.   class A
4.   {
5.      int v;
6.   public:
7.      A( int n) :v(n) { }
8.      template < class T >
9.      friend void Print(const T & p);
10.  };
11.  template < class T >
12.  void Print(const T & p)
```

```
13. {
14.     cout << p.v;
15. }
16. int main()
17. {
18.     A a(4);
19.     Print(a);
20.     return 0;
21. }
```

程序的输出结果：

4

编译器编译到第 19 行"Print(a);"时，就从 Print 模板实例化出一个 Print 函数，原型
如下：

void Print(const A & p);

这个函数中本来不能访问 p 的私有成员。但是编译器发现，如果将类 A 中的友元声明中的
T 换成 A，就能起到将该 Print 函数声明为友元的作用，因此编译器就认为该 Print 函数可
以算是类 A 的友元。

思考题　类还可以将类模板或类模板的成员函数声明为友元。请自行研究这两种情况
该怎么编写。

4. 类模板作为类模板的友元

一个类模板还可以将另一个类模板声明为友元。程序示例如下：

```
//program 18.5.4.cpp 类模板作为类模板的友元
1.  # include < iostream >
2.  using namespace std;
3.  template < class T >
4.  class A
5.  {
6.      public:
7.          void Func( const T & p)
8.          {
9.              cout << p.v;
10.         }
11. };
12. template < class T >
13. class B
14. {
15.     private:
16.         T v;
17.     public:
18.         B(T n):v(n) { }
19.         template < class T2 >
20.         friend class A;              //把类模板 A 声明为友元
```

```
21. };
22. int main()
23. {
24.     B< int > b(5);
25.     A< B< int > > a;            //用 B< int >替换 A 模板中的 T
26.     a.Func (b);
27.     return 0;
28. }
```

程序的输出结果：

5

在本程序中，A< B< int >>类，成了 B< int >类的友元。

18.6　类模板中的静态成员

类模板中可以定义静态成员，那么从该类模板实例化得到的所有类，都包含同样的静态成员。程序示例如下：

```
//program 18.6.1.cpp 类模板中的静态成员
1.  # include < iostream >
2.  using namespace std;
3.  template < class T >
4.  class A
5.  {
6.  private:
7.      static int count;
8.  public:
9.      A() { count ++; }
10.     ~A() { count -- ; };
11.     A( A & ) { count ++; }
12.     static void PrintCount() { cout << count << endl; }
13. };
14. template< > int A< int >::count = 0;
15. template< > int A< double >::count = 0;
16. int main()
17. {
18.     A< int > ia;
19.     A< double > da;
20.     ia.PrintCount();
21.     da.PrintCount();
22.     return 0;
23. }
```

程序的输出结果：

1

1

第 14 行和第 15 行，对静态成员变量在类外部加以声明，是必须的。在 Visual Stido

2010 中,这两行也可以简单地写成:

```
int A < int >::count = 0;
int A < double >::count = 0;
```

A < int >和 A < double >是两个不同的类。虽然它们都有静态成员变量 count,但是显然,A < int >的对象 ia 和 A < double >的对象 da,不会共享一份 count。

18.7　在多个文件中使用模板

在多文件的 C++ 程序中,如果有多个 . cpp 文件都要用到同一个模板,可以将该模板的全部内容(包括类模板的成员函数的函数体),都编写在一个头文件中,然后在多个 . cpp 文件中包含。不用担心重复定义的问题。

18.8　小结

模板分为函数模板和类模板。模板中的类型参数,可以用来定义函数的参数,也可以用来定义局部变量、类的成员等。

编译器根据调用函数模板时给出的参数的类型,从函数模板实例化出模板函数,加入到程序中去。

类模板中的成员函数可以是函数模板。

类模板可以从类模板、模板类、普通类派生。类可以从模板类派生。

全局函数、类的成员函数、类、类模板、函数模板,都可以成为类模板的友元。

相同的模板可以出现在多个 . cpp 文件中,不会发生重复定义的错误。

习题

1. 下列函数模板中定义正确的是(　　)。
A. template < class T1, class T2 >
   T1 fun (T1,T2) { return T1 ＋ T2; }
B. template < class T >
   T fun(T a) { return T ＋ a;}
C. template < class T1,class T2 >
   T1 fun(T1,T2) { return T1 ＋ T2 ; }
D. template < class T >
   T fun(T a,T b) { return a ＋ b ; }
2. 下列类模板中定义正确的是(　　)。
A. template < class T1,class T2 >
   class A : {

```
        T1 b；
        int fun( int a ) { return T1＋T2；}
    };
B.  template＜class T1,class T2＞
    class A {
        int T2;
        T1 fun( T2 a ) { return a ＋ T2；}
    };
C.  template＜class T1,class T2＞
    class A {
        public：
            T2 b；T1 a；
            A＜T1＞() { }
            T1 fun() { return a；}
    };
D.  template＜class T1,class T2＞
    class A {
        T2 b；
        T1 fun( double a ) { b ＝ (T2) a；
            return (T1) a；}
    };
```

3. 写出下面程序的输出结果。

```cpp
# include＜iostream＞
using namespace std;
template＜class T＞
T Max( T a,T b) {
    cout ＜＜ "TemplateMax" ＜＜endl;
    return 0; }
double Max(double a,double b){
    cout ＜＜ "MyMax" ＜＜ endl;
    return 0; }
int main() {
    int i＝4,j＝5;
    Max( 1.2,3.4); Max(i,j);
    return 0;
}
```

4. 填空使得下面程序能编译通过,并写出输出结果。

```cpp
# include＜iostream＞
using namespace std;
template＜_____＞
class myclass {
```

```
        T i;
    public:
        myclass (T a)
        { i = a; }
        void show()
        { cout << i << endl;      }
    };
    int main() {
        myclass <_____> obj("This");
        obj.show();
        return 0;
    }
```

5. 下面的程序输出是:

TomHanks

请填空。注意,不允许使用任何常量。

```
# include < iostream >
# include < string >
using namespace std;
template < class T >
class myclass {
    _____;
    int nSize;
public:
    myclass (_____, int n) {
        p = new T[n];
        for( int i = 0;i < n;++i )
            p[i] = a[i];
        nSize = n;
    }
    ~myclass() {
        delete [] p;
    }
    void Show()
    {
        for( int i = 0;i < nSize;++i ) {
            cout << p[i];
        }
    }
};
int main() {
    char * szName = "TomHanks";
    myclass < char > obj(_____);
    obj.Show(); return 0;
}
```

第 19 章　　　　标准模板库 STL

C++语言的核心优势之一就是便于软件的重用。C++中有两个方面体现重用,一是面向对象的继承和多态机制,二是通过模板的概念实现了对泛型程序设计的支持。

C++的标准模板库(Standard Template Library,STL)是泛型程序设计的最成功应用实例。STL 是一些常用数据结构(如链表、可变长数组、排序二叉树)和算法(如排序、查找)的模板的集合,主要由 Alex Stepanov 主持开发,于 1998 年被添加进 C++标准。有了 STL,程序员就不必编写大多的、常用的数据结构和算法。而且 STL 是经过精心设计的,运行效率很高,比水平一般的程序员编写的同类代码速度更快。

有种说法是 C++是用来编写大程序的,如果编写个几十上百行的小程序,用 C 语言就可以,没有必要用 C++。这个说法是不准确的。可以说编写小程序没必要用面向对象的方法,但是用 C++,还是能够带来很大的方便,因为 C++中有 STL。哪怕编写个十几行的程序,也可能会用到 STL 中提供的数据结构和算法。例如,对数组排序,用 STL 中的 sort 算法往往只需要一条语句就能解决,而不像调用 C 语言库函数 qsort 那样还要编写比较函数。

19.1 STL 中的基本概念

STL 中有以下几个基本的概念。

(1) **容器(container)**:用于存放数据的**类模板**。可变长数组、链表、平衡二叉树等数据结构,在 STL 中都被实现为容器。

(2) **迭代器(iterator)**:用于存取容器中存放的元素的工具。迭代器是个变量,作用类似于指针。要访问容器中的元素,需要通过迭代器,迭代器相当于是一个中介。

(3) **算法(algorithm)**:用来操作容器中的元素的**函数模板**。例如,可以用排序算法 sort 来对可变长数组容器 vector 中的元素进行排序,也可以用查找算法 find 来搜索链表容器 list 中的元素。这些算法是泛型的,可以在不同数据类型的简单数组和复杂容器上使用。

例如,在 STL 的概念中,int array[100] 这个数组就是个容器,而 int * 类型的指针变量就可以作为迭代器。使用 sort 算法就可以对这个容器进行排序:

```
sort(array,array + 100);
```

19.1.1　容器

容器是用于存放数据的类模板。程序员使用容器,将容器类模板实例化为容器类的时候,会指明容器中存放的元素是什么类型的。容器中可以存放基本类型的变量,也可以存放对象。对象(或基本类型的变量)被插入容器中时,被插入的是对象(或变量)的一个复制品。STL 中的许多算法,如排序、查找等算法,执行过程中会对容器中的元素进行比较。这些算法比较元素是否相等通常用“＝＝”运算符进行,比较大小通常用“＜”运算符进行的,所以,被放入容器的对象所属的类,最好应该重载“＝＝”和“＜”运算符,以使得两个对象用“＝＝”和“＜”进行比较是有定义的。

容器分为顺序容器和关联容器两大类。

(1) **顺序容器**。顺序容器包括可变长动态数组 vector、双端队列 deque 和双向链表 list 三种。它们之所以称为顺序容器,是因为元素在容器中的位置同元素的值无关,即容器不是排序的。将元素插入容器时,指定插入在什么位置(尾部、头部或中间某处),元素就会在什么位置。

(2) **关联容器**。关联容器包括集合 set、多重集 multiset、映射 map、多重映射 multimap 四种。**关联容器内的元素是排序的**,插入元素时,容器会都按一定的排序规则被放到适当的位置上,因此插入元素时不能指定位置。默认的情况下,关联容器中的元素是从小到大排序的(或按关键字从小到大排序),而且用“＜”运算符比较元素或关键字大小。因为是排好序的,所以**关联容器在查找时具有非常好的性能**。

除了以上两类容器外,STL 还在两类容器的基础上,屏蔽一部分功能,突出或增加另一部分功能,实现了 3 种容器适配器:栈 stack、队列 queue、优先级队列 priority_queue。

为称呼方便起见,本书在后面将容器和容器适配器统称为容器。

容器都是类模板。它们实例化后就成为容器类。用容器类定义的对象,称为容器对象。例如,“vector < int >”就是一个容器类的名字,“vector < int > a;”就定义了一个容器对象 a,a 代表一个长度可变的数组,数组中的每个元素都是 int 类型的变量。“vector < double > b;”定义了另一个容器对象 b,a 和 b 的类型是不同的。本书后文说的“容器”,有时也指“容器对象”,请读者根据上下文自行判别。

类型相同的顺序容器、关联容器、stack 和 queue 对象可以用 ＜、＜＝、＞、＞＝、＝＝、!＝ **进行词典式的比较运算**。假设 a、b 是两个类型相同的容器对象,这些运算符的运算规则如下。

a ＝＝ b:若 a 和 b 中的元素个数相同,且对应元素均相等,则“a ＝＝ b”的值为 true,否则值为 false。元素是否相等,是用“＝＝”运算符进行判断的。

a ＜ b:规则类似于词典中两个单词比大小。从头到尾依次比较每个元素,如果先发生 a 中的元素小于 b 中的元素的情况,则“a ＜ b”的值为 true;如果没有发生 b 中的元素小于 a 中的元素的情况,且 a 中元素个数比 b 少,“a ＜ b”的值也为 true;其他情况,值为 false。元素比大小是通过“＜”运算符进行的。

a !＝ b:等价于 !(a ＝＝ b)。

a > b：等价于 b < a。

a <= b：等价于 !(b < a)。

a >= b：等价于 !(a < b)。

所有容器都有以下两个成员函数：

int size()：返回容器对象中元素的个数。

bool empty()：看容器对象是否为空。

顺序容器和关联容器还有以下成员函数：

begin()：返回指向容器中第一个元素的迭代器。

end()：返回指向容器中最后一个元素后面的位置的迭代器。

rbegin()：返回指向容器中最后一个元素的反向迭代器。

rend()：返回指向容器中第一个元素前面的位置的反向迭代器。

erase(…)：从容器中删除一个或几个元素。该函数参数较复杂，此处略过。

clear()：从容器中删除所有元素。

如果一个容器是空的，那么 begin() 和 end() 返回值是相等的，rbegin() 和 rend() 返回值也是相等的。

顺序容器还有以下常用成员函数：

front()：返回容器中第一个元素的引用。

back()：返回容器中最后一个元素的引用。

push_back()：在容器末尾增加新元素。

pop_back()：删除容器末尾的元素。

insert(…)：插入一个或多个元素。该函数参数较复杂，此处略过。

19.1.2　迭代器

要访问顺序容器和关联容器中的元素，就要通过"迭代器"来进行。迭代器是个变量，相当于是容器和操纵容器的算法之间的一个中介。迭代器可以指向容器中的某个元素，通过迭代器就可以读写它指向的元素，从这一点上看，迭代器和指针类似。迭代器按照定义方式分成以下 4 种。

（1）正向迭代器，定义方法如下：

容器类名::iterator 迭代器名;

（2）常量正向迭代器，定义方法如下：

容器类名::const_iterator 迭代器名;

（3）反向迭代器，定义方法如下：

容器类名::reverse_iterator 迭代器名;

（4）常量反向迭代器，定义方法如下：

容器类名::const_reverse_iterator 迭代器名;

1. 迭代器用法示例

通过迭代器可以读取它指向的元素，"* 迭代器名"就表示迭代器指向的元素。通过非

const 迭代器还能修改其指向的元素。迭代器都可以进行"＋＋"操作。反向迭代器和正向迭代器的区别在于，对正向迭代器进行"＋＋"操作，迭代器会指向容器中的下一个元素；而对反向迭代器进行"＋＋"操作，迭代器会指向容器中的上一个元素。下面的程序演示了如何通过迭代器遍历一个 vector 容器中的所有元素：

```
//program 19.1.2.1.cpp 迭代器用法示例
1.    # include < iostream >
2.    # include < vector >
3.    using namespace std;
4.    int main()
5.    {
6.        vector < int > v;                        //v 是存放 int 变量的可变长数组，开始没有元素
7.        for( int n = 0;n < 5; ++n)
8.            v.push_back(n); //push_back 成员函数在 vector 容器尾部添加一个元素
9.        vector < int >∷ iterator i;             //定义正向迭代器
10.       for( i = v.begin();i != v.end(); ++i ) {            //用迭代器遍历容器
11.           cout << * i << " " ;              // * i 就是迭代器 i 指向的元素
12.           * i * = 2;                        //每个元素变为原来的 2 倍
13.       }
14.       cout << endl;
15.       //用反向迭代器遍历容器
16.       for( vector < int >∷ reverse_iterator j = v.rbegin();j != v.rend (); ++j )
17.           cout << * j << " " ;
18.       return 0;
19.   }
```

程序的输出结果：

```
0 1 2 3 4
8 6 4 2 0
```

第 6 行，vector 容器有多个构造函数，如果用无参构造函数初始化，那么容器中一开始就是空的。

第 10 行，begin 成员函数返回指向容器中第一个元素的迭代器。＋＋i 使得 i 指向容器中的下一个元素。end 成员函数返回的不是指向最后一个元素的迭代器，而是指向最后一个元素后面的位置的迭代器，因此循环的终止条件就是"i ! = v. end()"。

第 16 行定义了反向迭代器用以遍历容器。反向迭代器进行"＋＋"操作后，会指向容器中的上一个元素。rbegin 返回容器中最后一个元素的迭代器，rend 返回指向容器中第一个元素前面的位置的迭代器，因此本循环实际上是从后往前遍历整个数组。

如果迭代器指向了容器中的最后一个元素的后面或第一个元素的前面，那么再通过该迭代器来访问元素，就有可能导致程序崩溃，这和访问 NULL 或未初始化的指针指向的地方类似。

在第 10 行和第 16 行，写"＋＋i"，"＋＋j"，相比写"i＋＋"，"j＋＋"，程序的执行速度更快。回顾一下"运算符号重载"一章中的重载自增、自减运算符，＋＋被重载成前置和后置运算符的例子如下：

```
CDemo CDemo∷operator++()
{//前置 ++
    n ++;
    return ＊ this;
}
CDemo CDemo∷operator++( int k )
{//后置 ++
    CDemo tmp( ＊ this);                    //记录修改前的对象
    n ++;
    return tmp;                              //返回修改前的对象
}
```

后置"＋＋"要多生成一个局部对象 tmp,所以执行速度比前置的慢。同理,迭代器是一个对象,STL 中在重载迭代器的"＋＋"运算符时,后置形式也比前置形式慢。在次数很多的循环中,"＋＋i"和"i＋＋"可能就会造成运行时间上可观的差别了。因此,本书在前面特别提到,对循环控制变量 i,要养成写"＋＋i",不写"i＋＋"的好习惯。

注意：容器适配器 stack、queue 和 priority_queue 没有迭代器。容器适配器自有一些成员函数,可以用来对元素进行访问。

2. 迭代器的功能分类

不同容器上的迭代器,功能强弱有所不同。容器的迭代器的功能强弱,决定了该容器是否支持 STL 中的某种算法。例如,排序算法需要通过随机访问迭代器来访问容器中的元素,因此有的容器就不支持排序算法。常用的迭代器按功能强弱分为输入、输出、正向、双向、随机访问 5 种,这里只介绍常用的以下 3 种。

(1)正向迭代器。假设 p 是一个正向迭代器,则 p 支持以下操作:

++p, p++, ＊ p

此外,两个正向迭代器可以互相赋值,还可以用"＝＝"和"!＝"进行比较。

(2)双向迭代器。具有正向迭代器的全部功能,除此之外,若 p 是一个双向迭代器,则"－－p"和"p－－"都是有定义的。"－－p"和"p－－"使得 p 朝着"＋＋p"相反的方向移动。

(3)随机访问迭代器。具有双向迭代器的全部功能。若 p 是一个随机访问迭代器,i 是一个整型变量或常量,则 p 还支持以下操作。

p＋＝i：使得 p 往后移动 i 个元素。

p－＝i：使得 p 往前移动 i 个元素。

p＋i：返回 p 后面第 i 个元素的迭代器。

p－i：返回 p 前面第 i 个元素的迭代器。

p[i]：返回 p 后面第 i 个元素的引用。

此外,两个随机访问迭代器 p1、p2,还可以用"＜"、"＞"、"＜＝"、"＞＝"进行比较。"p1＜p2"的含义是 p1 指向的元素的地址小于 p2 指向的元素的地址。其他比较方式的含义以此类推。

对于两个随机访问迭代器 p1、p2,表达式"p2－p1"也是有定义的,其返回值是 p2 所指元素和 p1 所指元素的序号之差(也可以说是 p2 和 p1 之间的元素个数减一)。

表 19.1 显示了不同容器上的迭代器的功能。

表 19.1 不同容器上的迭代器功能

容　　器	迭代器功能	容　　器	迭代器功能
vector	随机访问	map/multimap	双向
deque	随机访问	stack	不支持迭代器
list	双向	queue	不支持迭代器
set/multiset	双向	priority_queue	不支持迭代器

例如,vector 的迭代器是随机迭代器,所以遍历 vector 容器可以有以下几种做法,下面程序中,每个循环演示了一种做法:

```
//program 19.1.2.2.cpp 遍历 vector 容器
1.   # include < iostream >
2.   # include < vector >
3.   using namespace std;
4.   int main()
5.   {
6.       vector < int > v(100);              //v 被初始化成有 100 个元素
7.       for(int i = 0;i < v.size() ; ++i)   //size 返回元素个数
8.           cout << v[i];                    //像普通数组一样使用 vector 容器
9.       vector < int >∷iterator i;
10.      for( i = v.begin(); i != v.end (); ++i)     //用 != 比较两个迭代器
11.          cout << * i;
12.      for( i = v.begin(); i < v.end ();++i)        //用 < 比较两个迭代器
13.          cout << * i;
14.      i = v.begin();
15.      while( i < v.end()) {               //间隔一个输出
16.          cout << * i;
17.          i += 2;                          //随机访问迭代器支持" += 整数"的操作
18.      }
19.  }
```

list 容器的迭代器是双向迭代器。假设 v 和 i 定义如下:

```
list < int > v;
list < int >∷const_iterator i;
```

那么以下代码合法:

```
for( i = v.begin(); i != v.end (); ++i)
    cout << * i;
```

以下代码则不行,因为双向迭代器不支持用"<"进行比较:

```
for( i = v.begin(); i < v.end (); ++i)
    cout << * i;
```

以下代码也不行:

```
for( int i = 0;i < v.size() ; ++i)
    cout << v[i];
```

因为 list 不支持用下标随机访问其元素。

在 C++ 中，**数组也是容器**。**数组上的迭代器，就是指针，而且是随机访问迭代器**。例如，对于数组 int a[10]，int * 类型的指针就是其迭代器。那么 a、a+1、a+2，就都是 a 上的迭代器。

3. 迭代器的辅助函数

STL 中有用于操作迭代器的 3 个函数模板，它们分别如下。

(1) advance(p,n)：用它可以使迭代器 p 向前或向后移动 n 个元素。

(2) distance(p,q)：可用于计算两个迭代器之间的距离，即迭代器 p 经过多少次++操作后，会和迭代器 q 相等。如果调用时 p 已经指向 q 的后面，这个函数就会陷入死循环了。

(3) iter_swap(p,q)：用于交换两个迭代器 p、q 指向的值。

要使用上述模板，需要包含头文件 algorithm。下面程序演示了这 3 个函数模板的用法：

```
//program 19.1.2.3.cpp 迭代器辅助函数用法
1.  # include < list >
2.  # include < iostream >
3.  # include < algorithm >              //要使用操作迭代器的函数模板需要包含此文件
4.  using namespace std;
5.  int main()
6.  {
7.      int a[5] = { 1,2,3,4,5 };
8.      list < int > lst(a,a + 5);
9.      list < int >:: iterator p = lst.begin ();
10.     advance(p,2);                    //p 向后走两步,指向 3
11.     cout << "1) " << * p << endl;    //输出 1) 3
12.     advance(p, - 1);                 //p 往回走一步,指向 2
13.     cout << "2) " << * p << endl;    //输出 2) 2
14.     list < int >:: iterator q = lst.end();
15.     q-- ;                           //q 指向 5
16.     cout << "3) " << distance(p,q) << endl;     //输出 3) 3
17.     iter_swap(p,q);                 //2 和 5 交换
18.     cout << "4) " ;
19.     for( p = lst.begin(); p != lst.end(); ++p)
20.         cout << * p << " " ;
21.     return 0;
22. }
```

程序的输出结果：

```
1) 3
2) 2
3) 3
4) 1 5 3 4 2
```

19.1.3 算法

STL 中提供能在各种容器中通用的算法，如插入、删除、查找、排序等。大约有 70 种标准算法。**算法就是函数模板**。算法通过迭代器来操纵容器中的元素。许多算法操作的是容器上的一个区间（也可以是整个容器），因此需要两个参数，一个是区间起点元素的迭代器，一个是区间终点元素的后面一个元素的迭代器。例如，排序和查找算法，都需要这两个参数来指明待排序或待查找的区间。

有的算法返回一个迭代器，如 find 算法，在容器中查找一个元素，并返回一个指向该元素的迭代器。

算法可以处理容器，也可以处理普通的数组。

有的算法会改变其所作用的容器，例如：

copy：将一个容器的内容复制到另一个容器。

remove：在容器中删掉一个元素。

random_shuffle：随机打乱容器中的元素。

fill：用某个值填充容器。

有的算法不会改变其所作用的容器，例如：

find：在容器中查找元素。

count_if：统计容器中符合某种条件的元素有多少个。

STL 中的大部分常用算法，都在头文件 algorithm 中定义。此外，头文件 numeric 中也有一些算法。

下面介绍一个常用算法 find，以便对算法是什么、怎么用，有一个基本的概念。find 算法和其他算法一样都是函数模板。find 模板的原型如下：

```
template< class InIt, class T >
InIt find(InIt first, InIt last, const T& val);
```

其功能可以是在迭代器 first、last 指定的容器的一个区间 [first, last) 中，按顺序查找和 val 相等的元素。如果找到，就返回该元素的迭代器；如果找不到，就返回 last。[first, last) 这个区间是个左闭右开的区间，即 last 指向的元素其实不在此区间内。find 判断元素相等是用"=="运算符作比较的，所以如果[first, last)中存放的是对象，那么"=="应该被适当重载，使得两个对象可以用"=="来比较。

注意上段话说的是"其功能可以是"，而不是"其功能就是"，这是因为模板只是一种代码形式，具体这种代码形式能完成什么功能，取决于程序员对该模板写法的了解及其想象力。按照语法，调用 find 模板时，first 和 last 只要类型相同就可以，不一定必须是迭代器。

演示 find 用法的程序如下：

```
//program 19.1.3.1.cpp find用法示例
1.   # include < vector >
2.   # include < algorithm >
3.   # include < iostream >
4.   using namespace std;
```

```
5.   int main() {
6.       int a[10] = {10,20,30,40};
7.       vector< int > v;
8.       v.push_back(1);v.push_back(2);
9.       v.push_back(3);v.push_back(4);           //此后 v 中放着 4 个元素：1,2,3,4
10.      vector< int >::iterator p;
11.      p = find(v.begin(),v.end(),3);           //在 v 中查找 3
12.      if( p != v.end())                        //若找不到,find 返回 v.end()
13.          cout << "1) " << * p << endl;        //找到了
14.      p = find(v.begin(),v.end(),9);
15.      if( p== v.end())
16.          cout << "not found " << endl;        //没找到
17.      p = find(v.begin()+1,v.end()-1,4);       //在 2,3 这两个元素中查找 4
18.      cout << "2) " << * p << endl;
19.      int * pp = find( a,a+4,20);
20.      if( pp== a + 4 )
21.          cout << "not found" << endl;
22.      else
23.          cout << "3) " << * pp << endl;
24.  }
```

程序的输出结果：

1) 3
not found
2) 4
3) 20

第 11 行,要查找的区间是[v.begin(),v.end()),v.end()不在查找范围内,因此没有问题。本行的查找会成功,因此 p 指向找到的元素 3。

第 17 行,因为要查找的区间是[v.begin()+1,v.end()-1),这个区间中只有 2、3 这两个元素,因此查找会失败,p 的值变为 v.end()-1。那么 p 正好指向 4 这个元素。

第 19 行,数组 a 是一个容器。数组名 a 的类型是 int * ,可以做迭代器使用,表达式"a+4"的类型也是 int * ,所以也能做迭代器。本次调用 find,查找区间是[a,a+4),即数组 a 的前 4 个元素。查找如果失败,find 就会返回 a+4。

STL 中还有一个常用的算法 sort,用来对容器排序,其原型如下：

```
template< class _RandIt >
void sort(_RandIt first, _RandIt last);
```

该算法可以用来将区间[first,last)进行从小到大排序。下面两行程序就能对数组 a 排序：

```
int a[4] = { 3,4,2,1};
sort(a,a+4);
```

19.1.4　STL 中的"大"、"小"和"相等"的概念

STL 中的关联容器,内部的元素是排序的。STL 中的许多算法,也牵涉到排序、查找。

这些容器和算法都需要对元素进行比较,有的比较是否相等,有的比较元素大小。**在 STL 中,默认的情况下,比较大小是用"＜"运算符进行的,和"＞"运算符无关。**在 STL 中提到"大"、"小"的概念时,以下 3 个说法是等价的:

(1) x 比 y 小。

(2) 表达式"x＜y"为真。

(3) y 比 x 大。

一定要注意,"y 比 x 大"意味着"x＜y 为真",而不是"y＞x 为真"。"y＞x"结果到底如何不重要,甚至"y＞x"是没定义的都没有关系。

那么,说到"x 最大",其含义实际上就是"找不到比 x 大的元素",而不是"x 比其他元素都大";说到"x 最小",其含义是"找不到比 x 小的元素",而不是"x 比其他元素都小"。

在 STL 中,"x 和 y 相等"也往往不等价于"x＝＝y 为真"。对于在未排序的区间上进行的算法,如顺序查找 find,查找过程中比较元素和要查找的值是否相等,用的是"＝＝"运算符;但是**对于在排好序的区间上进行查找、合并等操作的有序区间算法(如折半查找算法 binary_search),以及关联容器自身的成员函数 find 来说,"x 和 y 相等",是与"x＜y 和 y＜x 同时为假"等价的,**与"＝＝"运算符无关。看上去"x＜y 和 y＜x 同时为假"应该就和"x＝＝y 为真"等价,其实不然,例如下面 class A:

```
class A
{
    int v;
public:
    bool operator <(const A & a) const {return false;}
};
```

可以看到,对任何两个类 A 的对象 x、y,"x＜y"和"y＜x"都是为假的,也就是说,对 STL 的关联容器和后文提到的有序区间算法来说,任何两个类 A 的对象都是相等的,这与"＝＝"运算符的行为无关。

综上所述,使用 STL 中的关联容器和许多算法的时候,往往需要对"＜"运算符进行适当的重载,使得这些容器和算法可以用"＜"对所操作的元素进行比较。最好将"＜"重载为全局函数,因为在重载为成员函数时,在有些编译器上会导致出错(因其 STL 的源代码的写法导致)。

19.2　顺序容器

19.2.1　动态数组 vector

要使用 vector,必须包含头文件 vector。vector 就是可变长的动态数组,支持随机访问迭代器,所有 STL 算法都能对 vector 进行操作。

在 vector 容器中,根据下标随机访问某个元素的时间是一个常数,在尾部添加一个元素的时间大多数情况下也是常数,总体来说速度很快。在中间插入或删除元素则速度较慢,平均花费时间和容器中的元素个数成正比。

在 vector 容器中,用一个动态分配的数组来存放元素,因此根据下标访问某个元素的时间是固定的,和元素个数无关。vector 容器在实现的时候,动态分配的存储空间一般都大于存放元素所需的空间,例如,哪怕容器中只有一个元素,也会分配 32 个元素的空间。这样做的好处就是在尾部添加一个新元素时,不必重新分配空间,直接将新元素写入适当位置即可,这种情况下添加新元素的时间也是常数的了。但是,如果不断添加新元素,多出来的空间就会用完,此时再添加新元素,就不得不重新分配内存空间,把原有内容复制过去,再添加新的元素了,碰到这种情况,添加新元素所花的时间,就不是常数,而是和数组中的元素个数成正比了。至于在中间插入或删除元素,必然涉及元素的移动,因此时间就不是固定的,而是和元素个数有关了。

vector 有很多成员函数,常用的成员函数如表 9.2 所示。

表 19.2　vector 的成员函数

成 员 函 数	作　用
vector();	无参构造函数,将容器初始化成空的
vector(int n);	将容器初始化成有 n 个元素
vector(int n,const T & val);	假定元素的类型是 T。此构造函数将容器初始化成有 n 个元素,每个元素的值都是 val
vector(iterator first,iterator last);	first 和 last 可以是别的容器上的迭代器。一般来说,本构造函数初始化的结果就是将 vector 容器的内容变成与别的容器上的区间[first,last)一致
void clear();	删除所有元素
bool empty();	判断容器是否为空
void pop_back();	删除容器末尾的元素
void push_back(const T & val);	将 val 添加到容器末尾
int size();	返回容器中元素的个数
T & front();	返回容器中第一个元素的引用
T & back();	返回容器中最后一个元素的引用
iterator insert(iterator i,const T & val);	将 val 插入到迭代器 i 指向的位置,返回一个迭代器,指向被插入的元素。执行后 i 可能失效
void insert(iterator i, iterator first, iterator last);	将别的容器上的区间[first,last)中的元素插入到迭代器 i 指向的位置,执行后 i 可能失效
iterator erase(iterator i);	删除迭代器 i 指向的元素,返回值是被删除元素后面的元素的迭代器。如果最后一个元素被删除了,则返回值是 end()。执行后 i 可能失效
iterator erase(iterator first,iterator last);	删除容器中的区间[first,last)返回值是个迭代器,指向被删除区间后面的第一个元素。如果容器的最后一个元素被删除了,则返回值是 end()
void swap(vector<T> & v);	将容器自身的内容和另一个同类型的容器 v 互换

下面的程序演示了 vector 的基本用法:

```
//program 19.2.1.1.cpp vector 基本用法
1.  # include < iostream >
2.  # include < vector >                    //使用 vector 需要包含此头文件
```

```
3.   using namespace std;
4.   template < class T >
5.   void PrintVector( const vector < T > & v )
6.   { //用以输出 vector 容器的全部元素的函数模板
7.       typename vector < T >∷const_iterator i;
8.   //typename 用来说明 vector < T >∷const_iterator 是一个类型, 在 Visual Studio 2010 中不写
     也可以
9.       for( i = v.begin(); i != v.end(); ++i)
10.          cout << * i << " ";
11.      cout << endl;
12.  }
13.  int main()
14.  {
15.      int a[5] = { 1,2,3,4,5 };
16.      vector < int > v(a,a + 5);                //将数组 a 的内容放入 v
17.      cout << "1) " << v.end() – v.begin() << endl;  //两个随机迭代器可以相减,输出 1) 5
18.      cout << "2) "; PrintVector(v);            //输出: 2) 1 2 3 4 5
19.      v.insert( v.begin() + 2, 13 );            //在 begin() + 2 位置插入 13
20.      cout << "3) "; PrintVector(v);            //输出: 3) 1 2 13 3 4 5
21.      v.erase( v.begin() + 2);                  //删除位于 begin() + 2 的元素
22.      cout << "4) "; PrintVector(v);            //输出: 4) 1 2 3 4 5
23.      vector < int > v2(4,100);                 //v2 有 4 个元素,都是 100
24.      v2.insert( v2.begin(),v.begin() + 1,v.begin() + 3);   //将 v 的一段插入 v2 开头
25.      cout << "5) v2: "; PrintVector(v2);       //输出: 5) v2: 2 3 100 100 100 100
26.      v.erase( v.begin() + 1, v.begin() + 3);   //删除 v 上的一个区间,即 2,3
27.      cout << "6) "; PrintVector(v);            //输出: 6) 1 4 5
28.      return 0;
29.  }
```

思考题　程序中的 PrintVector 模板演示了将容器的引用作为函数参数的用法。就完成输出整个容器内容这个功能来说,写成 PrintVector 模板,是比较笨拙的,该模板适用范围太窄。有没有更好的写法?

vector 还可以嵌套以形成可变长的二维数组,例如下面的例子:

```
//program 19.2.1.2.cpp 用 vector 实现二维数组
1.   # include < iostream >
2.   # include < vector >
3.   using namespace std;
4.   int main()
5.   {
6.       vector < vector < int > > v(3);           //v 有 3 个元素,每个元素都是 vector < int > 容器
7.       for( int i = 0;i < v.size(); ++i)
8.           for( int j = 0; j < 4; ++j)
9.               v[i].push_back(j);
10.      for( int i = 0;i < v.size(); ++i) {
11.          for( int j = 0; j < v[i].size(); ++j)
12.              cout << v[i][j] << " ";
13.          cout << endl;
14.      }
15.      return 0;
16.  }
```

程序的输出结果:

```
0 1 2 3
0 1 2 3
0 1 2 3
```

"vector＜vector＜int＞ ＞ v(3)；"定义了一个 vector 容器,该容器中每个元素都是一个 vecror＜int＞容器。即可以认为,v 是一个二维数组,一共 3 行,每行都是一个可变长的一维数组。在 Dev C++中,上面写法中的"int"后面的两个"＞"之间需要有空格,否则编译器会把它们当做"＞＞"运算符,编译就会出错。

19.2.2 双向链表 list

要使用 list 必须包含头文件 list,list 是一个双向链表。双向链表的每个元素中,都有一个指针指向下一个元素,也有一个指针指向上一个元素,如图 19.1 所示。

在 list 容器中,在已经定位到要增删元素的位置的情况下,增删元素能在常数时间内完成。在 a_i 和 a_{i+1} 之间插入一个元素,只需要修改 a_i 和 a_{i+1} 中的指针而已,如图 19.2 所示。

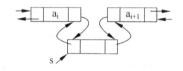

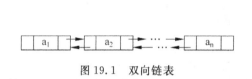

图 19.1 双向链表   图 19.2 在双向链表中插入元素

list 容器不支持根据下标随机存取元素。

vector 有的成员函数,list 基本上都有,而且用法几乎都相同,此处不再列举。此外,list 容器还有自己独有的成员函数,如表 19.3 所示(此表不包括全部,且有的函数参数较为复杂,就只写名字)。

表 19.3   list 的成员函数

成员函数或成员函数模板	作　　用
void push_front (const T & val);	将 val 插入链表最前面
void pop_front ();	删除链表最前面的元素
void sort();	将链表从小到大排序
void remove(const T & val);	删除和 val 相等的元素
remove_if	删除符合某种条件的元素
void unique();	删除所有和前一个元素相等的元素
void merge(list＜T＞ & x);	将链表 x 合并进来,并清空 x。如果自身和 x 都是从小到大有序的,则合并后的结果也是从小到大有序的
void splice(iterator i, list＜T＞ & x, iterator first, iterator last);	在位置 i 前面插入链表 x 中的区间[first,last),并在链表 x 中删除该区间。自身和"某一链表"可以是同一个链表,只要 i 不在[first,last)中即可

表 19.3 中列出的成员函数,有的是有多个重载的。例如,unique、merge、splice 成员函数,就都不止一个,这里就不一一列举并解释了。后面对于其他容器以及算法的介绍,对于有重载的情况也不再指出,要详细了解 STL,还需查询专门的 STL 手册或查看编译器提供

的联机帮助。

　　STL 中的算法 sort 可以用来对 vector 和 deque 排序，它需要随机访问迭代器的支持。因 list 不支持随机访问迭代器，所以不能用算法 sort 对 list 容器排序。因此 list 容器引入了自己 sort 成员函数以完成排序。

　　list 的示例程序如下：

```
//program 19.2.2.1.cpp list 示例程序
1.   # include < list >                                      //使用 list 需要包含此头文件
2.   # include < iostream >
3.   # include < algorithm >                                 //使用 STL 中的算法需要包含此头文件
4.   using namespace std;
5.    class A {
6.        private:
7.            int n;
8.        public:
9.            A( int n_ ) { n = n_; }
10.           friend bool operator <( const A & a1, const A & a2);
11.           friend bool operator== ( const A & a1, const A & a2);
12.           friend ostream & operator <<( ostream & o, const A & a);
13.  };
14.  bool operator <( const A & a1, const A & a2) {
15.      return a1. n < a2. n;
16.  }
17.  bool operator== ( const A & a1, const A & a2) {
18.      return a1. n== a2. n;
19.  }
20.  ostream & operator <<( ostream & o, const A & a) {
21.      o << a. n;
22.      return o;
23.  }
24.   template < class T >
25.  void Print(T first, T last)
26.  {
27.      for( ; first != last; ++first )
28.          cout << * first << " ";
29.      cout << endl;
30.  }
31.  int main()
32.  {
33.      A a[5] = { 1,3,2,4,2 };
34.      A b[7] = { 10,30,20,30,30,40,40 };
35.      list < A > lst1(a,a + 5), lst2(b,b + 7);
36.      lst1. sort();
37.      cout << "1) "; Print(lst1.begin(),lst1.end());    //输出：1) 1 2 2 3 4
38.      lst1. remove(2);                                   //删除所有和 A(2)相等的元素
39.      cout << "2) "; Print(lst1.begin(),lst1.end());    //输出：2) 1 3 4
40.      lst2. pop_front();                                 //删除第一个元素
41.      cout << "3) "; Print(lst2.begin(),lst2.end());    //输出：3) 30 20 30 30 40 40
42.      lst2. unique();                                    //删除所有和前一个元素相等的元素
43.      cout << "4) "; Print(lst2.begin(),lst2.end());    //输出：4) 30 20 30 40
44.      lst2. sort();
45.      lst1. merge(lst2);                                 //合并 lst2 到 lst1 并清空 lst2
```

```
46.        cout << "5) "; Print(lst1.begin(),lst1.end());    //输出: 5) 1 3 4 20 30 30 40
47.        cout << "6) "; Print(lst2.begin(),lst2.end());    //lst2 是空的,输出: 6)
48.        lst1.reverse();                                   //将 lst1 前后颠倒
49.        cout << "7) "; Print(lst1.begin(),lst1.end());    //输出 7) 40 30 30 20 4 3 1
50.        lst2.insert(lst2.begin(),a + 1,a + 4);            //lst2 插入 3、2、4 这 3 个元素
51.        list < A >:: iterator p1,p2,p3;
52.        p1 = find(lst1.begin(),lst1.end(),30);
53.        p2 = find(lst2.begin(),lst2.end(),2);
54.        p3 = find(lst2.begin(),lst2.end(),4);
55.        lst1.splice(p1,lst2,p2,p3);          //将[p2,p3)插入 p1 之前,并从 lst2 中删除[p2,p3)
56.        cout << "8) "; Print(lst1.begin(),lst1.end());    //输出: 8) 40 2 30 30 20 4 3 1
57.        cout << "9) "; Print(lst2.begin(),lst2.end());    //输出: 9) 3 4
58.        return 0;
59. }
```

例 19.1　用 list 解决约瑟夫问题。约瑟夫问题是有 n 只猴子,按顺时针方向围成一圈选大王(编号从 1 到 n),从第 1 号开始报数,一直数到 m,数到 m 的猴子退出圈外,剩下的猴子再接着从 1 开始报数。就这样,直到圈内只剩下一只猴子时,这个猴子就是猴王,编程输入 n、m,输出最后猴王的编号。

输入数据是:每行是用空格分开的两个整数,第一个是 n,第二个是 m(0<m、n<= 1000000)。最后一行是:

0 0

输出要求是:对于每行输入数据(最后一行除外),输出数据也是一行,即最后猴王的编号。

输入样例:

6 2
12 4
8 3
0 0

输出样例:

5
1
7

解题程序如下:

```
    //program 19.2.2.2.cpp 用 list 解决约瑟夫问题
1.  # include < list >
2.  # include < iostream >
3.  using namespace std;
4.  int main()
5.  {
6.      list < int > monkeys;
7.      int n,m;
8.      while(true) {
9.          cin >> n >> m ;
```

```
10.          if( n == 0 && m == 0)
11.              break;
12.          monkeys.clear();                        //清空 list 容器
13.          for( int i = 1;i <= n; ++i)             //将猴子的编号放入 list
14.              monkeys.push_back(i);
15.          list < int >:: iterator it = monkeys.begin ();
16.          while( monkeys.size () > 1 ) {    //只要还有不止一只猴子,就要找一只猴子让其出列
17.              for( int i = 1; i < m ; ++i) {      //报数
18.                  ++it;
19.                  if( it == monkeys.end())
20.                      it = monkeys.begin ();
21.              }
22.              it = monkeys.erase(it);             //删除元素后,迭代器失效
23.                                                  //要重新让迭代器指向被删元素的后面
24.              if( it == monkeys.end())
25.                  it = monkeys.begin();
26.          }
27.          cout << monkeys.front() << endl;        //front 返回第一个元素的引用
28.      }
29.      return 0;
30. }
```

erase 成员函数返回被删除元素后面那个元素的迭代器。如果被删除的是最后一个元素,那么就返回 end()。

此题用 vector 不用 list 也可以,但是要慢很多。因为 vector 的 erase 操作牵涉到元素的移动,不是常数时间能完成的,所花费时间和容器中元素个数有关;而 list 的 erase 操作只是修改几个指针而已,在常数时间内能完成。当 n 等于数十万的时候,两种写法能感觉到速度上有明显区别。

19.2.3 双向队列 deque

要使用 deque 必须包含头文件 deque,deque 也是个可变长数组。所有适用于 vector 的操作都适用于 deque。在 deque 中随机存取任何元素都能在常数时间内完成(但慢于 vector)。它比 vector 的优势在于,vector 在头部删除或添加元素速度很慢,在尾部添加元素性能较好,而 deque 在头尾增删元素都具有较佳的性能(大多数情况下都能在常数时间内完成)。它有以下两种 vector 没有的成员函数:

void push_front(const T & val); 将 val 插入容器的头部
void pop_front(); 删除容器头部的元素

思考题 猜想一下,deque 是如何实现它相对于 vector 的优势的?

19.3 函数对象

1. 函数对象的概念

在详细学习关联容器和算法之前,需要先了解函数对象的概念。

如果一个类将"()"运算符重载为成员函数,这个类就称为函数对象类,这个类的对象就

是函数对象。函数对象是一个对象,但是用起来的形式看上去像函数调用,实际上也执行了函数调用,因而得名。请看一个函数对象的例子:

```cpp
//program 19.3.1.cpp 函数对象示例
1.  # include < iostream >
2.  using namespace std;
3.  class CAverage
4.  {
5.    public:
6.      double operator()( int a1, int a2, int a3 )
7.      { //重载( ) 运算符
8.          return (double)(a1 + a2 + a3) / 3;
9.      }
10. };
11. int main()
12. {
13.     CAverage average;                //能够求 3 个整数平均数的函数对象
14.     cout << average(3,2,3);          //等价于 cout << average. operator(3,2,3);
15.     return 0;
16. }
```

程序的输出结果:

2.66667

“( )”是目数不限的运算符,所以重载为成员函数时,多少个参数都可以。

average 是一个对象,average(3,2,3)实际上就是 average. operator(3,2,3),这使得 average 看上去像一个函数的名字,故称其为函数对象。

2. 函数对象应用实例 1:在 accumulate 算法中的应用

STL 中有以下实现“累加”功能的算法(函数模板):

```cpp
template< class InIt, class T, class Pred >
T accumulate(InIt first, InIt last, T val, Pred op);
```

该模板的功能可以是对[first,last)中的每个迭代器 I,执行 val = op(val, * I),返回最终的 val。

在 Dev C++中,头文件 numeric 中 accumulate 的源代码如下:

```cpp
template< class InIt, class T, class Pred >
T accumulate(InIt first, InIt last, T init, Pred op)
{
    for ( ; first != last; ++first)
      init = op(init, * first);
    return init;
};
```

在此模板被实例化后,“op(init, * first)”必须要有定义,那么 op 只能是函数指针或者函数对象。因此调用该 accmulate 模板时,形参 op 对应的实参,只能是函数名字、函数指针或者函数对象。

下面的程序通过 accumulate 模板来求一个 vector 中的元素的平方和,其中用到了函数对象:

```
//program 19.3.2.cpp 函数对象应用于 accumulate
1.    # include < iostream >
2.    # include < vector >
3.    # include < numeric > //accumulate 在此头文件定义
4.    using namespace std;
5.    template < class T >
6.    void PrintInterval(T first, T last)
7.    { //输出区间[first,last)中的元素
8.        for( ; first != last; ++first)
9.            cout << * first << " ";
10.       cout << endl;
11.   }
12.   int SumSquares( int total, int value)
13.   {
14.       return total + value * value;
15.   }
16.   template < class T >
17.   class SumPowers
18.   {
19.       private:
20.           int power;
21.       public:
22.           SumPowers(int p):power(p) { }
23.           const T operator() ( const T & total, const T & value)
24.           { //计算 value 的 power 次方,加到 total 上
25.               T v = value;
26.               for( int i = 0;i < power − 1; ++i)
27.                   v = v * value;
28.               return total + v;
29.           }
30.   };
31.   int main()
32.   {
33.       const int SIZE = 10;
34.       int a1[ ] = { 1,2,3,4,5,6,7,8,9,10 };
35.       vector < int > v(a1,a1 + SIZE);              //v 的内容和 a1 一样
36.       cout << "1) "; PrintInterval(v.begin(),v.end());
37.       int result = accumulate(v.begin(),v.end(),0,SumSquares);
38.       cout << "2) 平方和: " << result << endl;
39.       result = accumulate(v.begin(),v.end(),0,SumPowers < int >(3));
40.       cout << "3) 立方和: " << result << endl;
41.       result = accumulate(v.begin(),v.end(),0,SumPowers < int >(4));
42.       cout << "4) 4 次方和: " << result;
43.       return 0;
44.   }
```

程序的输出结果:

1）*1 2 3 4 5 6 7 8 9 10*
2）平方和：*385*
3）立方和：*3025*
4）*4* 次方和：*25333*

第 37 行，第 4 个参数是 SumSquares，SumSquares 是函数的名字。函数名字的类型是函数指针，因此本行将 accumulate 模板实例化后得到的模板函数定义如下：

```
int accumulate(vector < int >∷iterator first,vector < int >∷iterator last,
    int init,int ( * op)( int,int))
{
    for ( ; first != last; ++first)
      init = op(init, * first);
    return init;
}
```

形参 op 是一个函数指针。而"op(init, * first);"就调用了指针 op 指向的函数，在第 37 行的情况下就是函数 SumSquares。

第 39 行，第 4 个参数是 SumPowers < int >(3)。SumPowers 是类模板的名字，SumPowers < int >就是类的名字。类的名字后面跟着构造函数的参数列表，就代表一个临时对象。所以 SumPowers < int >(3)就是一个 SumPowers < int >类的临时对象。那么，编译器在编译此行时，会将 accumulate 模板实例化成以下函数：

```
int accumulate(vector < int >∷iterator first,vector < int >∷iterator last,
    int init, SumPowers < int > op)
{
    for ( ; first != last; ++first)
      init = op(init, * first);
    return init;
}
```

形参 op 是一个函数对象。而"op(init, * first);"即等价于：

```
op. operator()(init, * first);
```

即调用了 SumPowers < int >类的 operator()成员函数。

对比 SumPowers 和 SumSquares 可以发现，函数对象的 operator()成员函数可以根据对象内部的不同状态（比如 SumPowers < int >对象中的 power 值）而执行不同操作，而普通函数就无法做到这一点。所以函数对象功能比普通函数更强。

3. 函数对象应用实例 2：在 sort 算法中的应用

STL 中的排序模板 sort 能将区间从小到大排序。sort 有两个版本。
第一个版本原型如下：

```
template < class _RandIt >
void sort(_RandIt first, _RandIt last);
```

该模板可以用来将区间[first,last)进行从小到大排序。要求 first、last 应是随机访问迭代器。元素比较大小是用"<"进行的，如果表达式"a<b"值为 true，则 a 排在 b 前面；如果

"a<b"为 false,则未必 b 就要排在 a 前面,还要再看"b<a"是否成立,成立的话 b 才排在 a 前面。要使用这个版本的 sort,待排序的对象必须是能用"<"进行比较的。

sort 的第二个版本原型如下:

```
template < class _RandIt, class Pred >
void sort(_RandIt first, _RandIt last, Pred op);
```

这个版本和第一个版本的差别在于,元素 a、b 比较大小是通过表达式"op(a,b)"来进行。如果该表达式值为 true,则 a 比 b 小;如果该表达式值为 false,那也不能认为 b 就比 a 小,还要再看"op(b,a)"。总之,op 定义了元素比较大小的规则。下面是一个使用 sort 的例子:

```
//program 19.3.3.cpp 函数对象在 sort 中的应用
1.  # include < iostream >
2.  # include < algorithm >            //sort 在此头文件中定义
3.  using namespace std;
4.  template < class T >
5.  void PrintInterval( T first, T last)
6.  { //用以输出[first, last)中的元素
7.      for( ; first != last ; ++first )
8.          cout << * first << " ";
9.      cout << endl;
10. }
11. class A
12. {
13. public:
14.     int v;
15.     A( int n):v(n) { }
16. };
17. bool operator <(const A & a1, const A & a2)
18. {//重载为 A 的 const 成员函数也可以,重载为非 const 成员函数在某些编译器上不行
19.     return a1.v < a2.v;
20. }
21. bool GreaterA( const A & a1, const A & a2)
22. {//v 值大的元素算小的
23.     return a1.v > a2.v;
24. }
25. struct LessA
26. {
27.     bool operator() ( const A & a1, const A & a2)
28.     {//v 的个位数小的元素,就算小的
29.         return (a1.v % 10) < (a2.v % 10);
30.     }
31. };
32. ostream & operator <<( ostream & o, const A & a)
33. {
34.     o << a.v;
35.     return o;
36. }
37. int main()
```

```
38. {
39.     int a1[4] = { 5,2,4,1};
40.     A a2[5] = {13,12,9,8,16};
41.     sort(a1,a1 + 4);
42.     cout << "1) "; PrintInterval(a1,a1 + 4);       //输出 1) 1 2 4 5
43.     sort(a2,a2 + 5);                                //按 v 的值从小到大排序
44.     cout << "2) "; PrintInterval(a2,a2 + 5);        //输出 2) 8 9 12 13 16
45.     sort(a2,a2 + 5,GreaterA);                       //按 v 的值从大到小排序
46.     cout << "3) "; PrintInterval(a2,a2 + 5);        //输出 3) 16 13 12 9 8
47.     sort(a2,a2 + 5,LessA());                        //按 v 的个位数从小到大排序
48.     cout << "4) "; PrintInterval(a2,a2 + 5);        //输出 4) 12 13 16 8 9
49.     return 0;
50. }
```

编译至第 45 行时,编译器将 sort 实例化得到的函数的原型如下:

```
void sort(A * first,A * last, bool ( * op) ( const A &, const A & ));
```

该函数在执行过程中,要比较两个元素 a、b 的大小时,就是看 op(a,b) 和 op(b,a) 的返回值。本程序中 op 指向 GreaterA,所以就是用 GreaterA 定义的规则来比大小的。

编译至第 47 行时,编译器将 sort 实例化得到的函数的原型如下:

```
void sort(A * first,A * last, LessA op);
```

该函数在执行过程中,要比较两个元素 a、b 的大小时,就是看 op(a,b) 和 op(b,a) 的返回值。本程序中,op(a,b) 等价于 op. opeartor(a,b),所以就是用 LessA 定义的规则来比大小的。

STL 中定义了一些函数对象类模板,都在头文件 functional 中。例如 greater,其源代码如下:

```
template < class T >
struct greater
{
    bool operator()(const T& x, const T& y) const {
        return x > y;
    }
};
```

假设有以下数组:

```
int a[4] = {3,5,34,8};
```

要将该数组从大到小排序,则只需编写:

```
sort(a,a + 4,greater < int >());
```

使用 greater 模板,要确保">"是本来就有定义的或经过了适当的重载。

list 容器的 sort 成员函数能将元素从小到大排序。它也有两个版本,一个是没有参数的函数,比较大小用"<";还有一个是函数模板,原型如下:

```
template < class Pred >
```

```
void sort( Pred op);
```

这个 sort 允许自定义比较大小的规则,即 op(x,y)为真就认为 x 比 y 小。例如,假设有:

```
list < int > lst;
```

如果希望将 lst 中的元素,按其整数数值从大到小排序,只需编写:

```
lst.sort(greater < int >());
```

后面还会看到,在使用关联容器和许多算法时,都可以用函数对象来定义比较大小的规则,以及其他一些规则和操作。

4. STL 中的函数对象类模板

STL 中有一些函数对象类模板,如表 19.4 所示。

表 19.4　STL 中的函数对象类模板

函数对象类模板	其成员函数 T operator(const T & x,const T & y)功能
plus < T >	return x + y;
minus < T >	return x − y;
multiplies < T >	return x * y;
divides < T >	return x/y;
modulus < T >	return x % y;

函数对象类模板	其成员函数 bool operator(const T & x,const T & y)功能
equal_to < T >	return x == y;
not_equal_to < T >	return x != y;
greater < T >	return x > y;
less < T >	return x < y;
greater_equal < T >	return x >= y;
less_equal < T >	return x <= y;
logical_and < T >	return x && y;
logical_or < T >	return x || y;

函数对象类模板	其成员函数 T operator(const T & x)功能
negate < T >	return − x;

函数对象类模板	其成员函数 bool operator(const T & x)功能
logical_not < T >	return !x;

例如,如果要求两个 double 类型变量 x、y 的乘积,可以编写:

```
multiplies < double >()(x,y)
```

该表达式的值就是 x * y 的值。

less 是 STL 中最常用的函数对象类模板,其定义如下:

```
template < class _Tp >
struct less
{
```

```
        bool operator()(const _Tp& __x, const _Tp& __y) const
        { return __x < __y; }
};
```

要判断两个 int 变量 x、y,x 是否比 y 小,可以编写:

```
if( less < int >()(x,y)) { … }
```

5. 引入函数对象后 STL 中的"大"、"小"和"相等"的概念

前面提到过,默认的情况下,STL 中的容器和算法比较元素的大小,是通过"<"运算符进行的。在前面可以看到,sort 和 list::sort 都可以通过一个函数对象或函数来自定义元素比较大小的规则。例如 sort 有以下版本:

```
template < class _RandIt,class Pred >
void sort(_RandIt first, _RandIt last,Pred op);
```

实际调用 sort 时,和 op 对应的实参可以是一个函数对象或者是一个函数的名字,sort 在执行过程中用 op(x,y)来比较 x 和 y 的大小,因此可以将 op 称为自定义的"比较器"。

关联容器中的元素是从小到大排序的。使用关联容器的时候,也可以用自定义的比较器取代"<"来规定元素之间的大小关系。STL 中还有许多算法,都是可以自定义比较器的。在自定义比较器 op 的情况下,以下 3 种说法是等价的:

(1) x 小于 y。

(2) op(x,y)返回值为 true。

(3) y 大于 x。

同样,对关联容器的 find 和 count 成员函数,以及其他一些在有序区间上的 STL 算法而言,在自定义比较器 op 的情况下,"x 和 y 相等"是与"op(x,y)和 op(y,x)都为假"等价的。

19.4　关联容器

关联容器内部的元素都是排好序的,有以下 4 种。

(1) set:排好序的集合,不允许有相同元素。

(2) multiset:排好序的集合,允许有相同元素。

(3) map:map 中的每个元素,都分为关键字和值两部分,容器中的元素是按关键字排序的。不允许有多个元素关键字相同。

(4) multimap:和 map 类似,差别在于 multimap 中的元素,关键字可以相同。

不能修改 set 或 multiset 容器中元素的值,因为元素被修改后,容器并不会自动重新调整顺序,于是容器的有序性就被破坏,再在其上进行查找等操作,就不正确了。因此,如果要修改 set 或 multiset 容器中某个元素的值,正确的做法是删除该元素,再插入新元素。同理,也**不能修改 map 和 multimap 容器中元素的关键字**。

关联容器内部的元素或关键字比较大小可以是用"<",也可以是用自定义的比较器。因为有序,所以在关联容器上查找速度快。使用关联容器的目的,也就在于快速查找。当一

个元素被插入关联容器时,该元素会和已有的元素进行一番比较,最终被摆放在一个合适的位置。**在关联容器中查找元素和插入元素,时间复杂度都是 O(log(n))的。** 从 begin()到end()遍历整个关联容器,就是从小到大遍历整个容器。

在排好序的 vector 和 deque 上进行折半查找,时间复杂度也可以是 O(log(n))的。但是,对于插入、删除元素和查询交替进行的情况,使用 vector 和 deque 效率就不高了。因为它们上面的插入和删除操作会引起元素的移动,时间复杂度是 O(n)的。

关联容器一般是用平衡二叉树实现的。关于平衡二叉树的原理,属于"数据结构"课程的内容,本书就不做介绍了。

除了所有容器共有的成员函数外,关联容器还具有以下成员函数。

find:查找某个值。

lower_bound:查找某个下界。

upper_bound:查找某个上界。

equal_range:同时查找上界和下界。

count:计算等于某个值的元素个数。

insert:用以插入一个元素或一个区间。

erase:删除一个元素或一个区间。

19.4.1 关联容器的预备知识:pair 类模板

在学习关联容器之前,首先要了解 STL 中的 pair 类模板,因为关联容器的一些成员函数的返回值是 pair 对象,而且 map 和 multimap 容器中的元素都是 pair 对象。pair 类模板定义如下:

```
template < class _T1, class _T2 >
struct pair
{
     _T1 first;
     _T2 second;
     pair(): first(), second() { } //用无参构造函数初始化 first 和 second
     pair(const _T1& __a, const _T2& __b): first(__a), second(__b) { }
     template < class _U1, class _U2 >
     pair(const pair< _U1, _U2 >& __p):first(__p.first), second(__p.second) { }
};
```

pair 实例化出来的类都有两个成员变量,一个是 first,一个是 second。

STL 中还有一个函数模板 make_pair,其功能是返回一个 pair 模板类对象。源代码如下:

```
template < class T1,class T2 >
pair< T1,T2 > make_pair (T1 x, T2 y)
{
     return ( pair< T1,T2 >(x,y) );
}
```

下面的程序演示了 pair 和 make_pair 的用法:

```
//program 19.4.1.cpp pair 和 make_pair 的用法:
1.   # include < iostream >
```

```
2.   using namespace std;
3.   int main()
4.   {
5.       pair < int, double > p1;
6.       cout << p1. first << "," << p1. second << endl;          //输出 0,0
7.       pair < string, int > p2("this",20);
8.       cout << p2. first << "," << p2. second << endl;          //输出 this,20
9.       pair < int, int > p3(pair < char, char > ('a','b'));
10.      cout << p3. first << "," << p3. second << endl;          //输出 97,98
11.      pair < int, string > p4 = make_pair(200,"hello");
12.      cout << p4. first << "," << p4. second << endl;          //输出 200,hello
13.      return 0;
14.  }
```

pair 模板中的第三个构造函数是函数模板,参数必须是一个 pair 模板类对象的引用。程序中第 9 行的 p3 就是用这个构造函数初始化的。

19.4.2　multiset

使用 multiset 必须包含头文件 set。multiset 类模板定义如下:

```
template < class Key, class Pred = less < Key >, class A = allocator < Key > >
class multiset {
    …
};
```

该模板有 3 个类型参数 Key、Pred 和 A。类型参数也可以有默认值的,类型参数的默认值就是某种类型。例如,Pred 类型参数的默认值就是 less < Key >类型,A 的默认值就是 allocator<Key>类型。第三个类型参数极少用到,一般都用默认值,所以这里不做介绍。

第一个类型参数说明 multiset 容器中的每个元素都是 Key 类型的。第二个类型参数 Pred 用以指明容器中元素的排序规则,被实例化后,Pred 可以是函数对象类,也可以是函数指针类型。multiset 内部在排序时,定义了一个变量"Pred op",然后根据表达式"op(x,y)"来比较两个元素 x、y 的大小。该表达式值为 true 则说明 x 比 y 小。Pred 的默认值是 less < Key >,less 是 STL 中的函数对象类模板,其定义如下:

```
template < class _Tp >
struct less
{
    bool operator()(const _Tp& __x, const _Tp& __y) const
    { return __x < __y; }
};
```

这说明,在第二个类型参数默认的情况下,multiset 容器中的元素是用"<"来比较大小的。例如,假设 A 是一个类的名字,可以定义一个容器对象如下:

```
multiset < A > s;
```

由于 multiset 的类型参数可以默认,所以上面的语句等价于:

```
multiset < int, less < A >, allocator < A > > s;
```

模板类 multiset < A,less < A >,allocator < A >>的 insert 成员函数可以用来插入一个元素。插入的过程需要进行元素之间的比较,可以认为在 insert 成员函数中,定义了一个变量 less < A > op,用 op(x,y)来比较元素 x、y 的大小,即调用 Less < A >的 operator()成员函数比较大小,归根到底就是用"<"来比较 x、y 的大小。因此,"<"必须经过适当重载,才可以往 multiset < A >容器插入元素。下面的程序没有重载"<",所以会编译出错:

```
# include < set >
using namespace std;
class A { };
int main() {
  multiset < A > a;
  a. insert( A());             //编译出错,因为不能用"<"比较两个 A 对象
}
```

表 19.5 列出了 multiset 的常用成员函数,有的成员函数还不止一个版本,这里不一一列出。

表 19.5　multiset 的成员函数

成员函数或成员函数模板	作　　用
iterator find(const T & val);	在容器中查找值为 val 的元素,返回其迭代器。如果找不到,返回 end()
iterator insert(const T & val);	将 val 插入到容器中并返回其迭代器
void insert(iterator first,iterator last);	将区间[first,last)插入容器
int count(const T & val);	统计有多少个元素的值和 val 相等
iterator lower_bound(const T & val);	查找一个最大的位置 it,使得[begin(),it) 中所有的元素都比 val 小(* it 不比 val 小)
iterator upper_bound(const T & val);	查找一个最小的位置 it,使得[it,end()) 中所有的元素都比 val 大
pair < iterator, iterator > equal _ range (const T & val);	同时求得 lower_bound 和 upper_bound
iterator erase(iterator it);	删除 it 指向的元素,返回其后面的元素的迭代器(C++ 11 和 Visual Studio 2010 上如此,但是在老 C++标准和 Dev C++中,返回值是 void)
iterator erase(iterator first,iterator last);	删除区间[first,last),返回 last(C++ 11 和 Visual Studio 2010 上如此,但是在老 C++标准和 Dev C++中,返回值是 void)
int erase(const T & val);	删除值等于 val 的元素,返回被删除元素的个数

multiset 及 set 中的 find 和 count,并不是用"=="运算符比较元素是否和要查找的值相等。它们进行比较的原则是如果"x 比 y 小"和"y 比 x 小"同时为假,就认为 x 和 y 相等。

下面通过一个例子来说明 multiset 的用法:

```
//program 19.4.2.1.cpp multiset 的用法
1.   # include < iostream >
2.   # include < set >              //使用 multiset 需包含此文件
3.   using namespace std;
4.   template < class T >
5.   void Print(T first, T last)
```

```
6.  {
7.      for(;first != last ; ++first)
8.          cout << * first << " ";
9.      cout << endl;
10. }
11. class A
12. {
13.     private:
14.         int n;
15.     public:
16.         A(int n_ ) { n = n_; }
17.         friend bool operator< ( const A & a1, const A & a2 )
18.         {return a1.n < a2.n; }
19.         friend ostream & operator << ( ostream & o, const A & a2 )
20.         {o << a2.n; return o; }
21.         friend class MyLess;
22. };
23. class MyLess
24. {
25. public:
26.     bool operator()( const A & a1, const A & a2)      //按个位数比大小
27.     { return ( a1.n % 10 ) < (a2.n % 10); }
28. };
29. typedef multiset < A > MSET1;                    //MSET1 用 "<" 比较大小
30. typedef multiset < A, MyLess > MSET2;            //MSET2 用 MyLess::operator() 比较大小
31. int main()
32. {
33.     const int SIZE = 6;
34.     A a[SIZE] = { 4,22,19,8,33,40 };
35.     MSET1 m1;
36.     m1.insert(a,a + SIZE);
37.     m1.insert(22);
38.     cout << "1) " << m1.count(22) << endl;        //输出 1) 2
39.     cout << "2) "; Print(m1.begin(),m1.end());    //输出 2) 4 8 19 22 22 33 40
40.     MSET1::iterator pp = m1.find(19);
41.     if( pp != m1.end() )                          //条件为真说明找到
42.         cout << "found" << endl;                  //本行会被执行,输出 found
43.     cout << "3) "; cout << * m1.lower_bound(22) << "," << * m1.upper_bound(22)<< endl;
44.                                                   //输出 3) 22,33
45.     pp = m1.erase(m1.lower_bound(22),m1.upper_bound(22)); //pp 指向被删元素的下一个元素
46.     cout << "4) "; Print(m1.begin(),m1.end());    //输出 4) 4 8 19 33 40
47.     cout << "5) "; cout << * pp << endl;          //输出 5) 33
48.     MSET2 m2;                                      //m2 中的元素按 n 的个位数从小到大排
49.     m2.insert(a,a + SIZE);
50.     cout << "6) "; Print(m2.begin(),m2.end());    //输出 6) 40 22 33 4 8 19
51.     return 0;
52. }
```

第 30 行,MSET2 类的排序规则和 MSET1 不同。MSET2 用 MyLess 定义排序规则,即 n 的个位数小的元素算是小的,应排在前面。

第 43 行,lower_bound 返回的迭代器指向第一个 22,upper_bound 返回的迭代器指向 33。

第 45 行,删除所有值为 22 的元素。erase 成员函数删除一个元素后,返回下一个元素的迭代器,应该是很合理的,但是 C++标准委员会以前认为,返回下一个元素的迭代器也是需要时间开销的,如果程序员不想要这个返回值,那么这个开销就是浪费的,所以在遵循老 C++标准的 Dev C++中,本行编译不能通过。Visual Studio 2010 支持新的 C++标准,所以可以编译通过本程序。

不论在哪种编译器中,**用 erase 成员函数删除了迭代器 i 指向的元素后,迭代器 i 都可能即告失效**,此时不能指望++i 后 i 会指向被删除元素的下一个元素,相反,++i 就可能立即导致出错。如果想要得到被删除元素后面的那个元素的迭代器,除了通过 erase 的返回值获取外,还可以在删除前获取其迭代器并保存起来(本段话同样适用于后面 set、map、multimap 的 erase 成员函数)。

19.4.3 set

使用 set 必须包含头文件 set。set 的定义如下:

```
template< class Key, class Pred = less< Key>, class A = allocator< Key>>
class set { … }
```

set 和 multiset 很类似,它和 multiset 的差别在于 set 中不能有重复的元素,multiset 则可以。multiset 的成员函数,set 中也都有。由于不能有重复元素,所以 set 中插入单个元素的 insert 成员函数和 multiset 的有所不同,原型如下,其返回值是个 pair 模板类的对象:

```
pair< iterator,bool> insert(const T & val);
```

假设 set 的 insert 成员函数的返回值是对象 x,那么 x.second 为 true,则说明插入成功,此时 x.first 就是指向被插入元素的迭代器;x.second 为 false,则说明要插入的 val 容器中已经有了,x.first 就是指向原有那个元素的迭代器。实际上,如果容器里存在元素 y,满足"y 小于 val"和"val 小于 y"同时为假,则就认为 val 在容器中已存在,插入就不会成功。

关联容器的 equal_range 成员函数的返回值也是 pair 模板类对象:

```
pair< iterator,iterator> equal_range(const T & val);
```

返回值对象中的 first 就是 lower_bound 的值,second 就是 upper_bound 的值。

下面程序演示了 set 的用法:

```
    //program 19.4.3.1.cpp set 的用法
1.   # include < iostream>
2.   # include < set>                          //使用 set 需包含此文件
3.   using namespace std;
4.   int main()
5.   {
6.       typedef set< int>:: iterator IT;
7.       int a[5] = { 3,4,6,1,2 };
8.       set< int> st(a,a+5);                   //st 中存放 1 2 3 4 6
9.       pair< IT,bool> result;
10.      result = st.insert(5);                 //st 变成 1 2 3 4 5 6
```

```
11.    if( result. second )                              //插入成功则输出被插入元素
12.        cout << * result.first << " inserted" << endl;      //输出: 5 inserted
13.    if( st.insert(5).second )
14.        cout << * result.first << endl;
15.    else
16.        cout << * result.first << " already exists" << endl;   //输出 5 already exists
17.    pair < IT, IT > bounds = st.equal_range(4);
18.    cout << * bounds.first << "," << * bounds.second ;      //输出: 4,5
19.    return 0;
20. }
```

程序的输出结果:

5 inserted
5 already exists
4,5

19.4.4 multimap

使用 multimap 必须包含头文件 map。multimap 定义如下:

```
template < class Key, class T, class Pred = less < Key >, class A = allocator < T > >
class multimap
{
    …
    typedef pair < const Key, T > value_type;
    …
};
```

multimap 中的元素都是 pair 模板类的对象。元素的 first 成员变量也称为"关键字",其类型为 Key。second 成员变量也称为"值",其类型为 T。multimap 容器中的元素是按关键字从小到大排序的。默认情况下用 less < Key > 比较大小,也就是用"<"运算符比较大小。multimap 中允许多个元素的关键字相同。

上面 multimap 中的 value_type 实际上就表示容器中的元素的类型。C++ 允许在类的内部定义类型。

multimap 常用的成员函数如表 19.6 所示(未列出每个函数的所有版本)。

表 19.6　multimap 的成员函数

成员函数或成员函数模板	作　用
iterator find(const Key & val);	在容器中查找关键字等于 val 的元素,返回其迭代器。如果找不到,返回 end()
iterator insert(pair<Key,T> const &p);	将 pair 对象 p 插入到容器中并返回其迭代器
void insert(iterator first,iterator last);	将区间[first,last)插入容器
int count(const Key & val);	统计有多少个元素的关键字和 val 相等
iterator lower_bound(const Key & val);	查找一个最大的位置 it,使得[begin(),it) 中所有的元素的关键字都比 val 小
iterator upper_bound(const Key & val);	查找一个最小的位置 it,使得[it,end()) 中所有的元素的关键字都比 val 大

续表

成员函数或成员函数模板	作　用
pair＜iterator, iterator＞equal_range(const Key & val);	同时求得 lower_bound 和 upper_bound
iterator erase(iterator it);	删除 it 指向的元素,返回其后面的元素的迭代器(C++ 11 和 Visual Studio 2010 上如此,但是在老 C++ 标准和 Dev C++中,返回值是 void)
iterator erase(iterator first, iterator last);	删除区间[first, last),返回 last(C++ 11 和 Visual Studio 2010 上如此,但是在老 C++标准和 Dev C++中,返回值是 void)
int erase(const T & val);	删除关键字等于 val 的元素,返回被删除元素的个数

　　multimap 及 map 中的 find 和 count 和 erase,是不用"＝＝"运算符比较两个关键字是否相等的。它们进行比较的原则是如果"x 比 y 小"和"y 比 x 小"同时为假,就认为 x 和 y 相等。

　　例 19.2　一个学生成绩录入和查询系统,接受以下两种输入:

　　(1) Add name id score;

　　(2) Query score。

　　name 是个字符串,中间没有空格,代表学生姓名;id 是个整数,代表学号;score 是个整数,表示分数。学号不会重复,分数和姓名都可能重复。

　　两种输入交替出现。第一种输入表示要添加一个学生的信息,碰到这种输入,就记下学生的姓名、id 和分数。第二种输入表示要查询分数低于 score 的学生的信息,碰到这种输入,就输出已有记录中分数比 score 低的最高分获得者的姓名、学号和分数。如果有多个学生都满足条件,就输出学号最大的那个学生的信息。如果找不到满足条件的学生,则输出"Nobody"

　　输入样例:

```
Add Jack 12 78
Query 78
Query 81
Add Percy 9 81
Add Marry 8 81
Query 82
Add Tom 11 79
Query 80
Query 81
```

　　输出样例:

```
Nobody
Jack 12 78
Percy 9 81
Tom 11 79
Tom 11 79
```

　　此题如果用 vector 存放所有学生的信息,然后进行顺序查找的话,在学生数量很大和查询很多的情况下非常费时,因为顺序查找的时间复杂度是 O(n)的。将 vector 排好序然后再查找也不行,因为会不断插入新元素,每次插入新元素就要进行元素的移动,而这一步骤时间复杂度是 O(n)的,这导致效率低下。

下面程序的思路是用 multimap 存放学生信息,使学生信息按照分数排序。要添加学生的时候就用 insert 成员函数加入学生记录,这步操作的时间复杂度是 O(log(n))的。输入一个要查询的分数 score 时,就用 lower_bound 求得该分数对应的下界,即迭代器 p(这一步的时间复杂度是 O(log(n))的)。* p 这个元素的分数是大于等于 score 的,往前再找一个元素,其分数就是低于 score 的最高分了。往前遍历所有该分数的元素,找出 id 最大的输出即可。解题程序如下:

```
//program 19.4.4.1 用 multimap 实现的学生信息管理程序
1.   # include < iostream >
2.   # include < map >                              //使用 multimap 需要包含此头文件
3.   # include < string >
4.   using namespace std;
5.   class CStudent
6.   {
7.   public:
8.           struct CInfo                            //类的内部还可以定义类
9.           {
10.             int id;
11.             string name;
12.           };
13.           int score;
14.           CInfo info;                             //学生的其他信息
15.   };
16.   typedef multimap < int,CStudent::CInfo > MAP_STD;
17.   int main()
18.   {
19.
20.       MAP_STD mp;
21.       CStudent st;
22.       string cmd;
23.       while( cin >> cmd ) {
24.         if( cmd == "Add") {
25.             cin >> st.info.name >> st.info.id >> st.score ;
26.             mp.insert(MAP_STD::value_type(st.score,st.info ));
27.         }
28.         else if( cmd == "Query" ){
29.           int score;
30.           cin >> score;
31.           MAP_STD::iterator p = mp.lower_bound (score);
32.           if( p != mp.begin()) {
33.               -- p;
34.               score = p->first;                   //比要查询分数低的最高分
35.               MAP_STD::iterator maxp = p;
36.               int maxId = p->second.id;
37.               for( ; p != mp.begin() && p->first == score; -- p) {
38.                   //遍历所有成绩和 score 相等的学生
39.                   if( p->second.id > maxId ) {
40.                       maxp = p;
```

```
41.                          maxId = p−> second.id;
42.                       }
43.                    }
44.                    if( p−>first == score) {        //如果上面循环是因为 p== mp.begin()
45.                                                   //而终止,则 p 指向的元素还要处理
46.                       if( p−> second.id > maxId ) {
47.                          maxp = p;
48.                          maxId = p−> second.id ;
49.                       }
50.                    }
51.                    cout << maxp−> second.name << " " << maxp−> second.id << " "
52.                                        << maxp−> first << endl;
53.                 }//对应于 if(p!= mp.begin())
54.                 else                //lower_bound 的结果就是 begin,说明没人分数比查询分数低
55.                    cout << "Nobody" << endl;
56.              }//对应于 else if(cmd == "Query")
57.           }//对应于 while
58.           return 0;
59. }
```

multimap 容器中的元素必须是 pair 类模板对象,本题需要用 multimap 来存放学生信息,然而学生信息却是由三部分组成:姓名、学号、分数。解决的办法就是将用于排序的 score 作为一个成员变量,而且把其他部分一起作为一个 CInfo 对象,这样,在第 16 行,实例化出来的类 multimap < int,CStudent::CInfo >中的元素的类型就会是如下 pair 模板类:

```
class pair < int,CStudent::CInfo >
{
    int first;                           //对应于 CStudent::score
    CStudent::CInfo second;              //对应于 CStudent::info
};
```

第 26 行如下:

```
mp.insert(MAP_STD::value_type(st.score,st.info ));
```

参看 multimap 的定义,MAP_STD::value_type 就是容器中元素的类型,该类型就是 pair < int,CStudent::CInfo >。类型名后面跟构造函数的参数表,就代表一个对象。因此,此条语句生成了一个 pair < int,CStudent::CInfo >对象插入到 multimap 容器中。该对象内部存放的信息和 st 相同,first 对应于 st.score,second 对应于 st.info。

第 31 行,lower_bound 的返回结果 p 满足以下条件:[begin(),p)中的分数都比查询分数低,但是 ∗ p 的分数不比查询分数低。所以——p 之后, ∗ p 的分数就是低于查询分数的最高分了。

19.4.5 map

要使用 map,必须包含头文件 map。map 定义如下:

```
template < class Key, class T, class Pred = less < Key >, class A = allocator < T>>
class map {
```

```
    ...
    typedef pair < const Key, T > value_type;
    ...
};
```

map 和 multimap 十分类似，区别在于，map 容器中的元素，关键字不能重复。multimap 有的成员函数，map 都有。此外，map 还有成员函数 operator []。

```
T & operator[]( Key k );
```

该成员函数返回 first 值为 k 的元素的 second 部分的引用。如果容器中没有元素的 first 值等于 k，则自动添加一个 first 值为 k 的元素；如果该元素的 second 成员变量是一个对象，则用无参构造函数对其初始化。

下面的程序演示了 map 的用法：

```
//program 19.4.5.1.cpp map 的用法示例
1.   # include < iostream >
2.   # include < map >                                    //使用 map 需要包含此头文件
3.   using namespace std;
4.   template < class T1, class T2 >
5.   ostream & operator <<( ostream & o, const pair < T1, T2 > & p )
6.   { //将 pair 对象输出为 (first, second) 形式
7.       o << "(" << p. first << "," << p. second << ")";
8.       return o;
9.   }
10.  template < class T >
11.  void Print( T first, T last)
12.  {//打印区间[first, last)
13.       for( ; first != last; ++first)
14.           cout << * first << " ";
15.       cout << endl;
16.  }
17.  typedef map < int, double, greater < int > > MYMAP;   //此容器关键字是整型
18.                                                        //元素按关键字从大到小排序
19.  int main()
20.  {
21.       MYMAP mp;
22.       mp. insert(MYMAP::value_type(15, 2.7));
23.       pair < MYMAP::iterator, bool > p = mp. insert(make_pair(15, 99.3));
24.       if( ! p. second )
25.           cout << * (p. first) << " already exists" << endl;    //会输出
26.       cout << "1) " << mp. count(15) << endl;         //输出 1) 1
27.       mp. insert(make_pair(20, 9.3));
28.       cout << "2) " << mp[40] << endl;      //如果没有关键字为 40 的元素,则插入一个
29.       cout << "3) "; Print(mp. begin(), mp. end());   //输出: 3) (40,0)(20,9.3)(15,2.7)
30.       mp[15] = 6.28;                                //把关键字为 15 的元素值改成 6.28
31.       mp[17] = 3.14;                      //插入关键字为 17 的元素,并将其值设为 3.14
32.       cout << "4) "; Print(mp. begin(), mp. end());
33.       return 0;
34.  }
```

输出结果：

```
(15,2.7) already exists
1) 1
2) 0
3) (40,0) (20,9.3) (15,2.7)
4) (40,0) (20,9.3) (17,3.14) (15,6.28)
```

第 17 行的"greater < int > >"最右边两个">"之间要有空格，否则 Dev C++ 会将它们当做右移运算符，导致编译出错。在 Visual Studio 2010 中无此问题。

第 23 行用 STL 中的函数模板 make_pair 生成一个 pair 模板类对象插入到 mp 中去。

第 24 行，map 的 insert 成员函数的用法类似于 set 的 insert 成员函数，请参看前文。如果插入成功，p.second 的值会是 true。显然这里不能成功，因为 map 不允许关键字重复。因为关键字重复而插入失败时，p.first 就指向容器中关键字相同的那个元素。

第 28 行要访问关键字为 40 的元素。在没有这个元素的情况下，一个关键字为 40，值为 0 的元素被自动插入容器。mp[40]等价于 mp.operator[](40)，其返回值是关键字为 40 的那个元素（不论是原有的，还是新插入的）的 second 成员变量的引用。第 30 行和第 31 行道理与此类似。

19.5　容器适配器

STL 中容器适配器有 stack、queue、priority_queue 共 3 种。它们都是在顺序容器的基础上实现的，屏蔽了顺序容器的一部分功能，突出或增加另一些功能。容器适配器都有 3 个成员函数：push、top 和 pop。

（1）push：添加一个元素。

（2）top：返回顶部（对 stack）或队头（对 queue，priority_queue）的元素的引用。

（3）pop：删除一个元素。

容器适配器上是没有迭代器的，所以 STL 中的各种排序、查找、变序等算法，都不适用于容器适配器。

19.5.1　stack

要使用 stack 必须包含头文件 stack，stack 就是"栈"。栈是一种后进先出的元素序列，访问和删除都只能对栈顶的元素（即最后一个被加入栈的元素）进行，并且元素也只能被添加到栈顶。栈内的元素不能访问。若要访问栈内的元素，只能将其上方的元素全部从栈中删除，使之变成栈顶元素才可以。

stack 的定义如下：

```
template< class T, class Cont = deque< T > >
class stack {
    …
};
```

新**标准 C++程序设计教程**

第二个参数表明,在默认的情况下,stack 就是用 deque 来实现的。也可以指定用 vector 或 list 来实现。虽然 stack 使用顺序容器实现,但它不提供顺序容器具有的成员函数。除了 size、empty 这两个所有容器都有的成员函数外,stack 还有 3 个成员函数,如表 19.7 所示。

表 19.7 stack 的成员函数

成 员 函 数	功 能
void pop();	弹出(即删除)栈顶元素
T & top();	返回栈顶元素的引用。通过此函数,可以读取栈顶元素的值,也可以修改栈顶元素
void push(const T & x);	将 x 压入栈顶

例 19.3 参考 1.1.2 节"二进制和十六进制"中十进制到 k 进制的转换方法,编写程序,输入一个十进制数 n 和进制 k(k <= 10),输出 n 对应的 k 进制数。

```
//program 19.5.1.1.cpp stack 用于转换十进制数到 k 进制数
1.  # include < iostream >
2.  # include < stack >                    //使用 stack 需要包含此头文件
3.  using namespace std;
4.  int main()
5.  {
6.      int n,k;
7.      stack < int > stk;
8.      cin >> n >> k;                      //将 n 转换为 k 进制数
9.      if( n== 0) {
10.         cout << 0;
11.         return 0;
12.     }
13.     while( n ) {
14.         stk.push( n % k);
15.         n /= k;
16.     }
17.     while( ! stk.empty ()) {
18.         cout << stk.top();
19.         stk.pop();
20.     }
21.     return 0;
22. }
```

19.5.2 queue

要使用 queue 必须包含头文件 queue,queue 就是"队列"。队列是先进先出的,就和排队是一个道理。访问和删除操作只能在队头进行,添加操作只能在队尾进行。不能访问除队头外的其他的元素。queue 可以用 list 和 deque 实现。默认情况下用 deque 实现。queue 的定义如下:

```
template < class T, class Cont = deque < T > >
class queue {
    …
};
```

queue 同样也有和 stack 类似的 push、pop、top 函数。差别在于 push 发生在队尾；pop 和 top 发生在队头。

19.5.3 priority_queue

使用 priority_queue 必须包含头文件 queue，priority_queue 是"优先队列"。它和普通队列的区别在于优先队列的队头元素，总是最大的，即执行 pop 操作时，删除的总是最大的元素；执行 top 操作时，返回的是最大元素的引用。priority_queue 可以用 vector 和 deque 实现，默认情况下用 vector 实现。priority_queue 默认的元素比较器是 less < T >，也就是说，在默认情况下（没有自定义比较器的情况下），要放入 priority_queue 的元素，必须是能用"<"运算符进行比较的，而且 priority_queue 保证以下条件总是成立：对于队头的元素 x 和任意非队头的元素 y，表达式"x < y"的值必为 false。

priority_queue 定义如下：

```
template < class T, class Container = vector < T >,class Compare = less < T > >
class priority_queue {
    …
};
```

priority_queue 的第三个类型参数，可以用来指定排序规则。

和 set/multiset 不同，priority_queue 是使用"堆排序"技术实现的，其内部并非完全有序，但却能确保最大元素总在队头。因此 priority_queue 特别适用于"不停地在一堆元素中取走最大的"这种情况。虽然用 set/multiset 也能完成此项工作，但是 priority_queue 更快。

priority_queue 不允许修改队头元素。

priority_queue 用法示例如下：

```
//program 19.5.2.1.cpp priority_queue 用法示例
1.   # include < queue >
2.   # include < iostream >
3.   using namespace std;
4.   int main()
5.   {
6.       priority_queue < double > pq1;
7.       pq1.push(3.2); pq1.push(9.8); pq1.push(9.8); pq1.push(5.4);
8.       while( !pq1.empty() ) {
9.           cout << pq1.top() << " ";
10.          pq1.pop();
11.      } //上面输出 9.8 9.8 5.4 3.2
12.      cout << endl;
13.      priority_queue < double,vector < double >,greater < double > > pq2;
14.      pq2.push(3.2); pq2.push(9.8); pq2.push(9.8); pq2.push(5.4);
```

```
15.      while( !pq2.empty() ) {
16.          cout << pq2.top() << " ";
17.          pq2.pop();
18.      }
19.      //上面输出 3.2 5.4 9.8 9.8
20.      return 0;
21. }
```

程序的输出结果：

```
9.8 9.8 5.4 3.2
3.2 5.4 9.8 9.8
```

pq2 的排序规则和 pq1 正好相反，因此元素出队的顺序也正好相反。

19.6 STL 算法分类

在 STL 中，算法就是函数模板。STL 中的算法大多数是用来对容器进行操作的，如排序、查找等。大部分算法都是在头文件 algorithm 中定义的，还有些算法用于数值处理，定义在头文件 numeric 中。

对 STL 中的算法该如何分类，不同的书籍有不同的分法。本书将算法分为以下七类：

（1）不变序列算法。

（2）变值算法。

（3）删除算法。

（4）变序算法。

（5）排序算法。

（6）有序区间算法。

（7）数值算法。

本书介绍前六类算法。第七类算法共有 3 个，除了前面已经介绍过的 accumulate 以外，另外两个算法既不常用，讲解起来又比较烦琐，就不介绍了。

有的算法可能同时属于多个分类。

许多算法都是重载的，有不止一个版本。篇幅所限，本书往往只能列出其中的一个版本。有些算法也不给出原型，直接通过程序来演示其用法。

实际上，大多重载的算法都是有两个版本的，其中一个版本是用"＝＝"判断元素是否相等，或用"＜"来比较大小；而另一个版本多出来一个类型参数"Pred"，以及函数形参"Pred op"，该版本通过表达式"op(x,y)"的返回值是 true 还是 false，来判断 x 是否"等于"y 或者 x 是否"小于"y。例如，19.3 节"函数对象"中的"函数对象应用实例 2"中提到的 sort。再如下面的两个版本的 min_element：

```
iterate min_element(iterate first,iterate last);
iterate min_element(iterate first,iterate last, Pred op);
```

min_element 返回区间中最小的元素。第一个版本用"＜"比较大小；而第二个版本用自定义的比较器 op 来比较大小,op(x,y)的值为 true,说明 x 比 y 小。

像 sort 和 min_element 这样有可自定义比较器的版本的算法,在后文的表格中列出时,加注"(可自定义比较器)"。

19.7　不变序列算法

不变序列算法不会修改算法所作用的容器或对象,对顺序容器和关联容器都适用。它们的时间复杂度都是 O(n)的。表 19.8 列出了不变序列算法。

表 19.8　不变序列算法

算 法 名 称	功　　能
min	求两个对象中较小的(可自定义比较器)
max	求两个对象中较大的(可自定义比较器)
min_element	求区间中的最小值(可自定义比较器)
max_element	求区间中的最大值(可自定义比较器)
for_each	对区间中的每个元素都做某种操作
count	计算区间中等于某值的元素个数
count_if	计算区间中符合某种条件的元素个数
find	在区间中查找等于某值的元素
find_if	在区间中查找符合某种条件的元素
find_end	在区间中查找另一个区间最后一次出现的位置(可自定义比较器)
find_first_of	在区间中查找第一个出现在另一个区间中的元素(可自定义比较器)
adjacent_find	在区间中寻找第一次出现连续两个相等元素的位置(可自定义比较器)
search	在区间中查找另一个区间第一次出现的位置(可自定义比较器)
search_n	在区间中查找第一次出现等于某值的连续 n 个元素(可自定义比较器)
equal	判断两个区间是否相等(可自定义比较器)
mismatch	逐个比较两个区间的元素,返回第一次发生不相等的两个元素的位置(可自定义比较器)
lexicographical_compare	按字典顺序比较两个区间的大小(可自定义比较器)

上面这些算法原型如下(未列出所有版本,比如自定义比较器的版本就未列出。本书后面也一样)。

min
```
const T & min(const T & x, const T & y);
```

返回 x、y 中小的那个。

max
```
const T & max(const T & x, const T & y);
```

返回 x、y 中大的那个。

min_element
```
iterator min_element( iterator first,iterator last);
```

返回[first,last)中最小元素的迭代器。

max_element
```
iterator max_element( iterator first,iterator last);
```

返回[first,last)中最大元素的迭代器。

for_each
```
Pred for_each(iterator first,iterator last, Pred op);
```

对区间[first,last)中的每个元素 x,都执行 op(x)。

count
```
int count(iterator first,iterator last, const T & val);
```

计算区间[first,last)中等于 val 的元素个数。

count_if
```
count_if(iterator first,iterator last, Pred op);
```

计算区间[first,last)中使得 op(x)为 true 的 x 的个数。

find
```
iterator find(iterator first,iterator last, const T & val);
```

返回[first,last)中等于 val 的元素的迭代器。

find_if
```
iterator find_if(iterator first,iterator last, Pred op);
```

返回[first,last)中使得 op(x)为 true 的元素 x 的迭代器。

find_end
```
iterator find_end(iterator first1,iterator last1,iterator first2,iterator last2);
```

返回[first1,last1)中最后出现序列[first2,last2)的位置。

find_first_of
```
iterator find_first_of(iterator first1,iterator last1,iterator first2,iterator last2);
```

返回[first2,last2)中的元素(随便哪个都行)在[first1,last1)中最早出现的位置。

adjacent_find
```
iterator adjacent_find(iterator first,iterator last);
```

返回最先出现连续两个相等元素的位置。

search
```
iterator search(iterator first1,iterator last1,iterator first2,iterator last2);
```

返回[first1,last1)中第一次出现[first2,last2)的位置,类似于查找字符串的子串。

search_n

iterator search_n(iterator first, iterator last, int count, const T2 & val);

返回[first,last)中最早出现的连续 count 个 val 的位置。

equal
bool equal(iterator first1, iterator last1, iterator first2);

判断[first1,last1)是否和以 first2 为起点的等长区间每个元素都相等。

mismatch
pair < iterator, iterator > mismatch(iterator first1, iterator last1, iterator first2);

逐个比较[first1,last1)和以 first2 为起点的等长区间的元素,返回第一次发生不相等时的两个元素的迭代器。

lexicographical_compare
bool lexicographical_compare(iterator first1, iterator last1,
                             iterator first2, iterator last2);

按字典顺序比较法比较区间[first1,last2)和[first2,last2),如果前者更小,返回 true;否则,返回 false。

下面的程序演示了上面这些算法的应用:

```
//program 19.7.1.cpp 不变序列算法示例
1.   # include < iostream >
2.   # include < list >
3.   # include < vector >
4.   # include < algorithm >
5.   using namespace std;
6.   void Print( int v)
7.   {
8.       cout << "<" << v << ">";
9.   }
10.  bool LessThen4( int n)
11.  {
12.      return n < 4;
13.  }
14.  int main()
15.  {
16.      cout << "1) " << min(3,4) << ", " << max(2.5,8.3) << endl; //输出 1) 3,8.3
17.      int a[9] = { 1,2,3,4,5,3,4,4,4 };
18.      cout << "2) " << * min_element(a,a + 9) <<","<< * max_element(a,a + 9)<< endl;
19.                                             //输出 2) 1,5
20.      cout << "3) " << count(a,a + 9,4) << endl;     //计算 4 的个数,输出 3) 4
21.      cout << "4) " << count_if(a,a + 9,LessThen4) << endl;
22.      //计算小于 4 的元素个数,输出 4) 4
23.      list < int > lst(a,a + 9);
24.      int b[2] = {4,3};
25.      vector < int > v(b,b + 2);                //v 是 4,3
26.      list < int >:: iterator p;
27.      p = find_first_of(lst.begin(),lst.end(),b,b + 2);  //找 4,3 中的任意元素,找到了 3
28.      cout << "5) " << distance(lst.begin(),p) << endl;      //输出 5) 2
29.      reverse(v.begin(),v.end());               //算法 reverse 能前后颠倒区间,v 变成 3,4
30.      int * ptr = find_end(a,a + 9,v.begin(),v.end());
```

```
31.    //找序列"3 4"在数组 a 中最后出现的位置
32.    cout << "6) " << distance(a,ptr) << endl;                    //输出 6) 5
33.    p = adjacent_find(lst.begin(),lst.end());            //找 lst 中连续两个相同的元素
34.    cout << "7) " << * p <<","<< distance(lst.begin(),p) << endl;   //输出 7) 4,6
35.    p = search(lst.begin(),lst.end(),v.begin(),v.end());        //找序列"3 4"
36.    cout << "8) " << distance(lst.begin(),p) << endl;            //输出 8) 2
37.    ptr = search_n(a,a+9,2,4);                        //找连续 2 个 4 出现的位置
38.    cout << "9) " << distance(a,ptr) << endl;                //输出 9) 6
39.    cout << boolalpha ;                        //以后 true,false 以字符串形式输出
40.    cout << "10) " << equal(v.begin(),v.end(),a+2) << endl;
41.    //比较 v 和 a+2 开始的 2 个元素,都相等,输出 10) true
42.    int c[6] = { 1,2,3,9,7,8 };
43.    pair< int * , int * > result;
44.    result = mismatch(c,c+6,a);
45.    cout << "11) " << * result.first << "," << * result.second << endl;//输出 11) 9,4
46.    cout << "12) " << lexicographical_compare(a,a+9,c,c+6) << endl; //输出 12) true
47.    for_each(a,a+3,Print); //以[a,a+3)中的每个元素为参数,调用 Print, 输出 <1><2><3>
48.    return 0;
49. }
```

第 27 行,在 lst 中寻找 4,3 这两个元素任意一个最早出现的位置。结果就是 p 指向了找到的元素 3。第 28 行输出了 p 到 lst.begin()的距离,就是 2。

第 30 行,找序列"3 4"在数组 a 中最后出现的位置,

第 44 行,逐个比较[c,c+6)和[a,a+6)。比到下标为 3 的元素时,c 中的是 9,a 中的是 4,不等。result.first 就是指向 9 的迭代器,result.second 就是指向 4 的迭代器。

19.8 变值算法

变值算法会修改区间元素的值。值被修改的那个区间,不能是属于关联容器的。表 19.9 列出了变值算法。

表 19.9 变值算法

算 法 名 称	功　　能
for_each	对区间中的每个元素都做某种操作
copy	复制一个区间到别处
copy_backward	复制一个区间到别处,但目标区间是从后往前被修改的
transform	将一个区间的元素变形后复制到另一个区间
swap_ranges	交换两个区间内容
fill	用某个值填充区间
fill_n	用某个值替换区间中的 n 个元素
generate	用某个操作的结果填充区间
generate_n	用某个操作的结果替换区间中的 n 个元素
replace	将区间中的某个值替换为另一个值
replace_if	将区间中符合某种条件的值替换成另一个值
replace_copy	将一个区间复制到另一个区间,复制时某个值要换成新值复制过去
replace_copy_if	将一个区间复制到另一个区间,复制时符合某条件的值要换成新值复制过去

上面这些算法原型如下（没有列出所有版本，对于返回值一般没用的算法就不交待其返回值）。

for_each
for_each(iterator first, iterator last, Pred op);

对区间[first,last)中的每个元素 x，都执行 op(x)。此算法可以是不变序列算法，也可以是变值算法，取决于调用时的 op 是什么样子的。如果 op 的参数是传引用的，那么 for_each 就可能会修改区间中元素的值。

copy
iterator copy(iterator first, iterator last, iterator dest);

将[first,last)复制到从 dest 开始的地方。程序员要确保从 dest 开始有足够的空间存放复制来的元素。返回值是迭代器 dest+(last−first)。请注意，"dest+(last−first)"的写法只是为了便于说明返回值到底指向哪里，并不意味着 copy 算法要求迭代器必须是支持"+""−"操作的随机访问迭代器（以下同）。

copy_backward
iterator copy_backward(iterator first, iterator last, iterator dest);

将[first,last)复制到[dest−(last−first),dest)。程序员要确保从 dest 往前有足够的空间存放复制来的元素。复制的时候，是从后往前复制的。此算法主要为了弥补 copy 的不足。copy 算法是从前往后复制的，如果源区间和目标区间发生了重叠，而且是 dest 位于[first,last)之中的这种重叠，那么从前往后复制会导致结果不正确。copy_backward 从后往前复制则可以解决这个问题。返回值是迭代器 dest−(last−first)。

transform
transform(iterator first, iterator last, iterator dest, Pred op);

对于[first,last)中的每个元素 x，将 op(x)的返回值放入从 dest 开始的地方。程序员要确保从 dest 开始有足够的空间存放元素。

swap_ranges
swap_ranges(iterator first1, iterator last1, iterator first2);

交换[first1,last1)和从 first2 开始的等长区间的内容。

fill
void fill(iterator first, iterator last, const T & val);

用 val 填充区间[first,last)。

fill_n
fill_n(iterator first, int count, const T & val);

用 val 替换从 first 开始的 count 个元素。

generate
void generate(iterator first, iterator last, Pred op);

用 op()的返回值填充[first,last)。

generate_n

generate_n(iterator first, int count, Pred op);

用 op()的返回值替换从 first 开始的 count 个元素。

replace

void replace(iterator first, iterator last, const T & oldVal, const T & newVal);

用 newVal 替换区间[first,last)中的 oldVal。

replace_if

void replace_if(iterator first, iterator last, Pred op, const T & val);

对于区间[first,last)中,使得 op(x)为 true 的每个 x,用 val 予以替换。

replace_copy

replace_copy(iterator first, iterator last, iterator dest, const T & oldVal, const T & newVal);

将区间[first,last)复制到从 dest 开始的地方。复制过程中,若碰到源区间中的 oldVal,则不复制 oldVal,而是将 newVal 复制到目标区间。程序员要确保从 dest 开始有足够的空间存放复制来的元素。

replace_copy_if

replace_copy_if(iterator first, iterator last, iterator dest, Pred op, const T & newVal);

将区间[first,last)复制到从 dest 开始的地方。复制过程中,若碰到源区间中的 x,使得 op(x)为 ture,则不复制 x,而将 newVal 复制到目标区间。程序员要确保从 dest 开始有足够的空间存放复制来的元素。

上面这些算法,牵涉到一个区间的,时间复杂度都是 O(n)的。如果牵涉两个区间,假设一个区间长 m,一个区间长 n,那么时间复杂度就是 O(n+m)的。下面的程序演示了上面这些算法的应用:

```
//program 19.8.1.cpp 变值算法示例
1.   # include < iostream >
2.   # include < iterator >                          //使用 ostream_iterator 需要包含此文件
3.   # include < list >
4.   # include < algorithm >
5.   using namespace std;
6.   void Modify( int & lst) { lst *= lst; }
7.   int Square( int n) { return n * n; }
8.   int Zero() { return 0; }
9.   int One() { return 1; }
10.  bool Even( int n) { return !(n % 2); }          //判断 n 是否是偶数
11.  int main()
12.  {
13.      int a[6] = { 1,2,3,4,5,6};
14.      int b[6];
15.      copy(a, a + 6, b);
16.      ostream_iterator < int > oit(cout, ",");     //定义用于输出的迭代器
```

```
17.      cout << "1) "; copy(b, b + 6, oit); cout << endl;
18.          //输出 1) 1, 2, 3, 4, 5, 6,
19.      copy_backward(b, b + 4, b + 5);                    //复制[b, b + 4)到[b + 1, b + 5)
20.      cout << "2) "; copy(b, b + 6, oit); cout << endl;
21.          //输出 2) 1, 1, 2, 3, 4, 6,
22.      list < int > lst(5);                               //lst 要有足够空间以支持后面的复制
23.      transform(a, a + 5, lst.begin(), Square);
24.          //将 a 中元素的平方复制到 lst, a 中的元素不会改变
25.      cout << "3) "; copy(lst.begin(), lst.end(), oit); cout << endl;
26.          //输出 3) 1, 4, 9, 16, 25,
27.      cout << "4) "; copy(a, a + 6, oit); cout << endl;
28.          //输出 4) 1, 2, 3, 4, 5, 6, 说明 a 中元素没变
29.      swap_ranges(lst.begin(), lst.end(), b);            //交换 lst 和 b 的内容
30.      cout << "5) "; copy(lst.begin(), lst.end(), oit); cout << endl;
31.          //输出 5) 1, 1, 2, 3, 4,
32.      fill(b, b + 6, 0);                                 //b 变成 0 0 0 0 0 0
33.      fill_n(b + 2, 3, 1);                               //b 变成 0 0 1 1 1 0
34.      cout << "6) "; copy(b, b + 6, oit); cout << endl;
35.          //输出 6) 0, 0, 1, 1, 1, 0,
36.      copy(a, a + 6, b);                                 //b 变成 1 2 3 4 5 6
37.      generate(b, b + 6, Zero);                          //b 变成 0 0 0 0 0 0
38.      generate_n(b + 1, 3, One);                         //b 变成 0 1 1 1 0 0
39.      cout << "7) "; copy(b, b + 6, oit); cout << endl;
40.          //输出 7) 0, 1, 1, 1, 0, 0,
41.      replace(b, b + 6, 1, 3);                           //将 b 中的 1 都替换成 3
42.      cout << "8) "; copy(b, b + 6, oit); cout << endl;
43.          //输出 8) 0, 3, 3, 3, 0, 0,
44.      replace_if(b, b + 6, Even, 11);                    //将 b 中的偶数都替换成 11
45.      cout << "9) "; copy(b, b + 6, oit); cout << endl;
46.          //输出 9) 11, 3, 3, 3, 11, 11,
47.      replace_copy(a, a + 6, b, 3, 30);
48.          //复制 a 到 b, 但是复制过程中会将 3 替换成 30, a 不变
49.      cout << "10) "; copy(b, b + 6, oit); cout << endl;
50.          //输出 10) 1, 2, 30, 4, 5, 6,
51.      replace_copy_if(a, a + 6, b, Even, 7);
52.          //复制 a 到 b, 但是复制过程中偶数都被替换成 7, a 不变
53.      cout << "11) "; copy(b, b + 6, oit); cout << endl;
54.          //输出 11) 1, 7, 3, 7, 5, 7,
55.      return 0;
56. }
```

第 16 行用到了 STL 中的一个类模板 ostream_iterator。此类模板的对象,可以与 copy 一起使用,用于输出容器的内容。"ostream_iterator < int > oit(cout, ",")"表示要交给 oit 输出的每一项都是 int 类型的,这些项最终是交给 cout 输出的,输出的每项后面","。因此, 第 17 行的"copy(b, b + 6, oit)"就会输出:"1, 2, 3, 4, 5, 6,"。copy 的功能本来是将一个区 间复制到另一个区间,为什么此处却能完成输出的功能呢? 因为 STL 中的函数模板只是一 种代码的形式,这些代码能完成什么样的功能,取决于程序员如何使用该模板,取决于程序 员的想象力,所以 copy 还能完成输出的功能。这一点稍后还会解释。

第 19 行要复制[b, b + 4)到[b + 1, b + 5)。源区间和目标区间有重叠。如果用 copy 来

进行从前到后的复制,结果肯定不正确,因为 *(b+1)的值还没有被复制到后面,就已经被 *b 覆盖了。因此要用 copy_backward 从后往前复制, *(b+3)先被复制到 *(b+4),然后 *(b+2)复制到 *(b+3)……最后 *b 复制到 *(b+1)。

第 22 行,要先为 lst 分配足够的空间,否则第 23 行的复制操作执行时就会出错。

copy 和 ostream_iterator 详解

ostream_iterator 是在头文件 iterator 中定义的一个类模板。为什么 copy 和 ostream_iterator 模板类对象一起使用,就能够输出容器的内容呢? 想搞清楚这个问题,最好的办法莫过于自己编写一个类似于 ostream_iterator 的类模板,不妨名为"My_ostream_iterator",使得下面的程序能够向屏幕和 test.txt 文件中都输出"1 * 2 * 3 * 4 * ":

```
//program 19.8.2.cpp copy 和 ostream_iterator 详解
1.    # include < iostream >
2.    # include < fstream >
3.    # include < string >
4.    # include < algorithm >
5.    # include < iterator >
6.    using namespace std;
7.    int main()
8.    {
9.        int a[4] = { 1,2,3,4 };
10.       My_ostream_iterator < int > oit(cout," * ");
11.       copy( a,a + 4,oit);                        //输出 1 * 2 * 3 * 4 *
12.       ofstream oFile("test.txt",ios::out);
13.       My_ostream_iterator < int > oitf(oFile," * ");
14.       copy(a,a + 4,oitf);                        //向 test.txt 文件中写入 1 * 2 * 3 * 4 *
15.       oFile.close();
16.       return 0;
17.   }
```

要写出 My_ostream_iterator,先要知道 copy 的工作原理。copy 的源代码如下:

```
template < class _II, class _OI >
_OI copy( _II _F, _II _L, _OI _X)
{
    for (; _F != _L; ++_X, ++_F)
        * _X = * _F;
    return (_X);
}
```

因此上面程序中第 11 行的调用语句"copy(a,a+4,oit)"实例化后得到 copy 如下:

```
My_ostream_iterator < int > copy(int * _F, int * _L, My_ostream_iterator < int >_X)
{
    for (; _F != _L; ++_X, ++_F)
        * _X = * _F;
    return (_X);
}
```

要使得实例化后得到的 copy 编译不出错,++_X、* _X 和 * _X = * _F 都必须有定义。而_X 是 My_ostream_iterator < int >对象,因此,My_ostream_iterator 模板应该重载
"＋＋"和" ＊"运算符,"＝"也应该被重载。要输出的元素是 ＊ _F,因此,输出工作应该
是在被重载的"＝"中进行的。再根据定义 oit 时的构造函数,就可以分析出,My_ostream_
iterator 可以如下编写:

```
//program 19.8.3.cpp My_ostream_iterator
1.   template < class T >
2.   class My_ostream_iterator
3.   {
4.   private:
5.       string sep;                          //存放项与项之间的分隔符
6.       ostream & os;
7.   public:
8.       My_ostream_iterator(ostream & o, string s):sep(s),os(o){ }
9.       void operator ++() { };              //++只需要有定义即可,不需要做什么
10.      My_ostream_iterator & operator * ()
11.      {     return * this;      }
12.      My_ostream_iterator & operator = ( const T & val)
13.      {    os << val << sep;    return * this;     }
14.  };
```

前面 copy 的源代码来自 Dev C++,是符合 C++标准的。在 Visual Studio 2010 中,copy
的写法有所不同,因此上面的程序在 VS 2010 中不能编译通过。不过,对此可以不必深
究了。

从上面的例子可以看到,运算符重载的作用,绝不仅仅是使用方便和符合习惯。运算符
重载是 STL 的基础。由此还能看到,C++有强大的扩展能力。要成为高级的 C++ 程序员,
对 STL 中模板的具体实现也需要有些了解,这样才能写出富有想象力的程序。

19.9　删除算法

删除算法会删除一个容器中的某些元素。这里所说的"删除",并不会使容器中的元素
减少,其工作过程是将所有应该被删除的元素看做空位置,然后用留下的元素从后往前移,
依次去填空位置。元素往前移后,它原来的位置也就算是空位置,也应由后面的留下的元素
来填上。最后,没有被填上的空位置,维持其原来的值不变。删除算法不能作用于关联容
器。下面以 remove 为例说明删除算法的工作原理。

remove 的原型如下:

iterator remove(iterator first,iterator last,const T & val);

remove 删除[first,last)中等于 val 的元素。返回值是个迭代器。如果有 n 个元素被删
除了,那么返回值就是 last－n。示例程序如下:

```
//program 19.9.1.cpp remove 用法示例
1.   # include < iostream >
```

新标准 C++程序设计教程

```
2.   # include <vector>
3.   # include <algorithm>
4.   # include <iterator>
5.   using namespace std;
6.   int main()
7.   {
8.       int a[5] = { 1,2,3,2,5};
9.       int b[6] = { 1,2,3,2,5,6};
10.      ostream_iterator<int> oit(cout,",");
11.      int * p = remove(a,a+5,2);
12.      cout << "1) "; copy(a,a+5,oit); cout << endl;          //输出 1) 1,3,5,2,5,
13.      cout << "2) " << p - a << endl;              //输出 2) 3
14.      vector<int> v(b,b+6);
15.      remove(v.begin(),v.end(),2);
16.      cout << "3) ";copy(v.begin(),v.end(),oit);cout << endl; //输出 3) 1,3,5,6,5,6,
17.      cout << "4) "; cout << v.size() << endl;  //v 中的元素没有减少,输出 4) 6
18.      return 0;
19. }
```

第 11 行,在[a,a+5)中删除 2 的过程如下(加了括号的数字代表"空位置"):

(1) 标出空位置:1 (2) 3 (2) 5。

(2) 3 往前移填第一个空位置,3 原来的位置成为空位置:1 3 (3) (2) 5。

(3) 5 往前移动填新的第一个空位置,5 原来的位置成为空位置:1 3 5 (2)(5)。

(4) 现在剩下的两个空位置没有元素可以移过来填,则维持原来的值,删除结束。最终区间变为:1 3 5 2 5。

请自己分析第 15 行的 remove 的工作过程。

表 19.10 列出了删除类的算法,此类算法复杂度都是 O(n)的。

表 19.10 删除算法

算　　法	功　　能
remove	删除区间中等于某个值的元素
remove_if	删除区间中满足某种条件的元素
remove_copy	复制区间到另一个区间。等于某个值的元素不复制
remove_copy_if	复制区间到另一个区间。符合某种条件的元素不复制
unique	删除区间中连续相等的元素,只留下一个(可自定义比较器来规定什么是"相等")
unique_copy	复制区间到另一个区间。连续相等的元素,只复制第一个到目标区间（可自定义比较器）

上面这些算法原型如下。

remove_if
```
iterator remove_if(iterator first,iterator last,Pred op);
```

删除[first,last)中所有使得 op(x)为真的 x。如果有 n 个元素被删除了,那么返回值就是 last－n。

remove_copy

```
iterator remove_copy(iterator first,iterator last,iterator dest, const T & val);
```

将[first,last)复制到以 dest 开始的地方。等于 val 的元素不复制。程序员要确保从 dest 开始有足够的空间存放复制来的元素。假设有 n 个元素被复制过去了,返回值就是迭代器 dest+n。

remove_copy_if

```
iterator remove_copy(iterator first,iterator last,iterator dest, Pred op);
```

将[first,last)复制到以 dest 开始的地方。使得 op(x)为真的元素 x 不复制。程序员要确保从 dest 开始有足够的空间存放复制来的元素。假设有 n 个元素被复制过去了,返回值就是迭代器 dest+n。

unique

```
iterator unique(iterator first,iterator last);
```

对[first,last)中连续的相等的元素,只留下第一个,删除其他。如果删除了 n 个元素,返回值就是迭代器 last-n。返回值减去 first,就等于留下的元素个数。

unique_copy

```
iterator unique_copy(iterator first,iterator last,iterator dest);
```

将[first,last)复制到从 dest 开始的地方。对[first,last)中连续相等的元素,只复制第一个到目标区间。程序员要确保从 dest 开始有足够的空间存放复制来的元素。假设有 n 个元素被复制过去了,返回值就是迭代器 dest+n。

下面的程序演示了删除算法的应用:

```
//program 19.9.2.cpp 删除算法示例
1.   # include < iostream >
2.   # include < vector >
3.   # include < algorithm >
4.   # include < cstring >                      //memset 函数在此声明
5.   # include < iterator >
6.   using namespace std;
7.   bool LessThan4( int n) { return n < 4; }
8.   int main()
9.   {
10.     int a[5] = { 1,2,3,2,5};
11.     int b[6] = { 1,2,5,2,5,6};
12.     int c[6] = { 0,0,0,0,0,0};
13.     ostream_iterator < int > oit(cout,",");
14.     remove_if(b,b+6,LessThan4);             //删除小于 4 的元素
15.     cout << "1) "; copy(b,b+6,oit); cout << endl;   //输出 1) 5,5,6,2,5,6,
16.     int * p = remove_copy(a,a+5,c,2);       //等于 2 的元素不复制
17.     cout << "2) " << p - c << endl;         //输出 2) 3
18.     cout << "3) "; copy(c,c+6,oit); cout << endl;   //输出 3) 1,3,5,0,0,0,
19.     cout << "4) "; copy(a,a+5,oit); cout << endl;   //输出 4) 1,2,3,2,5,
20.                                             //说明 remove_copy 不改变源区间
```

```
21.    memset(c,0,sizeof(c));                              //把 c 置为全 0
22.    remove_copy_if(a,a + 5,c,LessThan4);                //小于 4 的元素不复制
23.    cout << "5) "; copy(c,c + 6,oit); cout << endl;    //输出 5) 5,0,0,0,0,0
24.    int d[7] = { 1,2,2,2,3,3,4 };
25.    vector < int > v;
26.    v.insert(v.begin(),d,d + 7);
27.    unique(d,d + 7);
28.    cout << "6) "; copy(d,d + 7,oit); cout << endl;    //输出 6) 1,2,3,4,3,3,4,
29.    memset(d,0,sizeof(d));
30.    unique_copy(v.begin(),v.end(),d);
31.    cout << "7) ";copy( d,d + 7,oit);                  //输出 7) 1,2,3,4,0,0,0,
32.    return 0;
33. }
```

第 14 行的执行过程如下(开始 b 是 1 2 5 2 5 6)：

(1) 把该删除的元素标记为空位置：(1)(2) 5 (2) 5 6。

(2) 第一个 5 填空位置：5 (2)(5)(2) 5 6。

(3) 第二个 5 填空位置：5 5 (5)(2)(5) 6。

(4) 6 填空位置：5 5 6 (2)(5)(6)。

(5) 后面的空位置没有元素可以填，维持原来的值，所以最终结果就是：5 5 6 2 5 6。

第 31 行的执行过程如下(开始 d 是 1 2 2 2 3 3 4)：

(1) 把该删除的元素标记为空位置：1 2 (2)(2) 3 (3) 4。

(2) 3 填空位置：1 2 3 (2)(3)(3) 4。

(3) 4 填空位置：1 2 3 4 (3)(3)(4)。

(4) 后面的空位置没有元素可以填，维持原来的值，所以最终结果就是：1 2 3 4 3 3 4。

19.10 变序算法

变序算法改变容器中元素的顺序，但是不改变元素的值。变序算法不适用于关联容器。此类算法复杂度都是 O(n)的。变序算法如表 19.11 所示。

表 19.11 变序算法

算　　法	功　　能
reverse	颠倒区间的前后次序
reverse_copy	把一个区间颠倒后的结果复制到另一个区间，源区间不变
rotate	将区间进行循环左移
rotate_copy	将区间以首尾相接的形式进行旋转后的结果复制到另一个区间，源区间不变
next_permutation	将区间改为下一个排列(可自定义比较器)
prev_permutation	将区间改为上一个排列(可自定义比较器)
random_shuffle	随机打乱区间内元素的顺序
partition	把区间内满足某个条件的元素移到前面，不满足该条件的移到后面
stable_partition	把区间内满足某个条件的元素移到前面，不满足该条件的移到后面。而且对这两部分元素，分别保持它们原来的先后次序不变

上面这些算法原型如下。

reverse
```
void reverse(iterator first,iterator last);
```

颠倒区间[first,last)的次序。

reverse_copy
```
iterator reverse_copy(iterator first,iterator last,iterator dest);
```

将颠倒次序的[first,last)的内容复制到从 dest 开始处。[first,last)不变。程序员要确保从 dest 开始处有足够空间存放复制来的元素。返回值是 dest＋(last－first)。

rotate
```
void rotate(iterator first,iterator newFirst, iterator last);
```

将区间[first,last)进行循环左移,即左边移出去的元素,从右边绕回来。左移后原 * newFirst 位于区间起点,原 * first 则被移动到了原来的 first＋(last－newFirst)的位置。

rotate_copy
```
iterator rotate_copy(iterator first,iterator newFirst, iterator last,iterator dest);
```

将区间[first,last)循环左移后的结果复制到从 dest 开始处,[first,last)不变。程序员要确保从 dest 开始处有足够空间存放复制来的元素。

next_permutation
```
bool next_permutation(iterator first, iterator last);
```

将区间[first,last)改为下一个排列。这里所说的"排列",是"排列组合"这个数学概念中的"排列"。n 个元素最多一共有 n! 种排列(有可能有重复元素,所以不一定有 n! 种排列),把这些排列按字典方式排序后,说"上一个排列"或"下一个排列"就是有意义的了。例如"12354"的下一个排列就是"12435",上一个排列是"12345",而"12345"没有上一个排列,它已经是最小的排列了。如果存在符合要求的排列,本函数返回 true,否则返回 false。

本函数还有一个版本,可以自定义元素之间比大小的规则。元素之间比大小的规则,决定了两个排列之间比大小的规则。

prev_permutation
```
bool prev_permutation(iterator first, iterator last);
```

将区间[first,last)改为上一个排列。如果存在符合要求的排列,本函数返回 true,否则返回 false。同样存在自定义元素之间比大小的规则的版本。

random_shuffle
```
void random_shuffle(iterator first,iterator last);
```

将区间[first,last)内元素的顺序随机打乱,类似于洗牌。注意,调用本算法前,还需要调用随机数发生函数 srand 设置随机种子,否则每次程序运行时打乱的结果都一样,就非常不够随机了。

partition

```
iterator partition(iterator first,iterator last,Pred op);
```

将区间[first,last)中,满足 op(x)为 true 的 x,都移到区间前部,返回值为第一个使得 op(x)为 false 的 x 的迭代器。

stable_partition

```
iterator stable_partition(iterator first,iterator last,Pred op);
```

将区间[first,last)中,满足 op(x)为真的 x,都移到区间前部,返回值为第一个使得 op(x)为假的 x 的迭代器。和 partition 的区别在于,对于使得 op(x)为真的元素和使得 op(x)为假的元素,此算法分别保持它们原先的相对次序。

下面的程序演示了以上的变序算法:

```
//program 19.10.1.cpp 变序算法示例
1.   # include < iostream >
2.   # include < algorithm >
3.   # include < ctime >
4.   # include < iterator >
5.   using namespace std;
6.   bool LessThan4( int n) { return n < 4; }
7.   int main()
8.   {
9.       ostream_iterator< int > oit(cout,",");
10.      int a[5] = { 1,2,3,4,5};
11.      reverse(a,a + 5);                           //a 成为 5 4 3 2 1
12.      cout << "1) "; copy(a,a + 5,oit); cout << endl;    //输出 1) 5,4,3,2,1,
13.      int b[5] = {0,0,0,0,0};
14.      reverse_copy(a,a + 5,b);
15.      cout << "2) "; copy(b,b + 5,oit); cout << endl;    //输出 2) 1,2,3,4,5,
16.      cout << "3) "; copy(a,a + 5,oit); cout << endl;    //输出 3) 5,4,3,2,1,
17.      bool result = prev_permutation(a,a + 5);
18.      cout << "4) "; copy(a,a + 5,oit); cout << endl;    //输出 4) 5,4,3,1,2,
19.      result = next_permutation(a,a + 5);
20.      cout << "5) "; copy(a,a + 5,oit); cout << endl;    //输出 5) 5,4,3,2,1,
21.      result = next_permutation(a,a + 5);
22.      cout << "6) " << result << endl;   //"54321"是最大排列,没下一个排列了,输出 6) 0,
23.      srand(time(0));                             //设置随机种子
24.      random_shuffle(a,a + 5);
25.      cout << "7) "; copy(a,a + 5,oit); cout << endl;    //输出 7) 5,2,4,1,3,
26.      partition(a,a + 5,LessThan4);               //把小于 4 的元素都排前面
27.      cout << "8) "; copy(a,a + 5,oit); cout << endl;    //输出 8) 3,2,1,4,5,
28.      random_shuffle(a,a + 5);
29.      cout << "9) "; copy(a,a + 5,oit); cout << endl;    //输出 9) 1,3,5,2,4,
30.      stable_partition(a,a + 5,LessThan4);        //把小于 4 的元素都排前面,还要保序
31.      cout << "10) "; copy(a,a + 5,oit); cout << endl;   //输出 10) 1,3,2,5,4,
32.      return 0;
33. }
```

本程序每次运行,第 24 行以后的输出都有可能不同,因为第 24 行随机打乱了 a 的

次序。

第 23 行,srand(time(0))设置了随机数发生器的种子。random_shuffle 执行过程中要产生一个随机数序列,根据此序列来打乱其所操作的区间的顺序。void srand(unsigned int seed) 是设置随机种子的库函数,seed 决定了以后 random_shuffle 被调用时,产生的随机数序列是什么样的(计算机无法产生真正的,不可预测的随机数序列)。为了使程序每次运行时,random_shuffle 造成的结果都不一样,就不能用固定的 seed。故此处用 time(0) 作为 seed。time 是在 ctime 头文件中定义的取当前时间的函数,time(0)能产生一个和当前系统时间相关的值,每次运行程序时该值不一样,所以 random_shuffle 造成的打乱次序的效果也就不同了。

第 30 行,把小于 4 的元素都排前面,还要保序。结果就是小于 4 的元素被排到前面,它们之间的先后次序原来一样;大于等于 4 的元素排到了后面,它们的先后顺序也不变。

next_permutation 常用于枚举,如下面的例题。

例 19.4 用 next_permutation 解 n 皇后问题。输入 n,输出 n 皇后问题的所有解法。

解题思路:反复调用 next_permutation 就可以枚举所有皇后的摆法(两个或多个皇后在同一列的摆法除外)。程序如下:

```
//program 19.9.2.cpp next_permutation 解 n 皇后问题
1.   # include < iostream >
2.   # include < cmath >
3.   # include < algorithm >
4.   # include < vector >
5.   using namespace std;
6.   bool Valid( int rows,const vector < int > & pos)   //前 rows 行皇后是否冲突
7.   { //pos 是各行皇后的位置,位置从 0 开始算
8.       for( int i = 0; i < rows; ++i)
9.           for( int j = 0; j < i; ++j )
10.              if( pos[i]== pos[j] || abs(i-j)== abs(pos[i]-pos[j]))
11.                  return false;                //冲突
12.      return true;                         //不冲突
13.  }
14.  int main()
15.  {
16.      int n;
17.      cin >> n;                             //n 个皇后
18.      vector < int > pos(n);                 //n 个皇后摆放的位置,行列都从 0 开始算
19.      for( int i = 0;i < n; ++i)            //算出最小的排列 0,1,2,…,n-1,已知其不是解
20.          pos[i] = i;
21.      while( next_permutation(pos.begin(),pos.end())) {
22.          if(Valid(n,pos)) {
23.              for( int k = 0; k < n; ++k)
24.                  cout << pos[k] << " ";
25.              cout << endl;
26.          }
27.      }
28.      return 0;
29.  }
```

这个解法写起来比较方便,但是没有必要地枚举了很多摆法,所以执行速度较慢。

19.11　排序算法

排序算法比前面的变序算法复杂度更高,一般是 $O(n×\log(n))$。排序算法需要随机访问迭代器的支持,因而不适用于关联容器和 list。每个排序算法都有两个版本,一个用"<"做比较器,从小到大排序;另一个可以自定义比较器。表 19.12 列出了排序算法。

表 19.12　排序算法

算 法 名 称	功　　能
sort	将区间从小到大排序(可自定义比较器)
stable_sort	将区间从小到大排序,并保持相等元素间的相对次序(可自定义比较器)
partial_sort	对区间部分排序,直到最小的 n 个元素就位(可自定义比较器)
partial_sort_copy	将区间前 n 个元素的排序结果复制到别处。源区间不变(可自定义比较器)
nth_element	对区间部分排序,使得第 n 小的元素(n 从 0 开始算)就位,而且比它小的都在它前面,比它大的都在它后面(可自定义比较器)
make_heap	使区间成为一个"堆"(可自定义比较器)
push_heap	将元素加入一个"堆"区间(可自定义比较器)
pop_heap	从"堆"区间删除堆顶元素(可自定义比较器)
sort_heap	将一个"堆"区间进行排序,排序结束后,该区间就是普通的有序区间,不再是"堆"了(可自定义比较器)

以下是各个算法的详细解释,每种算法只列出一个版本。

sort
```
void sort(iterator first,iterator last);
```

将区间[first,last)排序。一般用快速排序的算法实现,平均时间复杂度 $O(n×\log(n))$,最坏的情况下复杂度是 $O(n^2)$。此算法的详细用法,在 19.3 节"函数对象"中已有讲解。

stable_sort
```
void stable_sort(iterator first,iterator last);
```

将区间[first,last)排序,并保持相等元素的先后次序。一般用归并排序的算法实现,最坏情况下时间复杂度也是 $O(n×\log(n))$,但平均来说比 sort 要慢。

partial_sort
```
void partial_sort(iterator first,iterator mid, iterator last);
```

将区间[first,last)部分排序,排序的结果是[first,mid)成为有序,并且其中的任意元素都不比 [mid,last)中的任意元素大,但[mid,last)可能无序。换句话说就是使[first,last)中最小的 mid−first 个元素就位。一般用堆排序的算法实现,最坏情况下时间复杂度也是 $O(n×\log(n))$。

partial_sort_copy
```
iterator partial_sort_copy(iterator first1,iterator last1,iterator first2,iterator last2);
```

这个算法并不是 partial_sort 再加 copy。设 $x = \min\{last1-first1, last2-first2\}$，则本算法将区间[first1,last1)的排序结果，复制到 first2 开始处，且一共只复制排序结果的前 x 个元素，[first1,last1)保持不变。返回值是 $first2+x$。

nth_element
```
void nth_element(iterator first1,iterator mid, iterator last);
```

对[first,last)进行部分排序，排序后的结果是 mid 这个位置的元素 x，满足以下条件：比 x 小的都在 x 的前面，比 x 大的都在 x 后面。

make_heap、push_heap、pop_heap、sort_heap 都是和"堆"有关的算法。"堆"是数据结构课程中的概念，这里不详解，只做简要介绍：

n 个元素的序列$\{k_0, k_1, k_2, \cdots, k_{n-1}\}$，如果满足 $k_i \geqslant k_{2i+1}$ 且 $k_i \geqslant k_{2i+2}$，其中 $i=0,1,\cdots$，则称该序列构成一个"堆"。例如，下面的两个序列都是堆：

```
96 83 27 38 11 9
y r p d f b k a c
```

make_heap
```
void make_heap( iterator first, iterator last);
```

将区间 [first,last)变成一个堆，时间复杂度为 $O(n)$。

push_heap
```
void push_heap(iterator first, iterator last);
```

在[first,last-1)已经是堆的情况下，该算法能将[first,last)变成堆，时间复杂度 $O(\log(n))$。往已经是堆的容器中添加元素，可以在每次 push_back 一个元素后，再调用 push_heap 算法，使得整个容器依然是一个堆。

pop_heap
```
void pop_heap(iterator first, iterator last);
```

在[first,last)已经是一个堆的情况下，将堆中的最大元素，即 * first，移到 last-1 的位置，原 * (last -1)元素，则被移到前面某个位置，并且移动后[first,last -1)仍然是一个堆。时间复杂度为 $O(\log(n))$。

sort_heap
```
void sort_heap(iterator first, iterator last);
```

在[first,last)已经是一个堆的情况下，对[first,last)进行排序。排序结束后，[first,last)就成为普通的有序区间，不再是一个堆了。

下面的程序演示了排序算法的应用（sort 用法前面已经出现多次，stable_sort 用法和 sort 一模一样，就不在程序中演示了）：

```cpp
//program 19.11.1.cpp 排序算法示例
1.   # include < iostream >
2.   # include < iterator >
3.   # include < algorithm >
4.   # include < cstring >
```

```
5.      # include < vector >
6.      using namespace std;
7.      int main()
8.      {
9.          ostream_iterator < int > oit(cout,",");
10.         int a[5] = { 4, 5, 3, 1, 2 };
11.         int b[5];
12.         memcpy(b,a,sizeof(a));                       //复制 a 到 b
13.         partial_sort(b,b+3,b+5);                     //使前 3 个元素就位
14.         cout << "1) "; copy(b,b+5,oit); cout << endl;       //输出 1) 1,2,3,5,4,
15.         memset(b,0,sizeof(b));                       //b 变成全 0
16.         partial_sort_copy(a,a + 4,b,b+3);           //把[a,a+4)排序结果的前 3 个复制到 b
17.         cout << "2) "; copy(a,a+5,oit); cout << endl;       //a 不变 输出 2) 4,5,3,1,2,
18.         cout << "3) "; copy(b,b+5,oit); cout << endl;       //输出 3) 1,3,4,0,0,
19.         int c[8] = { 4,1,2,6,5,3,7,0};
20.         nth_element(c,c+3,c+8);
21.         cout << "4) "; copy(c,c+8,oit); cout << endl;       //输出 4) 0,1,2,3,5,6,7,4,
22.         memcpy(b,a,sizeof(a));
23.         make_heap(b,b+5);                            //把 b 变成一个堆
24.         cout << "5) "; copy(b,b+5,oit); cout << endl;       //输出 5) 5,4,3,1,2,
25.         vector < int > v(b,b+5);                     //因为 b 是一个堆,所以 v 也是一个堆
26.         v.push_back(9);                              //往堆 v 中添加一个元素后,v 就可能不是堆了
27.         push_heap(v.begin(),v.end());                //将 v 恢复成堆
28.         cout << "6) "; copy(v.begin(),v.end(),oit); cout << endl;   //输出 6) 9,4,5,1,2,3
29.         pop_heap(v.begin(),v.end());                 //拿走堆顶的元素
30.         cout << "7) "; copy(v.begin(),v.end(),oit); cout << endl;   //输出 7) 5,4,3,1,2,9
31.         sort_heap(v.begin(),v.end() - 1);            //排序
32.         cout << "8) "; copy(v.begin(),v.end() - 1,oit); cout << endl;   //输出 8) 1,2,3,4,5,
33.         return 0;
34. }
```

第 13 行,"partial_sort(b,b+3,b+5)"要使得[b,b+5)中最小的 3 个元素就位,所以排序后,1、2、3 这 3 个元素就应该排在前 3 个位置,后面两个元素可以无序。

第 16 行,"partial_sort_copy(a,a + 4,b,b+3)"把[a,a+4)排序结果的前 3 个复制到 b。[a,a+4)就是"4 5 3 1",排完序是"1 3 4 5",只复制 3 个到 b,于是就只复制了"1 3 4"。

第 20 行,"nth_element(c,c+3,c+8)"要使得排序后,c+3 这个位置的元素 x,应该满足以下条件:比 x 小的都在 x 的前面,比 x 大的都在 x 的后面。所以排序后这个位置的元素应该是 3。在元素个数较少(如少于 32 个)时,Visual Studio 2010 的 nth_element 算法执行的是完全的排序。

19.12 有序区间算法

有序区间算法要求所操作的区间是已经从小到大排好序的,而且需要随机访问迭代器的支持。所以有序区间算法不能用于关联容器和 list。有序区间算法都有两个版本,一个用"<"比较元素的大小,另一个用自定义比较器来比较元素大小。有序区间算法不是用"=="比较 x、y 是否相等,而是在当且仅当 "x 小于 y"和"y 小于 x"都不成立时,认为 x 和 y 相等。

有序区间算法在对区间操作时比较大小的规则，必须和该区间在排序时比较大小的规则一致。

STL 中的有序区间算法如表 19.13 所示，它们都是可以自定义比较器的。

表 19.13 有序区间算法

算 法 名 称	功 能
binary_search	判断区间中是否包含某个值
includes	判断是否一个区间中的每个元素，都在另一个区间中
lower_bound	查找第一个不小于某值的元素的位置
upper_bound	查找第一个大于某值的元素的位置
equal_range	同时获取 lower_bound 和 upper_bound
merge	合并两个有序区间到第三个区间
set_union	将两个有序区间的并复制到第三个区间
set_intersection	将两个有序区间的交复制到第三个区间
set_difference	将两个有序区间的差复制到第三个区间
set_symmetric_difference	将两个有序区间的对称差复制到第三个区间
inplace_merge	将两个连续的有序区间原地合并为一个有序区间

有序区间算法详解如下。

binary_search

```
bool binary_search( iterator first, iterator last, const T & val);
```

判断区间[first,last)是否包含 val。因为[first,last)是有序的，所以查找的过程就不必像 find 那样顺序查找，而是折半查找，因此时间复杂度是 O(log(n))。所谓[first,last)包含 val，指的是[first,last)中存在 x，使得"x<val"和"val<x"同时为假。

```
bool binary_search( iterator first, iterator last, const T & val, Pred op);
```

这个版本要求[first,last)本来就是按照 op 所规定的比较规则排序的。而且对于 val 和元素 x，如果 op(x,val)和 op(val,x)同时为假，则认为 x 和 val 相等，即[first,last)中包含 val。

后面的几个算法，在判断某个值是否被某区间包含时的做法，与 binary_search 的行为相同。

includes

```
bool includes( iterator first1, iterator last1, iterator first2, iterator last2);
```

判断是否[first2,last2)中的每个元素都被[first1,last1)包含，即判断[first2,last2)是否是[first1,last1)的子集。

lower_bound

```
iterator lower_bound( iterator first, iterator last, const T & val);
```

返回一个最大的迭代器 it，使得[first,it)中的元素都比 val 小。如果[first,last)中的元素都不比 val 小，则返回 first。复杂度为 O(log(n))。

upper_bound

```
iterator upper_bound(iterator first,iterator last,const T & val);
```

返回一个最大的迭代器 it,使得[it,last)中的元素都比 val 大。如果[first,last)中的元素都不比 val 大,则返回 last。复杂度为 O(log(n))。

equal_range
```
pair < iterator,iterator > equal_range(iterator first,iterator last,const T & val);
```

同时计算 lower_bound 和 upper_bound。返回值 p 是个 pair 模板类对象,p. first 存放 lower_bound 的返回值,p. second 存放 upper_bound 的返回值。复杂度为 O(log(n))。

下面从 merge 到 set_symmetric_difference 的 5 个算法,将两个源区间的一些内容复制到从 dest 开始的地方。要求两个源区间[first1,last1)和[first2,last2)是有序的。程序员要确保从 dest 开始处有足够空间存放复制过去的内容。最终复制过去的内容也会是排好序的。源区间的内容不会被改变。这 5 个算法的时间复杂度都是线性的。

merge
```
iterator merge(iterator first1,iterator last1,iterator first2,
               iterator last2,iterator dest);
```

将[first1,last1)和[first2,last2)的全部内容合并后复制到 dest。返回值是 dest + (last1－first1) + (last2－first2)。

set_union
```
iterator set_union(iterator first1, iterator last1, iterator first2,
                   iterator last2,iterator dest);
```

将[first1,last1)和[first2,last2)的并复制到 dest。并的规则是若元素 e 在[first1,last1)中出现 n1 次,在[first2,last2)中出现 n2 次,则 e 在目标区间中出现 max(n1,n2)次。假设有 n 个元素被复制到目标区间了,则返回值是 dest + n。

set_intersection
```
iterator set_intersection(iterator first1, iterator last1, iterator first2,
                          iterator last2,iterator dest);
```

将 [first1,last1)和[first2,last2)的交复制到 dest。交的规则是若元素 e 在[first1,last1)中出现 n1 次,在[first2,last2)中出现 n2 次,则 e 在目标区间中出现 min(n1,n2)次。假设有 n 个元素被复制到目标区间了,则返回值是 dest + n。

set_difference
```
iterator set_difference(iterator first1, iterator last1, iterator first2,
                        iterator last2,iterator dest);
```

将[first1,last1)和[first2,last2)的差复制到 dest。差的规则是若元素 e 在[first1,last1)中出现了 n1 次,在[first2,last2)中出现了 n2 次,则 e 在目标区间中就会出现 max(0,n1－n2)次。假设有 n 个元素被复制到目标区间了,则返回值是 dest + n。

set_symmetric_difference
```
iterator set_symmetric_difference(iterator first1, iterator last1, iterator first2,
                                  iterator last2,iterator dest);
```

将[first1,last1)和[first2,last2)的对称差复制到 dest。对称差的规则是若元素 e 在[first1,last1)中出现了 n1 次,在[first2,last2)中出现了 n2 次,那么在目标区间中就会出现|n1−n2|次。假设有 n 个元素被复制到目标区间了,则返回值是 dest + n。

inplace_merge
```
void inplace_merge(iterator first, iterator mid, iterator last);
```

将有序区间[first,mid)和[mid,last)合并,合并后的区间[first,last)也是有序的。

下面的程序演示了有序区间的算法的应用:

```
//program 19.12.1.cpp 有序区间算法示例
1.  # include < iostream >
2.  # include < iterator >
3.  # include < algorithm >
4.  # include < cstring >
5.  using namespace std;
6.  class A
7.  {
8.      public:
9.          int v;
10.         A( int n ):v(n) { }
11.         A(){ v = 0;};
12. };
13. bool operator < ( const A & a1, const A & a2)
14. {
15.     return a1. v < a2. v;
16. }
17. ostream & operator <<( ostream & o, const A & a)
18. {
19.     cout << a. v;
20.     return o;
21. }
22. int main()
23. {
24.     ostream_iterator < A > oit(cout,",");
25.     A a[7] = { 1,2,2,3,3,5,6 };
26.     A b[3] = { 3,4,6};
27.     A c[20];
28.     A d[4] = { 2,2,2,3 };
29.     A e[6] = { 2,2,2,3,7,7 };
30.     cout << "1) " << binary_search(a,a + 7,A(3)) << endl;          //输出 1) 1
31.     cout << "2) " << binary_search(a,a + 7,A(100)) << endl;        //输出 2) 0
32.     cout << "3) " << includes(a,a + 6,b,b + 3) << endl;            //输出 3) 0
33.     A * p = lower_bound(a,a + 7,3);
34.     cout << "4) " << p - a << endl;                               //输出 4) 3
35.     p = upper_bound(a,a + 7,3);
36.     cout << "5) " << p - a << endl;                               //输出 5) 5
37.     pair< A * ,A *> pi = equal_range(a,a + 7,3);
38.     cout << "6) " << pi. first - a << "," << pi. second - a << endl; //输出 6) 3,5
39.     p = merge(a,a + 7,b,b + 3,c);
```

```
40.        cout << "7) "; copy(c,p,oit); cout << endl;        //输出 7) 1,2,2,3,3,3,4,5,6,6,
41.        memset(c,0,sizeof(c));                             //把 c 变成全 0
42.        p = set_union(a,a+7,b,b+3,c);
43.        cout << "8) "; copy(c,p,oit); cout << endl;        //输出 8) 1,2,2,3,3,4,5,6,
44.        memset(c,0,sizeof(c));
45.        p = set_intersection(a,a+7,d,d+4,c);
46.        cout << "9) "; copy(c,p,oit); cout << endl;        //输出 9) 2,2,3,
47.        memset(c,0,sizeof(c));
48.        p = set_difference(a,a+7,d,d+4,c);
49.        cout << "10) "; copy(c,p,oit); cout << endl;       //输出 10) 1,3,5,6,
50.        p = set_symmetric_difference(a,a+7,e,e+6,c);
51.        cout << "11) "; copy(c,p,oit); cout << endl;       //输出 11) 1,2,3,5,6,7,7,
52.        A f[8] = { 2,4,6,8,1,3,5,7};
53.        inplace_merge(f,f+4,f+8);
54.        cout << "12) "; copy(f,f+8,oit); cout << endl;     //输出 12) 1,2,3,4,5,6,7,8,
55.        return 0;
56. }
```

19.13 string 类详解

string 类是 STL 中 basic_string 模板实例化而得到的模板类。其定义如下：

```
typedef basic_string<char> string;
```

什么是 basic_string，可以不必深究。

string 类的成员函数很多，同一个名字的函数，也常会有五六个重载的版本。篇幅所限，不能一一列出原型并加以解释。这里仅对常用成员函数按功能进行分类，并直接给出应用的例子，通过例子读者可以基本学会这些成员函数的用法。要想更深入了解 string 类，还是要看 C++ 的参考手册或编译器带的联机资料。对于一部分在第 6 章"字符串"中提到过的内容，这里就不再说明了。

1. 构造函数

string 类有多个构造函数，用法示例如下：

```
string s1();                        //s1 = ""
string s2("Hello");                 //s2 = "Hello"
string s3(4,'K');                   //s3 = "KKKK"
string s4("12345",1,3);             //s4 = "234"，即"12345"的从下标 1 开始，长度为 3 的子串
```

为称呼方便，本书后文将从字符串下标 n 开始的，长度为 m 的子串，称为"子串(n,m)"

string 类没有接收一个整型参数或一个字符型参数的构造函数。下面的两种写法是错误的：

```
string s1('K');
string s2(123);
```

2. 对 string 对象赋值

可以用 char ＊ 类型的变量、常量，以及 char 类型的变量、常量对 string 对象进行赋值，例如：

```
string s1;
s1 = "Hello";                    //s1 = "Hello"
s2 = 'K';                        //s2 = "K"
```

string 类还有 assign 成员函数，可以用来对 string 对象赋值。assign 成员函数返回对象自身的引用：

```
string s1("12345"),s2;
s3.assign(s1);                   //s3 = s1
s2.assign(s1,1,2);               //s2 = "23"，即 s1 的子串(1,2)
s2.assign(4,'K');                //s2 = "KKKK"
s2.assign("abcde",2,3);          //s2 = "cde"，即"abcde"的子串(2,3)
```

3. 求字符串的长度

int length() const 成员函数返回字符串的长度。int size() const 成员函数完成同样的功能。

4. string 对象中字符串的连接

除了可以使用"＋"和"＋＝"对 string 对象执行字符串的连接操作外，string 类还有 append 成员函数，可以用来往字符串后面添加内容。append 成员函数返回对象自身的引用：

```
string s1("123"),s2("abc");
s1.append(s2);                   //s1 = "123abc"
s1.append(s2,1,2);               //s1 = "123abcbc"
s1.append(3,'K');                //s1 = "123abcbcKKK"
s1.append("ABCDE",2,3);          //s1 = "123abcbcKKKCDE"，添加"ABCDE"的子串(2,3)
```

5. string 对象的比较

除了可以用"＜"、"＜＝"、"＝＝"、"！＝"、"＞＝"、"＞"互相比较外，string 类还有 compare 成员函数，可用于比较字符串。compare 函数的返回值，小于 0 表示自身的字符串小；等于 0 表示两串相等；大于 0 表示另一个字符串小：

```
string s1("hello"),s2("hello,world");
int n = s1.compare(s2);
n = s1.compare(1,2,s2,0,3);      //比较 s1 的子串(1,2)和 s3 的子串(0,3)
n = s1.compare(0,2,s2);          //比较 s1 的子串(0,2)和 s3
n = s1.compare("Hello");
n = s1.compare(1,2,"Hello");     //比较 s1 的子串(1,2)和"Hello"
n = s1.compare(1,2,"Hello",1,2); //比较 s1 的子串(1,2)和"Hello"的子串(1,2)
```

6. string 对象求子串

substr 成员函数可以求子串(n,m)：

string substr (int n = 0, int m = string::npos) const;

调用时，如果 m 默认或超过了字符串长度，则求出来的子串就是从下标 n 开始一直到字符串结束。例如：

```
string s1 = "this is ok";
string s2 = s1.substr(2,4);        //s2 = "is i"
s2 = s1.substr(2);                 //s2 = "is is ok"
```

7. 交换两个 string 对象内容

swap 成员函数可以交换两个 string 对象的内容。

```
string s1("West"), s2("East");
s1.swap(s2); //s1 = "East" , s2 = "West"
```

8. 查找子串和字符

string 类有一些查找子串和查找字符的成员函数，它们的返回值都是子串或字符在 string 对象字符串中的位置(即下标)。如果查不到，则返回 string::npos。string::npos 是 string 类中定义的一个静态常量。这些函数如下。

(1) find：从前向后查找子串或字符出现的位置。

(2) rfind：从后往前查找子串或字符出现的位置。

(3) find_first_of：从前向后查找，何处出现了另一个字符串中包含的字符。例如：

s1.find_first_of("abc");   //查找 s1 中第一次出现"abc"中任一字符的位置

(4) find_last_of：从后往前查找，何处出现了另一个字符串中包含的字符。

(5) find_first_not_of：从前向后查找，何处出现了另一个字符串中没有包含的字符。

(6) find_last_not_of：从后往前查找，何处出现了另一个字符串中没有包含的字符。

下面是查找成员函数的示例程序：

```
//program 19.13.1.cpp string 类的查找成员函数
1.   # include < iostream >
2.   # include < string >
3.   using namespace std;
4.   int main()
5.   {
6.       string s1("Source Code");
7.       int n;
8.       if( (n = s1.find('u')) != string::npos )              //查找 u 出现的位置
9.           cout <<"1) "<< n << "," << s1.substr (n) << endl;   //输出 1) 2,urce Code
10.      if( (n = s1.find("Source", 3)) == string::npos )//从下标 3 开始查找"Source",找不到
11.          cout <<"2) "<< "Not Found" << endl;                //输出 2) Not Found
```

```
12.        if(( n = s1.find("Co")) != string::npos )   //查找子串 "Co",能找到,返回"Co"位置
13.           cout <<"3) "<< n << ","<< s1.substr(n) << endl;      //输出 3) 7,Code
14.        if( (n = s1.find_first_of("ceo")) != string::npos )
15.           //查找第一次出现了'c'或'e'或'o'的位置
16.           cout <<"4) "<< n << ","<< s1.substr(n) << endl;      //输出 4) 1,ource Code
17.        if( (n = s1.find_last_of('e')) != string::npos )       //查找最后一个'e'的位置
18.           cout <<"5) "<< n << ","<< s1.substr(n)<< endl;       //输出 5) 10,e
19.        if( (n = s1.find_first_not_of("eou",1)) != string::npos )
20.           //从下标 1 开始查找第一次出现非'e'、非'o'、非'u'字符的位置
21.           cout <<"6) "<< n << ","<< s1.substr(n)<< endl;       //输出 6) 3,rce Code
22.        return 0;
23. }
```

9．替换子串

replace 成员函数可以对 string 对象中的子串进行替换,返回对象自身的引用:

```
string s1("Real Steel");
s1.replace(1,3, "123456", 2,4);       //用 "123456"的子串(2,4)替换 s1 的子串(1,3)
cout << s1 << endl;                    //输出 R3456 Steel
string s2("Harry Potter");
s2.replace(2,3,5,'0');                 //用 5 个'0'替换子串(2,3)
cout << s2 << endl;                    //输出 Ha00000 Potter
int n = s2.find("00000");             //找子串"00000"的位置,n = 2
s2.replace(n,5,"XXX");                 //将子串(n,5)替换为"XXX"
cout << s2 << endl;                    //输出 HaXXX Potter
```

10．删除子串

erase 成员函数可以删除 string 对象中的子串,返回对象自身的引用。

```
string s1("Real Steel");
s1.erase(1,3);                         //删除子串(1,3),此后 s1 = "R Steel"
s1.erase(5);                           //删除下标 5 及其后所有字符,此后 s1 = "R Ste"
```

11．插入字符串

insert 成员函数可以在 string 对象中插入另一个字符串,返回对象自身的引用。

```
string s1("Limitless"),s2("00");
s1.insert(2,"123");                    //在下标 2 处插入字符串"123",s1 = "Li123mitless"
s1.insert(3,s2);                       //在下标 2 处插入 s2,s1 = "Li10023mitless"
s1.insert(3,5,'X');                    //在下标 3 处插入 5 个'X',s1 = "Li1XXXXX0023mitless"
```

12．string 对象作为流处理

使用流对象 istringstream 和 ostringstream,可以将 string 对象当做一个流,进行输入和输出。使用这两个类需要包含头文件 sstream。示例程序如下:

```
//program 19.13.2.cpp string 对象作为流处理
1.   # include < iostream >
2.   # include < sstream >
3.   # include < string >
4.   using namespace std;
5.   int main()
6.   {
7.       string src("Avatar 123 5.2 Titanic K");
8.       istringstream istrStream(src);          //建立 src 到 istrStream 的联系
9.       string s1, s2;
10.      int n; double d; char c;
11.      istrStream >> s1 >> n >> d >> s2 >> c;   //把 src 的内容当做输入流进行读取
12.      ostringstream ostrStream;
13.      ostrStream << s1 << endl << s2 << endl << n << endl << d << endl << c << endl;
14.      cout << ostrStream.str();
15.      return 0;
16.  }
```

程序的输出结果：

```
Avatar
Titanic
123
5.2
K
```

第 11 行，从输入流 istrStream 进行读取，过程和从 cin 读取一样，只不过输入的来源由键盘变成了 string 对象 src。因此"Avatar"被读取到 s1，123 被读取到 n，5.2 被读取到 d，"Titannic"被读取到 s2，'K'被读取到 c。

第 12 行输出到流 ostrStream。输出结果不会出现在屏幕上，而是被保存在 ostrStream 对象管理的某处。用 ostringstream 的 string str() const 成员函数，就能将输出到 ostringstream 对象中的内容提取出来。

13. 用 STL 算法操作 string 对象

string 对象也可以看做一个顺序容器，它支持随机访问迭代器，也有 begin 和 end 等成员函数。STL 中许多算法也适用于 string 对象。下面是用 STL 算法操作 string 对象的程序示例：

```
//program 19.13.3.cpp 用 STL 算法操作 string 对象
17.  # include < iostream >
18.  # include < algorithm >
19.  # include < string >
20.  using namespace std;
21.  int main()
22.  {
23.      string s("afgcbed");
24.      string::iterator p = find(s.begin(),s.end(),'c');
25.      if( p != s.end())
```

```
26.          cout << p - s.begin() << endl;        //输出 3
27.      sort(s.begin(),s.end());
28.      cout << s << endl;                         //输出 abcdefg
29.      next_permutation(s.begin(),s.end());
30.      cout << s << endl;                         //输出 abcdegf
31.      return 0;
32. }
```

19.14　bitset

bitset 对象由若干个位(bit)组成，它提供一些成员函数，使程序员不必通过位运算，就能很方便地访问、修改其中的任意一位。bitset 模板在头文件 bitset 中定义如下：

```
template< size_t N>
class bitset
{
    …
};
```

size_t 可看做是 unsigned int。将 bitset 实例化的时候，N 必须是个整型常数，如：

```
bitset< 40 > bst;
```

则 bst 是一个由 40 个位(bit)组成的对象，用 bitset 的成员函数可以方便地访问任何一位。bitset 中的位从 0 开始编号，第 0 位是最右边的位。

bitset 有许多成员函数，有些成员函数执行的就是类似于位运算的操作。bitset 成员函数如下：

bitset<N>& operator&=(const bitset<N>& rhs)；和另一个 bitset 对象进行与。

bitset<N>& operator|=(const bitset<N>& rhs)；和另一个 bitset 对象进行或。

bitset<N>& operator^=(const bitset<N>& rhs)；和另一个 bitset 对象进行异或。

bitset<N>& operator<<=(size_t num)；左移 num 位。

bitset<N>& operator>>=(size_t num)；右移 num 位。

bitset<N>& set()；将所有位全部设成 1。

bitset<N>& set(size_t pos, bool val = true)；将第 pos 位设为 val。

bitset<N>& reset()；将所有位全部设成 0。

bitset<N>& reset(size_t pos)；将第 pos 位设成 0。

bitset<N>& flip()；将所有位翻转(0 变成 1,1 变成 0)。

bitset<N>& flip(size_t pos)；翻转第 pos 位。

reference operator[](size_t pos)；返回对第 pos 位的引用。

bool operator[](size_t pos) const；返回第 pos 位的值。

reference at(size_t pos)；返回对第 pos 位的引用。

bool at(size_t pos) const；返回第 pos 位的值。

unsigned long to_ulong() const；将对象中的 0、1 串转换成整数。

string to_string() const；将对象中的 0、1 串转换成字符串（Visual Studio 2010 支持，Dev C++不支持）。

size_t count() const；计算 1 的个数。

size_t size() const；返回总位数。

bool operator==(const bitset<N>& rhs) const；

bool operator!=(const bitset<N>& rhs) const；

bool test(size_t pos) const；测试第 pos 位是否为 1。

bool any() const；判断是否有某位为 1。

bool none() const；判断是否全部为 0。

bitset<N> operator<<(size_t pos) const；返回左移 pos 位后的结果。

bitset<N> operator>>(size_t pos) const；返回右移 pos 位后的结果。

bitset<N> operator~()；返回取反后的结果。

bitset<N> operator&(const bitset<N>& rhs) const；返回和另一个 bitset 对象 rhs 进行与运算的结果。

bitset<N> operator|(const bitset<N>& rhs) const；返回和另一个 bitset 对象 rhs 进行或运算的结果。

bitset<N> operator^(const bitset<N>& rhs) const；返回和另一个 bitset 对象 rhs 进行异或运算的结果。

下面的程序演示了 bitset 的用法：

```cpp
//program 19.14.1.cpp bitset 用法示例
1.    # include < iostream >
2.    # include < bitset >
3.    # include < string >
4.    using namespace std;
5.    int main()
6.    {
7.        bitset < 7 > bst1;
8.        bitset < 7 > bst2;
9.        cout << "1) " << bst1 << endl;        //输出 1) 0000000
10.       bst1.set(0,1);                        //将第 0 位变成 1,bst1 变为 0000001
11.       cout << "2) " << bst1 << endl;        //输出 2) 0000001
12.       bst1 <<= 4;                           //左移 4 位,变为 0010000
13.       cout << "3) " << bst1 << endl;        //输出 3) 0010000
14.       bst2.set(2);                          //第二位设置为 1,bst2 变成 0000100
15.       bst2 |= bst1;                         //bst2 变成 0010100
16.       cout << "4) " << bst2 << endl;        //输出 4) 0010100
17.       cout << "5) " << bst2.to_ulong () << endl;    //输出 5) 20
18.       bst2.flip();                          //每一位都取反,bst2 变成 1101011
19.       bst1.set(3);                          //bst1 变成 0011000
20.       bst2.flip(6);                         //bst2 变成 0101011
21.       bitset < 7 > bst3 = bst2^ bst1;       //bst3 变成 0110011
22.       cout << "6) " << bst3 << endl;        //输出 6) 0110011
23.       cout << "7) " << bst3[3] << "," << bst3[4] << endl; //输出 7) 0,1
24.       return 0;
25.   }
```

19.15　小结

STL 中的数据结构有顺序容器（vector、list、deque）、关联容器（set、multiset、map、multimap）和容器适配器（stack、queue 和 priority_queue）。

被放入容器中的对象是用复制构造函数初始化的。

可以用迭代器访问顺序容器和关联容器中的元素。容器适配器上面没有迭代器。

vector 和 deque 上的迭代器是随机访问迭代器，其他容器上的迭代器都是双向迭代器。

vector 和 deque 都是动态可变长数组。往 vector 容器的后部增删元素有很好性能，在开头或中间插入元素性能很差。deque 则是在两端增删元素都有很好性能，在中间插入元素性能很差。

list 是双向链表。在两端和中间增删元素都有很好性能。但不支持根据下标随机访问元素。

关联容器都是内部有序的元素集合，查找和插入元素速度快。set 和 multiset 是按照元素大小排序，map 和 multimap 是按照元素关键字排序。map 和 multimap 中的元素都是 pair 模板类对象，有两个成员变量 first 和 last，其中 first 是关键字。

stack 是后进先出的栈，queue 是先进先出的队列，priority_queue 是最大的元素总在队头的优先队列。

函数对象就是重载了"()"运算符的类的对象。

STL 中的算法通常是用来对容器进行操作的，数组也算是容器。

有些算法需要随机访问迭代器的支持，如 sort 等排序算法。

变值算法、删除算法、变序算法、排序算法、有序区间算法都不适用于关联容器。

习题

1. 假设 p1、p2 是 STL 中的 list 容器上的迭代器，那么以下语句不符合语法的是（　　）。
   A. p1 ++ ;　　B. p1 -- ;　　C. p1 += 1;　　D. int n = (p1 == p2);
2. 将一个对象放入 STL 中的容器中时以下说法正确的是（　　）。
   A. 实际上被放入的是该对象的一个复制（副本）
   B. 实际上被放入的是该对象的指针
   C. 实际上被放入的是该对象的引用
   D. 实际上被放入的就是该对象自身
3. 以下关于函数对象的说法正确的是（　　）。
   A. 函数对象所属的类将()重载为成员函数
   B. 函数对象所属的类将 [] 重载为成员函数
   C. 函数对象生成时不需用构造函数进行初始化
   D. 函数对象实际上就是一个函数
4. 以下关于 STL 中 set 类模板的正确说法是（　　）。
   A. set 是顺序容器

B. 在 set 中查找元素的时间复杂度是 O(n) 的(n 代表 set 中的元素个数)

C. 往 set 中添加一个元素的时间是 O(1)的

D. set 中元素的位置和其值是相关的

5. 写出下面程序的输出结果。

```cpp
# include < vector >
# include < iostream >
using namespace std;
class A {
    private:
        int nId;
    public:
    A( int n){nId = n; cout << nId << " contructor" << endl; }
    ~A()
    {cout << nId << " destructor" << endl; }
};
int main() {
    vector < A * > vp;
    vp. push_back(new A(1));
    vp. push_back(new A(2));
    vp. clear(); A a(4);
    return 0;
}
```

6. 写出下面程序的输出结果。

```cpp
# include < iostream >
# include < map >
using namespace std;
class Gt
{
public:
    bool operator() (const int & n1, const int & n2) const {
        return ( n1 % 10 ) > ( n2 % 10);
    }
};
int main() {
  typedef map < int, double, Gt > mmid;
  mmid MyMap;
  cout << MyMap. count(15) << endl;
  MyMap. insert(mmid::value_type(15, 2.7));
  MyMap. insert(mmid::value_type(15, 99.3));
  cout << MyMap. count(15) << endl;
  MyMap. insert(mmid::value_type(30, 111.11));
  MyMap. insert(mmid::value_type(11, 22.22));
    cout << MyMap[16] << endl;
    for( mmid::const_iterator i = MyMap. begin(); i != MyMap. end() ; ++i )
    cout << "(" << i -> first << "," << i -> second << ")" << ",";
    return 0;
}
```

7. 下面程序的输出结果是：

Tom,Jack,Mary,John,

请填空：

```
# include < vector >
# include < iostream >
# include < string >
using namespace std;
template < class T >
class MyClass
{
    vector < T > array;
    public:
        MyClass ( T * begin, int n ):array(n) { copy( begin, begin + n, array.begin());}
    void List() {
        _____;
      for( i = array.begin();i!= array.end();++i )
            cout << * i << "," ;
    }
};
int main() {
    string array[4] = { "Tom","Jack","Mary","John"};
    _____;
    obj.List();
    return 0;
}
```

8. 下面程序的输出结果是：

A::Print: 1
B::Print: 2
B::Print: 3

请填空：

```
template < class T >
void PrintAll( const T & c ) {
    T::const_iterator i;
    for( i = c.begin(); i != c.end(); ++i)
        _____;
};
class A {
    protected:
    int nVal;
    public:
        A(int i):nVal(i) { }
        virtual void Print() { cout << "A::Print: " << nVal << endl; }
};
class B:public A {
    public:
```

新标准 C++程序设计教程

```
        B( int i):A(i) { }
        void Print() { cout << "B::Print: " << nVal << endl; }
};
int main(){
    _____;
    v.push_back( new A(1));
    v.push_back (new B(2));
    v.push_back (new B(3));
    PrintAll( v); return 0;
}
```

9. 下面的程序输出结果是：

1 2 6 7 8 9

请填空：

```
# include < iostream >
using namespace std;
int main() {
    int a[] = {8,7,8,9,6,2,1};
    _____;
    for( int i = 0;i < 7;++i)
        _____;
    ostream_iterator< int > o(cout," ");
    copy( v.begin(),v.end(),o);
    return 0;
}
```

## PART 4

C++高级主题

## 第4篇

第 20 章　C++高级主题

C++高级主题　　　第20章

20.1　强制类型转换

用类型名做强制类型转换运算符的做法，其实是 C 语言的老式做法，C++为保持兼容而予以保留。在 C++中，引入了 4 种功能不同的强制类型转换运算符以进行强制类型转换：static_cast、reinterpret_cast、const_cast 和 dynamic_cast。

强制类型转换是有一定风险的，有的转换并不一定安全。例如，把整型数值转换成指针，把基类指针转换成派生类指针，把一种函数指针转换成另一种函数指针，把常量指针转换成非常量指针等，都存在安全隐患。C++引入新的强制类型转换机制，主要是为了克服 C 语言式的强制类型转换的 3 个缺点：

（1）没有从形式上体现不同转换的功能和风险的不同。例如，将 int 强制转换成 double 是没风险的，将常量指针转换成非常量指针、把基类指针转换成派生类指针都是高风险的，而且后两者带来的风险不同（即可能引发不同种类的错误），C 语言的强制类型转换形式对这些不同并不加以区分。

（2）将多态基类指针转换成派生类指针时，不检查安全性，即无法判断转换后的指针是否确实指向一个派生类对象。

（3）难以在程序中寻找到底什么地方进行了强制类型转换。强制类型转换是引发程序运行时错误的一个原因，因此在程序出错时，可能就会想查一下是不是有哪些强制类型转换出了问题。如果采用 C 语言的老式做法，要在程序中找出所有进行了强制类型转换的地方，显然是很麻烦的，因为这些转换没有统一的格式。而用 C++的方式，则只需要查找"_cast"字符串就可以了。甚至可以根据错误的类型，有针对性地专门查找某一种强制类型转换。例如，怀疑一个错误可能是用了 reinterpret_cast 导致的，就可以只查找"reinterpret_cast"。

C++强制类型转换运算符的用法如下：

强制类型转换运算符<要转换到的类型>(待转换的表达式)

例如：

```
double d = static_cast<double>(3 * 5);      //将 3 * 5 的值转换成实数
```

下面分别介绍 4 种强制类转换运算符。

1. static_cast

static_cast 用来进行比较"自然"和低风险的转换,如整型和实数型、字符型之间互相转换。另外,如果对象所属的类重载了强制类型转换运算符 T(如 T 是 int、int * 或别的什么类型名),那么 static_cast 也能用来进行对象到 T 类型的转换。

static_cast 不能用来在不同类型的指针之间互相转换(基类指针和派生类指针之间的转换可以用它),也不能用于整型和指针之间的互相转换,当然也不能用于不同类型的引用之间的转换。因为这些转换属于风险比较高的。static_cast 用法示例如下:

```
      //program 20.1.1.cpp static_cast 示例
1.    # include < iostream >
2.    using namespace std;
3.    class A
4.    {
5.    public:
6.        operator int(){ return 1; }
7.        operator char * (){ return NULL; }
8.    };
9.    int main()
10.   {
11.       A a;
12.       int n; char *p = "New Dragon Inn";
13.       n = static_cast < int >(3.14);          //n 的值变为 3
14.       n = static_cast < int >(a);             //调用 a. operator int, n 的值变为 1
15.       p = static_cast < char * >(a);          //调用 a. operator char * , p 的值变为 NULL
16.       n = static_cast < int > (p);            //编译错误, static_cast 不能将指针转换成整型
17.       p = static_cast < char * >(n);          //编译错误, static_cast 不能将整型转换成指针
18.       return 0;
19.   }
```

2. reinterpret_cast

reinterpret_cast 用来进行各种不同类型的指针之间的转换、不同类型的引用之间的转换,以及指针和能容纳得下指针的整数类型之间的转换。转换的时候,执行的是逐个比特复制的操作。这种转换提供了很强的灵活性,但转换的安全性只能由程序员自己的细心来保证了。例如,程序员一定要把一个 int * 指针、函数指针或随便什么其他类型的指针转换成 string * 类型的指针,那也是可以的,至于以后用转换后的指针调用 string 类的成员函数,结果引发出错,那程序员只能自认倒霉了(C++标准不允许将函数指针转换成对象指针,但有些编译器,如 Visual Studio 2010,支持这种转换)。reinterpret_cast 用法示例如下:

```
      //program 20.1.2.cpp reinterpret_cast 示例
1.    # include < iostream >
2.    using namespace std;
3.    class A
4.    {
```

```
5.    public:
6.      int i;
7.      int j;
8.      A( int n ):i(n),j(n) { }
9.    };
10.   int main()
11.   {
12.      A a(100);
13.      int & r = reinterpret_cast < int&>(a);        //强行让 r 引用 a
14.      r = 200;                                       //把 a.i 变成了 200
15.      cout << a.i << "," << a.j << endl;             //输出 200,100
16.      int n = 300;
17.      A * pa = reinterpret_cast < A * > ( & n);      //强行让 pa 指向 n
18.      pa-> i = 400;                                  //n 变成 400
19.      pa-> j = 500;                                  //此条语句不安全,很可能导致程序崩溃
20.      cout << n << endl;                             //输出 400
21.      long long la = 0x12345678abcdLL;
22.      pa = reinterpret_cast < A *>(la);              //la 太长,只取低 32 位 0x5678abcd 复制给 pa
23.      unsigned int u = reinterpret_cast < unsigned int >(pa);     //pa 逐个比特复制到 u
24.      cout << hex << u << endl;                      //输出 5678abcd
25.      typedef void ( *PF1) (int);
26.      typedef int ( *PF2) (int,char *);
27.      PF1 pf1; PF2 pf2;
28.      pf2 = reinterpret_cast < PF2 >(pf1);           //两个不同类型的函数指针之间可以互相转换
29.   }
```

程序的输出结果:

```
200,100
400
5678abcd
```

第 19 行不安全,是因为在编译器看来,pa->j 的存放位置就是 n 后面的 4 个字节。本条语句会往这 4 个字节中写入 500。但我们不知道这 4 个字节是用来存放什么的,贸然往里面写入可能会导致程序错误甚至崩溃。当然运气好的话也可能什么事都没有。

上面程序中的各种转换都是莫名其妙的,只是为了演示一下 reinterpret_cast 的能力而已。在编写黑客、病毒或反病毒等怪异程序时,也许会用到那样怪异的转换。reinterpret_cast 体现了 C++语言的设计思想是你爱干啥都行,但要为自己的行为负责。

3. const_cast

此运算符仅用来进行去除 const 属性的转换,它也是 4 个强制类型转换运算符中唯一能够去除 const 属性的。它用于将 const 引用转换成同类型的非 const 引用,将 const 指针转换成同类型的非 const 指针。例如:

```
const string s = "Inception";
string & p = const_cast < string&>(s);
string *ps = const_cast < string *>(&s);              //&s 的类型是 const string *
```

4. dynamic_cast

用 reinterpret_cast 可以将多态基类(包含虚函数的基类)的指针强制转换为派生类的

指针,但是这种转换不检查安全性,即不检查转换后的指针是否确实指向一个派生类对象。dynamic_cast 专门用于将多态基类的指针或引用强制转换为派生类的指针或引用,而且能够检查转换的安全性。对于不安全的指针转换,转换结果返回 NULL 指针。

　　dynamic_cast 是通过"运行时类型检查"来保证安全性的。dynamic_cast 不能用于将非多态基类的指针或引用强制转换为派生类的指针或引用,这种转换没法保证安全性,只好用 reinterpret_cast 来完成。dynamic_cast 示例程序如下:

```
//program 20.1.3.cpp dynamic_cast 示例
1.  # include < iostream >
2.  # include < string >
3.  using namespace std;
4.  class Base
5.  { //有虚函数,因此是多态基类
6.    public:
7.        virtual ~Base() { }
8.  };
9.  class Derived:public Base { };
10. int main()
11. {
12.     Base b;
13.     Derived d;
14.     Derived *pd;
15.     pd = reinterpret_cast< Derived * > ( &b);
16.     if(pd== NULL)   //此处 pd 不会为 NULL,reinterpret_cast 不检查安全性,总是进行转换
17.         cout << "unsafe reinterpret_cast" << endl;   //不会执行
18.     pd = dynamic_cast< Derived * > ( &b);
19.     if(pd== NULL)           //结果会是 NULL,因为 &b 不是指向派生类对象,此转换不安全
20.         cout << "unsafe dynamic_cast1" << endl;       //会执行
21.     pd = dynamic_cast< Derived * > ( &d);             //安全的转换
22.     if(pd== NULL)                                     //此处 pd 不会为 NULL
23.         cout << "unsafe dynamic_cast2" << endl;       //不会执行
24.     return 0;
25. }
```

程序的输出结果:

unsafe dynamic_cast1

　　第 19 行通过判断 pd 的值是否为 NULL,就能知道第 18 行进行的转换是否是安全的。第 22 行同理。

　　如果上面的程序中出现了下面的语句:

Derived & r = dynamic_cast< Derived&>(b);

那该如何判断该转换是否安全呢?不存在空引用,因此不能通过返回值来判断转换是否安全。C++ 的解决办法是 dynamic_cast 在进行引用的强制转换时,如果发现转换不安全,就会抛出一个异常,通过处理异常,就能发现不安全的转换。在 20.4 节"C++ 异常处理"中的"C++ 标准异常类"中会讲到这一点。

20.2　运行时类型检查

C++运算符 typeid 是单目运算符,可以在程序运行过程中获取一个表达式的值的类型。typeid 运算的返回值是一个 type_info 类的对象,里面包含了类型的信息。type_info 类是在头文件 typeinfo 中定义的,一个 type_info 对象可以代表一种类型,它有成员函数 const char * name() const,可以返回 type_info 对象所代表的类的名字。

两个 type_info 对象可以用"=="和"!="进行比较。如果它们代表的类型相同,那么就算相等。

下面是 typeid 和 type_info 的用法示例,输出来自用 Visual Studio 2010 编译的程序。用 Dev C++编译的程序,输出结果不同。

```
//program 20.2.1.cpp typeid 和 type_info 用法示例
//(本程序修改自 http://www.cplusplus.com/reference/std/typeinfo/type_info/)
1.   # include < iostream >
2.   # include < typeinfo >                        //要使用 typeinfo,需要此头文件
3.   using namespace std;
4.   struct Base {};                               //非多态基类
5.   struct Derived : Base {};
6.   struct Poly_Base {virtual void Func(){} };    //多态基类
7.   struct Poly_Derived: Poly_Base {};
8.   int main()
9.   {
10.  //基本类型
11.  long i; int * p = NULL;
12.  cout << "1) int is: " << typeid(int).name() << endl;      //输出 1) int is: int
13.  cout << "2) i is: " << typeid(i).name() << endl;          //输出 2) i is: long
14.  cout << "3) p is: " << typeid(p).name() << endl;          //输出 3) p is: int *
15.  cout << "4) * p is: " << typeid( * p).name() << endl ;    //输出 4) * p is: int
16.  //非多态类型
17.  Derived derived;
18.  Base * pbase = &derived;
19.  cout << "5) derived is: " << typeid(derived).name() << endl;
20.      //输出 5) derived is: struct Derived
21.  cout << "6) * pbase is: " << typeid( * pbase).name() << endl;
22.      //输出 6) * pbase is: struct Base
23.  cout << "7) " << (typeid(derived)== typeid( * pbase) ) << endl;  //输出 7) 0
24.  //多态类型
25.  Poly_Derived polyderived;
26.  Poly_Base * ppolybase = &polyderived;
27.  cout << "8) polyderived is: " << typeid(polyderived).name() << endl;
28.      //输出 8) polyderived is: struct Poly_Derived
29.  cout << "9) * ppolybase is: " << typeid( * ppolybase).name() << endl;
30.      //输出 9) * ppolybase is: struct Poly_Derived
31.  cout << "10) " << (typeid(polyderived)!= typeid( * ppolybase) ) << endl;   //输出 10) 0
32.  }
```

第 21 行尽管 pbase 指向的是一个 Derived 对象,但是 typeid 运算无从知道这一点,因

此实际上还是根据"＊pbase"这个参数,在编译时就确定了其类型应该是 Base。

第 29 行情况就不同了,因为 Poly_Base 是多态类,该类的对象以及该类的派生类的对象内部,前 4 个字节都是虚函数表的地址。不同的类的虚函数表不同,由虚函数表能够判断出对象是属于哪个类的。所以此处的 typeid 运算才是真正的运行时类型识别,其原理和多态实现的原理是类似的。

20.3　智能指针 auto_ptr

要确保用 new 动态分配的内存空间在程序的各条执行路径都能被释放,是一件麻烦的事情。C++模板库中 memory 头文件中定义的智能指针,即 auto_ptr 模板,就是用来部分解决这个问题的。只要将 new 运算符返回的指针 p 交给一个 auto_ptr 对象"托管",就不必操心在哪里要写"delete p"了。实际上根本不需要写,托管 p 的 auto_ptr 对象在消亡的时候会自动执行"delete p"。而且,该 auto_ptr 对象能像指针 p 一样使用,即假设托管 p 的 auto_ptr 对象称为 ptr,那么 ＊ptr 就是 p 指向的对象。

1. auto_ptr 托管指针

通过 auto_ptr 的构造函数,可以让 auto_ptr 对象托管一个 new 运算符返回的指针,写法如下:

auto_ptr<T> ptr(new T); //T 可以是 int、char、类型名等各种类型

此后 ptr 就可以像 T＊ 类型的指针一样来使用,即 ＊ptr 就是用 new 动态分配的那个对象。请看下面的程序:

```
//program 20.3.1.cpp auto_ptr 示例 1
1.   # include < iostream >
2.   # include < memory >
3.   using namespace std;
4.   class A
5.   {
6.   public:
7.       int i;
8.       A(int n):i(n) {};
9.       ~A() { cout << i << " " << "destructed" << endl; }
10.  };
11.  int main()
12.  {
13.      auto_ptr < A > ptr(new A(2));        //new 出来的动态对象的指针,交给 ptr 托管
14.      cout << ptr -> i << endl;            //输出 2
15.      ptr -> i = 100;                      //动态对象的 i 成员变量变为 100
16.      A a( * ptr);                          // * ptr 就是前面 new 的动态对象
17.      cout << a.i << endl;                 //输出 100
18.      a.i = 20;
19.      return 0;
20.  }
```

程序的输出结果：

```
2
100
20 destructed
100 destructed
```

第 3 行输出是因为局部变量 a 消亡,引发析构函数调用。第 4 行输出说明用 new 创建的动态对象被析构了。程序中没有编写 delete 语句,托管动态对象指针的 ptr 对象,消亡时自动 delete 了其托管的指针。

只有指向动态分配的对象的指针,才能交给 auto_ptr 对象托管。将指向普通局部变量、全局变量的指针交给 auto_ptr 托管,编译不会有问题,但程序运行时会出错。因为不能 delete 一个并没有指向动态分配的内存空间的指针。

用一个 auto_ptr 对象 p1 对另一个同类型的 auto_ptr 对象 p2 进行赋值或初始化,会导致 p1 托管的指针变成由 p2 托管,p1 不再托管任何指针(此时访问 ＊p1,就会导致程序出错)。

2. auto_ptr 的成员函数

类 auto_ptr＜T＞有以下常用成员函数：

T ＊release();

解除对指针的托管,并返回该指针。解除对指针的托管并不会 delete 该指针。

viod reset(T ＊p = NULL);

delete 原来托管的指针,托管新指针 p。若 p 为 NULL,则执行后变成没有托管任何指针。

T ＊get() const;

返回托管的指针。

请再看一个 auto_ptr 的示例程序：

```
//program 20.3.2.cpp auto_ptr 示例 2
1.   # include < iostream >
2.   # include < memory >
3.   using namespace std;
4.   class A
5.   {
6.   public:
7.       int i;
8.       A( int n ) : i(n) {};
9.       ~A() { cout << i << " " << "destructed" << endl; }
10.  };
11.  int main()
12.  {
13.      auto_ptr < A > ptr1(new A(2));      //A(2)由 ptr1 托管,
14.      auto_ptr < A > ptr2(ptr1);          //A(2)交由 ptr2 托管,ptr1 什么都不托管
```

```
15.      auto_ptr<A> ptr3;
16.      ptr3 = ptr2;                    //A(2)交由 ptr3 托管, ptr2 什么都不托管
17.      cout << ptr3 -> i << endl;      //输出 2
18.      A * p = ptr3.release();         //p 指向 A(2), ptr3 解除对 A(2)托管
19.      ptr1.reset(p);                  //ptr1 重新托管 A(2)
20.      cout << ptr1 -> i << endl;      //输出 2
21.      ptr1.reset(new A(3));           //delete A(2), 托管 A(3),输出 2 destructed
22.      cout << "end" << endl;
23.      return 0;                       //程序结束,ptr1 消亡时,会 delete 掉 A(3)
24. }
```

程序的输出结果：

2
2
2 destructed
end
3 destructed

3. auto_ptr 的局限性

auto_ptr 对象不能托管指向动态分配的数组的指针,这样的托管是没有效果的,如：

auto_ptr<int> ptr(new int[200]);

ptr 不能起到自动释放整个动态数组的功能。

另外,auto_ptr 的复制构造函数会改变被复制的 auto_ptr 对象(即调用复制构造函数时的实参),所以不要把 auto_ptr 对象放到 STL 的容器中去。

20.4 C++ 异常处理

1. 什么是"异常处理"

程序运行时常会碰到一些异常情况,例如,做除法的时候除数为 0;用户输入年龄的时候输入了一个负数;用 new 运算符动态分配空间的时候空间不够了导致无法分配;访问数组元素的时候下标越界了;要打开文件读取的时候文件却不存在,等等。对这些异常情况如果不能发现并加以处理,很可能会导致程序崩溃。所谓"处理"可以是给出错误提示信息,然后让程序沿一条不会出错的路径继续执行;也可能是不得不结束程序,但在结束前做一些必要的工作,如将内存中的数据写入文件、关闭打开的文件、释放动态分配的内存空间等。

如果一旦发现异常情况就立即处理,未必妥当,因为在一个函数执行的过程中发生的异常,有的情况下由该函数的调用者来决定如何处理更合适。尤其像库函数这样提供给程序员调用,用以完成与具体应用无关的通用功能的函数,执行过程中对异常贸然进行处理,未必会符合调用它的程序的需要。此外,将异常分散在各处进行处理不利于代码的维护,尤其是对不同地方发生的同一种异常,都要编写相同的处理代码,也是一种不必要的重复和冗余。如果能在发生各种异常时,让程序都走到同一个地方,这个地方能够对异常进行集中处

理,则程序就会容易编写、容易维护得多。

鉴于上述原因,C++引入了"异常处理"的机制。其基本思想就是:函数 A 在执行过程中发现异常时,可以不加处理,而只是"抛出一个异常"给 A 的调用者,假定称为函数 B。抛出异常而不加处理会导致函数 A 立即中止,此种情况下,函数 B 可以选择捕获 A 抛出的异常进行处理,也可以选择置之不理。如果置之不理,这个异常就会被抛给 B 的调用者;如果一层层的函数都不处理异常,最终异常会被抛给最外层的 main 函数。main 函数应该处理异常。如果 main 函数也不处理异常,那么程序就会立即异常地中止。

2. C++异常处理基本语法

C++通过 throw 语句和 try…catch 语句实现对异常的处理。

throw 语句语法如下:

throw 表达式;

该语句抛出一个异常。异常是一个表达式,其值的类型可以是基本类型,也可以是类。

try…catch 语句语法如下:

```
try {
    语句组
}
catch(异常类型) {
    异常处理代码
}
…
catch(异常类型) {
    异常处理代码
}
```

catch 可以有多个,至少一个。

不妨把 try 和其后的一对"{}"中的内容称为"try 块",把 catch 和其后的"{}"中的内容称为"catch 块"。try…catch 语句执行的过程是:执行 try 块里面的语句,如果执行的过程中没有异常抛出,那么执行完后就执行最后一个 catch 块后面的语句,所有 catch 块里面的语句都不会被执行。如果 try 块执行的过程中抛出了异常,那么抛出异常后立即跳转到第一个"异常类型"和抛出的异常类型匹配的 catch 块里面去执行(称为异常被该 catch 块"捕获"),执行完后再跳到最后一个 catch 块后面继续执行。例如下面的程序段:

```
//program 20.4.1.cpp 异常处理
1.    #include <iostream>
2.    using namespace std;
3.    int main()
4.    {
5.        double m ,n;
6.        cin >> m >> n;
7.        try {
8.            cout << "before dividing." << endl;
9.            if( n== 0)
10.               throw -1;              //抛出 int 类型异常
```

```
11.          else
12.              cout << m / n << endl;
13.          cout << "after dividing." << endl;
14.      }
15.      catch(double d) {
16.          cout << "catch(double) " << d << endl;
17.      }
18.      catch(int e) {
19.          cout << "catch(int) " << e << endl;
20.      }
21.      cout << "finished" << endl;
22.      return 0;
23. }
```

程序运行结果如下：

```
9 6 ↙
before dividing.
1.5
after dividing.
finished
```

说明 n 不为 0 时，try 块中不会抛出异常。所以程序在 try 块正常执行完后，越过所有的 catch 块继续执行，catch 块中的语句一个也不会执行。

程序运行结果也可以是：

```
9 0 ↙
before dividing.
catch(int) -1
finished
```

n 为 0 时，try 块中会抛出一个整型异常。抛出异常后，try 块立即停止执行。该整型异常会被类型匹配的第一个 catch 块捕获，即进入"catch(int e)"块执行，该 catch 块执行完毕后，程序继续往后执行，直到正常结束。

如果抛出的异常没有被 catch 块捕获，例如，将"catch(int e)"改为"catch(char e)"的话，输入的 n 为 0 时，抛出的整型异常就没有被 catch 块捕获，这个异常也就得不到处理，那么程序就会立即中止，try…catch 后面的内容都不会被执行。

3. 能够捕获任何异常的 catch 语句

如果希望不论抛出哪种类型的异常都能捕获，可以编写如下 catch 块：

```
catch(...) {
    …
}
```

这样的 catch 块能够捕获任何还没有被捕获的异常。例如下面的程序段：

```
//program 20.4.2.cpp 捕获任何异常的 catch 块
1.  # include < iostream >
2.  using namespace std;
```

```
3.   int main()
4.   {
5.       double m ,n;
6.       cin >> m >> n;
7.       try {
8.           cout << "before dividing." << endl;
9.           if( n== 0)
10.              throw −1;                //抛出整型异常
11.          else if( m== 0 )
12.              throw −1.0;              //抛出 double 型异常
13.          else
14.              cout << m / n << endl;
15.          cout << "after dividing." << endl;
16.      }
17.      catch(double d) {
18.          cout << "catch(double) " << d << endl;
19.      }
20.      catch(...) {
21.          cout << "catch(...) " << endl;
22.      }
23.      cout << "finished" << endl;
24.      return 0;
25.  }
```

程序运行结果如下：

```
9 0 ↙
before dividing.
catch(...)
finished
```

n 为 0 时，抛出的整型异常被“catch(...)”捕获。

程序的运行结果也可以是：

```
0 6 ↙
before dividing.
catch(double) −1
finished
```

m 为 0 时，抛出一个 double 类型的异常。虽然“catch(double)”和“catch(...)”都能匹配该异常，但是“catch(double)”是第一个能匹配上的 catch 块，所以会执行它，而不会执行“catch(...)”这个块。

由于“catch(...)”能匹配任何类型的异常，所以它后面的 catch 块实际上就不起作用了。所以不要将它编写在别的 catch 块前面。

4. 异常的再抛出

如果一个函数在执行的过程中，抛出的异常在本函数内就被 catch 块捕获并处理了，那么该异常就不会抛给这个函数的调用者（也称“上一层的函数”）；如果异常在本函数中没被处理，就会被抛给上一层的函数。请看下面的程序示例：

新标准 C++ 程序设计教程

```cpp
//protram 20.4.3.cpp 异常再抛出
1.   # include < iostream >
2.   # include < string >
3.   using namespace std;
4.   class CException
5.   {
6.       public:
7.           string msg;
8.           CException(string s):msg(s) { }
9.   };
10.  double Devide(double x, double y)
11.  {
12.      if(y == 0)
13.          throw CException("devided by zero");
14.      cout << "in Devide" << endl;
15.      return x / y;
16.  }
17.  int CountTax(int salary)
18.  {
19.      try {
20.          if( salary < 0 )
21.              throw - 1;
22.          cout << "counting tax" << endl;
23.      }
24.      catch (int) {
25.          cout << "salary < 0" << endl;
26.      }
27.      cout << "tax counted" << endl;
28.      return salary * 0.15;
29.  }
30.  int main()
31.  {
32.      double f = 1.2;
33.      try {
34.          CountTax( - 1);
35.          f = Devide(3,0);
36.          cout << "end of try block" << endl;
37.      }
38.      catch(CException e) {
39.          cout << e.msg << endl;
40.      }
41.      cout << "f = " << f << endl;
42.      cout << "finished" << endl;
43.      return 0;
44.  }
```

程序的输出结果：

salary < 0
tax counted
devided by zero

f = 1.2
finished

　　CountTax 函数抛出的异常自己处理了,这个异常就不会继续被抛给调用者,即 main。所以 main 的 try 块中,CountTax 之后的语句还能正常执行,即会执行"f＝Devide(3,0);"。

　　第 35 行,Devide 函数抛出了异常,自己却不处理,该异常就会被抛给 Devide 的调用者,即 main。抛出此异常后,Devide 函数立即结束,第 14 行不会被执行,函数也不会返回一个值,这从第 35 行中 f 的值不会被修改可以看出。

　　Devide 中抛出的异常被 main 中的类型匹配的 catch 块捕获。第 38 行中的 e 对象是用复制构造函数初始化的。

　　如果抛出的异常是派生类的对象,而 catch 块的异常类型是基类,那么这两者也是能匹配的。因为派生类对象也是基类对象。

　　虽然函数也可以通过返回值或者传引用的参数通知调用者发生了异常,但采用这种方式的话,每次调用该函数都要去判断是否发生异常,在多处调用该函数的时候比较麻烦。有了异常处理机制,可以将这多处调用都写在一个 try 块里面,任何一处调用发生异常都会被匹配的 catch 块捕获并处理,就不需要每次调用完都判断是否发生异常了。

　　有时,虽然在函数中对异常进行了处理,但是还是希望能够通知调用者,以便让调用者知道发生了异常,可以做进一步的处理。在 catch 块中抛出异常可以满足这种需要。例如:

```
      //program 20.4.4.cpp catch 块中抛出异常
1.    # include < iostream >
2.    # include < string >
3.    using namespace std;
4.    int CountTax( int salary)
5.    {
6.        try {
7.            if( salary < 0 )
8.                throw string("zero salary");
9.            cout << "counting tax" << endl;
10.
11.        }
12.        catch ( string s ) {
13.            cout << "CountTax error : " << s << endl;
14.            throw;                    //继续抛出捕获的异常
15.        }
16.        cout << "tax counted" << endl;
17.        return salary * 0.15;
18.    }
19.    int main()
20.    {
21.        double f = 1.2;
22.        try {
23.            CountTax( -1);
24.            cout << "end of try block" << endl;
25.        }
26.        catch(string s) {
27.            cout << s << endl;
```

```
28.      }
29.      cout << "finished" << endl;
30.      return 0;
31.  }
```

程序的输出结果：

CountTax error : zero salary
zero salary
finished

第 14 行"throw;"没有指明抛出什么样的异常，那么抛出的就是 catch 块捕获到的异常，即 string("zero salary")。所以这个异常会被 main 中的 catch 块捕获。

5. 函数的异常声明列表

为了增强程序的可读性和可维护性，让程序员在使用一个函数时一眼就能看出这个函数可能会抛出什么异常，C++允许在函数声明和定义时加上它所能抛出的异常的列表，具体写法如下：

```
void func() throw( int ,double ,A,B,C);
```

或者：

```
void func() throw( int ,double ,A,B,C){ … }
```

上面的写法表明 func 可能抛出 int 类型、double 类型，以及 A、B、C 这 3 种类型的异常。异常声明列表可以在函数声明时编写，也可以在函数定义时编写。如果两处都编写，则两处应一致。

如果异常声明列表编写为：

```
void func() throw();
```

则说明 func 函数不会抛出任何异常。

一个函数如果不交代能抛出哪些类型的异常，就可以抛出任何类型的异常。

函数如果抛出了其异常声明列表中没有的异常，在编译时不会引发错误。在运行时，Dev C++编译出来的程序会出错。用 Visual Studio 2010 编译出来的程序则不会出错，异常声明列表实际上不起作用。

6. C++标准异常类

C++标准库中有一些类代表异常，这些类都是从 exception 类派生而来。常用的几个异常类如下：

bad_typeid、bad_cast、bad_alloc、ios_base∷failure、out_of_range 都是 exception 类的派生类。C++程序在碰到某些异常时，即使程序中没有编写 throw 语句，也会自动抛出上述异常类的对象。这些异常类还都有名为"what"的成员函数，返回字符串形式的异常

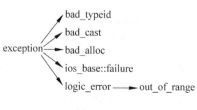

图 20.1

描述信息。使用这些异常类,需要包含头文件 stdexcept。下面分别介绍几个异常类,本节程序的输出以 Visual Studio 2010 为准,Dev C++编译的程序输出有所不同。

1) bad_typeid

使用 typeid 运算符时,如果其操作数是一个多态类的指针,而该指针值为 NULL,则会抛出此异常。

2) bad_cast

在用 dynamic_cast 进行从多态基类对象(或引用)到派生类的引用的强制类型转换时,如果转换是不安全的,则会抛出此异常。程序示例如下:

```
//program 20.4.5.cpp bad_cast 异常
1.    # include < iostream >
2.    # include < stdexcept >
3.    using namespace std;
4.    class Base
5.    {
6.        virtual void func(){}
7.    };
8.    class Derived : public Base
9.    {
10.   public:
11.       void Print() {}
12.   };
13.   void PrintObj( Base & b)
14.   {
15.       try {
16.           Derived & rd = dynamic_cast < Derived& >(b);
17.           //此转换若不安全,会抛出 bad_cast 异常
18.           rd.Print();
19.       }
20.       catch (bad_cast& e) {
21.           cerr << e.what() << endl;
22.       }
23.   }
24.   int main ()
25.   {
26.       Base b;
27.       PrintObj(b);
28.       return 0;
29.   }
```

程序的输出结果:

Bad dynamic_cast!

在 PrintObj 函数中,通过 dynamic_cast 检测 b 是否引用的是一个 Derived 对象,如果是,就调用其 Print 成员函数;如果不是,就抛出异常,不会调用 Derived::Print。

3) bad_alloc

在用 new 运算符进行动态内存分配时,如果没有足够的内存,则会引发此异常。程序

示例如下：

```
//program 20.4.6.cpp bad_alloc 异常
1.   # include < iostream >
2.   # include < stdexcept >
3.   using namespace std;
4.   int main ()
5.   {
6.     try {
7.       char *p = new char[0x7fffffff]; //无法分配这么多空间,会抛出异常
8.     }
9.     catch (bad_alloc & e) {
10.      cerr << e.what() << endl;
11.    }
12.    return 0;
13. }
```

程序的输出结果：

bad allocation

4）ios_base::failure

在默认的状态下,输入输出流对象不会抛出此异常。如果用流对象的 exceptions 成员函数设置了一些标志位,则在打开文件出错,读到了输入流的文件尾时,会抛出此异常。详解略。

5）out_of_range

用 vector 或 string 的 at 成员函数根据下标访问元素时,如果下标越界,就会抛出此异常。例如：

```
//program 20.4.7.cpp out_of_range 异常
1.   # include < iostream >
2.   # include < stdexcept >
3.   # include < vector >
4.   # include < string >
5.   using namespace std;
6.   int main ()
7.   {
8.     vector < int > v(10);
9.     try {
10.      v.at(100) = 100;                //抛出 out_of_range 异常
11.    }
12.    catch (out_of_range& e) {
13.      cerr << e.what() << endl;
14.    }
15.    string s = "hello";
16.    try {
17.      char c = s.at(100);             //抛出 out_of_range 异常
18.    }
19.    catch (out_of_range& e) {
20.      cerr << e.what() << endl;
21.    }
22.    return 0;
23. }
```

程序的输出结果：

invalid vector <T> subscript
invalid string position

如果将"v. at(100)"换成"v[100]"，将"s. at(100)"换成"s[100]"，程序就不会引发异常了(但可能导致程序崩溃)。因为 at 成员函数中会检测下标越界并抛出异常，但是 operator []则不会。operator []相比 at 的好处就是不用判断越界，所以执行速度更快。

20.5　名字空间

1. 什么是"名字空间"

在多个程序员合作一个大型的 C++程序时，一个程序员起的某个全局变量名、类名，有可能和其他程序员起的名字重名。编写大型程序可能需要使用多个其他公司开发的类库或函数库，如果这些类库和函数库设计的时候都不考虑重名问题，那么同时使用两个不同的类库或函数库产品时，就会碰到无法解决的重名错误。重名主要有以下情况：

(1) 全局变量名重名。

(2) 全局函数重名，而且参数表还相同。

(3) 自定义类型名重名，包括结构名、联合名、枚举名、typedef 的类型名以及类名的重名。

(4) 模板名重名。

用 C++编程应避免使用全局变量。全局变量都可以用类的静态成员变量替代，这样做就不存在全局变量重名的问题了。

要解决后面 3 种重名的情况，可以使用"名字空间"(namespace)的机制。下面所提到的"名字"，指的就是自定义类型名、模板名或全局函数名。

C++程序中的每个名字都是属于一个名字空间的。如果定义该名字的时候没有指定它属于哪个名字空间，那么它就属于"全局名字空间"。本书前面的程序中，所有自己定义的名字都没有指定名字空间，因此都是属于全局名字空间。注意：整个程序只有一个全局名字空间，而不是每个. cpp 文件都有各自的全局名字空间。

程序员可以用"namespace"关键字来自己定义名字空间，写法如下：

```
namespace 名字空间名
{
    程序片段
}
```

上述的结构称为一个"namespace 块"。namespace 块中可以包含各种名字的定义。

注意：和类定义不同，namespace 块最后的"}"后面不要分号";"。这里所说的"程序片段"几乎可以包含任何东西，如多个类、多个全局函数的函数体、完整的模板、全局变量等。如果某个名字是在上面这样的 namespace 块中定义的，就称这个名字属于该名字空间。

名字空间的定义可以不是连续的，即一个文件中可以有多个名字空间名相同的

namespace 块,每个块中的程序片段不一样。例如,一个. cpp 文件或. h 文件中内容可以如下:

```
namespace group1
{
    class A {};
    …
}
…
namespace group1
{
    class B {};
    …
}
```

那么,A、B 都属于名字空间 group1。

不妨将"使用一个已经定义好的名字"称为对该名字的引用。例如,调用一个函数、实例化一个模板或用类定义一个对象等,都算是对函数的名字、模板的名字或类的名字的引用。编译器碰到一个名字的引用时,如果这个名字没有被指明属于哪个名字空间,编译器就会在覆盖当前语句的名字空间中去寻找这个名字。**全局名字空间总是覆盖所有的语句**,而程序员自己定义的名字空间,在某些条件下会覆盖某些语句。下面看一个名字空间的简单例子:

```
//program 20.5.1.cpp 名字空间简单用法
1.  namespace graphics
2.  {
3.      class A{};                    //A 属于名字空间 graphics
4.  }
5.  int main()
6.  {
7.      A a;                          //编译出错,A 没有定义
8.      graphics::A b;                //OK, 指明了 A 所属的名字空间
9.      return 0;
10. }
```

在上面的程序中,类名 A 定义是在 graphics 名字空间中定义的,所以它属于名字空间 graphics,不属于全局名字空间。编译到第 7 行时,虽然前面定义了 graphics 名字空间,但是本行并没有被 graphics 名字空间覆盖,因此编译器只能在全局名字空间中寻找名字 A,结果当然是找不到,于是报"A 没有定义"的错误。

用"名字空间名::名字"格式可以指明一个名字所属的名字空间。正如第 8 行,"graphics::A"就指明了 A 是属于名字空间 graphics 的。虽然 graphics 名字空间还没有覆盖本行,但是编译器还是能据此在 graphics 名字空间中找到 A 的定义,因此编译没有问题。

2. 让名字空间起到覆盖作用

使用下面的语句,可以使得一个名字空间起到覆盖作用:

using namespace 名字空间名;

这条语句能起作用的范围和标识符的作用域有些相似。如果它出现在所有的函数外

面,那么它会使得名字空间覆盖其后的所有语句,即起作用的范围相当于全局变量的作用域;如果它出现在一个函数内部,那么会使得名字空间覆盖从它开始直到包含它的最内层的"{}"的右花括号"}"为止,这和局部变量的作用域是一致的。

例如,前面看到了无数次的程序开头的"using namespace std;",这条语句就使得名字空间"std"覆盖了其后所有语句。std 是 C++标准模板库的名字空间,C++标准模板库中的标识符,如 cin、cout、string、istream、vector、find 等,都是在该名字空间中定义的,都属于该名字空间。"using namespace std;"使得其后所有的语句都被 std 覆盖,因此程序中若是出现了 cin、cout、istream、vector 等名字,编译器就能在 std 名字空间中找到这些名字的定义。

一条语句或一段程序可以同时被多个名字空间覆盖,编译器会在覆盖它的多个名字空间中寻找它所引用的名字的定义,如果都找不到,就会报错。请看下面的示例程序:

```
//program 20.5.2.cpp 多个名字空间
1.   # include < iostream >
2.   using namespace std;
3.   namespace graphics
4.   {
5.       class A{};
6.   }
7.   using namespace graphics;           //graphics 会覆盖后面的内容
8.   int main()
9.   {
10.      A a;                            //编译没问题,graphics 已覆盖此处
11.      return 0;
12.  }
```

第 7 行使得名字空间 graphics 覆盖了其后所有的内容,编译到第 10 行时,编译器会到 graphics 名字空间中找到 A 的定义,因此没有问题。

编译器在编译某条语句时,如果该语句引用的名字在同时覆盖该语句的不止一个名字空间中出现,那么编译器不知道应该用哪个名字空间的名字,因而会报二义性的错误(同名而参数表不同的函数不属于这种情况)。不过这一条也有例外。请看例程:

```
//program 20.5.3.cpp 名字空间二义性
1.   # include < iostream >
2.   using namespace std;
3.   class A {};
4.   class B {};
5.   namespace graphics
6.   {
7.       class A{ int v; };
8.       A a0;                           //graphics 名字空间的 A
9.       B b;                            //全局名字空间的 B
10.  }
11.  using namespace graphics;
12.  int main()
13.  {
14.      A a1;                           //二义性错误,不知道是哪个名字空间的 A
15.      graphics::A a2;                 //引用 graphics 名字空间的 A
```

```
16.        ::A a3;                          //引用全局名字空间的 A
17.          return 0;
18.  }
```

程序中有全局名字空间的 class A，也有 graphics 名字空间的 class A。

在 namespace 块的内部，全局名字空间中的名字会被这里定义的同名名字屏蔽。例如，上面程序中，定义 graphics 的 namespace 块内部也是全局名字空间的覆盖范围，但是在这里如果定义了和全局名字空间中重名的名字，全局名字空间中的名字自动被屏蔽，不会有二义性。所以第 8 行的 A 就是 graphics 中定义的 class A。

但是在第 14 行，全局名字空间和 graphics 名字空间都覆盖了本行，而且都包含 A 这个名字，因此本行导致二义性的编译错误。

第 16 行，名字前面加"::"而不编写名字空间，等于是指定该名字属于全局名字空间。

3. 单独使用名字空间中的名字

如果不在程序中编写"using namespace std;"，那么程序中的 cin、cout、vector 等都会没有定义；但是如果在使用它们时前面都加上"std::"，就不会有问题了，例如下面的程序，能够编译通过：

```
//program 20.5.4.cpp 单独使用名字空间中的名字
1.   # include < iostream >
2.   # include < vector >
3.   int main()
4.   {
5.       std::vector< int > v;
6.       std::vector< int >::iterator i = v.begin();
7.       std::cout << "Hello" << std::endl;
8.       std::cout << "World" << std::endl;
9.       return 0;
10.  }
```

有时，编写大程序时，程序员会因为担心和 std 中的名字发生重名，所以不想写"using namespaces std;"，但这样的话，每个 std 里面的名字前面都要加上"std::"，显然非常麻烦。C++ 对此有解决办法。假设 s 是一个名字空间的名称，y 是一个名字，C++ 允许只在程序中编写一次"using s::y;"，此后碰到 y，编译器就认为它应该属于名字空间 s。例如：

```
//program 20.5.5.cpp 单独使用名字空间中的名字
1.   # include < iostream >
2.   # include < vector >
3.   using std::cout;
4.   using std::vector;
5.   using std::endl;
6.   int main()
7.   {
8.       vector< int > v;                    //前面交代过，vector 是属于 std 的
9.       vector< int >::iterator i = v.begin();
10.      cout << "Hello" << endl;            //前面交代过，cout 和 endl 是属于 std 的
11.      cout << "World" << endl;
```

```
12.    return 0;
13.  }
```

4. 用名字空间避免重名

多个程序员合作的时候,会互相用到别人编写的类、模板、全局函数等。用名字空间避免重名的具体做法如下:

将一个.cpp 文件中需要提供给别人使用的名字的定义或声明写在一个 namespace 块里面,然后将该 namespace 块放在一个头文件中,供别的.cpp 文件包含。namespace 块中可以包含类定义,但不能包含类的非内联成员函数的函数体;可以包含全局函数的声明,但不能包含全局函数的函数体,否则在链接的时候都会导致重复定义的错误。全局函数和成员函数的函数体应放在一个同名的 namespace 块中,并将这个 namespace 块放在一个.cpp 文件中。函数模板和类模板的全部内容都可以放在头文件的 namespace 块中,不用担心重复定义问题。

下面的程序由 namespacedemo.cpp、group1.cpp 和 group2.cpp 组成。另外还有两个头文件 group1.h 和 group2.h。在这个程序中,定义了两个名字空间 group1 和 group2,两个名字空间中包含的名字一模一样,通过名字空间,就能区别使用这些名字。

```cpp
    //program group1.h
1.   # include < iostream >
2.   # include < vector >
3.   using namespace std;
4.   namespace group1
5.   {//包含一个全局函数名、一个类名、一个函数模板名、一个类模板名
6.       void Func1();
7.       class A {
8.          public:
9.             A() { cout << "group1::A()" << endl;}
10.            void Print();              //函数体写在 group1.cpp 中
11.      };
12.      template < class T >
13.      void templateFunc( T a)
14.      {
15.          cout << a << " in group1::templateFunc()" << endl;
16.      }
17.      template < class T >
18.      class templateCls
19.      {
20.          vector < T > v;
21.          public:
22.             void Append(const T & t);
23.      };
24.      template < class T >
25.      void templateCls < T >::Append(const T & t)
26.      {
27.          v.push_back(t);
28.          cout << t << " appended in group1::templateCls::append" << endl;
```

```
29.      }
30.  }
```

group2.h 和 group1.h 几乎一样,只是把"group1"改成了"group2":

```
    //program group2.h
1.   # include < iostream >
2.   # include < vector >
3.   using namespace std;
4.   namespace group2
5.   {//包含一个全局函数名、一个类名、一个函数模板名、一个类模板名,它们和 group1 中的一样
6.       void Func1();
7.       class A {
8.          public:
9.              A() { cout << "group2::A()" << endl;}
10.             void Print();          //函数体写在 group2.cpp 中
11.       };
12.       template < class T >
13.       void templateFunc(T a)
14.       {
15.           cout << a << " in group2::templateFunc()" << endl;
16.       }
17.       template < class T >
18.       class templateCls
19.       {
20.          vector < T > v;
21.          public:
22.              void Append(const T & t);
23.       };
24.       template < class T >
25.       void templateCls < T >::Append(const T & t)
26.       {
27.           v.push_back(t);
28.           cout << t << " appended in group2::templateCls::append" << endl;
29.       }
30.  }
```

group1.cpp 中包含了 group1.h 中 Func1 函数和 A::Print 函数的函数体:

```
    //program group1.cpp
1.   # include < iostream >
2.   # include "group1.h"
3.   using namespace std;
4.   namespace group1                 //一个 namespace 分多段写是可以的
5.   {
6.     void Func1() { cout << "group1::Func1" << endl; }
7.     void A::Print() { cout << "group1::A::Print" << endl; }
8.   }
```

group2.cpp 和 group1.cpp 几乎一样,只是把"group1"改成了"group2":

```
//program group2.cpp
1.   # include < iostream >
2.   # include "group2.h"
3.   using namespace std;
4.   namespace group2
5.   {
6.      void Func1() { cout << "group2::Func1" << endl; }
7.      void A::Print() { cout << "group2::A::Print" << endl; }
8.   }
```

namespacedemo.cpp 如下：

```
//program namespacedemo.cpp
1.   # include "group1.h"
2.   # include "group2.h"
3.   using namespace std;                              //此行写不写都一样
4.   int main()
5.   {
6.      group1::Func1();                               //输出 group1::Func1
7.      group1::A a1;                                  //输出 group1::A()
8.      a1.Print();                                    //输出 group1::A::Print
9.      group1::templateFunc("Hello");                //输出 Hello in group1::templateFunc()
10.     group1::templateCls < int > t1;               //
11.     t1.Append(100);                               //输出 100 appended in group1::templateCls::Append
12.     group2::Func1();                               //输出 group2::Func1
13.     group2::A a2;                                  //输出 group2::A()
14.     a2.Print();                                    //输出 group2::A::Print
15.     group2::templateFunc("Hello");                //输出 Hello in group2::templateFunc()
16.     group2::templateCls < int > t2;               //
17.     t2.Append(100);                               //输出 100 appended in group2::templateCls::Append
18. }
```

5. 无名名字空间

如果在一个.cpp 文件中定义的某些函数、类、模板等,不想让别的文件使用,则可以把这些东西写在一个无名名字空间中,如下面的程序由 func.cpp 和 main.cpp 组成。

```
//program func.cpp 无名名字空间
1.   namespace                              //无名名字空间
2.   {
3.      void Func1(){}
4.   } //无名名字空间自动覆盖其后的所有代码
5.   void Func2() {
6.      Func1();                            //此处被无名名字空间覆盖,因此 Func1 有定义
7.   }
```

main.cpp 文件如下：

```
//program main.cpp 无名名字空间
1.   void Func1();
2.   void Func2();
```

```
3.   int main()
4.   {
5.       Func1();                        //此语句链接时导致没有定义错误
6.       Func2();
7.       return 0;
8.   }
```

在 main.cpp 中对 Func1 和 Func2 都做了声明,因此编译不会出错。但是在链接的时候,编译器在全局名字空间中找不到 Func1,因此 main 中调用 Func1 的语句会导致出错。在 main 里面无法直接调用 Func1,因为它不属于全局名字空间,它所属的名字空间又没有名字,因此无法使用它。

无名名字空间自动覆盖它所在的文件,因此在 func.cpp 中可以使用 Func1。

20.6　C++11 新特性概要

2011 年 9 月,C++ 标准委员会通过了最新的 C++ 标准,这个标准被称为"C++0x"或者"C++ 11"。新标准对 C++ 做了大量的改进和扩充,有语法方面的,也有库方面的。

C++ 11 在库方面的许多改进源自 Boost 库。Boost 是一个跨平台的开源 C++ 程序库,其创建者很多是 C++ 标准委员会的成员。Boost 库内容涉及很多方面,如智能指针、多线程、数学库、随机数、正则表达式等。优秀的 C++ 程序员不能不了解 Boost。Boost 的官方网址是 www.boost.org。

Dev C++ 4.9.9.2 内核的 gcc 编译器还不够新,对 C++ 11 的支持不如 Visual Studio 2010。故本节的程序都是在 Visual Studio 2010 中编译的。

C++ 发明人 Bjarne Stroustrup 有一个主页,网址是 http://www2.research.att.com/~bs/,里面的 C++0x FAQ 对 C++ 11 的新特性做了比较充分的说明。

下面介绍部分 C++ 11 中的新特性。

20.6.1　智能指针 shared_ptr

shared_ptr 模板和 auto_ptr 有类似之处,它包括的成员函数和 auto_ptr 也大多类似。它相比 auto_ptr 的改进之处在于,auto_ptr 对象独享对指针的托管权,而多个 shared_ptr 对象可以共同托管一个指针 p,在最后一个托管 p 的 shared_ptr 对象消亡时,才会执行"delete p"。请看下面的程序段:

```
//program 20.6.1.1.cpp shared_ptr
1.   # include <memory>
2.   # include <iostream>
3.   using namespace std;
4.   class A
5.   {
6.   public:
7.       int n;
8.       A(int v):n(v){ }
```

```
9.       ~A() { cout << n << " destructor" << endl; }
10.    };
11.    int main()
12.    {
13.        shared_ptr < A > sp1(new A(2));
14.        shared_ptr < A > sp2(sp1);
15.        cout << sp1 -> n << "," << sp2 -> n << endl;
16.    }
```

程序的输出结果：

2,2
2 destructor

第 15 行输出"2,2"，说明 sp1 和 sp2 共同托管同一指针。只输出一行"2 destructor"，也说明多个 shared_ptr 共同托管的指针并不会被 delete 多次。

20.6.2　无序容器(哈希表)

C++11 新增了 4 种"无序容器"，分别是 unordered_map、unordered_set、unordered_multimap 和 unordered_multiset。它们实现的都是哈希表。哈希表是一种能够快速查找的数据结构，查找时间比关联容器更快，大多数情况下时间复杂度都是 O(1)的。无序容器用法和关联容器相似，请看下面关于 unordered_map 的例子：

```
//program 20.6.2.cpp unordered_map 示例
1.    # include < iostream >
2.    # include < string >
3.    # include < unordered_map >
4.    using namespace std;
5.    int main()
6.    {
7.        unordered_map < string, int > turingWinner;          //图灵奖获奖名单
8.        turingWinner.insert(make_pair("Dijkstra",1972));
9.        turingWinner.insert(make_pair("Scott",1976));
10.        turingWinner.insert(make_pair("Wilkes",1967));
11.        turingWinner.insert(make_pair("Hamming",1968));
12.        turingWinner["Ritchie"] = 1983;
13.        string name;
14.        cin >> name;                      //输入姓名
15.        unordered_map < string,int >::iterator p = turingWinner.find(name);
                                  //根据姓名查获奖时间
16.        if( p != turingWinner.end())
17.            cout << p -> second;
18.        else
19.            cout << "Not Found" << endl;
20.        return 0;
21.    }
```

程序运行结果可以是：

Ritchie↙
1983

也可以是：

Bush↙
Not Found

这个程序换成用 map 结果也一样。但是在元素很多的时候，用哈希表确实能比用关联容器查找效率明显提高。

20.6.3　正则表达式

正则表达式(regular expression)用于非常灵活的字符串匹配、查找和替换。仅以匹配为例，正则表达式可以方便地完成类似下面的复杂匹配任务："看一个字符串是否包含如下子串：该子串以一个长度不超过 10 的英文单词开头，接下来是 3 到 8 个数字，再接下来是一个任意的字符，然后是重复 3 次的长度为 4 的英文单词"。C++ 11 中对正则表达式的支持是通过 regex 类，以及 regex_match、regex_search、regex_replace 等几个函数来完成的。请看示例程序：

```
//program 20.6.3.1.cpp 正则表达式
1.    # include < iostream >
2.    # include < regex >                        //使用正则表达式需要包含此文件
3.    using namespace std;
4.    int main()
5.    {
6.        regex reg("b.?p.* k");
7.        cout << regex_match("bopggk",reg) << endl;        //输出 1 表示匹配成功
8.        cout << regex_match("boopgggk",reg) << endl;      //输出 0 表示匹配失败
9.        cout << regex_match("b pk",reg) << endl;          //输出 1 表示匹配成功
10.       regex reg2("\\d{3}([a-zA-Z]+).(\\d{2}|N/A)\\s\\1");
11.       string correct = "123Hello N/A Hello";
12.       string incorrect = "123Hello 12 hello";
13.       cout << regex_match(correct,reg2) << endl;        //输出 1 表示匹配成功
14.       cout << regex_match(incorrect,reg2) << endl;      //输出 0 表示匹配失败
15.   }
```

第 6 行定义了一个正则表达式对象，其中包含的正则表达式是"b.?p.* k"。正则表达式描述了一种字符串的模式。表达式中 '.' 代表任意一个字符，' * '代表出现零次或更多次，'＋'代表出现一次或更多次，'?' 代表出现零次或一次。因此在第 7 行，"bopggk""是能够匹配这个正则表达式的，它以'b'开头，后面跟着出现了一次的某个字符'o'，然后是'p'，接下来出现了两次的某个字符'g'，再接下来是'k'。在第 8 行，"boopgggk"不能匹配 reg，因为其中的'o'出现了两次，不符合"b 后面应该跟着某个出现了零次或一次的字符，然后再是 p"这个模式。第 9 行请读者自己分析。

第 10 行的正则表达式中，"\d"(别忘了 C++字符串中'\'要连写两次)代表数字，"{3}"代表出现 3 次(即数字出现 3 次)"\s"代表空格，"()"中的内容是"项"，"\1"代表此处应出现第一项。这个正则表达式表示以下模式的字符串：

3 个数字，一个英文单词，任意一个字符，两个数字或"N/A"，空格，然后是第一项(即前面出现的那个英文单词)。

按照这个模式，"123Hello N/A Hello" 能够匹配，而 "123Hello 12 hello" 不能，因为它最后出现的那个单词不是前面出现的"Hello"，差了一个字母。

正则表达式很复杂，这里只能做一点极为皮毛的介绍。

20.6.4　Lambda 表达式

使用 STL 的时候，往往会大量用到函数对象，为此要编写很多函数对象类。有的函数对象类只定义了一个对象，而且这个对象也只使用了一次，那么编写这样的函数对象类就感觉有点浪费。而且，定义函数对象类的地方和使用函数对象的地方可能相隔较远，看到函数对象，想要查看其 operator()成员函数到底是做什么的，也会比较麻烦。对于只使用一次的函数对象类，能不能直接在使用它的地方来定义呢？Lambda 表达式就能解决这个问题。使用 Lambda 表达式可以减少程序中的函数对象类的数目，使得程序更加优雅一些。

Lambda 表达式的定义形式如下：

```
[外部变量访问方式说明符](参数表)->返回值类型
{
    语句组
}
```

其中，"外部变量访问方式说明符"可以是"="或"&"，表示"{ }"里面用到的，定义在"{ }"外面的变量，在"{ }"中是否允许被改变。"="表示不允许，"&"表示允许。当然，"{ }"里面也可以不使用定义在外面的变量。"->返回值类型"也可以没有。下面就是一个合法的 Lambda 表达式：

```
[ = ](int x,int y)->bool { return x % 10 < y % 10; }
```

Lambda 表达式实际上是一个函数，只是它没有名字。下面的程序段使用了上面的 Lambda 表达式：

```
int a[4] = { 11,2,33,4};
sort(a,a + 4,[ = ](int x,int y)->bool { return x % 10 < y % 10; });
for_each(a,a + 4,[ = ](int x) {cout << x << " " ;});
```

程序运行结果如下：

11 2 33 4

程序第 2 行使得数组 a 按个位数从小到大排序。具体的原理是 sort 在执行过程中，需要判断两个元素 x、y 的大小时，会以 x、y 作为参数，调用 Lambda 表达式所代表的函数，并根据返回值来判断 x、y 的大小。这样，就用不着专门编写一个函数对象类了。

第 3 行，for_each 的第 3 个参数是一个 Lambda 表达式。for_each 执行过程中会依次以每个元素作为参数调用它，所以每个元素都被输出了。

下面看一个用到了外部变量的 Lambda 表达式的程序：

```
1.  # include < iostream >
2.  # include < algorithm >
3.  using namespace std;
```

新**标准 C++ 程序设计教程**

```
4.   int main()
5.   {
6.        int a[4] = { 1,2,3,4};
7.        int total = 0;
8.        for_each(a, a + 4, [&](int & x) {total += x; x *= 2;});
9.        cout << total << endl; //输出 10
10.       for_each(a, a + 4, [ = ](int x) { cout << x << " ";});
11.       return 0;
12.  }
```

程序运行结果如下：

```
10
2 4 6 8
```

第 8 行，"[&]"表示该 Lambada 表达式中用到的外部变量 total 是传引用的，其值可以在表达式执行过程中被改变（如果使用"[=]"，就会编译不过了）。该 Lambada 表达式每次被 for_each 执行，都将 a 中的一个元素累加到 total 上，然后将该元素加倍。

实际上，"外部变量访问方式说明符"还可以有更加复杂和灵活的用法。例如，[=, &x, &y]表示外部变量 x、y 的值可以被修改，其余外部变量不能被修改；i[&, x, y]表示除 x、y 以外的外部变量的值都可以被修改。

请看下面的例子：

```
//program 20.6.4.cpp Lambda 表达式
1.   # include < iostream >
2.   using namespace std;
3.   int main()
4.   {
5.        int x = 100, y = 200, z = 300;
6.        auto ff = [ =, &y, &z](int n) {
7.             cout << x << endl;
8.             y++; z++;
9.        return n * n;
10.       };
11.       cout << ff(15) << endl;
12.       cout << y << "," << z << endl;
13.  }
```

程序的输出结果：

```
100
225
201,301
```

第 6 行定义了一个变量"ff"。它的类型是"auto"，表示由编译器自动判断其类型——这也是 C++ 11 的新特性。本行将一个 Lambda 表达式赋值给 ff，以后就可以通过 ff 来调用该 Lambda 表达式了。

第 11 行通过 ff，以 15 作为参数 n，调用了上面的 Lambda 表达式。该 Lambda 表达式的含义是,对于外部变量 y、z,可以修改其值,其他外部变量(例如 x)不能修改值。因此在该表达式执行时,可以修改外部的 y、z 的值,但如果出现试图修改 x 值的语句,编译就会报错。

20.6.5　auto 关键字和 decltype 关键字

可以用"auto"关键字定义变量,编译器会自动判断变量的类型。例如:

```
auto i = 100;                    //i 是 int 类型
auto p = new A();                //p 是 A * 类型
auto k = 34343LL;                //k 是 long long 类型
```

有时,变量的类型名特别长,使用"auto"就会很方便,例如:

```
map < string, int, greater < string > > mp;
for( auto i = mp.begin(); i != mp.end(); ++i)
    cout << i -> first << "," << i -> second;
```

编译器会自动判断出 i 的类型是:map＜string,int,greater＜string＞ ＞::iterator。

"decltype"关键字可以用于求表达式的类型,例如:

```
int i;
double t;
struct A { double x; };
const A * a = new A();

decltype(a)   x1;                //x1 是 A * 类型
decltype(i)   x2;                //x2 是 int 类型
decltype(a -> x)   x3;           //x3 是 double 类型
```

上面的例子中,编译器自动将 decltype(a)等价为"A *",因为编译器知道 a 的类型是"A *"。

auto 和 decltype 还可以一起使用。例如:

```
    //program 20.6.5.cpp auto 和 decltype
1.  # include < iostream >
2.  using namespace std;
3.  struct A {
4.      int i;
5.      A( int ii):i(ii) { }
6.  };
7.  A operator + ( int n, const A & a)
8.  {
9.      return A(a. i + n);
10. }
11. template < class T1, class T2 >
12. auto add(T1 x, T2 y) -> decltype(x + y) {
13.     return x + y;
14. }
15. int main() {
16.     auto d = add(100,1.5);       //d 是 double 类型,d = 101.5
17.     auto k = add(100,A(1));      //k 是 A 类型,因为表达式"100 + A(1)"是 A 类型的
```

```
18.        cout << d << endl;
19.        cout << k.i << endl;
20.        return 0;
21.    }
```

程序输出结果：

```
101.5
101
```

第 12 行告诉编译器,add 的返回值类型是"decltype(x+y)",即返回值类型是和"x+y"这个表达式的类型一致。编译器将 add 实例化的时候,会自动推断出"x+y"的类型。

20.6.6 基于范围的 for 循环

C++ 11 引入了新的 for 循环的写法,在遍历整个数组或整个容器的时候,不再需要循环控制变量。例如：

```
//program 20.6.6.cpp 基于范围的 for 循环
1.    # include < iostream >
2.    # include < vector >
3.    using namespace std;
4.    struct A {int n;A(int i):n(i) {} };
5.    int main() {
6.        int ary[] = {1,2,3,4,5};
7.        for(int & e: ary)              //将 ary 中每个元素都乘以 10
8.            e * = 10;
9.        for(int e : ary)               //输出 ary 中所有元素
10.           cout << e << ",";
11.       cout << endl;
12.       vector< A> st(ary,ary+5);
13.       for( auto & it: st) //将 st 中每个元素都乘以 10
14.           it.n * = 10;
15.       for( A it: st)                 //输出 st 中所有元素
16.           cout << it.n << ",";
17.       return 0;
18.   }
```

程序的输出结果：

```
10,20,30,40,50,
100,200,300,400,500,
```

第 7 行可以理解为"对于 ary 中的每个元素 e,要做以下操作:",即要遍历整个 ary 数组,e 代表数组中的每个元素。e 前面有"&",表明 e 的值在循环中可以被修改,因此循环中的"e * =10"就会导致数组中的每个元素都乘以 10。而第 9 行的 e 也代表数组 ary 的每个元素,但其值在循环中是不能被修改的。

第 13 行的 it 代表 st 中的每个元素,类型为 auto,则编译器会自动判断其类型。

20.6.7　右值引用

我们把能出现在赋值号左边的表达式称为"左值";把不能出现在赋值号左边的表达式称为"右值"。一般来说,左值是可以取地址的,右值不可以。非 const 的变量都是左值。函数调用若其返回值不是引用,则该函数调用就是右值。前面所学的"引用"都是引用变量的,而变量是左值,所以前面所学的"引用"都是"左值引用"。

C++ 11 新增了一种引用,可以引用右值,因而称为"右值引用"。无名的临时变量不能出现在赋值号左边,因而是右值。"右值引用"就可以引用无名的临时变量。定义右值引用的格式如下:

类型 && 引用名 = 右值表达式;

例如:

```
class A { };
A&r1 = A();                    //错误,无名临时变量 A()是右值,因此不能初始化左值引用 r1
A&&r2 = A();                   //正确,因为 r2 是右值引用
```

引入右值引用的主要目的是提高程序运行的效率。有些对象在复制时需要进行深复制(参见 13.3 小节),往往非常耗时。合理使用右值引用,可以避免没有必要的深复制操作。请看下面的例子:

```
//program 20.6.7.cpp 右值引用
1.  # include < iostream >
2.  # include < string >
3.  # include < cstring >
4.  using namespace std;
5.  class String
6.  {
7.  public:
8.      char * str;
9.      String():str(new char[1]) { str[0] = 0;}
10.     String(const char * s) {
11.         str = new char[strlen(s) + 1];
12.         strcpy(str,s);
13.     }
14.     String(const String & s) {              //复制构造函数
15.         cout << "copy constructor called" << endl;
16.         str = new char[strlen(s.str) + 1];
17.         strcpy(str,s.str);
18.     }
19.     String & operator = (const String & s) {    //复制赋值号
20.         cout << "copy operator = called" << endl;
21.         if( str != s.str) {
22.             delete [] str;
23.             str = new char[strlen(s.str) + 1];
24.             strcpy(str,s.str);
25.         }
```

新标准 C++程序设计教程

```
26.            return * this;
27.        }
28.        String(String && s):str(s.str) {          //移动构造函数
29.            cout << "move constructor called"<< endl;
30.            s.str = new char[1];
31.            s.str[0] = 0;
32.        }
33.        String & operator = (String && s) {          //移动赋值号
34.            cout << "move operator = called"<< endl;
35.            if (str!= s.str) {
36.                str = s.str;
37.                s.str = new char[1];
38.                s.str[0] = 0;
39.            }
40.            return * this;
41.        }
42.        ~String() { delete [] str; }
43.    };
44.    template < class T>
45.    void MoveSwap(T& a, T& b) {
46.        T tmp(move(a));                //std::move(a)为右值,这里会调用移动构造函数
47.        a = move(b);                   //move(b)为右值,因此这里会调用移动赋值号
48.        b = move(tmp);                 //move(tmp)为右值,因此这里会调用移动赋值号
49.    }
50.    int main()
51.    {
52.        String s;
53.        s = String("this");          //调用移动赋值号
54.        cout << " * * * *" << endl;
55.        cout << s.str << endl;
56.        String s1 = "hello",s2 = "world";
57.        MoveSwap(s1,s2);              //调用一次移动构造函数和两次移动赋值号
58.        cout << s2.str << endl;
59.        return 0;
60.    }
```

程序的输出结果:

```
move operator = called
* * * *
this
move constructor called
move operator = called
move operator = called
hello
```

第 33 行重载了一个"移动赋值号"。它和第 19 行的"复制赋值号"的区别在于,其参数是右值引用。在移动赋值号函数中,没有执行深复制操作,而是直接将对象的 str 指向了参数 s 的成员变量 str 指向的地方,然后修改 s.str,让它指向别处,以免 s.str 原来指向的空间被 delete 两次。该移动赋值号函数修改了参数,这会不会带来麻烦呢? 不会。因为移动赋

值号函数的形参是个右值引用,则调用该函数时,实参一定是右值。右值一般是无名临时变量,而无名临时变量在使用它的语句结束后就不再有用,因此其值就算被修改,也没有关系。

第 53 行,如果没有定义移动赋值号,则会导致"复制赋值号"被调用,引发深复制操作。临时无名变量 String("this")是右值,所以在定义了"移动赋值号"的情况下,会使得"移动赋值号"被调用。"移动赋值号"使得 s 的内容和 String("this")一致,然而却不用执行深复制操作,因而效率比"复制赋值号"高。虽然"移动赋值号"修改了临时变量 String("this"),但该变量在后面已无用处,所以这样的修改不会导致错误。

第 46 行使用了 C++ 11 中的标准模版"move"。move 能接受一个左值作为参数,返回该左值的右值引用。因此,本行会使用定义于第 28 行的、以右值引用作为参数的"移动构造函数"来初始化 tmp。该移动构造函数没有执行深复制,它将 tmp 的内容变成和 a 相同,然后修改了 a。由于调用 MoveSwap 的目的本来就会修改 a,所以 a 的值在此处被修改不会导致麻烦。

第 47 行和第 48 行,调用移动赋值号,在没有进行深复制的情况下,完成了 a 和 b 内容的互换。对比 Swap 的以下写法:

```
template < class T >
void Swap(T& a, T& b) {
    T tmp(a);                      //调用复制构造函数
    a = b;                         //调用复制赋值号
    b = tmp;                       //调用复制赋值号
}
```

Swap 执行期间会调用复制构造函数一次,调用复制赋值号两次,即一共进行三次深复制操作。而利用右值引用,使用 MoveSwap,则可以在达到相同目的的情况下,无须进行深复制,从而提高了程序的运行效率。

20.7　小结

static_cast 用于进行无风险的强制类型转换;reinterpret_cast 用于指针或引用的不保证安全性的转换;const_cast 用于去除 const 属性的转换;dynamic_cast 用于基类指针或基类引用到派生类指针或派生类引用的安全转换。

typeid 运算符返回 type_info 对象,可以用来在运行时获取变量的类型。

用智能指针 auto_ptr 模板类对象管理 new 运算符的返回指针,就不必操心何时该用 delete 释放空间了。

用 throw 运算符抛出异常。在 try 块抛出的异常会被第一个类型匹配的 catch 块捕获并处理。函数中产生的异常如果没有被处理,就会使得函数立即结束,并将异常抛给函数的调用者。

C++有一些标准的异常类。在某些情况下(如 dynamic_cast 转换不安全时),程序执行会抛出标准异常类的对象。

用名字空间来避免多个程序员协作时的命名重复问题。将类定义、全局函数声明、模板的定义放在一个头文件的 namespace 块中,然后多个 .cpp 文件都可以包含该头文件。

习题

1. static_cast、reinterpret_cast、dynamic_cast、const_cast 分别用于哪些场合？

2. dynamic_cast 在什么情况下会抛出异常？抛出的异常是什么类型的？用 dynamic_cast 进行基类指针到派生类指针的转换，如何判断安全性？

3. 下面程序的输出结果是：

```
2 constructed
step1
2 destructed
3 constructed
step2
3 destructed
before return
```

请填空：

```cpp
#include <iostream>
#include <memory>
using namespace std;
class A
{
    int v;
    public:
    A(int n):v(n) { cout << v << " constructed" << endl; }
    ~A() { cout << v << " destructed" << endl; }
};
int main()
{
    A * p = new A(2);
    _____;
    p = NULL;
    cout << "step1" << endl;
    ptr.reset(NULL);
    p = new A(3);
    _____;
    p = NULL;
    cout << "step2" << endl;
    p = ptr._____;
    delete p;
    cout << "before return" << endl;
    return 0;
}
```

4. 写出下面程序的输出结果。

```cpp
#include <iostream>
#include <memory>
using namespace std;
```

```
class A
{
    int v;
public:
    A(int n):v(n) { cout << v << " constructed" << endl; }
    ~A() { cout << v << " destructed" << endl; }
};
int main() {
    auto_ptr<A> ptr1(new A(3));
    auto_ptr<A> ptr2;
    ptr2 = ptr1;
    ptr1.reset(NULL);
    cout << "step1" << endl;
    return 0;
}
```

5. 写出下面程序的输出结果。

```
#include <iostream>
using namespace std;
class A {};
class B:public A {};
int main() {
    try {
        cout << "before throwing" << endl;
        throw B();
        cout << "after throwing" << endl;
    }
    catch( A & )
    { cout << "catched 1" << endl;     }
    catch(B & )
    {     cout << "catched 2"<< endl;}
    catch(...)
    {     cout << "catched 3" << endl; }
    cout << "end" << endl;
    return 0;
}
```

6. 写出下面程序的输出结果。

```
#include <iostream>
#include <exception>
using namespace std;
class A {};
int func1(int m, int n){
    try {
        if( n==0 )
            throw A();
        cout << "in func1" << endl;
        return m / n;
    }
    catch(exception ){
```

```
            cout << "catched in func1"<< endl;
        }
        cout << "before end of func1" << endl;
        return m/n;
    }
    int main()
    {
        try {
            func1(5,0);
            cout << "in main" << endl;
        }
        catch(A & a) {
            cout << "catched in main" << endl;
        }
        cout << "end of main" << endl;
        return 0;
    }
```

7. 下面程序输出结果是：

catched 2

请填空：

```
# include < iostream >
# include < exception >
using namespace std;
class A {
    public:
        virtual void Print()
        { cout << "A::print" << endl;}
};
class B:public A {
    public:
        virtual void Print()
        { cout << "B::print" << endl;}
};
int main()
{
    A a;
    try {
        B & r = dynamic_cast< B& >(a);
        r.Print();
    }
    catch(A &)
    { cout << "catched 1" << endl;}
    catch(_____)
    { cout << "catched 2" << endl;}
    catch(...)
    { cout << "catched 3" << endl;}
    return 0;
}
```

魔兽世界大作业 附录 A

面向对象的程序设计方法,在编写大程序的时候,优势才能体现。要让初学者在实践中应用 C++ 的各种面向对象的特性,考虑如何设计多个类并且处理它们之间的关系,从而领悟到面向对象程序设计的优越性,掌握面向对象程序设计的基本思想,没有一个足够大的编程任务作为作业,是很困难的。然而,真正大一点、有点工程实践感觉的程序,往往就会牵涉图形界面的设计,这对 C++ 的初学者来说,是不可能完成的任务。所以,如何设计一个足够大、有意思,能充分体现面向对象程序设计方法相对结构化程序设计方法的优势,而且 C++ 的初学者有能力完成的大作业,是 C++ 教学中需要解决的重要问题。

为此,作者设计了"魔兽世界"系列作业。这个作业以游戏为背景,特别适合运用面向对象的程序设计方法,而且不牵涉图形界面的处理。该作业分 3 个阶段,每个阶段一个程序,由简单到复杂,循序渐进完成,逐步扩充。学生在完成作业的过程中能够体会到面向对象的程序设计方法在提高程序可扩充性方面的作用。第三阶段的程序一般需要编写千行左右,从规模来说已足够大。此作业已经过 3 个学期的使用,学生普遍反映,这样的程序确实需要用面向对象的程序设计方法来编写,否则不但在程序设计时思路难以理清,要修改时更是会非常麻烦,可以说起到了让学生体会面向对象程序设计优势,掌握面向对象程序设计的基本思路的作用。

这个作业的描述篇幅很长,而且如果没有测试数据,也没法完成。因此这里只介绍此作业的概貌,读者可以到清华大学出版社网站(www. tup. com. cn)下载该作业的描述和测试数据。作业如下:

魔兽世界的西面是红魔军的司令部,东面是蓝魔军的司令部。两者之间是若干城市:

红司令部	City 1	City 2	⋯	City n	蓝司令部

两军的司令部都有些生命元,都会制造武士,制造武士需要消耗生命元。武士有不同种类,每个武士都有编号、生命值、攻击力、拥有的武器等这些属

性。武器也有不同的种类,如弓箭、炸弹等,所起的作用也不同。

在不同的时间点会发生不同的事件,例如在整点,双方司令部会有武士降生;在每个小时的第 10 分钟,武士会向对方的司令部前进一步(即走到下一个城市);在每个小时第 20 分钟,城市里面双方的武士会发生战斗;战斗结束后的某个时刻,战胜者会夺取战利品,以及获得司令部的奖励,等等。不同种武士在战斗中的行为有所不同;战斗有一定判断生死的规则;武器在战斗中的作用也有一定的规则。最终有一方的司令部被敌人占领,游戏就结束。作业的要求就是给一个时间段,要求按先后次序输出在这个时间段内发生的所有事件,每种事件都要求按一定的格式输出。下面就是三行可能的输出:

```
000:00 blue lion 1 born.
000:10 blue lion 1 marched to city 1 with 10 elements and force 5.
000:30 blue lion 1 earned 10 elements for his headquarter.
```

参 考 文 献

[1] 李文新,郭炜,余华山. 程序设计导引及在线实践. 北京:清华大学出版社,2007.

[2] Bjarne Stroustrup 著. C++程序设计语言(特别版). 裘宗燕译. 北京:机械工业出版社,2002.

[3] Nicolai M. Josuttis 著. C++标准程序库. 侯捷,孟岩译. 武汉:华中科技大学出版社,2002.

[4] Stanley B. Lippman,Josee Lajoie,Barbara E. Moo 著. C++ Primer 中文版. 李师贤,蒋爱军,梅晓勇,林瑛译. 北京:人民邮电出版社,2006.

[5] Scott Meyers 著. Effective C++中文版 2nd Edition. 侯捷译. 武汉:华中科技大学出版社,2001.

[6] Harvey M. Deitel,Paul James Deitel 著. C++大学教程. 邱仲潘,等译. 北京:电子工业出版社,2003.

[7] Andrew Koenig,Barbara Moo 著. C++沉思录. 黄晓春译. 北京:人民邮电出版社,2002.

[8] 谭浩强. C++程序设计. 北京:清华大学出版社,2004.

[9] 钱能. C++程序设计教程(修订版). 北京:清华大学出版社,2009.

[10] 郑莉,董渊,张瑞丰. C++语言程序设计.3 版. 北京:清华大学出版社,2004.

[11] 陈良乔. 我的第一本 C++书. 武汉:华中科技大学出版社,2011.

图书资源支持

感谢您一直以来对清华版图书的支持和爱护。为了配合本书的使用,本书提供配套的资源,有需求的读者请扫描下方的"书圈"微信公众号二维码,在图书专区下载,也可以拨打电话或发送电子邮件咨询。

如果您在使用本书的过程中遇到了什么问题,或者有相关图书出版计划,也请您发邮件告诉我们,以便我们更好地为您服务。

我们的联系方式:

地　　址:北京海淀区双清路学研大厦 A 座 707

邮　　编:100084

电　　话:010－62770175－4604

资源下载:http://www.tup.com.cn

电子邮件:weijj@tup.tsinghua.edu.cn

QQ:883604(请写明您的单位和姓名)

用微信扫一扫右边的二维码,即可关注清华大学出版社公众号"书圈"。

资源下载、样书申请

书圈